纺织检测知识丛书

现代分析测试技术在纺织上的应用

王建平　主　编
丁友超　副主编

中国纺织出版社

内 容 提 要

本书对紫外—可见光谱、红外光谱、气相色谱、高效液相色谱、核磁共振、电感耦合等离子体发射光谱/质谱、热分析、X 射线衍射和电子显微等现代分析测试技术从基本原理、发展历程、仪器构成和实验技术等多个方面进行了详细介绍,并结合作者多年的实践,专门介绍了现代分析测试技术在未知纺织材料剖析中的综合运用。本书内容详实、通俗易懂,大量的实例和对各种现代分析测试技术的灵活应用可以给读者带来很大的想象空间。

本书可供纺织及相关专业的科研院所、检测机构和高校的科研人员、专业技术人员使用,也可作为相关专业师生的参考书和教材。

图书在版编目(CIP)数据

现代分析测试技术在纺织上的应用/王建平主编 .—北京 :中国纺织出版社,2019.9

(纺织检测知识丛书)

ISBN 978-7-5180-5889-1

Ⅰ. ①现… Ⅱ. ①王… Ⅲ. ①纺织品—检测 Ⅳ. ①TS107

中国版本图书馆 CIP 数据核字(2019)第 004846 号

策划编辑:孔会云 沈 靖 责任编辑:沈 靖 责任校对:王花妮
责任印制:何 建

中国纺织出版社出版发行
地址:北京市朝阳区百子湾东里 A407 号楼 邮政编码:100124
销售电话:010—67004422 传真:010—87155801
http://www.c-textilep.com
E-mail:faxing@c-textilep.com
中国纺织出版社天猫旗舰店
官方微博 http://weibo.com/2119887771
北京市密东印刷有限公司印刷 各地新华书店经销
2019 年 9 月第 1 版第 1 次印刷
开本:787×1092 1/16 印张:16.75
字数:343 千字 定价:128.00 元

前言

自20世纪70年代以来,以声、光、电、磁、热、力、辐射等基本物理性能以及物质的化学特性为基础与高新技术相结合的现代分析测试技术获得了突飞猛进的发展。特别是伴随电子、微电子、大规模集成电路以及相关基础材料制备等领域的快速发展,自动化、小型化、集成化和智能化更是使现代分析测试技术的发展如虎添翼。其应用领域也已从科研和教学领域扩展到了更为广阔的产业和贸易领域,成为现代质量管理体系、公平贸易和保护消费者权益中进行质量管控的重要手段。现代分析测试技术在保护国家安全、防止欺诈行为、保护消费者健康安全、保护动植物安全和保护环境等方面发挥着越来越重要的作用。

在纺织工业的发展过程中,新材料、新产品、新技术和新工艺的研发始终是引领产业和产品转型升级的龙头,而在这些研发中,现代分析测试技术的运用在问题的探究和研发成效的评价中发挥着关键且无可替代的作用。与此同时,随着人们生活水平的提高,关注健康、安全和环境的可持续发展已经成为一种消费潮流,特别是对纺织服装类日常消费产品,绿色环保、有害物质的风险管控和保护消费者的权益已经成了市场准入的基本要求,这在很大程度上需要依赖现代分析测试技术提供支撑。再者,中国作为全球最大的纺织品生产和出口国,面对国际贸易中越来越多的技术性贸易措施,通过改进生产工艺、采用新材料和新技术、强化流程管理、实施清洁生产、全面提升产品质量是跨越技术性贸易障碍的关键途径,而这其中,现代分析测试技术的运用也是不可或缺的。

现代社会科学技术正呈现出日新月异的发展态势。因此,所谓现代分析测试技术也仅是一个相对的概念,主要是指基于物理学、化学或生物学等基础学科的基本原理,运用现代技术手段进行分析测试,其应用领域往往具有基础性和通用性的特征。事实上,现在所指的现代分析测试技术中有相当一部分是基于19世纪中后期或20世纪初的科学发现,其真正成为现代分析测试技术是在20世纪中后期。有不少科学家正是因为对现代分析测试技术的发展做出了杰出的贡献而获得诺贝尔奖。

近几十年来,随着电子技术、计算机技术、大规模集成电路和智能化技术的快速发展,现代分析测试技术的发展和升级正在呈现加快的势头,灵敏度、准确度、精密度及适用范围都有了大幅的提升和扩大。分析测试仪器的小型化、便利化、高性价比成为各方追求的目标,并正在快速进入普通实验室。

用于纺织行业的研发或质量管理的测试技术和装备通常可以分为两个类别,一是纺织专用分析测试技术和装备,二是通用分析测试技术和装备。在纺织专用分析测试技术和装备中,绝大部分是量身定制的测试方法和专用设备,并且大多与相应的测试方法标准相配套,主要用于测试纺织纤维、纱线、面料等的基本物理性能和使用性能,如纺织材料的力学性能、纤维成分、色牢度、耐久性、尺寸稳定性、服用性能和功能性等,所用的仪器除少数大型设备外大多为小型的专用设备,标准化程度高,使用方便,但通用性低。而通用的分析测试技术和装备则大多属于现代分析测试技术及仪器，如红外光谱、紫外光谱、核磁共振、热分析、气相色谱—质谱联用、液相色谱—质谱联用、电子显微镜、等离子体发射光谱/质谱、X 射线衍射等。这些分析测试技术主要涉及材料的属性和内在性能、材料的化学结构、材料的超分子结构的分析和测试，化学品及有害物质的定性定量分析，纤维及纺织品表面形貌等的测试分析。这些分析测试技术大多通用性强、适用性广、技术含量高，但仪器的价格昂贵，运行成本高。

作为纺织检测技术系列丛书之一，本书从现代分析测试技术在纺织工业的应用角度，对相关分析测试技术的基本原理、发展历程、仪器构造、工作原理、实验技术等进行详细介绍，特别介绍这些现代分析测试技术的综合运用。其目的在于帮助在纺织领域从事科学研究、产品开发、检验检测和质量管理的人员了解现代分析测试技术，并在此基础上进一步拓宽视野，提高综合运用这些现代分析测试技术的能力。记得是 2007 年，当时《印染》杂志的主编沈安京先生曾与本书的主编共同策划在《印染》杂志上开辟专栏，由天祥集团(Intertek)的专家团队撰写系列文章，专门介绍现代分析测试技术在纺织工业上的应用，读者反响强烈，好评如潮，欲罢不能，前后连载竟有 20 期之多，一时成为佳话，也由此成了本书最初的雏形。

本书的第一章由孙枋竹、王建平撰写，第二章由谢雪琴、王建平撰写，第三章、第四章由丁友超、程月、王建平撰写，前言及第五章~第十章均由王建平撰写，并负责全书的统稿和修改。本系列丛书的编著得到了天祥集团管理层和专家团队的大力支持，在此深表谢意！

本书的编著参考了大量公开发表的文献和出版的专著，并引用了编著者本身多年来在科研和分析测试实践中的成果和积累的经验，以尽可能为读者提供多维度的视角和启发。在此要对被引用文献的作者和对本书的编著和出版做出贡献的人员表示衷心的感谢！

本书编著人员所从事的专业领域并非现代分析测试技术的研究，而更多的是现代分析测试技术的应用。因此，在本书的编写中难免会因水平和知识的不足而有缺漏，恳请业界专家、学者和读者批评指正，我们所有参与编著的人员将不胜感激！

作者

2019 年 3 月 10 日

目录

第一章　紫外—可见光谱分析技术

第一节　紫外—可见光谱分析技术概述

一、紫外—可见光谱分析技术的基本概念及其发展历程

光线是一种高速运动的粒子(光子)流,具有电磁波的波粒二象性特征。光子的能量与频率成正比,与波长成反比。紫外—可见光的波长范围在10~780nm,所有的有机物在这一区域均有吸收带。其中10~200nm波段被称为远紫外区,因大气中的氮、氧、二氧化碳和水会在这一波段产生吸收,故相关研究工作必须在真空环境下进行,以避免受到干扰。因此,远紫外区又被称为真空紫外区。200~380nm波段被称为近紫外区,许多有机物在这一波段会产生特征吸收,所形成的光谱即紫外光谱。380~780nm为可见光波段,具有较大共轭体系结构的有机物在这一波段中会出现特定的吸收,所形成的光谱称为可见光谱。无论是紫外光谱还是可见光谱,都是由价电子的跃迁而产生的,与有机物的键合结构有关,都属于分子光谱的范畴。事实上,很多有机物会在近紫外和可见两个波段内同时产生吸收,由电子跃迁所产生的吸收光谱在两个波段是可以连续的。因此,利用物质对紫外和可见光的吸收所产生的光谱特征,可以对物质的结构、组成和含量进行分析和测定。这种基于分子内的电子跃迁在紫外和可见波段内所产生的光谱进行分析的方法被称为紫外—可见光谱(ultraviolet and visible spectroscopy,简称UV-VIS)分析法。

在现实生活中,人们观察到的物体之所以会呈现出各种不同的颜色,是由于它对光的选择性吸收。当一束由各种波长按一定比例组成的光(如自然光)照射到某一物体的表面或透过这一物体时,某些波长的光被吸收,而另一些波长的光则被反射或透过物体。当反射或透过的光包含有可见光波长范围内的光时,就可以被人眼观察到。物体的颜色正是由反射或透射光的波长所决定的,而颜色的深浅则是由物体对被吸收光的吸收程度决定的。这就是分析化学中比色分析的基础。而在吸收光谱分析中,如果被观察的物体是溶液,将经过分光的不同波长的单色光依次通过一定浓度的溶液,测量该溶液对各种单色光的吸收程度,以波长为横坐标,吸光度为纵坐标,可以得到一条吸收光谱曲线。利用紫外—可见光波段范围内的吸收光谱曲线进行物质的定性和定量分析的方法,就是紫外—可见分光光度法,其理论依据是朗伯—比耳(Lambert—Beer)定律。

自1666年英国著名物理学家和数学家艾萨克·牛顿(Isaac Newton)使用棱镜将白色的光分解成七种颜色后,人们对光的研究逐渐展露出浓厚的兴趣,并开始探索光的应用领域和方法,光谱学由此逐渐发展。在关于原子光谱的研究中,人们发现原子的发射光谱呈离散型的线段式谱型,并且不同的原子有着完全不同的谱型。然而当原子组成分子后,离散的线叠加形成连续

的峰,人们试图通过对这种分子光谱峰形状的分析,来定性研究物质的构造。与此同时,物质对光吸收的定量关系也受到科学家的注意并进行了研究。法国数学家、地球物理学家、大地测量学家和天文学家皮埃尔·布格(Pierre Bouguer)和瑞士数学家、物理学家、天文学家和哲学家约翰·海因里希·朗伯(Johann Heinrich Lambert)分别在1729年和1760年阐明了物质对光的吸收程度和吸收介质厚度之间的关系;1852年,德国物理学家奥古斯特·比尔(August Beer)又提出物质对光的吸收程度和吸光物质浓度也具有类似关系。两者结合起来就成了奠定光谱定量分析基础的基本定律:布格—朗伯—比耳定律,简称朗伯—比耳定律。不过,当时人们还停留在对可见光范围内的研究,如比色管和比色计法。随着1801年德国物理学家、化学家约翰·威廉·里特(Johann Wilhelm Ritter)发现紫外线后,人们开始将高能量的紫外线也运用到分子光谱学中。1911年,使用硒电池的Berg光电比色计研制成功,这成了分光光度计的雏形和基础。1918年,美国国家标准局制成了世界上第一台紫外—可见分光光度计。1941年,美国Beckman公司的第一台紫外—可见分光光度计面世。1946年,Beckman公司原副总裁霍华德·卡里(Howard Cary)离职组建应用物理公司(Applies Physics Corporation),即卡里仪器(Cary Instruments),并于1947年推出了世界上第一台商用紫外—可见分光光度计,即卡里11。

二、紫外—可见光谱分析的基本原理

(一)分子的跃迁与光吸收

物质是在不断运动着的,构成物质的分子和原子也都处于一定的运动状态,并对应于一定的能级。当原子核外电子由某一能级跃迁到另一能级时,就要吸收或发射电磁辐射,并产生特定的原子光谱。分子的情况也一样,分子也有自己特定的能级。分子内部的运动可以分为价电子运动、分子内原子在其平衡位置附近的振动和分子本身围绕其重心的转动。因此,分子的能级包括电子能级、振动能级和转动能级,当分子吸收能量后受到激发,就会从原来的能级(如基态)跃迁到更高的能级(激发态)而产生吸收谱线,但这两个能级之间的能量差是量子化的,即$\Delta E=E_1-E_2=h\nu$。ΔE的大小取决于分子的内部结构。

分子由光的激发而产生的不同类别的能级变化所需的能量是不同的。分子的转动能级变化所需的能量最小。根据光的辐射能量与波长之间的关系可知,分子的转动光谱波长范围在50~1000μm,位于远红外区域,在分析化学上的应用不太普遍。而分子内原子的振动能级跃迁所需能量大约是分子转动的100倍,其对应的吸收光谱波长在2~50μm(同时伴有分子的转动),位于红外区域,称为红外吸收光谱(分子振动—转动光谱)。电子跃迁所需的能量在分子能级变化中是最大的。吸收的能量越高,波长越短,电子跃迁能级的变化所对应的电子光谱落在紫外—可见区段,被称为紫外—可见光谱。

紫外—可见光谱作为一种分子吸收光谱,分子结构的不同决定了价电子跃迁的方式和能级的不同。事实上,在绝大多数情况下,不同种类的跃迁是同时存在的,包括许多不同能级的振动和转动跃迁,所得到的吸收光谱应该是一系列的吸收谱带,只是落在不同的波段区域而已,并可以以不同的方式观察到。

在有机化合物中有几种不同性质的价电子:形成单键的电子称为σ键电子,形成双键的电子称为π键电子,而有些元素如O、N、S和卤素等含有的未成键的电子被称为孤对n电子。当吸收紫外—可见光时,这些价电子会跃迁到较高的能级,此时电子所占的轨道被称为σ^*、π^*反键轨道。以同时包含σ电子、π电子和n电子的甲醛分子为例：

$$\begin{matrix} H \\ & \diagdown \\ & & C = \ddot{O} \\ & \diagup \\ H \end{matrix}$$

甲醛分子除了σ电子、π电子和n电子之外，还存在σ^*轨道和π^*轨道，可以容纳处于激发态的σ^*电子和π^*电子。这五种电子的能量从小到大的顺序依次如下：$\sigma<\pi<n<\pi^*<\sigma^*$。其中σ电子、π电子和n电子为基态，$\sigma^*$电子和$\pi^*$电子为激发态。当发生由基态向激发态的跃迁时应该有4种跃迁模式：

$$\sigma \to \sigma^*、n \to \sigma^*、\pi \to \pi^*、n \to \pi^*$$

在这4种跃迁模式中，各种跃迁所需的能量显然是不同的。跃迁的能级差越大所需的能量越高，吸收的光的能量就越高，吸收的光的波长越短。其中$\sigma \to \sigma^*$的跃迁能量最高，其吸收的光的波长落在200nm以下的远紫外区域。而其他3种跃迁所吸收的光的波长都在紫外—可见区域。如前所述，由于空气在远紫外区域也有吸收，要在这一区段观察物质的紫外吸收情况，必须营造真空的环境，以避免空气带来的干扰。因此，远紫外区无法成为普通紫外—可见光谱分析的有效范围。同理，由于仅由σ键组成的烷烃类化合物在因紫外—可见区段无吸收而被作为紫外—可见吸收光谱分析中的常用溶剂，如已烷、庚烷、环已烷等。

相对于σ电子，分子中非键合孤对n电子的自由度更高，其激发所需的能量更低，从而使得其跃迁所产生的吸收峰波长会向波长更长的方向转移。在光谱学中，这种吸收带移动被称为红移或蓝移。红光能量低，蓝光能量高。因此，红移是往低能量方向移动，波长变长；蓝移则是往高能量、短波长方向移动。在紫外—可见吸收光谱中，某些含非成键n电子的杂原子饱和基团，它们本身在紫外—可见光范围内并不产生吸收，但当它们与生色团或饱和烃相连时，能使该生色团或饱和烃的吸收峰向长波方向移动，并使吸收强度增加，如—NH_2、—NR_2、—OH、—OR、—SR、—Cl、—Br等，这种基团被称为助色团(Auxochrome)。

不饱和的碳氢化合物含有π键电子，$\pi \to \pi^*$的能级更低。某些有机化合物中带有含π键的不饱和基团，能使这一有机化合物因价电子跃迁而产生的光吸收发生在紫外—可见光谱技术可测的范围之内(200~1000nm)，且吸收系数较大。由于这种吸收具有波长的选择性，即仅吸收某种波长(颜色)的光，而不吸收其他波长(颜色)的光，从而使物质显现出某种颜色，这种基因称为生色(基)团，又称发色团(Chromophore)(表1-1)。

表1-1　部分生色基团

生色基团	实例	最大吸收波长λ(nm)	溶剂
>C=O	CH_3COCH_3	270.6	乙醇
—HC=O	CH_3CHO	293.4	乙醇
—COOH	CH_3COOH	204	水
—$CONH_2$	CH_3CONH_2	<208	—
—N=N—	CH_2N_2	~410	蒸汽
—N=O	C_2H_5—NO	500.7	乙醚

续表

生色基团	实例	最大吸收波长 λ (nm)	溶剂
N≡N—	CH_2=N≡N	347.5	乙醚
—NO_2	CH_3NO_2	271	乙醚
—ONO_2	$C_2H_5ONO_2$	270	二氧六环
—O—N=O	$CH_3(CH_2)_7ONO$	230.4	己烷
>C=S	$C_5H_9(C=S)C_6H_5$	620	乙醚
>C=C—C=O	CH_2=CH(C=O)H	215	乙醚
—C≡C—	2—辛炔	223	正庚烷

分子中含有一个生色基团的物质，其光吸收大多在 200~400nm 波段之间，所以仍是无色的。但如果在化合物分子中有两个或更多的生色基团共轭时，化合物会在相间的 π 键和 π 键之间形成大 π 键。由于大 π 键的离域作用，其基态和激发态之间的能级更低，激发电子所需的能量比单独 π 键更小，也就是这些化合物可以吸收波长较长的光。所以，当两个或两个以上生色团共轭时，可以使分子对光的吸收波长移向长波方向，物质大多变成有色的。研究表明，当各个生色团之间没有共轭作用时，生色团之间没有显著的相互作用，各个生色团分别在各自的特征波长产生吸收；而当生色团以共轭形式存在时，由于生色团之间的相互作用，会使吸收强度增强，而吸收光的能量变弱。

共轭分子的吸收光谱通常有两种谱带，一种为 K 带，取自德语 konjugierte，共轭的意思，位于 217~280nm，属于 $\pi\rightarrow\pi^*$ 跃迁，吸光系数 ε 较大。如前所述，共轭越长，波长会往长波方向移动，吸收强度也会变强。K 带中峰的数目、强度和位置有助于对化合物共轭情况的分析。另一种谱带为 R 带，取自德语 radikalartig，自由基的意思，位于 200~400nm，由带有杂原子的生色团（即同时含有杂原子和不饱和键）的 $n\rightarrow\pi^*$ 跃迁产生，其强度较弱。而芳香族化合物苯环上的环状共轭系统与共轭双键的大 π 键不同，除了在 180~184nm 和 200~204nm 有被称为 E 带（取自德语 ethylenic，乙烯的意思，前者为 E_1，后者为 E_2）的强吸收带外，在 230~270nm 还有一系列较弱的吸收带，被称为精细结构吸收带，又称 B 带，取自德语 benzoic，苯环的意思，位于 230~270nm，是由 $\pi\rightarrow\pi^*$ 跃迁和振动效应的叠加引起的。B 带是芳香族化合物的特征带（图 1-1）。通常，在非极性溶剂中，B 带的精细结构会比较清晰；在极性溶剂中，这个精细结构会模糊，甚至消失。当苯环上有取代基时，B 带的精细结构会被简化，但强度会增加，且发生红移。

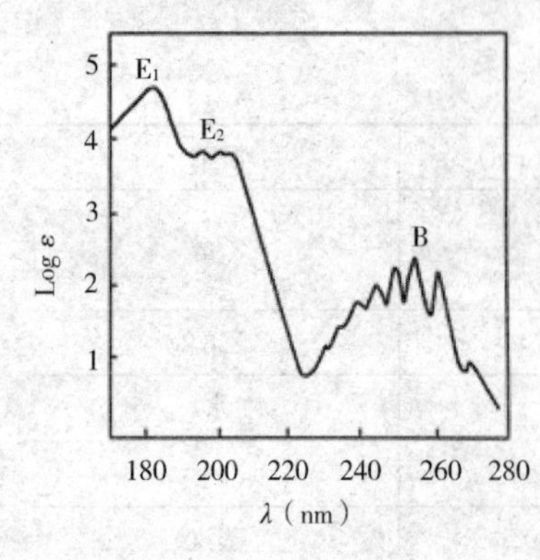

图 1-1 苯的紫外光谱

显然，紫外—可见吸收光谱分析技术应用的前提是被测的化合物分子必须存在 $n\rightarrow\sigma^*$、$\pi\rightarrow\pi^*$、$n\rightarrow\pi^*$ 这三种跃迁，即分子中存在不饱和键（包括共轭双键）或孤对电子，亦即分子中存在生色基团，因此，并非所有的化合物都能采用紫外—可见光谱进行分析。

此外,除了分子中含有生色基团的有机化合物,当用电磁辐射照射某些有机或无机化合物时也能激发一些电子跃迁,产生紫外—可见光的吸收。这类电子跃迁与上面提到的几种跃迁不同,主要有两类:一类是从体系中的电子给予体向电子接受体的电荷转移跃迁,另一类是配位场的能级跃迁。

电荷转移跃迁实际上是给予体的一个电子向接受体的一个空轨道上的跃迁,因此,其实质是一个内氧化还原的过程。这种电子跃迁所产生的吸收带称为电荷转移吸收带。其谱带不仅宽,而且吸收强度大,颜色较深,最大摩尔消光系数可达 $10^3 \sim 10^4$,如呈紫红色的 $KMnO_4$ 和呈橘黄色的 K_2CrO_4。某些以过渡金属为核心的金属有机化合物也会发生类似于有机化合物的电子转移跃迁,特别是配位体中含有较高能量的空轨道,且与之配位的金属离子富含 d 电子时,这种电子转移跃迁就会变得非常容易。而除过渡金属外的其他一些无机络合物也能发生电子跃迁,如水合物的电子跃迁。

事实上,过渡金属除了存在作为电子接受体和给予体的跃迁外,还存在配位场跃迁。根据配位场理论,具有 d 轨道电子的过渡金属离子,在无配位体存在时,d 轨道的能量是相等的,称为简并轨道。而当 d 轨道电子处于配位体形成的负电场中时,5 个简并的轨道就会发生分裂,形成不同能量的轨道,在一定波长的电磁辐射作用下就会使电子在不同能级的轨道间发生跃迁,这种跃迁称为配位场跃迁。由于轨道分裂形成的能级差很小,使得配位场跃迁很容易发生,吸收光的能量也偏低,吸收峰多在可见光区,呈现一定的颜色。但由于吸收带强度太弱,对定量分析的意义不大。

(二)溶剂的作用

在紫外—可见吸收光谱分析中,不同性质的溶剂与样品分子的作用可能改变分子轨道的能级,并由此改变样品分子的吸收波长、强度(ε)和吸收光谱的形状。其影响主要体现在以下三个方面。

(1)精细结构的损失。物质溶解于溶剂中时被溶剂所包围,溶质分子的自由转动因受溶剂分子的限制而很难在光谱上看到其应有的反映。另外当溶剂极性偏大时,溶剂与溶质的分子间作用力也会增强,溶质分子的振动也会受到限制,因振动而引起的光谱精细结构无法体现,如 B 带的精细结构。如果再考虑溶剂的不同,可能实际看到的光谱的精细结构也会发生很大的变化。

(2)溶剂极性的增大,会使 $\pi \rightarrow \pi^*$ 跃迁谱带红移。极性溶剂和样品分子的偶极—偶极和氢键作用会更大地降低 π^* 轨道的能级(与 π 轨道相比),使得 $\pi \rightarrow \pi^*$ 的能级差更小,跃迁变得更加容易,最终导致 K 吸收带向长波长方向转移(红移)。

(3)质子性极性溶剂会使 $n \rightarrow \pi^*$ 跃迁谱带蓝移。由于 n 电子与质子性溶剂容易形成氢键,使得 n 轨道的能级显著降低,$n \rightarrow \pi^*$ 跃迁的能级差增大,导致 R 吸收谱带向短波长方向转移(蓝移)。

显然,溶剂的选择对于样品的紫外—可见吸收光谱的影响不容忽视。通常,在选择溶剂时,首先应避免可能与溶质发生反应或在紫外光下可能与溶质发生反应的溶剂。同时,在溶解度允许的范围内,应尽可能选择极性较小的溶剂。在某些情况下可能不得不使用本身在紫外—可见波段有吸收的溶剂,但应避免发生溶剂本身的吸收与溶质的吸收相重叠的情况。在有机化合物的紫外—可见吸收光谱分析中,常用的溶剂有已烷、庚烷、环已烷、二氧杂已烷、水和乙醇等。考虑到上述因素，一般紫外—可见吸收光谱分析的数据需要说明使用的是何种溶剂，以及吸收池长度、测定温度和样品浓度等信息，以便与标准紫外—可见光谱比对。

(三)紫外—可见光谱定性分析

基于紫外—可见光谱产生的基本原理，其在物质的结构定性分析中通常只适用于分子中存在共轭 π 键体系的物质，且给出的结构信息通常也只有非常贫乏的 1~2 个吸收峰。因此，在现代的有机结构分析中紫外—可见光谱分析的地位日趋下降。但由于紫外—可见光谱分析仪器使用方便、灵敏度高、价格便宜、普及程度也很高，在许多有机结构的分类分析中仍可提供很多有用的信息。

(1)化合物在 220~800nm 区间无强吸收峰，表明该类化合物为脂肪烃及其卤代物、胺、醇、羧酸、酯、醚、腈等衍生物，不含共轭体系。

(2)如在 220~250nm 内有较强的吸收峰($\varepsilon>1000$)，表明样品分子中存在两个共轭双键，如共轭二烯、α 或 β 不饱和醛、酮等；在 260~300nm 有强吸收，表明分子中含有 3~5 个共轭单位。

(3)如在 250~300nm 显示中等强度的吸收峰，表明样品分子中存在单苯环及其衍生物。

(4)如在 250~350nm 有低吸收峰($\varepsilon<500$)，表明样品分子中可能存在 n—π 体系，如羰基 C═O等。

(5)如在 300nm 以上有强吸收，表明样品分子中存在大的共轭体系，如稠环芳烃及其衍生物。

由于分子对紫外—可见光的吸收特性仅与分子中生色基团和助色基团相对应，并不是整个分子结构的特性反映，也无唯一性。即使是两张完全相同的紫外—可见光谱，也不能据此认定两个样品具有完全相同的化学结构，而只能根据光谱的特征，确定化合物骨架的基本类别。欲获得准确和完整的分子结构信息，还得借助于其他谱学方法，例如，红外光谱、质谱、核磁共振等。当然，由于紫外—可见光谱的灵敏度很高，在某些场合还是颇有用处的。例如，用于纯度的检查：如某一物质在紫外—可见区段没有吸收，但其含有的杂质却是有吸收的，就可以据此借助紫外—可见光谱进行杂质的检测。有时，为了进行物质分子结构的确认，也可以将未知样品的紫外—可见光谱与标准物质的光谱进行对比并结合红外光谱等技术手段得出准确的结论，包括合成产物的确认、互变异构体的判别等。

三、紫外—可见光谱的定量分析技术

(一)朗伯—比耳定律

定量分析是紫外—可见吸收光谱分析最主要的应用，而朗伯—比尔定律则是光谱定量分析的基础。无论是奥古斯特·比耳提出的“光的吸收程度与吸光物质的浓度有关”，还是之前皮埃尔·布格和约翰·海因里希·朗伯的关于“光的吸收程度和吸收介质厚度有关”的定论，都与光的吸收有关。而在此基础上形成的朗伯—比耳定律关注的则是影响光的吸收的因素。因此，了解一些有关光的吸收的基本概念是非常必要的。

以溶液为例。当一束平行的单色光通过溶液时，有一部分光能被吸收，一部分被盛有溶液的器皿表面反射，透过溶液的光的强度相对于入射时光的强度有所降低。如果将入射光的强度定义为 I_0，被吸收的光的强度定义为 I_a，反射光的强度定义为 I_r，透射光的强度定义为 I_t，显然有 $I_0=I_a+I_r+I_t$。但在分光光度法测定中，盛溶液的器皿(吸收池)都是采用相同材质的透光材料制成的,其反射光的强度 I_r 不仅小,而且基本不变,其影响基本可以忽略。因此,可以将关系式简化为:$I_0=I_a+I_t$。如果将透射光强度 I_t 和入射光强度 I_0 之比称作透射比或透光度 T,则有 $T=I_t/I_0$。

如果溶液的浓度一定,那么光的吸收与光所穿过的液层厚度和入射光的强度成正比。假设溶液层的厚度为 L,则通过溶液后光的减弱程度可以用定积分来表示:

$$\int_{I_0}^{I_t}\frac{dI}{I}=-\mu\int_0^L dL$$

$$\ln\frac{I_t}{I_0}=-\mu L$$

式中,μ 为比例常数。将自然对数化成常用对数,则:

$$\lg\frac{I_t}{I_0}=-\mu' L \quad 或\ \lg\frac{I_0}{I_t}=\mu' L \tag{1-1}$$

再设,溶液层的厚度一定,则光的吸收与溶液的浓度 c 及入射光的强度成正比:

$$-dI=\mu'' I dc$$

由此,同样可得:

$$\lg\frac{I_0}{I_t}=\mu''' c \tag{1-2}$$

合并式(1-1)和式(1-2)可得:

$$\lg\frac{I_0}{I_t}=\varepsilon cL \tag{1-3}$$

式中,ε 为样品的摩尔消光系数($L\cdot mol^{-1}\cdot cm^{-1}$)。

式(1-3)是光的吸收定律的数学表达式,即朗伯—比耳定律。如果进一步讨论此式的物理意义会发现,如果光线通过溶液完全未被吸收,即 $I_t=I_0$,则 $\lg\frac{I_0}{I_t}=0$;如果随着溶液浓度的增加,对光线的吸收程度也随之增加,I_t 就会越来越小,$\lg\frac{I_0}{I_t}$ 也就越大。显然,$\lg\frac{I_0}{I_t}$ 表示了单色光通过有色溶液时被吸收的程度,并被定义为吸光度,以 A 来表示。由此,朗伯—比耳定律被表述为:

$$A=\lg\frac{I_0}{I_t}=\varepsilon cL \tag{1-4}$$

即:当一束单色光通过介质时,光被介质吸收的比例正比于光程中吸收光的分子的数目,而与入射光的强度无关。

消光系数 ε 是由物质本身的属性决定的,它反映了物质吸收光的能力。通常,$\varepsilon>7000$ 为强吸收带,$\varepsilon<100$ 为弱吸收带。另外 ε 也与波长有关,不同波长的 ε 的值是不同的。在实际应用中,朗伯—比耳定律适用于低浓度的溶液,一般使用的浓度在 10^{-5} mol/L 的数量级。

(二)紫外—可见光谱定量分析技术概述

1. 吸收波长的确定

由于物质在紫外—可见波段的吸收强度会随着波长的变化而有所不同,即在不同的波长范围内,物质的摩尔消光系数 ε 是不同的。因此,在利用紫外—可见光谱对物质进行定量分析之前，必须先对被测样品进行紫外—可见吸收光谱扫描，以选择合适的波长进行后续的定量分析。通常，为提高测试的灵敏度，在主成分的吸收谱带不受干扰的情况下，应选择最大的吸收波长（λ_{max}）。在此波长下，物质对光的吸收最强，受杂散光的影响也最小，在此波长下进行检测的准确度也更高。为提高定量分析的准确度，应尽量使主吸收峰的透过率在20%~60%或吸光度A在0.2~0.7。与此同时，对于某些在紫外—可见光照射下可能发光的物质，应预先测试其发射光谱，并与其吸收光谱进行比较。为避开其发射出的光的干扰，应选择其发射强度最低而吸收强度最大的波长作为定量分析的波长。

2. 单组分和多组分定量分析

在实际的定量分析中，被测样品可能是纯的物质，也可能是混合物。因而必须考虑混合物中的不同组分在同一波长下共同吸收光的可能性，这种时候可以使用导数法进行分析。下面按三种情况进行介绍。

（1）单组分定量分析。单组分定量分析是最简单和基础的分析方法。单组分定量分析时最常用的操作方法是标准曲线法。配置一系列（最少3个，通常配5个）浓度已知的标准样品溶液后以空白样为参比在选定的波长处测定每一个样品的吸光度。绘制以浓度为横坐标，吸光度为纵坐标的曲线，得到标准曲线的线性回归方程，求得在选定波长下的平均ε值；然后再在相同条件下测定样品溶液，按式（1-4）（朗伯—比耳定律）求得未知试样的浓度c，也可用作图法直接求得未知样品的浓度或百分含量。

理论上讲，采用该方法时不仅要求待测物是单一组分，而且要有待测物的标准样品。但在实际分析中，虽然有些样品中存在一些杂质或其他组分，但其吸收对待测组分的吸收并不产生干扰，也可视作单一组分进行定量分析。

（2）多组分定量分析。对于多组分的定量分析，应当考虑每个组分的吸收是否重合。关于重合模式，首先必须排除适合于进行定量分析的吸收波长完全重叠或吸收峰大部分重叠的情况。因为如果存在这类情况，混合组分的样品完全无法进行分析。基于这个前提，以最简单的双组分样品为例，可以画出如图1-2所示的三种重叠峰型。a型的两组分的最大吸收波长处均不受另一组分的吸收干扰，所以两组分的最大吸收波长不重合。b型的两组分中A的最大吸收波长处B组分没有吸收，而反过来B组分的最大吸收波长处A组分有吸收，这种情况属于单向重叠。c型重叠中A和B两个组分的最大吸收波长处均有另一个组分的吸收，属于双向重叠。针对这三种情况分别讨论如下。

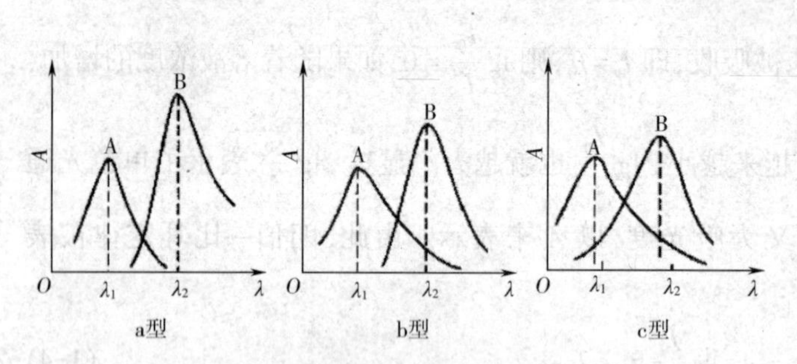

图1-2　三种双组分化合物的吸收光谱重合模式

①a型：可以将两个组分作为单一组分分别在各自的最大吸收波长处测定该组分的浓度。

②b型：可以先使用标准样品或者纯品分别测得A组分和B组分分别在λ_1和λ_2处的消光系数ε_{A1}、ε_{A2}和ε_{B1}、ε_{B2}，假设A组分和B组分的浓度分别为c_1和c_2，则混合物在λ_1和λ_2处的吸光度A_1和A_2应分别为：

$$A_1=\varepsilon_{A1}\times c_1+\varepsilon_{B1}\times c_2 \tag{1-5}$$

$$A_2=\varepsilon_{B2}\times c_2+\varepsilon_{A2}\times c_1 \tag{1-6}$$

其中，$\varepsilon_{B1}=0$，故 $A_1=\varepsilon_{A1}\times c_1$，$c_1=A_1/\varepsilon_{A1}$；$c_2=(A_2-\varepsilon_{A2}\times c_1)/\varepsilon_{B2}$。

③c 型：A 和 B 两组分在各自的最大吸收波长处都存在对方的吸收，根据式(1-5)和式(1-6)联立方程，可得：

$$c_1=\left(\frac{\varepsilon_{B2}}{\varepsilon_{A1}\times\varepsilon_{B2}-\varepsilon_{A2}\times\varepsilon_{B1}}\right)\times A_1-\left(\frac{\varepsilon_{B1}}{\varepsilon_{A1}\times\varepsilon_{B2}-\varepsilon_{A2}\times\varepsilon_{B1}}\right)\times A_2 \tag{1-7}$$

$$c_2=\left(\frac{\varepsilon_{A1}}{\varepsilon_{A1}\times\varepsilon_{B2}-\varepsilon_{A2}\times\varepsilon_{B1}}\right)\times A_2-\left(\frac{\varepsilon_{A1}}{\varepsilon_{A1}\times\varepsilon_{B2}-\varepsilon_{A2}\times\varepsilon_{B1}}\right)\times A_1 \tag{1-8}$$

显然，b 型只是 c 型的一个特例。

(3)导数分光光度法。当待测组分更多的时候，不仅需要在每个组分的最大吸收波长处测其吸光度，而且还需要测定每个组分在每个吸收波长处的消光系数。随着待测组分的增加，工作量会迅速增加。解决多组分复杂体系的吸收光谱定量分析难题的有效办法是采用导数分光光度法。

导数分光光度法也称微分光谱法，起源于 20 世纪 50 年代，在此后的几十年逐渐成熟发展，是分光光度法的一个新的重要分支。事实上，从朗伯—比耳定律的表达式中可以发现，吸光度 A 和消光系数 ε 都是波长的函数：$A(\lambda)=\varepsilon(\lambda)cL$，但是浓度和吸光距离都与波长无关。经两边同时对波长求导后，浓度 c 作为常数会保留下来，因此，浓度与吸光度的任意阶导数都成正比。导数光谱能够分辨两个相互重叠的光谱，特别是对被宽带淹没的肩峰很敏感，能够提高测试的敏感度，是解决光谱干扰，消除背景吸收，改善光谱分辨率的一种新技术，在分析化学领域里已经获得广泛应用。

在常规的分光光度法中，多组分系统的测定误差往往比较大，如果遇到光谱严重重叠时更是无法测定。此外，有些混浊样品因背景吸收无法消除也会影响测定。采用导数分光光度法可以解决上述问题，当然，采用导数分光光度法也会遇到一些困难，如导数光谱中吸收峰会在横坐标的上下出现，判定吸光度时需要根据情况选择合适的判断方法。

第二节　紫外—可见分光光度计

一、构成单元

紫外—可见吸收光谱分析技术的载体是紫外—可见分光光度计。一般地，吸收光谱学的仪器是由光源系统、试样引入系统、波长选择系统、检测系统和信号处理及输出(显示)系统组成。

在分光光度法中，要求光源系统能在比较宽的光谱区域内发出连续、稳定、分布均匀且有足够强度的光谱。然而，由于各种人造光源的发光范围都有一定的局限，一般紫外—可见分光光度计的光源是由负责紫外光区的氢、氘灯(波长范围 200~400nm)和负责可见光区的高强度钨灯(波长范围 400~700nm)两个光源组成。实验中两种光源在不同波长区段的扫描过程中能自动切换。

波长选择系统通常被称为单色器，它负责将连续光源中全波段的光纯化为单一波长的光，并可进行全波长范围的扫描。该部件是由一个色散原件和一个狭缝原件组成的。色散原件

(如棱镜、光栅)将光色散后按照波长顺序排列开后,狭缝原件只允许某个波长的光照射试样。通过移动狭缝原件选择波长实现全波长扫描。狭缝的缝隙越小,选择的光的波长越精确,谱型也越清晰,但是狭缝缝隙越小透过的光量也越少,会降低样品的吸收强度。

在现代分光光度计中,光栅已成为色散元件的首选。光栅是利用光的衍射与干涉作用而制成的一种色散元件。当入射光射到光栅表面时,发生光的衍射和干涉,通过控制入射角变化,可反射出不同波长的单色光,达到色散效果(图1-3)。它的优点是适用波长范围宽、色散均匀和分辨率高等;缺点是经色散的光谱会有重叠,而相互干扰,但通过选用适当的滤光片,可消除次级光谱的干扰。光栅是现代光谱分析仪器的核心元件,有平面和凹面两种。在制造工艺上,全息光栅已经全面取代了刻划光栅。为提高光能量的利用率,闪耀光栅的使用也日渐普遍,而凹面光栅的使用,使现代光谱分析仪器的分光系统大大简化。

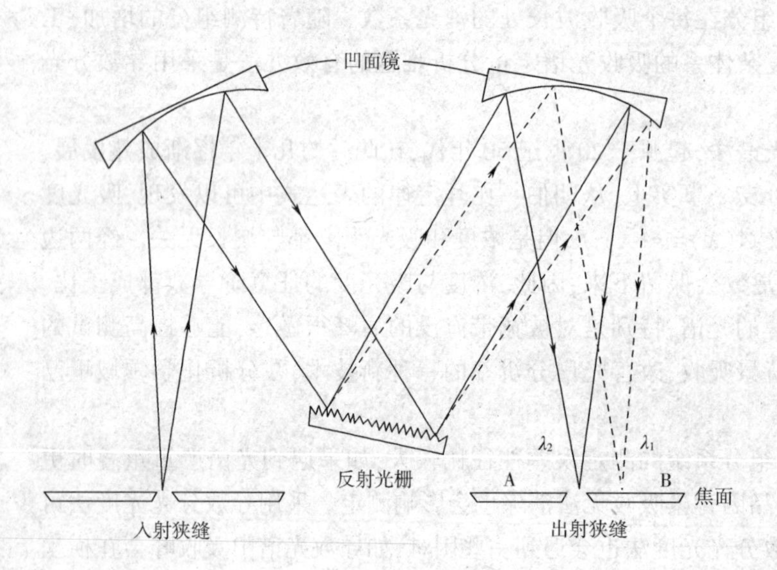

图1-3 棱镜和反射光栅的分光原理

试样引入系统一般由两个材质和尺寸完全相同的吸收池组成,一个作为样品池,一个作为参比池。样品池中加入的待测样品溶液浓度通常低于10^{-5}mg/L,而参比池中加入的则是不含样品(溶质)的空白溶液(与样品溶液相同的溶剂),即背景。测试中,通过扣除背景,可以得到待测试样的吸收光谱或某一波长下的吸收值。试样引入系统的吸收池一般选择石英材质,不仅无色透明,且在测试波长区段内无吸收。石英在紫外及可见光范围内都没有吸收,适合作为吸收池的材料。石英池的四个侧面,一对对面为磨砂面,另一对对面为透光面。透光面用于透光,磨砂面用于夹持。透光面的透光程度决定了测定的准确度,故应保持其清洁和不受磨损。指纹、油腻或四壁的积垢都会影响透光率。根据朗伯—比耳定律可知,吸收池的内距与吸收强度呈正比,因此,吸收池内部与透射光平行方向的长度被设计为一确定值,规格一般有0.5cm、1.0cm、2.0cm和5.0cm。同一厚度的吸收池之间的透光率误差应小于0.5%。

检测系统为光电转换检测器,即将光信号转化为电信号后输出至处理系统进行处理。光电转换检测器分为两种,即光敏材料型和半导体型。光敏材料与光作用后放出电子,实现光电转换。而半导体则利用了半导体受光作用后导电性能的改变实现光电转换。

现代紫外—可见分光光度计大多采用真空光电管或光电倍增管作为受光器件,并通过放大处理来提高敏感度。近年来,随着阵列型光电器件技术的发展和应用,诞生了全新结构和高性能的固定光栅型分光光度计,使测量速度上了一个新的台阶。阵列型光电探测器的典型代表是PDA(光电二极管阵列检测器,photodiode array detector,又称PDAD或DAD检测器)和CCD(电荷耦合阵列检测器,charge-coupied device array detector)。此类探测器的测量速度快,多通道同时曝光,最短时间为毫秒级。也可以积累光照,积分时间最长可达几十秒,灵敏度高,动态范围大幅增加。此外,因固定光栅型分光光度计没有机械运动,简化了仪器的结构,缩小了体积,提高了工作稳定性,能实现在线分析。

目前市售的紫外—可见分光光度计都配备数据处理、屏幕显示、记录仪和自动打印等装置,并可根据需要将吸收图谱、分析条件、分析结果(如不同波长下的透过率 T 、吸光度 A、摩尔消光系数 ε 或其对数 $\lg \varepsilon$ 等)表示出来。特别是当一个化合物同时具有多个强弱不等的吸收带时,$\lg \varepsilon$ 可同时清楚地表征不同吸收带的强度和峰值。同时,数据处理系统还会根据不同浓度标准溶液的吸收强度,自动绘制标准工作曲线,并直接给出实际样品的分析结果。

二、常见的紫外—可见分光光度计类型

紫外—可见分光光度计根据其波长选择系统和试样引入系统的不同,可分为单光束分光光度计、双光束分光光度计、双波长分光光度计和多通道分光光度计等。

早期的紫外—可见分光光度计是单光束分光光度计,图 1-4 为其结构示意图。光源发出的光由单色器进行波长的选择后滤出单一波长的光轮流射入并透过参比池和样品池,照射到检测器上后获得实验数值。以参比池的强度为 100%,计算样品池溶液吸收的光的百分比。单波长分光光度计的构造简单,价格低廉,但通常只适合于在选定波长的情况下测定吸光度或透射率,而且每一波长均需校正,一般不能作全波段光谱的扫描,因为光源和检测系统的稳定性不够。因此,单光束分光光度计只能用于定量分析而不能用于需要光谱扫描的定性分析。

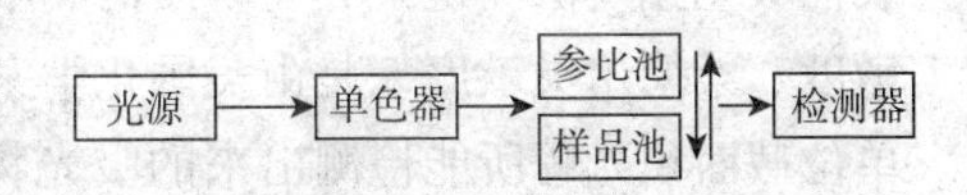

图 1-4　单光束分光光度计结构示意图

双光束分光光度计从光学系统看是单光束分光光度计的升级版,其结构如图 1-5 所示。该类仪器使用斩光器将单色器纯化后的光分为强度相同的光交替照射参比池和样品池。避免了单光束分光光度计频繁移动试样导致的误差,以及时间差导致的光源不稳定等,同时使操作更加简单。与单光束分光光度计最大的不同在于其能自动对两束光进行强度对比,经对数变换将其转换成吸光度,并作为波长的函数记录下来,即能够自动记录吸收光谱曲线。目前绝大部分实验室使用的都是双光束的分光光度计。

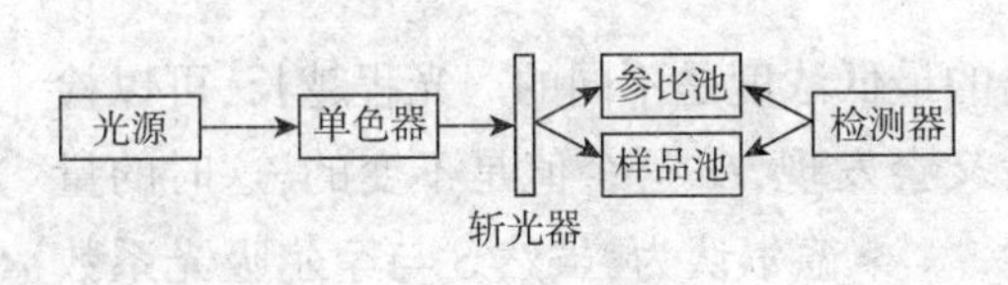

图 1-5　双光束分光光度计结构示意图

双波长分光光度计的设计基于一种全新的理念(图 1-6),同一光源发出的光被分成两束,经过两个单色器后得到两束波长不同的光,两束光通过斩光器以一定的频率交替照射样品溶液后得到两个吸收值 A_1 和 A_2,可以利用其差值计算试样浓度。双波长分光光度计的特点是,可以消除共存物质产生的吸收、散射、光源波动等干扰,还能获得导数光谱,提高灵敏度和选择性,适合于多组分混合、高浓度和浑浊试样的分析。

多通道分光光度计的结构如图 1-7 所示,与上述几种分光光度计的光路结构不同,多通道分光光度计并非用纯化后的光测试样品,而用混合光经过透镜聚焦后直接照射样品池,将经吸收后的光散射到二极管阵列检测器上,在二极管阵列检测器上同时对所有波长的光进行检测和

光电转换。多通道分光光度计可以快速得到全波长范围的吸收数据，适用于反应动力学的研究及多组分混合物的分析，也是目前高效液相色谱和毛细管电泳仪的最主要的检测器。

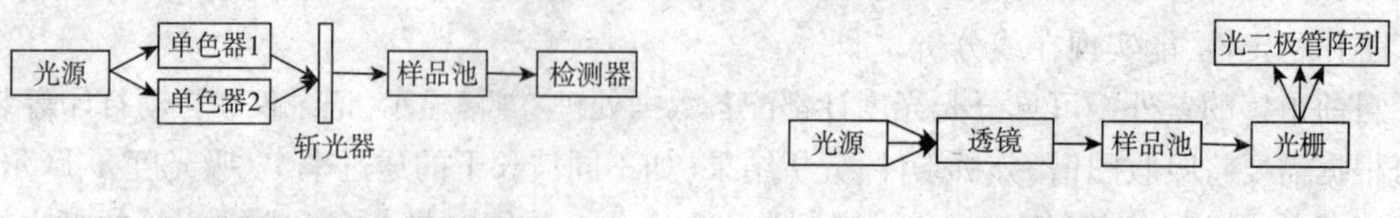

图 1-6　双波长分光光度计结构示意图　　　图 1-7　多通道分光光度计结构示意图

除了上述类型的紫外—可见分光光度计之外，目前还有不需要吸收池的光导纤维探头式分光光度计和携带式分光光度计等新型分光光度计。

三、紫外—可见分光光度计的灵敏度

有关紫外—可见分光光度法的灵敏度，可以有两种表示方法：一种是用摩尔消光系数 ε 来表征吸光光度法测定某吸光物质的灵敏度，另一种是用桑德尔灵敏度 S 来表征吸光光度法的灵敏度。桑德尔灵敏度 S 是由美国化学家桑德尔（E. B. Sandel）提出的，它指的是当 $A=0.001$ 时，单位截面积光程所能检测出来的吸光物质的最低含量，其单位为 $\mu g/cm^2$。由于此时仪器的信号检测能力已经确定，则 S 仅与物质的吸光能力有关。S 与摩尔消光系数 ε 的关系可推导如下：

$$A=\varepsilon cL=0.001$$

$$cL=0.001/\varepsilon$$

$$S=0.001\ cL\times M\times 10^6=M/\varepsilon(\mu g/cm^2) \tag{1-9}$$

式中，M 为吸光物质的相对分子质量。

在实际检测中可以发现，当光程不同时，可以检出的最低浓度是不同的。光程越长，可以检出的最低浓度越低。但是将光程 L 乘以检测浓度 c 后又会发现，Lc 这个值是不变的，这时的量纲就变成了 $\mu g/cm^2$，这个值其实也就是桑德尔灵敏度 S。桑德尔认为，虽然 S 与摩尔吸光系数 ε 的关系为 $S=M/\varepsilon$，但是两者的物理意义是不同的。ε 是由吸光物质本身的性质决定的，而桑德尔灵敏度 S 则不仅与吸收物质本身有关，也与测试方法有关，两者各有各的特色。应当根据实际情况，确认实际测试中的灵敏度是否与测试方法有关，从而选择适合的灵敏度进行表征。

四、杂散光

紫外—可见光谱的定量分析中对误差的影响最大的是杂散光。前面已经提到，单色器是将光散射后取狭缝中的部分光使用，从而将光源的光纯化为单一波长的光。这个纯化过程中不可避免地使所需波长范围外的光透过狭缝，导致实际射入样品的光不纯的问题。在进行紫外—可见光谱的定量分析时，如果杂散光的吸收能力强于所需要的光时会对分析结果产生影响，通常会有如下几种情况。

（1）分析用选定波长的光在通过光路时被削弱，而杂散光则保持一定的强度。这种情况经常出现在230nm以下，有以下两个原因：第一，从光的角度看，光在整条光路上有可能因各种原因被吸收；第二，从吸光物质的角度看，溶剂在有些波长范围内对选定波长光的吸收要强于对杂

散光的吸收,从而使得实际可被待测物质吸收的光的强度低于入射光的强度;此时如果杂散光不被溶剂吸收,则待测物吸收的光的成分中杂散光的比例会提高,影响最终的测试结果。如果溶剂在选定的分析用波长的区域内有明显的吸收,则应仔细地调整全测定过程中的杂散光的比例。低于230nm的区域一般不适合于紫外—可见光谱分析。如果确实要用到230nm以下区域的光,应当用空气为参比,测定溶剂的吸收。

(2)在部分区域内,分析用选定波长的光强会比杂散光更弱。遇到这种情况,应该使用杂散光过滤器。这种过滤器可以将杂散光降低到0.2%以下,从而使无溶剂测定时的误差降低到1%的范围内。

(3)在部分区域内,检测器对杂散光的感应能力强于对分析用选定波长光的感应能力。这种情况通常发生在检测器的长波长极限处,比如光电倍增管在高于620nm处,光敏电阻在1.1μm处会发生这样的情况。在这种情况下应避免使用该类型的检测器,或者使用特殊过滤器屏蔽低波长的杂散光。

第三节　紫外—可见光谱分析技术在纺织上的应用

从纺织原料的质量把控到染整工艺技术的调整,从染化料助剂的分析到纺织产品生态安全性能的监管,紫外—可见光谱分析技术在纺织工业的应用已经相当普遍,并且早已成为最重要的常规分析测试技术手段之一。以下是一些来自生产一线和质量管控环节的实例。

一、原料质量控制

(一)实例:尼龙66盐溶液的质量控制

尼龙纤维是纺织工业最重要的合成纤维原料之一。尼龙纤维分成尼龙6和尼龙66两大系列,前者是由己内酰胺开环聚合、造粒和熔融纺丝制得,后者是由己二酸和己二胺盐(尼龙66盐)缩聚后,经造粒和熔融纺丝制得。尼龙66盐作为制造尼龙66纤维或树脂的主要原料,其一项重要的质量考核指标就是*UV*值。即尼龙66盐溶液在规定的浓度和吸收池厚度条件下,在波长279nm处的吸光度*A*。研究表明,当尼龙66盐的*UV*值超标时,会对其下游纺丝过程中的拉伸性能和强度产生不利影响。来自于生产实践的经验是,当把*UV*值控制在$(0.02\sim0.04)\times10^{-3}$时,可以获得理想的纺丝效果。尼龙66盐*UV*指数的具体测试方法是:称取20g±0.01g试样,溶于适量水中,移入100mL容量瓶中,用水稀释至刻度,摇匀。在波长279nm处,用5cm石英吸收池,以水为参比,测量其吸光度*A*。进一步的研究表明,造成尼龙66盐*UV*值上升的主要原因包括:己二胺生产装置所用的雷尼镍催化剂活性低,造成含氮杂环或氨基副产物增加;尼龙66盐溶液储罐氮封用的氮气中氧含量过高;尼龙66盐溶液中出现不明磺化物和硬脂酸;成盐反应温度过高造成杂质过多以及成盐放置时间过长等问题。这些都会对后续的尼龙66纺丝成型工艺带来不利的影响。

(二)实例:棉纤维原料含糖量的测定

棉纤维中所含糖分是指含有的可溶性糖的总量,其中包括自身含有的生理糖(即内源糖)和附着于纤维表面的外源糖类物质。视其分子大小可分为三类:单糖(葡萄糖和果糖等)、低聚糖(麦芽糖和蔗糖等)和多糖(纤维素和淀粉等)。棉纤维所含糖分用含糖量表示,即附着在棉纤维表面总糖(包括还原糖、非还原糖)重量占棉纤维试料重量的百分率。棉花作物在生长过程中会受到蚜虫、红铃虫等昆虫的侵蚀,这些昆虫留下的分泌物会黏附在吐絮后的棉纤维上,这是棉纤维表面外源糖的主要来源。而棉纤维中的纤维素本系叶绿素合成的糖(葡萄糖、果糖等还原糖)则通过棉桃内的棉籽进入棉纤维的细胞里面,再经聚合而成,称内源糖。棉纤维含糖量是影响棉纤维品质和纺纱工艺的重要指标。棉花含糖量高,在纤维开松、梳理、纺纱和织造的过程中会因温度的上升而发生纤维黏结、纱线缠绕、摩擦力增大、纤维断裂、纱线断头增多等现象。

棉纤维含糖量的检测方法可采用 GB/T 16258—2018《棉纤维含糖试验方法　分光光度法》。在 GB/T 16258—2018 中,规定了以 3,5-二羟基甲苯—硫酸溶液为显色剂,用分光光度法定量测定棉花所含总糖量的试验方法:取 3 份试料,每份试料重 2.0g±0.1g,分别置于 250mL 锥形瓶中,加入 0.005%脂肪酸烷醇酰胺 200mL,在振荡器上振荡 10min。用玻璃棒将棉花翻过后,继续振荡 10min,用定量滤纸过滤,得到 3 份试料溶液。各吸取 1.0mL 的试料溶液注于 25mL 比色管中,将比色管置于 70℃恒温水浴锅中,快速加入 2.0mL 3,5-二羟基甲苯—硫酸溶液,摇匀,冷却至室温,用 0.04%脂肪酸烷醇酰胺溶液定容至刻度。在 425nm 波长处测定溶液的吸光值 A。将试料溶液的吸光值减去空白溶液的吸光值,在工作曲线上查出试料溶液的浓度,按给定的公式计算样品棉纤维的含糖量。

(三)实例:聚酯切片或纤维中微量二氧化钛含量的测定

二氧化钛常用作合成纤维的消光剂,其含量的高低会对切片的纺丝性能以及纤维的染色和使用性能产生影响。聚酯切片或纤维中微量二氧化钛的含量可以用分光光度法进行定量测定。其原理是:用浓硫酸加热分解聚酯切片,并进而将其中的二氧化钛分解成四价钛离子,四价钛离子能与过氧化氢形成黄色络合物($Ti^{4+}+H_2O_2+2SO_4^{2-}\rightarrow[TiO_2(SO_4)_2]^{2-}+2H^+$),可在 410nm 波长下用分光光度法进行定量测定。

分解液制备:在 1000mL 烧杯中加入 350mL 浓 H_2SO_4,小心加热近沸腾状态,加入 200mL $(NH_4)_2SO_4$,搅拌溶解,冷却至室温,移入试剂瓶备用。

钛标准溶液制备:精称 0.1gTiO_2置于 100mL 烧杯中,加入 20mL 分解液,加热搅拌溶解,冷却至室温后移入 1000mL 容量瓶中,用蒸馏水稀至刻度,摇匀,备用。

标准曲线的制作:用移液管分别移取 0、0.5mL、1.0mL、1.5mL、2.0mL、2.5mL、3.0mL 钛标准溶液于 100mL 容量瓶中,分别加入 50mL 蒸馏水和 25mL 5%H_2SO_4溶液,不盖塞摇匀,再加入 10mL 3%H_2SO_4溶液,用蒸馏水稀至刻度,摇匀。15min 后用空白做参比,用分光光度计在 410nm 波长处测定各标准溶液的吸光度 A,以吸光度 A 为纵坐标,以二氧化钛质量为横坐标绘制工作曲线,它应该是一条经过原点的直线。

样品的测定:根据样品中 TiO_2可能的含量范围,精称 0.1~1g(精确到 0.0001g)样品,置于 250mL 三角烧瓶中,加入 12mL 浓 H_2SO_4,缓慢加热至出现褐色后再继续加热 5min,沿瓶壁小心加入 3mL 浓 H_2SO_4,同时使在加热分解过程中可能溅在瓶壁上的微小炭化颗粒被洗入浓 H_2SO_4 液中,再很缓慢地加热 3min,以保证分解完全。倾斜三角烧瓶,在不断摇动下,沿瓶壁逐滴加入 7mL 30%H_2SO_4,使溶液退色。自然冷却至室温后,定量移入 100mL 容量瓶中,加入 10mL 3% H_2O_2,用蒸馏水稀至刻度,摇匀。15min 后以空白作参比,用分光光度计在 410nm 波长处测定其吸光度。根据所测得的吸光度从标准工作曲线上查得对应的二氧化钛质量,按下式计算样品中二氧化钛的含量：

$$TiO_2(\%) = \frac{W_T}{W_S} \times 100 \tag{1-10}$$

式中，W_T为从标准工作曲线上查得的二氧化钛质量，g；W_S为试样质量，g。以两个平行试样测定结果的平均值表示测定结果，相对偏差应<0.3%。

二、染色性能的测定

(一)实例：阳离子染料可染改性涤纶染色性能测定

目前阳离子染料可染改性涤纶染色性能的评价采用的是染色饱和值的概念，即将纤维样品放入按浴比为100∶1、pH=4.5、以亚甲基蓝为标准染料配置的染浴中，在100℃下回流染色4h后取出纤维，用分光光度计测定染浴中残留的染料量，按规定折算成每100g纤维上染相对分子质量为400的纯阳离子染料(孔雀绿)的重量，即为该纤维的染色饱和值S_f。根据定义，这个染色饱和值是指在上述规定的条件下，当上染率为90%时100g纤维上染标准染料的重量。

标准曲线的绘制：称取亚甲基蓝1g(精确到0.0001g)，加入40%冰醋酸1mL调成浆状，用热蒸馏水溶解，冷却后移入500mL容量瓶中，用蒸馏水稀至刻度，配成2g/L亚甲基蓝标准溶液，备用。用5mL胖肚移液管移取5mL前述标准溶液于500mL容量瓶中，用蒸馏水稀至刻度，用分光光度计在668nm波长下测定其吸光度A。以染液浓度($C \times 10^{-3}$g/L)为横坐标，以吸光度A为纵坐标绘制出标准曲线。

染色：按表1-2中给出的处方分别配制5份染浴于250mL三角烧瓶中，投入1g纤维试样W，装上冷凝管，在104℃的水—甘油浴中加热回流染色4h。染色后，冷却，用蒸馏水洗下浮色，连同残液一起移入500mL容量瓶中，用蒸馏水稀至刻度。

表1-2　测试用染浴处方

染化料	染浴编号				
	1	2	3	4	5
亚甲基蓝(%)	0.5	1.0	1.5	2.0	2.5
醋酸(%)	1.0	1.0	1.0	1.0	1.0
醋酸钠(%)	2.0	2.0	2.0	2.0	2.0

注　①上述处方中用量均为对纤维的百分比重。
②浴比：100∶1、pH=4.5±0.2(有时须根据需要用醋酸、醋酸钠调节染浴的pH以符合规定的要求)。

测定和计算：从上述染色残液中移取XmL，根据需要稀释至YmL，用分光光度计测定其吸光度A，并从标准曲线上查得对应的染料浓度Z，按下式计算出残液中染料相对于纤维的百分数：

$$残液中染料量(\%) = \frac{500 \times Z \times Y}{X \times W} \times 100 \tag{1-11}$$

以5份染色残液中染料的百分含量owf为横坐标，以原始染液的百分含量owf为纵坐标作曲线图，然后从原点作斜率为10的直线(在该直线上任一点的上染率均为90%)，由两条线的交点求出原始染液中染料对纤维重的百分率C，再按下式计算纤维的染色饱和值S_f：

$$S_f = C \times 98.5\% \times 1.25 \times 90\% \quad (1-12)$$

式中，98.5%为亚甲基蓝的纯度；1.25为相对分子质量为400的标准阳离子染料与相对分子质量为320的亚甲基蓝的比；90%为定义中规定的上染率。

选用668nm作为测定波长是因为在亚甲基蓝—醋酸—醋酸钠的溶液体系中只有668nm的吸收峰属于单纯亚甲基蓝的吸收峰。此外，本方法中确定染色饱和值的定义是非常必要的。如果简单以加入原始染液的染料量与染色残液中的染料量之差，即已染到纤维上的染料量除以纤维重量作为该纤维的染色饱和值的话，这个值其实是不固定的。因为原始染浴中如果染料的浓度不同，即使其他条件都相同，最后染到纤维上的染料的量也是不同的。如果以染浴残液中亚甲基蓝对纤维重的百分比为横坐标，以原始染液中亚甲基蓝对纤维重的百分比为纵坐标，得到的不是一条直线，而是曲线，而且这条曲线上的上染率也是不同的，自左至右，从高到低。因此，本方法中引入饱和值的明确定义，规定其上染率为90%的直线与实际上染曲线的交点计算染色饱和值，使之更具科学性和可比性。

（二）实例：分散染料固色率的测定

按相关标准染色后，分别取经轧染（轧染深度20g/L）、预烘以及再经热熔、还原清洗后的试样各一块，将试样剪碎，并充分混合均匀。称取0.1g试样（精确至0.0001g），置于50mL的容量瓶中，加入3mL氯苯—苯酚混合液，使纤维全部浸没于上述溶剂中；然后置于沸水浴中，至纤维全部溶解，冷却至室温，在摇动下逐滴加入丙酮溶液，使被溶解的涤纶以絮状物析出，然后用丙酮溶液稀释至刻度，摇匀，加盖静置（或离心），使涤纶树脂絮状物全部沉积于瓶底，备用。用玻璃吸管小心吸取容量瓶上部澄清的有色液，并用丙酮作空白溶液，在最大吸收波长处测定吸光度，以质量分数（%）表示分散染料固色率（F）：

$$F = \frac{E_1\ m_2}{E_2\ m_1} \times 100 \quad (1-13)$$

式中，F为分散染料固色率，%；E_1为经热熔、还原清洗后试样溶液的吸光度值；E_2为经轧染、预烘后试样溶液的吸光度值；m_1为经热熔、还原清洗后试样的质量，g；m_2为经轧染、预烘后试样的质量，g。

三、纺织产品生态安全性能的测试

（一）实例：纺织品上锑含量的测定

纺织品上锑的来源主要有两个，一是作为聚酯缩聚工艺的催化剂（三氧化二锑），二是作为无机阻燃增效剂用于纺织品的阻燃整理或经共混纺丝制备阻燃纤维（三氧化二锑或五氧化二锑）。但由于锑对人的眼、鼻、喉及皮肤等器官有刺激作用，持续的接触还可能累及人的心脏和肝脏功能，给人体健康带来危害。目前相关法规和标准已经对纺织品上可萃取锑的含量给出了限量要求，但目前相关标准中所采用的原子吸收分光光度法和电感耦合等离子体原子发射光谱法存在灵敏度低、离子干扰大的缺点。

研究表明，荧光显色剂对氯苯基偶氮水杨基荧光酮作为一种优良的显色剂，可以与锑发生显色反应，显色后生成的配合物可以用紫外—可见分光光度法进行定量测定，其最大吸收波长为526nm。将其用于纺织品上锑含量的测定具有灵敏度高，重现性好，干扰少的特点。具体的测试步骤和显色条件为：取有代表性的样品，剪碎至5mm×5mm以下，混匀，称取4g试样两份

(供平行试验用,精确至 0.01g)。将试样置于具塞三角烧瓶内,加入 80mL 酸性汗液,使试样充分浸湿,置于恒温水浴振荡器振荡 60min,静置冷却至室温,过滤,备用。取 2mL 萃取液于 25mL 容量瓶中,依次加入 2mL 浓度为 1%的盐酸溶液、1mL 浓度为 10g/L 的溴化十六烷基三甲铵和 1mL 浓度为 1mg/mL 的对氯苯基偶氮水杨基荧光酮显色剂,用去离子水定容,摇匀。在 526nm 波长下测定吸光度值,以标准曲线法进行定量。

此外,锑还可以用 KI——抗坏血酸作为显色,在 423nm 波长下进行定量测定。

(二)实例:纺织品上甲醛含量的测定

甲醛在纺织品的树脂整理、涂层及涂料印花黏合剂中作为交联剂被广泛使用。但由于工艺和技术上的原因,部分含有甲醛的纺织品在穿着或使用过程中,部分未交联(游离)或水解产生的甲醛会释放出来,对人体健康造成危害。

目前,纺织品上甲醛含量的测定采用先用水萃取游离或水解的甲醛,然后用乙酰丙酮显色,最后用分光光度计进行定量测定的方法。具体的步骤包括:将 1g 试样剪碎,置于 250mL 锥形瓶中,加入 100mL 去离子水,在 40℃ 的水浴中萃取 1h(每 15min 摇动 1 次),冷却,过滤。取 5mL 萃取液加入等体积的乙酰丙酮试剂,摇匀,40℃保温 30min。显色后,冷却至室温,在 420nm 波长处测定其吸光度。

纺织品上甲醛含量的计算如下。

$$F=\frac{CVD}{W}$$

式中:F 为样品上甲醛含量,mg/kg;C 为在标准曲线上查得的萃取液甲醛浓度,mg/L;V 为萃取液体积 L;D 为萃取液稀释倍数;W 为试样重量,kg。

(三)实例:皮革及纺织品中六价铬(Cr VI)含量的测定

目前,皮革制品最成熟的鞣革工艺是一步法铬鞣工艺,即采用三氧化二铬(三价铬)作为鞣剂对浸酸裸皮进行鞣制。此时,铬鞣剂在一定的 pH 范围内形成具有水解、配聚和聚合作用的铬配合物,与裸皮胶原中氨基酸上的羧基发生配位作用,结合形成牢固的配位键。随着鞣制反应的继续进行,铬配合物分子继续水解、配聚,变成多核铬配合物,与胶原羧基配位点更多。通常,在成品革中,铬的含量大约在 3%~5%,其中包括已与裸皮中的胶原蛋白形成配位键的铬和多余的未参与反应的铬粉中的铬。由于工艺和技术等方面的原因,未参与反应的铬粉中的三价铬会在一定的条件下转化成六价铬。六价铬是一种强氧化剂,会引起皮肤刺痛和过敏。此外,六价铬还是剧毒物质,对肝脏和肾脏有害,与皮肤大面积接触会造成损伤、溃疡。在纺织行业,某些金属络合染料、颜料、助剂和催化剂也是纺织产品上六价铬的来源。

目前,世界各国标准对皮革或纺织产品上六价铬含量的测定基本上都采用比色法。ISO 17075-1:2017《皮革　皮革中六价铬含量的化学测定　第 1 部分:比色法》规定:准确称取 2g±0.1g 碾碎的皮革样品(精确至 0.001g)备用;往 250mL 具塞锥形瓶中加入 100mL 磷酸缓冲液(pH 为 8±0.1),插入导气管,往瓶中通入不含氧的氩气(或氮气)进行除氧,流速(50±10)mL/min,时长 5 min。放入称好的试样,盖好磨口塞,放在回转振荡器上萃取 3 h,速率(100±10)转/min。萃取结束后用膜过滤器过滤,并确认萃取溶液的 pH 在 7.8~8.0 的范围内。用移液管准确吸取 10mL 滤液经过一固相萃取提取柱,置于 25mL 容量瓶中,再用 10mL 磷酸缓冲溶液冲洗提取柱,合并至容量瓶中,用缓冲液定容。然后从此容量瓶中移取 10mL 溶液置于 25mL 容量瓶中,用缓冲液稀至刻度的3/4,再加70%磷酸溶液0.5mL、1,5-二苯卡巴肼溶液0.5 mL,用磷酸缓冲液稀释至刻度,混合均匀。静止15 min后,用4cm比色池,以空白为参照,在540nm波长处测得吸光度。同时,按同样的程序,但不加二苯卡巴肼测得相应的吸光度,利用标准曲线中六价铬的含量。

纺织产品中六价铬的测定原理与皮革类似,但萃取液被改成了人工酸性汗液。根据GB/T 17593.3—2006《纺织品 重金属的测定 第3部分:六价铬 分光光度法》的要求,取有代表性的纺织样品,剪碎至5mm×5mm以下,混匀,称取4g试样2份(供平行试验用,精确至0.01g),置于具塞三角烧瓶中,加入80mL人工酸性汗液,将样品充分浸湿后,放入恒温水浴振荡器中,在37℃±2℃下振荡萃取60min,静置冷却后过滤,备用。移取20mL样品萃取液,先后加入1mL磷酸溶液和1mL1,5-二苯卡巴腙显色剂,混匀,在室温下放置15min,用水作为空白,在540nm波长下测定显色后样品溶液的吸光度A_1。考虑到样品萃取液的不纯和样品的褪色,另取20mL样品萃取液,加2mL水,混匀,以水为参比,在相同条件下测定未显色样品溶液的吸光度A_2。根据校正后的吸光度$A=A_1-A_2$,通过标准工作曲线查出对应的六价铬浓度,计算样品上可萃取六价铬含量。

参考文献

[1]曾百肇,张华山,潘祖亭,等.分析化学:上册[M].北京:高等教育出版社,2006.

[2]曾百肇,张华山,潘祖亭,等.分析化学:下册[M].北京:高等教育出版社,2007.

[3]上海化工学院分析化学教研组,成都工学院分析化学教研组. 分析化学:下册[M]. 北京:人民教育出版社,1978.

[4]PERKAMUPUS H H, Grmter H C, Threlfall T L. UV-VIS Spectroscopy and Its Applications [M].Berlin: Springer,1992.

[5]HOLLAS J M. Modern Spectroscopy [M].4th Edition.England:John Wiley & Sons, Ltd,2004.

[6]PARSON W W. Modern Optical Spectroscopy [M].Berlin:Springer,2007.

[7]倪一,黄梅珍,袁波,等.紫外可见分光光度计的发展与现状[J].现代科学仪器,2004(3):3-7.

[8]吴文铭.紫外可见分光光度计及其应用[J].生命科学仪器,2009(7):61-63.

[9]宦双燕.波谱分析[M].北京:中国纺织出版社,2008.

[10]王敬尊,瞿慧生.复杂样品的综合分析[M].北京:化学工业出版社,2000.

[11]彭勤纪,王壁人.波谱分析在精细化工中的应用[M].北京:中国石化出版社,2001.

[12]何巧红,陈恒武.浅谈桑德尔灵敏度的意义[J].大学化学,1998(13):48.

[13]THOMAS N C.The Early History of Spectroscopy [J].Journal of Chemical Education,1991,68(8):631-633.

[14]SHIBATA S. Furukawa M. Goto K. Dual-wavelength spectrophotometry: General method [J]. Analytica Chimica Acta,1969,46(2):271-279.

[15]SWINEHART D F.The Beer-Lambert Law [J].J. Chem. Educ.,1962,39(7):333.

[16]DEAN R L.Understanding Beer's Law: An Interactive Laboratory Presentation and Related Exercises [J]. Journal of Laboratory Chemical Education,2014,2(3):44-49.

[17]谢雪琴,陈如. 现代分析测试技术在印染行业的应用(一)——紫外—可见吸收光谱分析技术[J]. 印染,2007,33(3):42-45.

[18]王建平,洪晨跃. 阳离子可染改性涤纶染色性能测定方法[J]. 印染,1993,19(10):30-32.

[19]张炜栋,黄旭. 纺织品中锑含量的荧光显色测定法[J]. 印染,2012,38(6):40-42.

[20]王建平,陈荣圻,吴岚,等.REACH法规与生态纺织品[M].北京:中国纺织出版社,2009.

第二章 红外光谱分析技术

第一节 红外光谱分析技术概述

一、电磁波与红外辐射

电磁波是由波长从小于 10^{-3}nm 的 γ 射线到波长大于 10mm 乃至 10km 的微波等多种波段组成的，包括 γ 射线、X 射线、紫外光、可见光、近红外光、红外光、远红外光和微波等。随着波长的增加，电磁波的振动频率下降，能量也下降。

根据英国理论物理学家和数学家詹姆斯·克拉克·麦克斯韦（J. C. Maxwell）的电磁场理论，若在空间某区域有变化电场（或变化磁场）存在，在邻近区域将产生变化的磁场（或变化电场），这种变化的电场或变化的磁场在两个正交面内不断地交替产生，由近及远以有限的速度在空间传播，形成电磁波。描述电磁波波动性的重要参数有波长、频率和传播速率，其中波长是指沿光的传播方向上，相邻两个波峰或波谷之间的距离，以 λ 表示。电磁波（光）的波长、频率和传播速率（光速）三者之间有如下的关系：$\lambda\nu=c$。式中：λ 为波长，cm；ν 为频率，s^{-1}；c 为光速，常数（3×10^{10}cm/s）。

根据不同波段的划分，波长从 0.75～1000μm，即介于可见光和微波区段的电磁波被称红外光。根据产生、分离和探测这些红外辐射的原理及所采用的方法及其应用，又可将红外光分成三个波段：近红外（$\lambda=0.75\sim2.5\mu m$）、中红外（$\lambda=2.5\sim25\mu m$）和远红外（$\lambda=25\sim1000\mu m$）。

二、红外光谱与分子振动

（一）红外光谱的基本概念

物质是在不断运动着的，构成物质的分子和原子也都处于一定的运动状态，不同的运动状态对应于一定的能级。分子的运动包括平动、转动、振动和分子内的电子运动等，其总的能量可以表述成：

$$E=E_0+E_{平}+E_{转}+E_{振}+E_{电} \tag{2-1}$$

E_0是分子的零点能（静止的基态分子能量）；$E_{平}$是分子的平动能，也就是分子整体在空间运动的能量；$E_{转}$是分子的转动能；$E_{振}$是分子内原子间的振动能；$E_{电}$则是分子内电子的势能。根据量子力学的观点，除了平动能之外，分子的运动能都是量子化的，分子的转动能、振动能及电子势能都有各自的量子化能级。当分子吸收外界的辐射能量而发生能级跃迁时，其能级会从初始态跃迁至激发态，两者之间的能量差 ΔE 可用玻尔（Bohr）频率方程式表述：

$$\Delta E=E_{终}-E_{始}=h\nu$$

$E_{始}$为初始态能级，$E_{终}$为激发态能级。显然，ΔE 越大，则所吸收的辐射的频率越高（波长越短）；反之，则所吸收的光的频率越低（波长越长）。

由此，人们对红外光谱给出的定义是：当一束具有连续波长的红外光通过物质，物质分子中某个基团的振动频率或转动频率与入射的红外辐射频率一致时，分子会吸收能量，由原来的基态振（转）动能级跃迁到能量较高的激发态振（转）动能级，该处波长的光就会被物质吸收。以吸光度为纵坐标，以波长为横坐标所得到的带状图就是红外光谱（Infrared Spectroscopy，简称IR）。由于绝大多数有机物和无机物的基频吸收带都出现在中红外区，是红外光谱研究和应用最多的区域。不仅积累的资料最多，仪器技术也最为成熟。因此，目前人们所称的红外光谱就是中红外光谱。红外光谱法实质上就是一种根据分子内部原子间的相对振动和分子转动等信息来确定物质分子结构和鉴别化合物的分析方法。

理论上讲，单纯的分子振动吸收光谱应落在中红外区域，是线状光谱。但实际测得的红外吸收光谱都是振动能级跃迁伴随着转动能级的跃迁，即分子振—转光谱，得到的还是带状光谱，吸收峰比紫外—可见吸收光谱更窄，图谱也更复杂。通常情况下，分子吸收光谱图的纵坐标以吸光度表示，横坐标以吸收波长表示，如紫外—可见吸收光谱和早期的红外光谱。但现在的红外光谱多用透射比（%）和波数 σ（cm^{-1}）分别作为纵坐标和横坐标，其中波数 σ 与吸收波长 λ 呈倒数关系，定义为：每厘米长度中波的数量，单位为 cm^{-1}。中红外区的波长范围是 2.5～25μm，其对应的波数范围则为 4000～400cm^{-1}。这种采用波数等间隔分度的方法称为线性波数表示法（图 2-1）。

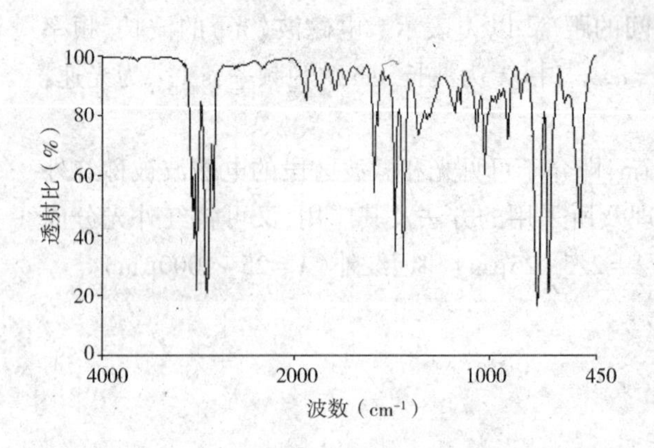

图 2-1 聚苯乙烯的红外吸收光谱图

在分子光谱中，提供分子结构信息最丰富、应用最为广泛的方法就是红外光谱法。由于中红外区的吸收大多是由分子中各个化学键的伸缩、弯曲和摇摆等基频振动引起的，即分子由基态跃迁至第一激发态所产生的能量吸收引起的，可以直接体现双原子基团的吸收特征。与此同时，大部分有机分子的多个原子间的复杂振动所引起的吸收会在中红外区域中的某一区段出现，其整体反映出来的吸收峰的数量、位置、大小和形状等与化合物内部的结构和基团周边的环境等密切相关，且不同的化合物各不相同。基于物质在中红外区所具有的上述吸收特性，红外光谱成了化合物定性、定量和结构分析以及其他化学过程研究的重要技术手段。

（二）分子振动与红外活性

1. 双原子分子振动

双原子分子振动最为简单。在无外界因素影响的情况下，分子中两个以化学键连接的原子会以平衡点为中心，以很小的振幅做周期性的基频振动，这可被近似看作是一种简谐振动。如果以此建立一个双原子分子的振动模型，就如弹簧连接的两个小球（图 2-2），弹簧是化学键，m_1和 m_2分别代表两个小球的质量，即两个原子的质量，弹簧的长度 r 就是分子化学键的长度。

由经典力学可导出该体系的基本振动频率公式为：

$$\sigma = \frac{1}{2\pi c}\sqrt{\frac{k}{\mu}} \qquad (2-2)$$

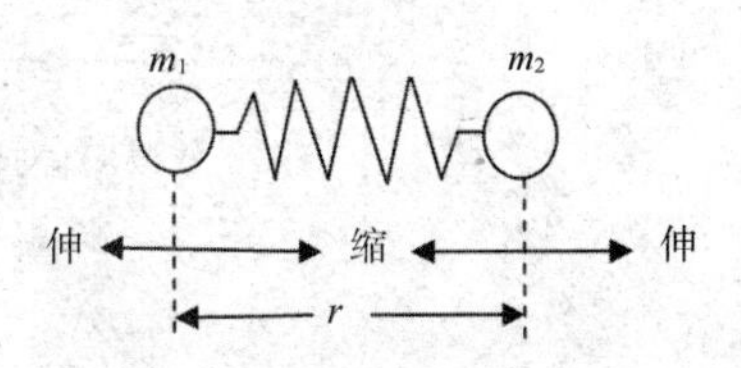

图 2-2　双原子分子振动模型

式中，σ 为波数，cm^{-1}；c 为光速（3×10^{10} cm/s）；μ 为原子的折合质量，$\mu = m_1 \cdot m_2/(m_1+m_2)$；$k$ 为化学键的力常数，其定义为将两原子由平衡位置伸长单位长度时的恢复力，一般来说，单键、双键、叁键的力常数分别近似为 5N/cm、10N/cm 和 15N/cm。

由式(2-2)可见，影响分子基本振动频率的直接因素是原子的折合质量和化学键的力常数。化学键的力常数 k 越大，原子的折合质量 μ 越小，则化学键的振动频率越高，吸收峰将出现在高波数区；反之，则出现在低波数区。例如：C—C、C ═C 和 C≡C 三种键的相对原子质量相同，键力常数的顺序是叁键>双键>单键。因此，在红外光谱中，C≡C 键（炔）的吸收峰出现约在 $2222cm^{-1}$的位置，C ═C 键（烯）的吸收峰约在 $1667cm^{-1}$，而 C—C 键的吸收峰约在 $1429cm^{-1}$。至于相同化学键的基团，如 C—C、C—N 和 C—O，因其相对原子质量的大小顺序为 C—C<C—N<C—O，因而这三种键的基频振动吸收峰分别出现在 $1430cm^{-1}$、$1330cm^{-1}$和 $1280cm^{-1}$附近。

2. 多原子分子振动

多原子分子的振动相对比较复杂。由于组成的原子数目增多，组成分子的键、基团和空间结构的不同，其振动光谱比双原子分子要复杂得多。但仍可以把多原子分子的振动分解成许多简单的基本振动，即简正振动后再加以分析。

所谓简正振动是指振动时分子质心保持不变，整体不转动，每个原子都在其平衡位置附近做简谐振动，其振动频率和位相都相同，即每个原子都在同一瞬间通过其平衡位置，而且同时达到其最大位移。多原子分子振动中任何一个复杂的振动都可以看成这些简正振动的线性组合。

简正振动的分子的振动形式可分为两个大类：伸缩振动和变形振动。

伸缩振动是指原子沿键轴方向伸缩，键长发生变化而键角不变的振动，用符号 ν 表示。伸缩振动又可以分为对称伸缩振动（ν_s）和反对称伸缩振动（ν_{as}）。以—CH_2—为例，如果两个 H 原子沿化学键方向同时伸展或收缩，称为对称伸缩振动；若两根化学键在一根伸展的同时另一根收缩，则称为反对称伸缩振动。若有三个相同原子与一中心原子相连（如—CH_3），就会有三种伸缩振动模式，其中一种是对称伸缩振动，另两种是反对称伸缩振动。但出现的吸收峰仍只有两个，因为两个反对称伸缩振动具有相同的振动能量和频率。对同一基团来说，不对称伸缩振动的频率要稍高于对称伸缩振动的频率。

变形振动是指使键角发生周期性变化的振动，即振动方向垂直于原子间连接方向，并引起键角的变化，但键长不变，又称弯曲振动或变角振动，用符号 δ 表示。变形振动可分为面内变形振动和面外变形振动，也有对称（s）和反对称（as）之分。面内变形振动包括面内弯曲振动（β）和面内摇摆振动（r）；面外变形振动包括面外摇摆振动（ω）、面外弯曲振动（γ）、扭转振动（τ）和扭绞振动（t）。

图 2-3 列出了部分 XY_2和 XY_3型基团的伸缩振动和变形振动的振动方式。

除了上面提到的振动形式，还有一些对应于特别的基团或分子结构的振动，如苯环的呼吸振动，即由于芳香环的增大或缩小而引起的振动，此外还有折叠振动等。

显然，多原子分子的振动可以是多种形式共存的，其简正振动的数目与组成分子的原子个

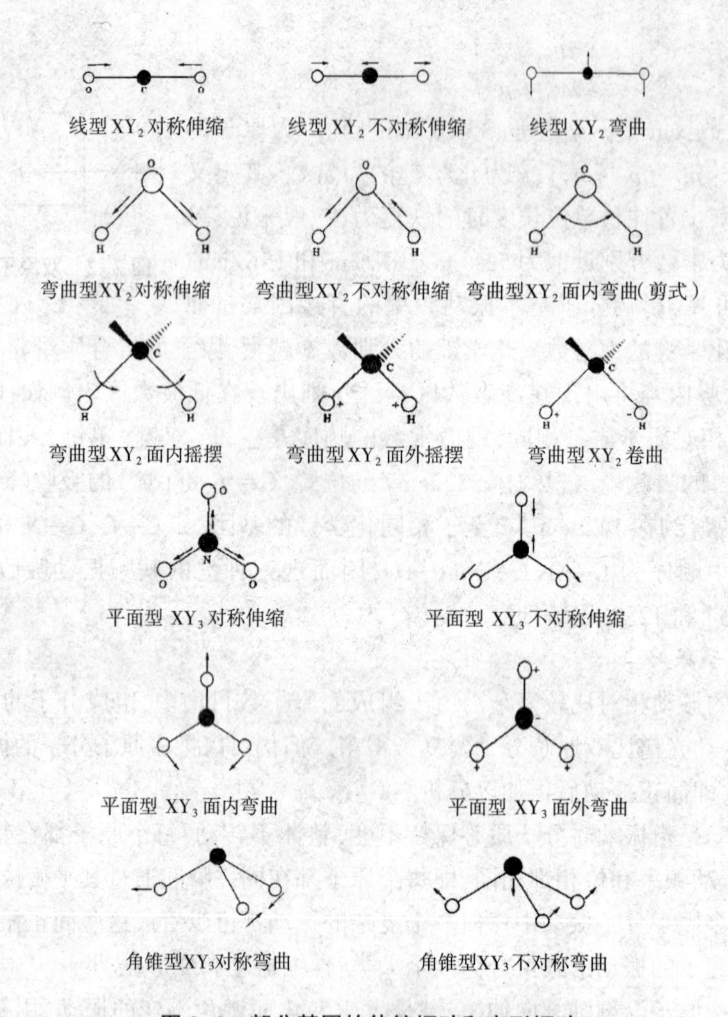

图 2-3 部分基团的伸缩振动和变形振动

数有关。对一个原子而言,其具有 X、Y 和 Z 三个自由度。而含 N 个原子的分子,其自由度应为 $3N$ 个,其中包括非红外活性的整个分子的三个平动自由度和三个转动自由度。理论上讲,非线性分子的振动自由度(简正振动的数目)= 分子自由度-(平动自由度+转动自由度)= $3N-6$;而线性分子只有两个转动自由度,故线性分子的振动自由度 = $3N-5$。以 HCl 和 CO 为例,它们的简正振动数目 = $3\times2-5=1$,各出现一个强吸收峰。

苯分子的简正振动数目应等于 $3\times12-6=30$,即应有 30 个吸收峰(吸收谱带),但实际上出现的基频谱带要少于这个数目。究其原因,应该涉及以下方面的因素:

①分子的对称性,使得某些基频发生简并;

②部分振动无偶极矩变化,为非红外活性;

③吸收强度太低,无法被观察到;

④因分辨率不够而与其他吸收发生重叠;

⑤某些谱带出现在扫描波数的范围之外。

当然,在有些情况下,倍频或组合频的出现,也会增加出峰的数量。但总体而言,实际出现的吸收谱带数量会少于计算出的理论值。

3. 红外活性

分子作为一个整体呈电中性，但构成分子的各原子的电负性却各不相同，因此会存在偶极矩，并显示出不同的极性。其极性的大小可用偶极矩μ来衡量。偶极矩μ是分子中电荷的大小δ与正负电荷中心的距离r的乘积，即$\mu=\delta \cdot r$，偶极矩单位为德拜(Debye)，用D表示。H_2O和HCl分子的偶极矩如图2-4所示。

分子内原子在不停地振动，当用一定频率的红外光照射分子时，如果分子中某个基团的振动频率与红外光照射的频率一致时，两者就会发生共振。在振动过程中δ不变，而正负电荷中心的距离r会发生改变，从而引起偶极矩的变化，光的能量通过分子偶极矩的变化而传递给分子。因此，这个基团就吸收了一定频率的红外光，从原来的基态振动能级跃迁到较高的振动能级。这种振动被认为是具有"红外活性的"。相反，如果对称分子的正负电荷中心是重叠的，即$r=0$，则对称分子中的原子振动不会引起偶极矩的变化，也不会吸收特定频率的红外光而发生能级的跃迁，这种振动被认为是"非红外活性的"。非红外活性的振动不会在红外光谱中产生吸收谱带。

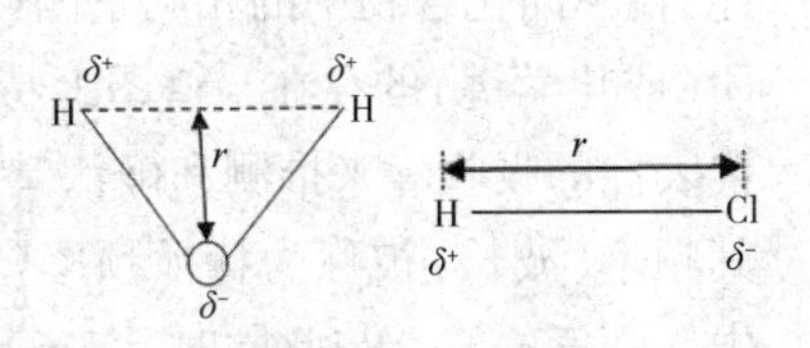

图2-4　H_2O和HCl分子的偶极矩示意图

4. 产生红外吸收光谱的基本条件

红外光谱是由于分子振动能级(同时伴随部分转动能级)的跃迁而产生的，物质分子吸收红外辐射应满足以下两个基本条件。

一是根据量子化的原理，红外辐射应具有恰好能满足能级跃迁所需的能量，即物质分子中某个基团的振动频率应正好等于该红外辐射的频率；或者说当用红外光照射分子时，如果红外光子的能量正好等于分子振动能级跃迁时所需的能量，则可以被分子吸收，这是红外光谱产生的必要条件。

二是物质分子在振动过程中应有偶极矩的变化($\Delta\mu\neq0$)，这是红外光谱产生的充分必要条件。因此，对称分子(如O_2、N_2、H_2、Cl_2等双原子分子)因分子中原子的振动并不会引起μ的变化，则不能产生红外吸收光谱。

三、红外吸收光谱与分子结构

(一)红外吸收峰的类型

1. 基频峰

分子吸收一定频率的红外光，且其振动能级是由基态($n=0$)跃迁到第一振动激发态($n=1$)时所产生的吸收峰称为基频峰。通常，基频峰的强度都较大，因而基频峰是红外吸收光谱上最重要的一类吸收峰。

2. 泛频峰

分子在红外辐射的作用下，其振动能级还可能发生由基态($n=0$)向第二($n=2$)、第三($n=3$)，乃至更高的激发态跃迁的情况，此时所产生的吸收峰被称为倍频峰。除此之外，还会有合频峰n_1+n_2，$2n_1+n_2$，…；差频峰n_1-n_2，$2n_1-n_2$，…。而倍频峰、合频峰及差频峰统称为泛频峰。由于发生倍频、合频和差频跃迁的概率相对较低，所以泛频谱带一般较弱，且多数出现在近红外区。但它们的存在增加了红外光谱鉴别分子结构时的特征判别依据。例如，取代苯的泛频峰出现在 2000~1667cm^{-1}的区间,主要是由苯环上面外变形的倍频峰等所构成。

3. 特征峰和相关峰

对某一特定的基团(或化学键)而言,其相对原子质量是固定的,而化学键的力常数也基本不变。根据红外吸收原理,其某种振动形式的红外吸收频率应该出现在一个很窄的范围内。虽然可能会受到分子中其他部分的影响,但要从根本上显著改变化学键的力常数是不可能的。因此,在不同化合物中的相同基团(或化学键)应该在相同或近似的吸收频率出现吸收,即某些基团(或化学键)的存在与谱图上特定吸收峰的出现应该是对应的。由此,可用一些易辨认的、有代表性的吸收峰来推测和确认基团的存在。可用于鉴定基团存在的吸收峰被称为特征吸收峰,其频率(波长)被称为特征频率(波长)。如—C≡N 的特征吸收在 2247cm^{-1}处,是一个尖锐的中等强度的峰。与此同时,许多基团的振动形式并不局限于一种,每一种具有红外活性的振动形式都有其对应的吸收峰,有时还可观察到泛频峰。因此,许多基团在红外光谱上往往有多个特征吸收峰,这也为确认某些基团的存在提供了更为可靠的依据。在化合物的红外谱图中由于某个基团的存在而出现的一组相互依存的特征峰,被互称为相关峰。

(二)红外吸收光谱的分区

1. 特征谱带区和"指纹区"

在中红外区,分子中的各种基团都有其特征的红外吸收峰,并呈现出特定的分布,因而被称为红外光谱的基频区。如果再进一步细分,则可将基频区划分为特征谱带区(4000~1330cm^{-1})和指纹区(1330~650cm^{-1})。在特征谱带区,吸收峰的数量不多,但一些主要化学键的基频伸缩振动在此区域都会呈现出互不重叠的强吸收峰,基团(化学键)与吸收频率有着明确的对应关系,在结构分析中具有重要的意义。在指纹区,吸收光谱比较复杂,不仅吸收峰多,而且多是相互重叠,很难确认某一吸收峰的归属。在这个区域,除了某些单键的伸缩振动吸收,更多的是各种变形振动的吸收。这是因为变形振动能级差小,其吸收频率要小于特征谱带区基频伸缩振动的频率,再加上变形振动的形式远多于伸缩振动,所以该区域的谱带特别密集。但从另一侧面看,这些密集而又复杂的谱带,反映了分子结构的细微变化,特别是各种取代结构的信息。各种不同的化合物在该区的谱带位置、强度及形状基本上都不一样,每个化合物都有其特征的图形,犹如人的指纹,故称"指纹区"。"指纹区"对于指认结构类似的化合物很有帮助。

2. 不同区段的特征吸收及其归属

在解析红外吸收光谱时,人们通常将整个红外光谱的基频区划分为以下几个区段来进行特征吸收的判别。

(1)4000~2500cm^{-1}为 X—H(X ═C、N、O、S 等)的伸缩振动区。O—H 的吸收出现在 3600~2500cm^{-1}。游离羟基的吸收在 3600cm^{-1}附近,为中等强度的尖峰。形成氢键后键的力常数减小,向低波数移动,并产生宽而强的吸收。一般羧酸羟基的吸收频率低于醇和酚,可从 3600cm^{-1}移至 2500cm^{-1},并呈现宽而强的吸收。C—H 的吸收出现在 3000cm^{-1}附近,其中不饱和的 C—H 在>3000cm^{-1}处出峰,饱和的 C—H(三元环除外)在<3000cm^{-1}处出峰。CH_3有两个明显的吸收带,出现在 2962cm^{-1}和 2872cm^{-1}处。前者对应于反对称伸缩振动,后者对应于对称伸缩振动。分子中甲基数目多时,上述位置呈现强吸收峰。CH_2的反对称伸缩和对称伸缩振动分别出现在 2926cm^{-1}和 2853cm^{-1}处。脂肪族以及无扭曲的脂环族化合物的这两个吸收带的位置变化在 10cm^{-1}以内。一部分扭曲的脂环族化合物其 CH_2吸收频率增大。N—H 的吸收出现在 3500~

3300cm^{-1},为中等强度的尖峰。伯胺基因有两个 N—H 键,具有对称和反对称伸缩振动,因此有两个吸收峰。仲氨基仅有一个吸收峰,而叔氨基在此区域无 N—H 吸收。

(2)2500~2000cm^{-1}为叁键和累积双键的伸缩振动区。这一区域出现的吸收主要包括—C≡C、—C≡N 等叁键的伸缩振动以及—C=C=C—、—C=C=O 等累积双键的不对称伸缩振动。—C≡N 基的伸缩振动出现在 2220~2260cm^{-1},其吸收峰强而尖锐。对于炔类化合物,可以分成 R—C≡CH 和 R′—C≡C—R 两种类型,前者的伸缩振动出现在 2100~2140cm^{-1}附近,后者的伸缩振动出现在 2190~2260cm^{-1}附近;如果 R′=R,因为分子是对称的,无红外活性,故不出现吸收谱带。

(3)2000~1500cm^{-1}为双键伸缩振动区,是红外吸收光谱中非常重要的区域。C=O 的吸收一般为最强峰或次强峰,出现在 1760~1690cm^{-1}区域内,受与其相连的基团影响,会向高波数或低波数移动。芳香族化合物环内碳原子间伸缩振动引起的环的骨架振动特征吸收峰分别出现在 1600~1585cm^{-1}及 1500~1400cm^{-1}。因环上取代基的不同吸收峰有所差异,一般出现两个吸收峰。杂芳环和芳香单环、多环化合物的骨架振动非常相似。烯烃类化合物的 C=C 振动出现在 1667~1640cm^{-1},为中等强度或弱的吸收峰。

(4)1500~1300cm^{-1}区域主要提供了 C—H 弯曲振动的信息。CH_3在 1375cm^{-1}和 1450cm^{-1}附近同时有吸收,分别对应于 CH_3的对称弯曲振动和反对称弯曲振动。当 CH_3与其他碳原子相连时,其对称弯曲振动的吸收峰位置几乎不变,且吸收强度大于 1450cm^{-1}的反对称弯曲振动和与之重合的 CH_2的剪式弯曲振动的吸收强度。但在戊酮-3 中,CH_3的反对称弯曲振动和与羰基相连的 CH_2的剪式弯曲振动这两个峰区易于分辨,其剪式弯曲吸收带移向 1439~1399cm^{-1}的低波数,且强度增大。两个甲基连在同一碳原子上的偕二甲基有特征吸收峰。如异丙基$(CH_3)_2$CH—在 1385~1380cm^{-1}和 1370~1365cm^{-1}有两个同样强度的吸收峰,是原 1375cm^{-1}的吸收峰发生分叉。叔丁基$(CH_3)_3$C—在 1375cm^{-1}的吸收峰也会发生分叉,分别出现在 1395~1385cm^{-1}和 1370cm^{-1}附近,但低波数的吸收峰强度大于高波数的吸收峰。造成分叉的原因是两个甲基同时连在同一碳原子上,因此,有同位相和反位相的对称弯曲振动的相互偶合。

(5)1300~910cm^{-1}为部分单键基团的伸缩振动区。C—O 单键振动在 1300~1050cm^{-1},如醇、酚、醚、羧酸、酯等,为强吸收峰。醇在 1100~1050cm^{-1}有强吸收,酚在 1250~1100cm^{-1}有强吸收;酯在此区间有两组吸收峰,为 1240~1160cm^{-1}的反对称伸缩振动和 1160~1050cm^{-1}的对称伸缩振动。C—C、C—X(卤素)等单键的伸缩振动也在此区间出峰。

(6)910cm^{-1}以下的区域为弯曲振动的特征区。苯环的面外弯曲振动、环弯曲振动出现在此区域。如果在此区间内无强吸收峰,一般表示无芳香族化合物。此区域的吸收峰常常与环的取代位置有关。

(三) 影响基团吸收频率位移的因素

基团的吸收频率主要是由基团中原子的质量及原子间的化学键力常数决定的。虽然这两个参数是相对固定的,但分子内部结构和外部环境的改变仍可能会对其产生影响。因此,同样的基团在不同的分子和外部环境中,基团吸收频率可能会在一定的范围内产生移动。

影响基因吸收频率位移的因素大致可以从外部因素和内部因素两方面来考虑。

1. 外部因素

试样状态、制样方法以及溶剂极性等因素均会引起基团频率的位移。由于状态不同,同一物质分子间的相互作用力不同,测得的光谱也不同。通常,分子在气态时测得的特征吸收频率最高,这是因为气态分子可以自由旋转,分子间的相互作用很小,故在单分子气态光谱中有相应的转动能级跃迁的精细结构。而在液态或固态时,因分子间相互作用较强,谱带波数相对较低。例如:丙酮在气态时的 $\nu_{C=O}$ 为 $1742cm^{-1}$,而在液态时则为 $1718cm^{-1}$。此外,在极性溶剂中,溶质分子的极性基团的伸缩振动频率随溶剂极性的增加而向低波数方向移动,并且强度增大。

2. 内部因素

内部因素主要是指基团邻近的原子吸引或排斥电子的能力和重键共轭以及分子结构的空间分布、振动偶合等,这些因素会造成基团化学键力常数的改变,从而使吸收频率发生位移。下面通过一些实例进行分析。

(1)取代基的诱导效应。由于取代基具有不同的电负性,通过静电诱导作用,引起分子中电子分布的变化,从而改变键的力常数,使基团的特征频率发生位移。一般来说,随着取代基数目的增加或取代基电负性的增大,静电的诱导效应也增大,从而导致基团的振动频率向高频移动。

(2)共轭效应。以1,3-丁二烯为例,四个碳原子都在同一个平面上,它们共有全部的 π 电子,结果使得中间的单键具有一定的双键性质,而两个双键的性质有所削弱。这种共轭效应使共轭体系中的电子云密度平均化,造成原来的双键略有伸长(即电子云密度降低),形成大 π 键,使力常数降低,吸收频率往低波数方向移动。例如,—C ═C—的 $\nu_{C=C}$ 为 $1650cm^{-1}$,—C ═C—C ═C—的 $\nu_{C=C}$ 为 $1630cm^{-1}$,而苯环的 $\nu_{C=C}$ 则为 $1600cm^{-1}$。

(3)中介效应。当含有孤对电子的原子(如O、N、S等)与具有多重键的原子相连时,也可起到类似的共轭作用,被称为中介效应。例如,酰胺中的C ═O因氮原子的共轭作用,使C ═O上的电子云移向氧原子,C ═O双键的电子云密度平均化,造成C ═O键的力常数下降,使吸收频率向低波数位移($1650cm^{-1}$左右)。

(4)氢键的影响。氢键的形成使电子云密度平均化,从而使伸缩振动频率降低。以羧酸为例,羰基和羟基之间容易形成氢键,使羰基的吸收频率降低。例如,游离羧酸的C ═O伸缩振动应出现在 $1760cm^{-1}$ 左右,但形成氢键后,C ═O的伸缩振动频率偏至 $1700cm^{-1}$ 左右,因为此时羧酸形成了二聚体形式。需要说明的是,氢键效应也可能是由外部因素引起的,如样品与溶剂之间形成氢键。

(5)振动偶合。当两个化学键(或基团)的振动频率相近或相等,且又直接相连时,它们之间可能会产生相互作用而使谱峰裂分为两个,一个高于正常频率,一个低于正常频率。这种两个基团的相互作用,称为振动偶合。例如,酸酐的两个羧基,因振动偶合而裂分为两个谱峰:$1860 \sim 1800cm^{-1}$ 及 $1800 \sim 1750cm^{-1}$。

(6)费米(Fermi)共振。某一个振动的基频与另外一个振动的倍频或合频接近时,由于相互作用而在该基频峰附近出现两个吸收带,被称为费米共振,例如,苯甲酰氯只有一个羰基,却有两个羰基伸缩振动吸收带,即 $1731cm^{-1}$ 和 $1736cm^{-1}$,这是由于羰基的基频($1720cm^{-1}$)与苯基和羰基的变角振动($880 \sim 860cm^{-1}$)的倍频峰之间发生费米共振而产生的。费米共振的产生使红外吸收峰数增多,峰的强度加大。

(四)影响吸收峰强度的因素

红外光谱吸收峰的强弱主要取决于分子振动发生共振时偶极矩变化的大小,而偶极矩与分子结构的对称性有关。分子对称性越高，振动时偶极矩变化越小，吸收谱带强度也就越弱。例如，纯苯分子的对称性很高，其骨架振动所产生的吸收峰出现在 1600cm^{-1}，非常弱。但如果是苯环的单取代物，由于对称性降低，苯环发生呼吸振动时的偶极矩变化会增大，1600cm^{-1}的吸收峰也会明显增强。通常，单纯由碳、氢、氮等元素组成的基团，极性较弱，其红外吸收峰比较弱，如 C ═C、C—C、N ═N 等；而由电负性差异较大的原子组成的基团极性都较强，其红外吸收峰一般都很强，如 C—N、C—O、C ═O、C—X 和 C≡N 等。红外光谱的吸收强度一般定性地用很强（vs）、强（s）、中等（m）、弱（w）和很弱（ww）等来表示，但并无确切的定量概念。

四、红外光谱分析技术的适用性

（一）红外光谱的特点

（1）适用的样品范围广。气体、液体、固体、悬浊体、弹性体等形态的样品，不管是纯样品还是混合物，有机的或无机的，都可进行红外光谱分析，并给出相应的结构信息。而其他的谱学方法则对样品的形态、种类等多有限制。此外，与核磁共振、质谱等分析技术相比，不仅使用和维护方便，仪器价格也更加便宜。

（2）可以提供丰富的结构成分信息。由于绝大部分有机化合物的红外光谱都会出现较多的吸收峰，在一张图谱上可同时获取峰的位置、形状、强度等一组信息，而这些信息基本不受仪器、操作条件和实验水平的影响。在未知物剖析，特别是有机未知物的剖析实践中，红外光谱分析是最基本的技术手段之一。

但红外光谱分析技术也存在严重的不足，如对谱图的解析和结构的推测无论是从理论上还是实践上都比较困难。红外光谱中谱带的归属，主要是靠经验积累和与标准谱图的比对来加以判断，对许多峰的来源往往难以找到准确的归属或给出确切的说明。对混合物样品，当组分的百分含量在个位数时，在红外图谱上往往难以找到其结构特征的踪影，再加上不同组分间特征吸收的相互重叠，混合物样品的红外图谱根本无法用来进行组分的结构分析，除非试样的纯度达到 90%以上时才有可能。

（二）红外光谱的解析

红外光谱分析最重要的应用是通过基团或化学键在红外光谱给出的特征吸收信息进行分子结构的分析，即进行红外光谱的解析。红外光谱的解析中并无严格的程序要求，前期分析工作的程度和分析者的经验决定了红外光谱解析过程的快慢和与目标要求的接近程度。

通常，在对样品的红外光谱进行解析前，非常有必要对样品的基本信息和理化性状有一定程度的了解。比如了解样品的来源、属性、性状、基本的生产或制作工艺、沸点或熔点、溶解性、纯度、相对分子质量、元素分析数据和用途等。了解这些信息不仅对样品的制备和获得一张令人满意的红外图谱非常重要，而且对后续的谱图解析也可提供很多有用的导向和佐证的信息。

在进行分子结构的推测中，准确估算化合物的不饱和度（degree of unsaturation）很有必要。不饱和度又称缺氢指数或者环加双键指数（index of hydrogen deficiency or rings plus double bonds），是有机物分子不饱和程度的量化标志，有助于推断有机化合物结构。不饱和度公式可以帮助使用者确定被分析的化合物有多少个环、双键和叁键，但不能给出环、双键或者叁键各自的确切数目，而是环和双键以及两倍叁键（即叁键算 2 个不饱和度）的数目总和。最终结构还需要借助于核磁共振（NMR）、质谱（MS）和红外光谱（IR）以及其他的信息来确认。计算不饱和度时，可以先根据元素分析的结果结合相对分子质量求出分子式，然后根据下述经验公式来估计分子的不饱和度：

$$n = 1 + n_4 + \frac{1}{2}(n_3 - n_1) \tag{2-3}$$

这个经验公式只能用于计算含四价及以下元素分子的不饱和度。式中，n_4是四价原子（如C、Si等）的数目，n_3是三价原子（如N等）的数目，n_1是一价原子（如H、卤素等）的数目。如果计算得 $n=0$，则说明分子结构为链状饱和物；$n=1$ 时，分子结构中可能含有一个双键或一个脂肪环；$n>4$ 时，可以推测分子结构中可能含有苯环。注意：计算不饱和度时，S按二价、N和P按三价计算，硝基因为是配价键不算不饱和度，所以 $n=1$。而双键（C═C、C═O、C═N）和脂环的 $n=1$，叁键（ C≡C 、C≡N ）的 $n=2$，苯环（包括一个苯环或三个双键）的 $n=4$。

在解析红外光谱图时一般会遵循以下顺序。

（1）根据已经掌握的基本信息结合自己的经验对样品的红外光谱图进行整体的研判，确定样品结构的大致类别和解析思路。

（2）在特征峰区域观察特征吸收情况，并根据出峰的位置、形状和强度确定其归属，同时排除不可能存在的基团或化学键（图2-5）。

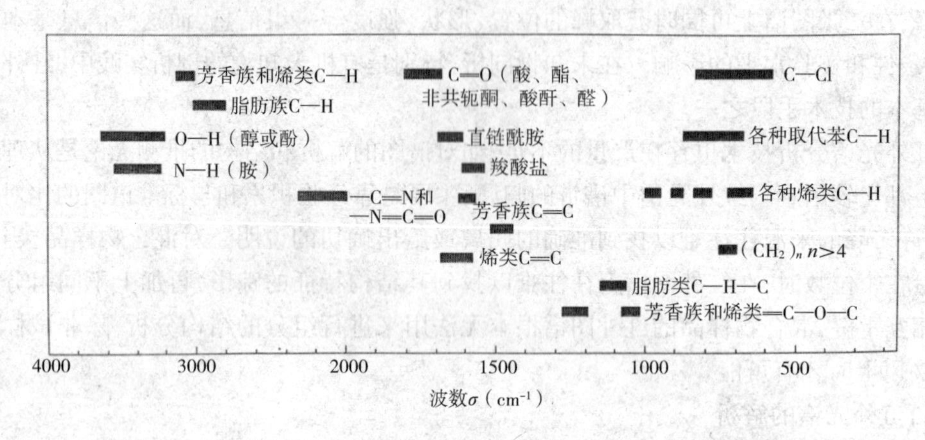

图2-5 红外光谱特征基团出峰位置

（3）在“指纹区”继续寻找特征吸收，特别是为特征峰区域的观察结果提供佐证的特征吸收。例如：在红外光谱图上发现有1735cm^{-1}的强吸收，理论上应该归属于酯基中的C═O伸缩振动，但只有在1275～1185cm^{-1}同时找到酯基上C—O—C反对称伸缩振动的特征吸收（相关峰），才能最终确定酯基的存在，而这个特征吸收的强度往往比C═O的特征吸收还要大。

（4）事实上，“指纹区”所提供的佐证信息通常是一组相关峰，而不仅仅是某个单一的吸收峰。在这一组相关峰中，还包括可以反映相邻基团的性质和连接方式的信息。例如，根据吸收频率判断相邻的基团是共轭基团还是电负性很强的基团抑或是一个能形成氢键的基团等，以及它们是如何连接的。其依据正是前面提到的那些影响吸收峰频率的内部因素，即各种相关的效应。此外，“指纹区”还能给出苯环取代位置的确切信息，如邻位、对位还是间位取代。

（5）迄今为止，在大部分情况下，依据红外光谱来确定化合物的分子结构还得借助标准的红外光谱图来发挥“一锤定音”的作用。测试时必须确保标准光谱获取时的技术条件，如样品状态、制样方法和实验条件等必须与实际样品的红外光谱分析基本一致。目前,由美国萨特勒(Sadtler)实验室建立的大型萨特勒标准红外吸收光谱图库是世界上建立最早、最权威和最完整的红外光谱标准谱库,包括纯度在98%以上的纯化合物标准谱库和商业(工业品)谱库。随着计算机技术的快速发展,计算机联机检索已经使得标准红外光谱的检索变得更为方便,而利用辅助软件进行红外光谱的计算机解析也已成为诸多实验室的首选。

(6)对一些新的化合物,并无现成的标准光谱可以用作参比。在很多情况下,红外光谱并不能成为化合物结构分析的唯一依据,而是必须进一步借助质谱、核磁共振等分析技术手段进行综合分析和确认,甚至必须通过合成等手段来证明结构分析的准确性。

(三)红外光谱的定量分析

红外光谱用于定量分析十分鲜见。虽然大部分化合物的红外吸收光谱的特征谱带较多,但要真正找到一个不受干扰且吸收强度与某一组分的浓度存在严格线性关系的吸收峰也并非易事。再加上灵敏度较低,测试误差大,不适合于微量组分的测定。因此,红外光谱在定量分析上应用较少,但也并非毫无用处,比如可用于某些化合物的异构体鉴别和定量方面。

红外光谱在定量分析上的应用同样基于朗伯—比耳定律。进行定量分析时,必须选择一个能够代表样品的特征吸收峰作为工作谱带(如分析酸、酯、醛、酮时,必须选择与 C ═O 基团的振动有关的特征吸收谱带)且无其他吸收的干扰,其强度必须与被测样品的浓度存在良好的线性关系(灵敏度高),具有较大的消光系数。

吸光度即吸收强度的确定通常采用峰高法和基线扣除法,即在选定的特征吸收峰两翼透过率最大处作切线,以此作为该吸收峰的基线,然后过该吸收峰的顶点(最大吸收处)作垂线与基线相交,从该交点至吸收峰顶点的距离被定义为峰高,也就是吸收强度或吸光度。基线扣除法适用于背景干扰不大,且吸收比较稳定的特征吸收。在实际操作中,由于基线的确定会存在一定的偏差,所以所取切点的位置要相对稳定,重现性好。此外,样品的消光系数通常采用标准品测得。最终的定量分析结果可以通过标准曲线法、求解联立方程等方法获得。

第二节　红外光谱仪的结构和原理

目前被广泛使用的红外光谱仪主要有色散型红外光谱仪和傅立叶变换红外光谱仪两个大类,其中傅立叶变换红外光谱仪已经占据绝对主导地位。

一、色散型红外光谱仪

色散型红外光谱仪是指以棱镜或光栅作为单色器的红外光谱仪,属于早期的经典红外光谱仪。色散型红外光谱仪的光学系统构造与紫外—可见分光光度计类似,主要由光源、吸收池、单色器、检测器、放大器及记录仪等五个部分组成(图2-6),属单通道测量。

(一)光路系统

从同一光源发出的红外光被分光镜分为两束,其中一束通过样品池,另一束则通过参比池,然后两束光进入单色器。单色器内有一个以一定频率转动的扇形镜(斩光器),周期性地切割两束光,使样品光束和参比光束以一定的频率交替进入单色器的棱镜或光栅,经色散分光,最后到达检测器。随着扇形镜的转动,检测器交替地接收两束光。

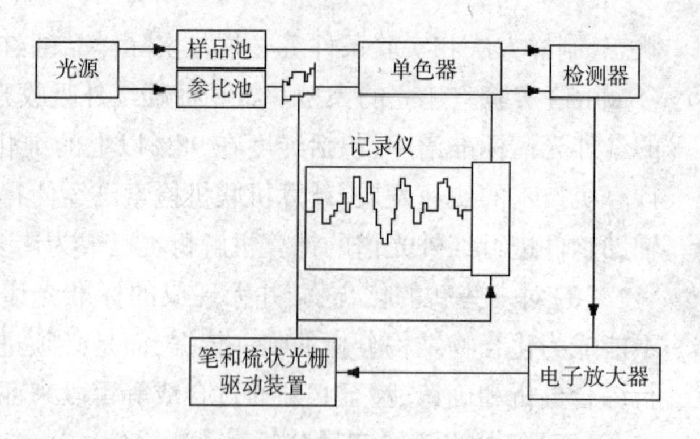

图 2-6 双光束红外分光光度计结构简图

(二)红外吸收的检测

经过样品池和参比池的光在单色器内被光栅或棱镜色散成各种波长的单色光,转动棱镜或光栅从单色器依次发出连续的经色散的不同波长的单色光。假如在某波长下单色光未被样品吸收,则两束光的强度相等,检测器不产生交流信号;随着棱镜或光栅的转动,当在某波长下单色光被样品吸收,检测器接收到的两束光强度就有差异,会在检测器上产生一定频率的交流信号(其频率决定于扇形镜的转动频率),通过放大器放大,此信号带动可逆电动机,通过移动光楔来进行光的补偿。样品对某一频率的红外光吸收越多,光楔就越多地遮住参比光路,即把参比光路的强度同样程度地减弱,使两束光重新处于平衡。

(三)红外吸收光谱图

样品对于各种不同波长的红外光吸收程度不同,参比光路上的光楔也会随着接收到的信号作相应地移动,进行补偿。仪器上的记录笔和光楔是同步的,记录笔记录下样品光束被样品吸收后的强度,即透射百分比(T),作为红外吸收光谱的纵坐标。与此同时,单色器内的棱镜或光栅通过转动或移动进行扫描时,由单色器出来的单色光的波长或波数(λ 或 σ)也在发生连续的变化,这种变化被连续记录下来作为横坐标,并由此形成一张完整的红外吸收光谱图。

二、傅立叶变换红外光谱仪

(一)特点

傅立叶变换红外光谱(FTIR)仪是利用物质干涉图来获得红外光谱的第三代红外光谱仪,其核心部分是一台双光束干涉仪。当仪器中的动镜移动时,经过干涉仪的两束相干光间的光程差就改变,探测器所测得的光强也随之变化,从而得到干涉图。经过傅立叶变换的数学运算后,就可得到入射光的光谱。傅立叶变换红外光谱可以同时获得光谱所有频率的全部信息,具有诸多显著的特点:

①多通道同时测量,信噪比提高,且扫描速度快、测量时间短;

②光通量高,故仪器的灵敏度高;

③波数值的精确度可达 0.01cm^{-1},测定精度高;

④增加动镜移动距离,可使分辨率提高;

⑤工作波段可从可见区延伸到毫米区,光谱范围广。

(二)原理

FTIR 仪主要由迈克尔逊干涉仪和计算机两部分组成,其结构和工作原理如图 2-7 所示。由光源发出的红外光经准直镜后成为平行红外光束进入干涉仪系统,经干涉仪调制后得到一束干涉光。干涉光通过样品,获得含有吸收光谱信息的干涉信号到达探测器上,由探测器将干涉信号变为电信号。此处的干涉信号是一时间函数,即由干涉信号绘出的干涉图,其横坐标是动镜移动时间或动镜移动距离。这种干涉图经过模数转换器送入计算机,由计算机进行傅立叶变换的快速计算,即可获得以波数为横坐标的红外光谱图;然后通过数模转换器送入绘图仪而绘出红外光谱图。

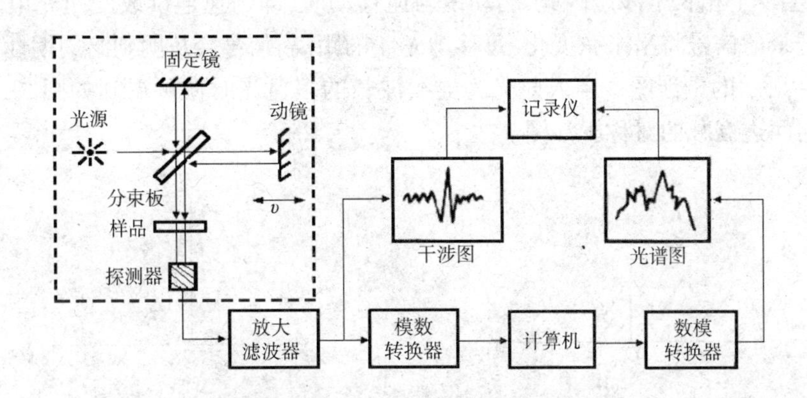

图 2-7　傅立叶变换红外光谱仪的结构和工作原理示意图

(三)构成

目前大部分实验室使用的 FTIR 仪基本上都为双光通道单光束仪器。主要由光源、迈克尔逊干涉仪、检测器、记录系统和工作软件等组成。

1. 光源

FTIR 仪要求光源能发射出稳定、能量高、发散度小的具有连续波长的红外光。光源通常使用由德国物理化学家瓦尔特·赫尔曼·能斯特(W. H. Nernst)发明的由稀土锆、钆、铈或钍等氧化物烧结而成的能斯特灯、碳硅棒或涂有稀土化合物的镍铬旋状灯丝。

2. 迈克尔逊干涉仪

FTIR 仪的核心部分是迈克尔逊干涉仪(图 2-8)。它是由定镜、动镜、分束器和检测器组成。定镜和动镜相互垂直放置,定镜固定不动,动镜可沿图示方向做微小的平行移动。在定镜和动镜之间有一呈 45°角的半透膜光束分裂器(由半导体锗和单晶 KBr 组成),它能将从光源发出并经准直的光分为相等的两部分。一束光穿过分束器被动镜反射,沿原路回到分束器并被反射到聚光镜,再透过样品聚焦到检测器;而另一束光则反射到定镜,再由定镜沿原路反射回来通过分束器到达聚焦镜,然后透过样品聚焦到检测器上。这样,在检测器上所得到的是两束光合在一起的干涉光。

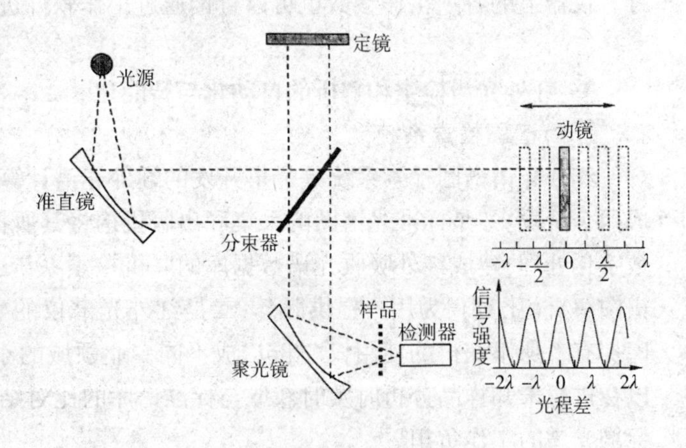

图 2-8　迈克尔逊干涉仪示意图

假设进入干涉仪的是波长为 λ 的单色光,开始时,因定镜和动镜与分束器的距离相等(此时动镜位置称为零位),两束光到达检测器时位相相同,发生相长干涉,亮度最大。当动镜移动到入射光的 $\lambda/4$ 距离时,则与其相关的那束光的

光程变化为 $\lambda/2$,在检测器上两光束的位相差为 180 °,则发生相消干涉,亮度最小。当动镜移动 $\lambda/4$ 的奇数倍,即两束光的光程差为 $\pm1/2\lambda$,$\pm3/2\lambda$,…时(正负号表示动镜由零位向两边的位移),都会发生这样的相消干涉。同样,动镜移动 $\lambda/4$ 的偶数倍时,即两束光的光程控差为 λ 的整数倍时,则会发生相长干涉。因此,当动镜匀速移动时,即匀速连续改变两光束的光程差时,在检测器上记录的信号将呈余弦变化,每移动 $\lambda/4$ 的距离,信号会从明到暗周期性地改变一次,得到如图 2-9 所示的干涉图。当入射光为连续波长的多色光时便可得到如图 2-10 所示的由中心极大并向两边衰减的对称干涉图。

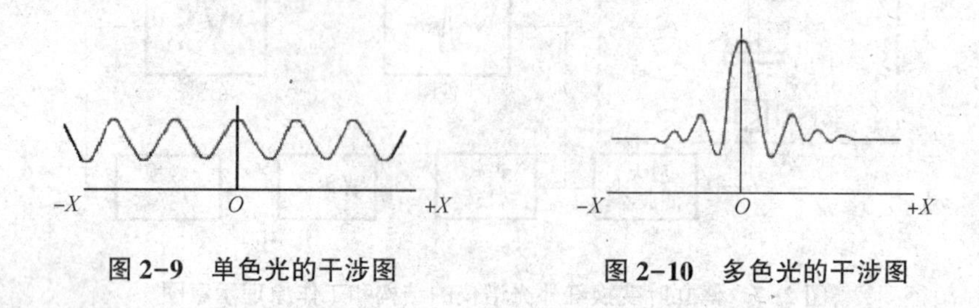

图 2-9　单色光的干涉图　　图 2-10　多色光的干涉图

3. 检测器

FTIR 的检测器一般可分为热电检测器和光电导检测器两个大类。热电检测器的工作原理是把某些热电材料的单晶片夹在两片电极之间,其中一片电极是可以透过红外辐射的。当红外光照射到晶体上时,因温度的变化而引起晶体表面电荷分布也随之变化,并可由外部连接的电路来测量红外辐射的功率。热电检测器有氘化硫酸三甘钛(DTGS)、钽酸锂($LiTaO_3$)等类型。而光电导检测器的工作原理则是将某些半导体薄膜材料置于非导电的玻璃表面并密闭于真空舱内。检测器受光照后,价电子发生跃迁,使半导体材料的电阻降低,由此可以测量红外辐射的变化。最常见的光电导检测器有锑化铟、汞镉Te(MCT)等类型。这两种检测器的灵敏度都很高,响应速度非常快。

4. 记录系统和工作软件

FTIR 仪的红外光谱记录和处理都是直接在计算机上进行的,并配备有相应的工作软件。除了可以在软件的支持下直接进行扫描,还可以对所得的红外图谱进行优化、保存、比较、打印等。仪器上的各项工作参数也可以直接通过工作软件进行调整。

三、红外光谱检索和解析的自动化与智能化

(一)谱图检索系统

红外光谱谱图检索系统是最早开发的红外光谱计算机辅助识别系统,其开发和应用可以分成两个阶段:一是标准光谱图的采集和出版机构将其所拥有的庞大谱图库通过计算机技术进行数字化处理,建成红外吸收光谱数据库的联机检索系统,并利用相关分析软件进行计算机辅助谱图解析(比对),为用户提供服务;二是红外光谱仪的生产厂商根据客户的需求,将从标准谱库拥有者那里获得的使用权“打包”成不同专业领域的小型化标准谱库,提供给用户,使用户可以在进行未知样品分析时及时获取与标准谱库的比对结果,极大地减轻了分析人员查找和比对标准光谱的工作负担。

当然,红外光谱谱图检索系统的检索能力与谱图库存储的化合物标准谱图的数量是成正比

的。与自然界所有的化合物数量相比,已经形成标准谱图的化合物数量仅占一小部分。况且谱图库的发展总是滞后于化学品的开发。红外光谱仪随着技术的发展也在不断改进,波谱范围也在不断扩大,分辨率不断提高,低温技术得到应用,促使一些新仪器的出现,这就要求原有的谱图库要不断修改,而这对庞大的谱图库来说在短时间内是办不到的。因此,单纯依靠谱图库的检索并不能作为结构鉴定的一种完整的手段。

(二)计算机辅助结构解析专家系统

与计算机谱图库检索系统同步开发的是计算机辅助结构解析专家系统。设计专家系统解析谱图的一般方法是:在计算机里预先存储化学结构形成光谱的一些规律;由未知物谱图的一些光谱特征推测出未知物的一些假想结构式;根据存储规律推导出这些假想结构式的理论谱图,再将理论谱图与实验谱图进行对照,不断对假想结构式进行修正,最后得到正确的结构式。但从目前的发展来看,专家系统的开发和应用并不成功,其主要原因在于其预先存入的一些规律和数据只是基于经验的积累,并无确切的理论依据,难以用于计算机处理,使计算机专家解析系统的开发和应用举步维艰。

(三)模式识别与人工神经网络

模式识别,就是用机器代替人对模式进行分类和描述,从而实现对事物的识别。在之前的研究中,大部分是利用人工神经网络对子结构进行识别,而对特定类别的化合物及化合物的特征吸收峰也没有深入的讨论。实践表明,用人工神经网络识别子结构时对结构碎片的预测准确度并不是很高,且神经网络还存在运行不稳定、容易陷入局部极小和收敛速度慢等问题。

近年来,人们一直在寻找一种更好的模式识别方法来进行红外光谱的结构解析。Vapnik等于1995年在统计学理论的基础上提出了支持向量机(support vector machine,简称SVM)的概念,它根据有限的样本信息在模型的复杂性和学习能力之间寻求最佳折中,以期获得最好的泛化能力。SVM目前在化学计量学中得到了一些比较成功的应用,SVM可以较好地对红外光谱的子结构进行识别,且具有稳定以及训练速度快等优点,是一种有发展前景的辅助红外光谱解析工具。

第三节　红外光谱分析中的试样制备技术

试样制备是红外光谱分析中的重要环节,能否获得满意的红外光谱图,除了仪器性能和操作技术外,很大程度上取决于样品的基础条件以及制样方法是否适当。

一、红外光谱分析实验的基本要求

进行红外光谱分析实验时实验室的温度应控制在15~30℃,相对湿度在65%以下,所用电源应配备有稳压装置和接地线。为便于控制实验室的相对湿度,红外光谱分析实验室的面积不宜过大,以能容纳必需的仪器设备即可,并应配置除湿装置。为减少空气中水和CO_2对测试的干扰,可配置N_2或空气吹扫系统,实验室内人数应尽量少。为防止仪器受潮而影响使用寿命,红外实验室应经常保持干燥,即使没有实验任务,也应每周开机至少两次,同时启动除湿机除湿。

红外光谱测定最常用的试样制备方法是溴化钾(KBr)压片法,所用 KBr 的纯度至少应为分析纯。使用前,应将 KBr 适当研细(至 200 目以下),并在 120℃以上烘 4h 后置于干燥器中备用。用此 KBr 制备的空白压片应有较高的透明度,与空气相比,透光率应在 75%以上。

进行红外光谱分析的试样可以是固体、液体或气体,但均应符合以下要求。

(1)用于精确分析时,试样应是纯度大于 98%或符合商业标准的单一组分的物质。为获取单一组分的纯物质,可以通过萃取、分馏、色谱分离、离子交换、重结晶或其他方法对样品进行分离提纯,以免不同组分的吸收谱带相互重叠,干扰谱图的解析。

(2)试样中不能含有游离水,以免因水本身的吸收($3400cm^{-1}$和 $1650cm^{-1}$左右)而严重干扰样品的红外吸收光谱和侵蚀吸收池的盐窗。必要时可采取烘干、真空干燥等技术手段。

(3)样品的浓度或测试膜的厚度应恰当,一般以所得光谱中大多数吸收峰的透过率在 10%~80%的范围内。浓度太低或测试膜太薄,一些弱的吸收峰会消失;浓度太高或测试膜太厚,可能出现透过率为零的"平头峰",不利于后续的解析。

在对样品进行正式测试前,通常要用仪器自带的标准聚苯乙烯膜对仪器进行波数准确度和分辨率的评价。聚苯乙烯膜的特征吸收在 $2000cm^{-1}$以上区域,误差不会超过$\pm 8cm^{-1}$,在 $2000cm^{-1}$以下区域,误差也在$\pm 4cm^{-1}$以内,而且在 $3110\sim 2850cm^{-1}$波段内可以分辨出 7 个吸收峰。

二、试样的制备

(一)固体试样

1. 压片法

凡易于被处理成粉末的固体试样都可以采用此法。将 1~2mg 已处理成细末的固体试样(纤维试样应先用哈氏切片器切成粉末或剪碎后用球磨机磨细)置于玛瑙研钵中进一步研细后,加入 100~200mg 已干燥的 KBr 粉末,混合并再次研磨均匀后在红外灯下干燥 10min,转移至专用不锈钢压模内,铺摊均匀;小心放入上压块,并转动和抽动几下上压头,使上下压块之间混有样品的 KBr 粉末尽可能铺摊均匀,以确保压片(厚薄)的均匀性和透光性都处于理想状态;将压模置于压片机上,接上真空管抽真空 5~10min,以除去水汽和 CO_2;然后加压,制得直径为 10mm(与压模内径相同)的透明 KBr 盐片,其厚度一般在 0.5mm 以下,厚度大于 0.5mm 时,可在光谱上观察到干涉条纹,对试样的红外吸收光谱产生干扰。

实际操作中,制备压片时无论是试样的取样量还是 KBr 的取用量都不太可能用天平去精确称量。一是会使操作变得烦琐,二是无太大实际意义。由于不同的化合物对红外光的吸收程度不同,所以常常是凭经验取用。只要确保做出来的光谱中大部分吸收峰的透过率在合理的范围内即可。

在玛瑙研钵中对样品和 KBr 进行研磨时应用力均匀,并始终顺着一个方向进行,以免在研磨过程中试样产生转晶现象而影响测定结果。从理论上讲,研磨好的样品和 KBr 的微颗粒尺寸应该在 2.5μm 以下。如果微颗粒尺寸在 2.5~25μm 范围内,特别是入射光波长大于颗粒尺寸时,会引起比较严重的光散射,造成基线抬高。判断颗粒尺寸是否满足要求的最简单办法是:观察研磨后的粉末中是否还有人眼可观察到的颗粒以及所得光谱的基线是否发生倾斜。压好的片子如果存在不透明的小白点或局部有透明度不高的模糊,原则上要重新进行研磨、干燥和压片;如果发现试样浓度过高,可以将原压片去掉一点,然后再加入少量的 KBr,重新研磨、干燥和压片,无需重新取样。

当样品为无机和配位化合物时,如盐酸盐,在研磨过程中可能会发生离子交换现象,使样品的吸收发生偏移和变形,此时可用 KCl 代替 KBr 进行压片。压片用模具使用后应立即把各部分洗净、擦干,置于干燥器中保存、备用。

2. 糊状法

在常规条件下制备压片样品时难免会带入一些水分,由于 KBr 的吸湿性很强,带入的水分会对 KBr 压片和测试本身带来影响,而糊状法可以克服这个弊端。糊状法又称糊剂法或矿物油法。此法是将固体样品与糊剂(如液状石蜡、全氟代石蜡油等)混合后在玛瑙研钵中研成均匀的糊状,然后涂在 KBr 盐片上即可进行测定。液状石蜡是精制过的饱和直链烷烃混合物,具有较大的黏度和较高的折射率,但在红外吸收区段会有较强的碳氢吸收峰。不仅是使用时加入量要尽可能少,且针对饱和碳氢化合物的分析,不能单纯使用液状石蜡进行糊状法样品制备。此时,除了可以用六氯丁二烯代替液状石蜡作为糊剂之外,也可将液状石蜡和全氟代石蜡油配套使用。全氟代石蜡油又称氟油,它的吸收峰几乎全在 $1300cm^{-1}$以下的区段。所以,采用全氟代石蜡油作为糊剂时只能得到 $4000 \sim 1300cm^{-1}$的有效光谱信息,但液状石蜡却是在 $1300cm^{-1}$以下几乎没有吸收。因此,分别使用液状石蜡和氟油作为糊剂制备样品所测得的红外光谱是可以互补的。但在红外光谱分析的实践中,因 KBr 的吸湿而造成对红外光谱分析的干扰是实际可控的,因此糊状法的样品制备方法很少被采用。

3. 薄膜法

薄膜法多数用于聚合物样品的制备。除了厚度在 50μm 以下的聚合物薄膜可以直接进行红外光谱测绘外,大多数聚合物样品需采用溶剂成膜和热压成膜方式进行样品制备。与压片法和糊状法相比,薄膜法可以避免稀释剂或溶剂的干扰。

薄膜法是取少量聚合物样品用适合的溶剂(表 2-1)溶解(必要时可加热帮助溶解),然后将样品溶液直接滴在 KBr 晶片上,在红外灯照射下使溶剂挥发,聚合物在 KBr 晶片上成膜,成膜的厚度一般以 5~10μm 为宜,可以通过滴加溶液的多少加以控制。从实验操作的角度考虑,选择的溶剂必须是不会与被溶解的聚合物发生化学反应的溶剂,且溶解性要好。此外,最好避免使用非常容易挥发的溶剂,如乙醚、丙酮和二氯甲烷等。因为溶剂的快速蒸发容易使空气中的水汽凝结在样品表面形成浑浊的薄膜,也有可能在样品薄膜内部形成气泡,或形成不平整的表面。

表 2-1 部分溶剂及其可溶解聚合物

溶剂	可溶解的聚合物	备注
1,2-二氯乙烷	大部分热塑性树脂,包括聚烯烃和聚丙烯酸酯类	
甲苯	聚乙烯、α-烯烃聚合物及其共聚物	
甲乙酮	丁二烯共聚物	冷溶剂回流
水	含有大量羟基、羧基、酰胺基的聚合物	
甲酸	聚酰胺、线性聚氨酯	成膜后水洗去除杂质
二甲基甲酰胺	聚丙烯腈、聚氟乙烯、聚偏二氟乙烯及其他聚合物	成膜后水洗去除溶剂

对一些不易溶于常规性有机溶剂的热塑性高分子材料,如果在其软化点或熔点附近不会发生氧化或降解的,可以直接采用热压成膜法制备。具体的做法是:将一载玻片置于加热的封闭式电炉上,取少量样品放置于载玻片上,待样品受热软化后,取另一载玻片压在软化的样品上,用镊子钳等适当的工具使上面的那块载玻片在受压的状态下向四周移动,将样品压制成透明的薄膜,然后迅速将上面的载玻片推离,从电炉上取出下面的载玻片,待适当冷却后,投入煮沸的蒸馏水中,因收缩率不同,载玻片上的聚合物薄膜很容易从载玻片上剥离,经干燥后进行红外光谱的测定。

4. 裂解法

对于某些不溶不融的高分子材料,如已经硫化的橡胶件,可以通过热裂解的方式制备试样。用内径约 8mm 的耐热玻璃管截成 80~100mm,一端用热焰烧熔封闭,并在离封闭端 30~40mm 的地方加热,吹出胖肚,制成热裂解管;取约 0.5cm^3的样品剪成约 2mm×2mm 的颗粒,装入热裂解管,用适当的工具使样品颗粒在底部压实(高度控制在 20mm 左右);用镊子钳夹持热裂解管呈倒置 45°状态,将塞有样品颗粒的热裂解管底部置于酒精灯(或本生灯,小火)火焰上加热;样品受热开始裂解,冒出白烟,并从倒置的管口逸出;待烟雾开始减少时,将热裂解管从热源移出,并水平放置。此时,在热裂解管的胖肚处,可以发现有裂解产生的黏稠油状物积聚。用适当的工具将此油状物涂于 KBr 晶片上,即可进行裂解产物的红外光谱分析。通常情况下,这种并不十分激烈的裂解方式并不会使被裂解的试样全部变成单体小分子气体跑掉,而是有一部分大分子裂解成一些分子量较小的多聚体碎片并冷凝下来,形成黏稠的油状物。

高聚物裂解产物的红外光谱与未裂解的聚合物的红外光谱整体特征基本相同。但考虑到聚合物在裂解过程中会丢失部分单体成分或形成一些新的物质,相关的标准谱库和聚合物鉴别方法标准中专门制作了聚合物热裂解产物的标准红外光谱作为鉴别依据,以方便分析者进行查询和比对。

5. 衰减全反射法

衰减全反射(attenuated total reflection,简称 ATR)是指光波入射时,入射面内偏振的单色平面光波在密—疏媒质的界面上全反射时,光疏媒质中所形成的迅衰场量可以被耦合到金属或半导体的表面上而使表面等离激元(SP)或表面极化激元共振激发,全反射的光强因而发生剧邃衰减的现象。

SP 的激发反映在 ATR 谱中为一具有洛伦兹线型的共振吸收峰,峰的位置、半宽度及峰值与承受 SP 激发的媒质的介电常数及膜层或空气隙的厚度有密切的关系。由于 SP 只局限在界面的附近,所以 ATR 谱只反映出界面的特性而与媒质的体内因素无关。若是界面的状态发生了变化,如形成了过渡层,界面增加了粗糙度以及吸附了其他分子等都会引起 ATR 谱中的共振峰的位置、宽度及峰值的改变。

利用全反射理论和 ATR 装置,以反射光的强度作为波长的函数记录光谱。在理想的情况下(样品与反射晶体材料紧密接触,而且在整个波长范围内入射角都大于临界角),获得的光谱与吸收光谱非常相似。使用 ATR 衰减全反射器,可增加全反射次数,样品多次吸收光束的能量,使反射光谱中吸收带增强(图 2-11)。

将 ATR 原理引入红外光谱分析可以显示出其独特的优势和广阔的应用前景。当一束红外光以一定角度进入光密介质时(图 2-11),ATR 装置的独特设计使得入射角大于临界角,就会

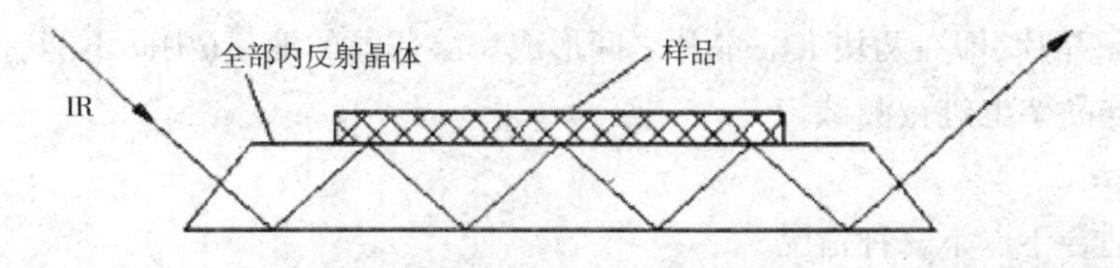

图 2-11　ATR 反射光路原理图

在光密介质内产生全部内反射。而光束在界面反射时会先穿过界面渗入光疏介质(样品)一定深度后再反射出来,使一部分光能量被光疏介质(样品表面)吸收。光在两个界面间的反复内反射,使得光疏介质的吸收信息得以累加,就可获得紧贴在界面上的样品的反射光谱(ATR 光谱)。实践表明,试样的 ATR 光谱与其透射吸收光谱极为相似,ATR 法也因此成了红外光谱法的重要实验方法之一。

ATR 法通过样品表面的反射即可获取样品表层有机成分的结构信息,不需对材料进行破坏和分离,直接取样就可以进行分析。ATR 法不但简化了样品的制作过程,而且极大地拓展了红外光谱法的应用范围,使得许多采用传统透射法无法制样,或者样品制备过程十分复杂、难度大且效果又不理想的红外光谱分析成为可能。特别适用于纤维、织物、纸张、皮革、塑料、橡胶、黏合剂、复合材料及各种涂料、表面涂层等表面比较平整的样品的红外光谱分析。

需要强调的是,由于测试中光只是渗入试样极薄的表面层,所得光谱只代表试样的表面成分,如表面涂层等。如果样品表面没有涂层,且是均质材料,则可视作整体材料的特征光谱。如果样品表面的涂层厚度小于入射光的波长,则表面涂层下的基材就会对涂层的光谱产生干扰。当遇到表面比较粗糙的织物样品时,由于织物表面无法与晶体表面紧密接触,也会严重影响光谱的质量。

6. *冷压法*

对某些容易热裂解且无合适溶剂溶解,或制样比较烦琐的样品,如某些高分子薄膜或合成纤维,可以采取冷压的方法制备薄膜样品。对高分子薄膜样品,可以直接将合适尺寸的样品置于两块压舌中间,用压片机压制成透光度能满足红外光谱分析要求的试样备用。对合成纤维,可以将纤维切成粉末,在两块压块间铺成均匀的薄层,然后用压片机压成半透明的膜,供后续的测试用。通常,随着压力的增加,膜的透光性趋好。冷压法制膜可以避免分散剂和 KBr 因吸潮而产生的干扰。

(二)液体试样

红外光谱分析中遇到的液体样品通常有三种情况:纯液状有机化合物、样品的有机溶剂溶液和样品的水溶液,其制样方法各不相同。

1. *涂片法*

对挥发性较小且有一定黏度的纯有机液体样品(油状物),可以用合适的工具取少量的样品在空白 KBr 片上薄薄地涂抹均匀,在红外灯下放置几分钟以除去样品中可能存在的有机溶剂或水分后上机测试。涂抹样品的厚度可根据经验,并以获得满意的红外光谱为准。此法同样适用于膏状或蜡状样品(在红外灯下烘烤时会熔融并铺开),但涂抹的量不能太多,以免影响透光度。本法操作方便,应用普遍,且获得的谱图质量较好。

2. *液膜法*

对挥发性较小且黏度也很较低的纯有机液体样品,可以将样品滴在一片 KBr 晶体上,然后再压上一块 KBr 晶片，即在两块 KBr 晶片之间形成一层薄薄的液膜(中间不能有气泡)，然后将其置于适配的样品架上进行测试。

3. 液体池法

液体池法适合于以下三种情况。

(1)挥发性很强的纯有机化合物。可以采用随机专门配置的封闭式液体池(又称固定池)，将样品用注射器加入到固定池内进行红外光谱测定。固定池与光路垂直的两个面是由两片 KBr 晶片组成的，中间有一定的空隙(池厚)并有不同的厚度规格，四周由金属支架及特殊的密封方法固定。固定池除了定性，还可用于红外光谱的定量分析。

(2)有机溶液样品。不管有机溶液样品中的溶质是固体还是液体的，通常情况下都不鼓励先用有机溶剂配成溶液再来进行红外光谱分析的办法，以免带入溶剂的吸收干扰。除非采用其他制样方式都不合适，或为了避免样品分子间的缔合所带来的影响，才不得不使用有机溶液试样。有机溶液样品的测试可以采用封闭式液体池，也可以采用可拆卸式液体池(图 2-12)，操作时也是用注射器将样品溶液注入液体池，同时用另一个相同的液体池注入空白溶剂作参比。由于有机溶剂本身在中红外波段也会有吸收，所以选用的有机溶剂不仅要求对溶质(试样)的溶解性好且是化学惰性的，对盐窗无腐蚀，而且最好在主要吸收带区域内无吸收或仅有少量的弱吸收。通常，被选用的溶剂包括四氯化碳、二硫化碳、三氯甲烷、丙酮、石油醚、环已烷和苯等。有时为了得到一张完整的溶质光谱，可能需要分别采用两种或两种以上的溶剂进行测试，然后拼出一张完整的光谱。用于有机溶液样品测试的液体池常用的窗片是 KBr 或 NaCl，前者可测的波长范围是 4000~400cm^{-1}，而后者的低频只能测到 650cm^{-1}。测试完成后，液体池必须马上被清洗，以免窗片被样品中可能存在的水分腐蚀。清洗后的液体池经烘干后置于干燥器内备用。

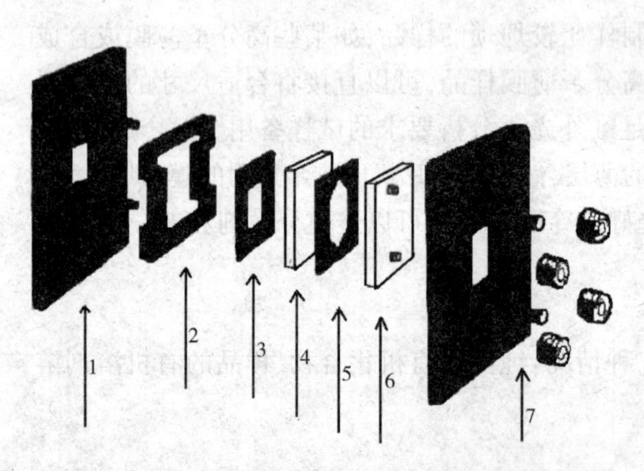

图 2-12 可拆卸式液体池组成的分解示意图

1—后框架 2—窗片框架 3—垫片 4—后窗片 5—聚四氟乙烯隔片 6—前窗片 7—前框架

(3)水溶液样品。水对红外光谱的干扰很严重，采用水溶液样品进行红外光谱测定也是万不得已而为之。水溶液样品的测试必须采用不溶于水的窗片，常用的材料包括 CaF_2 和 BaF_2 晶片。虽然 CaF_2 的价格比较便宜，但其低频只能测到 1300cm^{-1}，而 BaF_2 可以测到 800cm^{-1}。

4. ATR 法

由于液体样品可以满足与 ATR 晶片紧密接触的要求，因此 ATR 法同样适用于液体样品的红外光谱测定。测定时可以采用拥有槽型样品架的水平 ATR 装置或直接将样品滴在(或涂在)ATR 装置的晶片上。

(三) 气体试样

对气体样品进行红外光谱测试必须采用专用的气体池。根据样品浓度高低的范围，可以分别选择短光程或长光程的气体池。短光程的气体池一般是由玻璃制成的圆柱形器皿，两端的窗片材料一般采用 KBr、NaCl 或 BaF_2，长度在 10~20cm。长度太短，因气体样品浓度稀薄，不能保证在有限的光程内有足够的吸收;长度太长,又不利于仪器的小型化。对某些浓度特别低的气体样品,可以采用长光程气体池。长光程气体池主要通过光在气体池内的多次反射,使光程加大,样品的有效吸收增大,特别适合于大气污染或有害气体的监测。向气体池注入气体样品采用负压吸入的办法,即先将气体池抽真空,然后将样品负压吸入,通过控制真空度来控制样品的吸入量(浓度)。气体样品进入样品池前需先经干燥处理。

第四节　红外光谱分析技术在纺织上的应用

红外光谱分析技术在纺织工业的应用非常重要且已经相当普及。除了专门的科学研究和技术研发之外,其最主要的用途是纺织及相关材料的鉴别,包括纤维材料、非纤维纺织材料、染化料助剂、纺织机械与纺织器材的零部件等。

一、纤维材料的鉴别

纺织用纤维材料包括天然纤维、人造纤维和合成纤维,后两者统称为化学纤维。几乎所有的纺织用纤维材料都属于高分子材料范畴(表2-2),且在中红外光区均有吸收。高分子材料的红外光谱特征吸收(吸收峰位置、吸收峰数目及其强度等)不仅反映了分子内的基团特征,更反映了其结构特点,可以用来鉴别未知的纤维材料属性,并可进行定量分析和纯度鉴定。

表2-2　部分纤维材料的高分子结构单元

纤维材料	纤维的主体高分子结构单元
纤维素纤维 (棉、麻、黏胶纤维、莱赛尔)	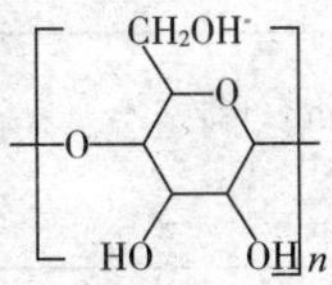 $[\text{—O—}$(吡喃环，CH_2OH，O，HO，OH)$]_n$
蛋白质纤维 (丝、毛)	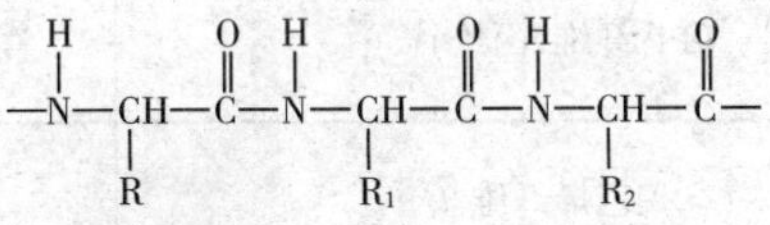 $\text{—NH—CH(R)—C(=O)—NH—CH}(R_1)\text{—C(=O)—NH—CH}(R_2)\text{—C(=O)—}$
醋酯纤维 (二醋酯纤维、三醋酯纤维)	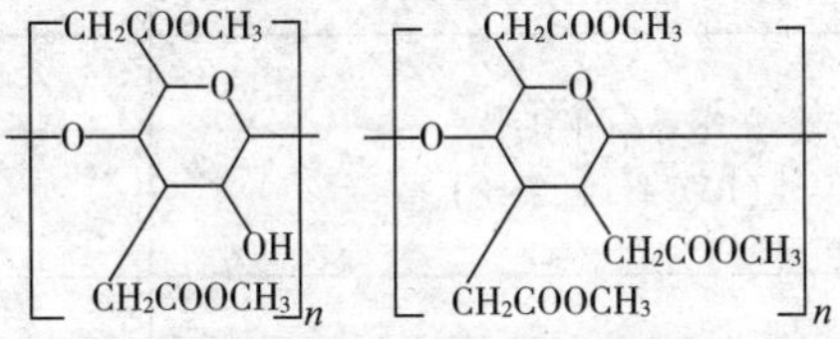 $[\text{—O—}$(吡喃环，CH_2COOCH_3，O，OH，CH_2COOCH_3)$]_n$　$[\text{—O—}$(吡喃环，CH_2COOCH_3，O，CH_2COOCH_3，CH_2COOCH_3)$]_n$
对苯二甲酸乙二醇酯纤维 (涤纶)	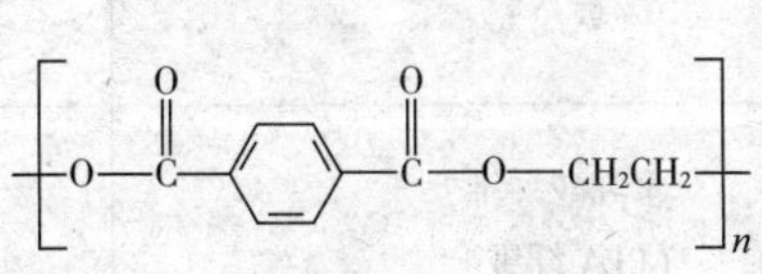 $[\text{—O—C(=O)—}C_6H_4\text{—C(=O)—O—}CH_2CH_2\text{—}]_n$

续表

纤维材料	纤维的主体高分子结构单元
对苯二甲酸丙二醇酯纤维（PTT 纤维）	$\left[O-\overset{O}{\overset{\|}{C}}-C_6H_4-\overset{O}{\overset{\|}{C}}-O-CH_2CH_2CH_2 \right]_n$
对苯二甲酸丁二醇酯纤维（PBT 纤维）	$\left[O-\overset{O}{\overset{\|}{C}}-C_6H_4-\overset{O}{\overset{\|}{C}}-O-CH_2CH_2CH_2CH_2 \right]_n$
阳离子改性涤纶（CDP 纤维）	$\left[O-\overset{O}{\overset{\|}{C}}-C_6H_3(SO_3Na)-\overset{O}{\overset{\|}{C}}-O-CH_2CH_2 \right]_n$
常压沸染阳离子改性涤纶（ECDP 纤维）	$\left[O-\overset{O}{\overset{\|}{C}}-C_6H_3(SO_3Na)-\overset{O}{\overset{\|}{C}}-O-CH_2CH_2-(OCH_2CH_2)_n \right]_m$
聚己内酰胺纤维（尼龙 6 纤维、锦纶 6）	$\left[NH_2(CH_2)_5CO \right]_n$
聚己二酰己二胺纤维（尼龙 66 纤维、锦纶 66）	$\left[NH_2-(CH_2)_6-NH-O-\overset{O}{\overset{\|}{C}}-(CH_2)_4-\overset{O}{\overset{\|}{C}}-O \right]_n$
聚乙烯醇缩醛纤维（维纶）	$\left[CH_2-\underset{O-CH_2-}{CH}-CH_2-\underset{O}{CH}-CH_2-\underset{OH}{CH}-CH_2 \right]_{\frac{n}{2}}$
聚丙烯纤维（PP 纤维、丙纶）	$\left[\overset{CH_3}{\overset{\|}{CH}}-CH_2 \right]_n$
聚乙烯纤维（PE 纤维、乙纶）	$\left[CH_2CH_2 \right]_n$
聚氯乙烯纤维（PVC 纤维、氯纶）	$\left[CH_2\underset{Cl}{\underset{\|}{CH}} \right]_n$
聚氨酯纤维（氨纶）	$\left[O-R-O-\underset{O}{\underset{\|}{C}}-NH-R_1-\underset{O}{\underset{\|}{C}}NH \right]_n R_1$
聚乳酸纤维（PLA 纤维）	$H\left[O-\overset{CH_3}{\overset{\|}{CH}}-\overset{O}{\overset{\|}{C}} \right]_{2n}OH$

(一)天然纤维

纺织用的天然纤维主要是植物纤维和动物纤维。

(1)植物纤维主要成分是纤维素。纤维素结构中含有大量的羟基(—OH)和醚键(R—O—R),在 3450~3300cm^{-1}和 1100~1000cm^{-1}有很强的吸收带。同时由于纤维素纤维的吸湿性好,在样品干燥时无法完全去除所含的水分,所以在 1650~1625cm^{-1}处还会有由水分引起的吸收峰。图 2-13 和图 2-14 分别为棉纤维和苎麻纤维的红外光谱图,其羟基和醚键的特征吸收相当明显。但由于棉和麻都属纤维素纤维,其大分子链结构基本一致,故其红外光谱的整体面貌也基本一致,仅是由于两者之间的超分子结构存在一定的差异,而在整体的吸收光谱上存在微小的差异,因此,单靠红外光谱仍无法加以鉴别,必须借助显微镜法加以区别和鉴定。

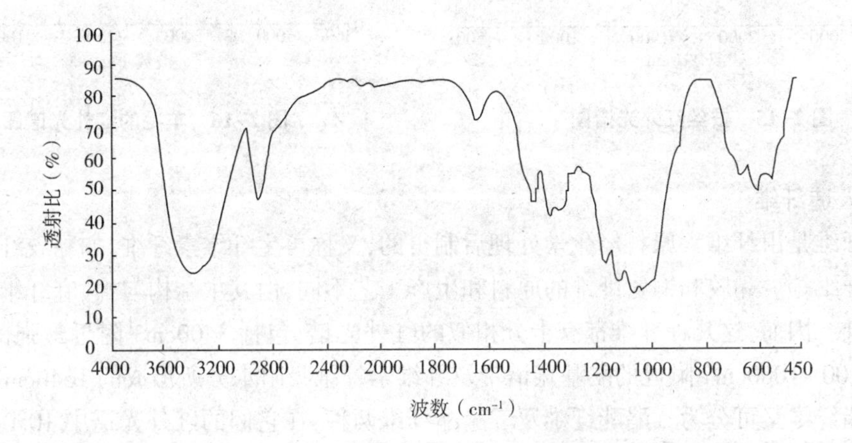

图 2-13 棉纤维红外光谱图

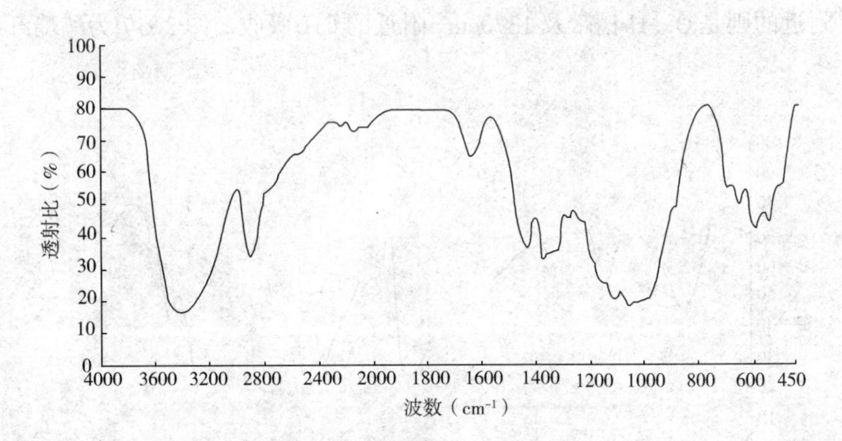

图 2-14 苎麻纤维红外光谱图

(2)动物纤维包括动物的毛发和蚕丝等,都含有氨基酸。图 2-15 为蚕丝红外光谱图,3300cm^{-1}附近吸收带为—NH 基和—OH 基的伸缩振动;在 2900cm^{-1}附近有—CH_3基团的吸收谱带,1640cm^{-1}是酰胺 I 吸收带,即羰基 C ═O 的伸缩振动;1520cm^{-1}是酰胺Ⅱ吸收带,即 N—H 弯曲和 C—N 伸缩振动的组合吸收,以前者为主;1230cm^{-1}是酰胺Ⅲ谱带,也是 N—H 弯曲和 C—N 伸缩振动的组合吸收,但以后者为主。羊毛的红外光谱中也具有氨基酸结构中的酰胺特征吸收,但其峰带出现的位置与蚕丝的谱峰相比稍有不同,其酰胺Ⅰ、Ⅱ、Ⅲ谱带分别出现在$1650cm^{-1}$、$1540cm^{-1}$及$1240cm^{-1}$附近。另外,在$1220cm^{-1}$、$1160cm^{-1}$和$1060cm^{-1}$处,蚕丝的吸收比羊毛强。此外,蚕丝还有以下几个特征吸收带:$1168cm^{-1}$(C—O伸缩振动)、$1064cm^{-1}$(O—H弯曲振动)、$1014cm^{-1}$和$976cm^{-1}$(氨基乙酰丙氨酸序列振动),但羊毛在$1000\sim592cm^{-1}$区域无吸收,这可与丝相区别,图2-16为羊毛的红外谱图。

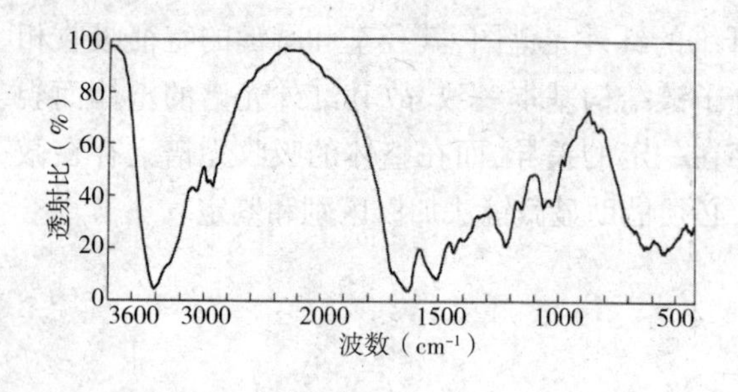

图2-15 蚕丝红外光谱图

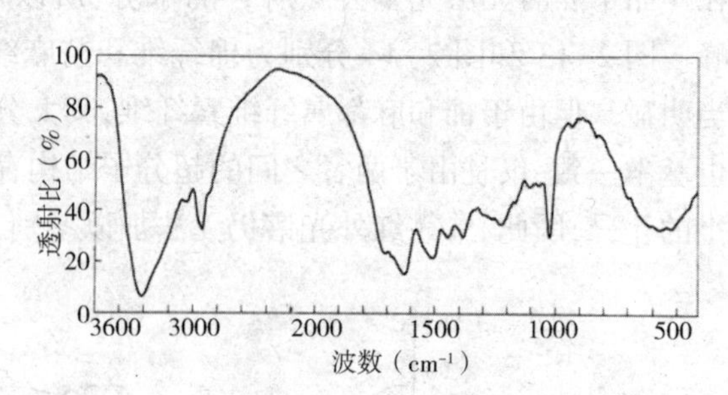

图2-16 羊毛的红外光谱图

(二)人造纤维

人造纤维是由纤维素原料经化学处理后制得的,又称再生纤维素纤维,如黏胶纤维、铜氨纤维和醋酯纤维等。黏胶和铜氨纤维的原料和生产工艺不同,但其主结构与棉、麻纤维一样,都是纤维素纤维。因而,这几种纤维都有十分相似的红外光谱,包括$3400cm^{-1}$附近最强的羟基谱带吸收,在$1100\sim1000cm^{-1}$附近的醚基宽谱带及纤维素纤维吸附水分所形成的$1640cm^{-1}$左右的弱谱带。醋酯纤维又可分为二醋酯纤维及三醋酯纤维两种,在它们的红外光谱中$1050\sim1045cm^{-1}$为醚和缩醛的吸收谱带,$1230\sim1240cm^{-1}$处有C—O的强吸收,$1750\sim1746cm^{-1}$为C═O的吸收,而$3500cm^{-1}$附近的则是O—H谱带及$1370cm^{-1}$附近的CH_2吸收。图2-17为醋酯纤维的红外光谱图。

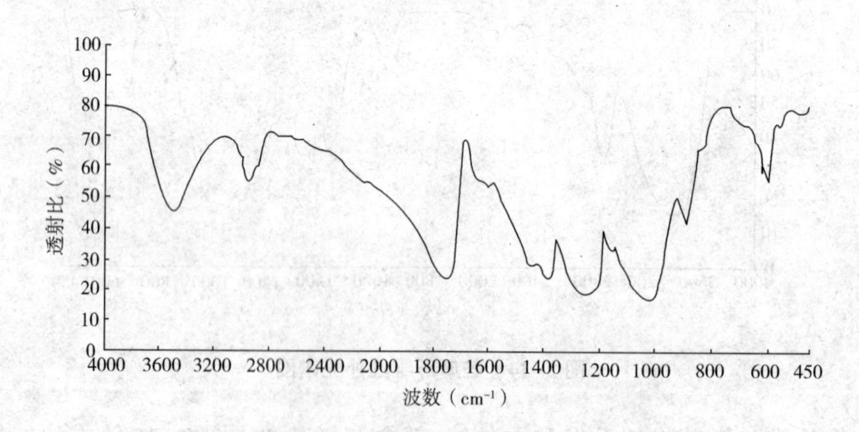

图2-17 醋酯纤维的红外光谱

(三)合成纤维

通过熔融纺丝或湿法纺丝工艺制得的各种合成纤维,其主体结构都是由一种或少数几种单体构成的聚合物,其红外光谱所反映出来的除了因聚合而产生的各种耦合效应之外,最主要的就是重复的结构单元或基团的吸收特征，其结构解析的指向相当明确，是合成纤维材料定性分析最准确和最快捷的手段。

（1）聚酰胺纤维，又名锦纶、尼龙纤维，是一个类别的纤维，在纺织上应用最广的是尼龙6和尼龙66纤维，其聚合物结构中的一个共同的特征就是都含有一个相同的酰胺基团。除了酰胺基之外，聚酰胺分子主链上还含有一定数量的亚甲基（$—CH_2—$）及端基上的氨基（$—NH_2$）和羧基（—COOH），其红外光谱中主要特征带包括：$1630cm^{-1}$、$1540cm^{-1}$和$1260cm^{-1}$附近的酰胺Ⅰ、Ⅱ、Ⅲ吸收谱带，$2920cm^{-1}$和$1415cm^{-1}$的CH_2伸缩和弯曲振动，以及$690cm^{-1}$附近的N—H面外摇摆振动。图2-18和图2-19分别为尼龙6纤维和尼龙66纤维的红外光谱图。

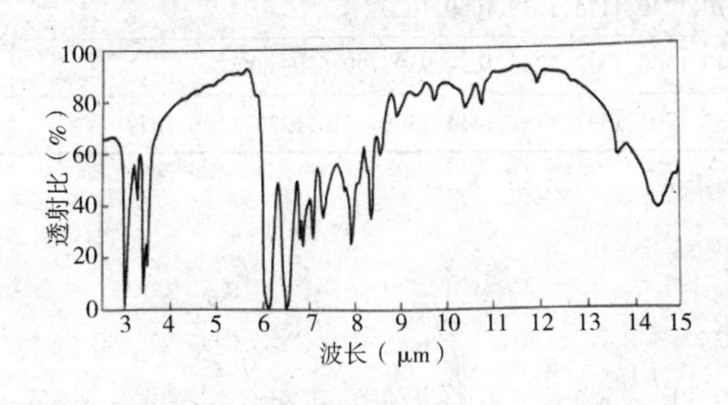

图2-18 尼龙6纤维的红外光谱图

注 因谱图来源问题，本书中有部分红外光谱图的横坐标是以波长λ（μm）表示的，其与波数σ（cm^{-1}）的关系可以按$\lambda=10^4/\sigma$进行换算。

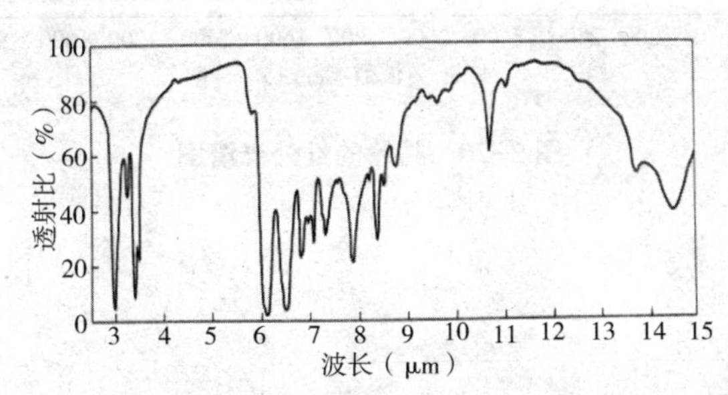

图2-19 尼龙66纤维的红外光谱图

（2）聚丙烯腈纤维，又称腈纶，是以85%以上的丙烯腈（$CH_2═CHCN$）单体为主的聚合物纤维，根据第二、第三单体的不同，可以形成不同的品种。聚丙烯腈大分子链上带有极性很强的氰基（C≡N），其红外光谱图中最特征的谱带是$2240cm^{-1}$附近源于C≡N伸缩振动的强吸收。同时，$1450cm^{-1}$附近的C—H的弯曲振动也是比较尖锐的强谱带，图2-20为腈纶的红外谱图。

（3）表2-3给出了一些合成纤维的特征谱带，可供鉴别纤维时参考。图2-21～图2-26为部分合成纤维的红外光谱图。

表2-3 部分合成纤维的特征红外吸收谱带

名称	聚合物名称	特征谱带（cm^{-1}）
乙纶	聚乙烯	2857，1470，1370，730，720
丙纶	聚丙烯	2956，1459，1377，997，973，841
锦纶	聚酰胺	3280，1630，1535，1275，961，935
涤纶	聚酯	3050，1724，1613，1579，1506，1250，1111，1015，951，725

续表

名称	聚合物名称	特征谱带(cm^{-1})
腈纶	聚丙烯腈	2252,1740,1667,1613,1450,1370,1240,1199,1065
维纶	聚乙烯醇	1430,1370,1240,1175,1130,1060,1020
氯纶	聚氯乙烯	2899,1440,1360,1333,1238,1099,959,799,650-600
氨纶	聚氨酯	3326,1731,1704,1597,1531,1414,1368,1310,1223,1108,1079

注 表中所列特征谱带位置在实际测定中可能会有小幅变动。

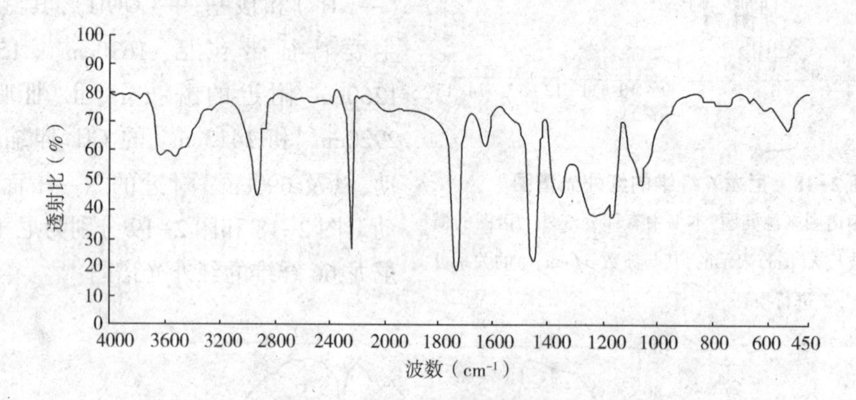

图 2-20 腈纶的红外光谱图

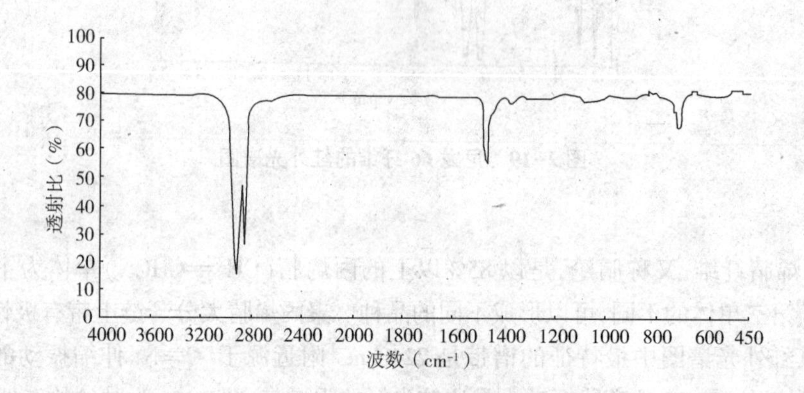

图 2-21 聚乙烯纤维红外光谱图

二、涂层织物的涂层材料和涂料印花黏合剂的鉴别

涂层织物是指在织物表面均匀地涂敷一层或多层高分子成膜材料,以赋予织物某些外观上的变化或某些新的功能。涂料印花则是采用热固性或热塑性聚合物作为黏合剂,与有颜色或具有特殊效果的非水溶性物质颗粒混在一起组成涂料印花色浆,用机械或手工方法按设计的花样印在织物表面上,经干燥烘焙固化后成膜,和颜料一起紧密地附着在织物的表面,以达到印花着色的效果。但无论是涂层织物的涂层材料还是涂料印花黏合剂,其实都是应用形态和工艺的不同而已,其材料的属性和功效在本质上是一致的。这些用作涂层或黏合剂的聚合物材料通常包括聚丙烯酸酯、聚氨酯、聚氯乙烯和各种橡胶。对于涂层或黏合剂原料的红外光谱分析,制样方

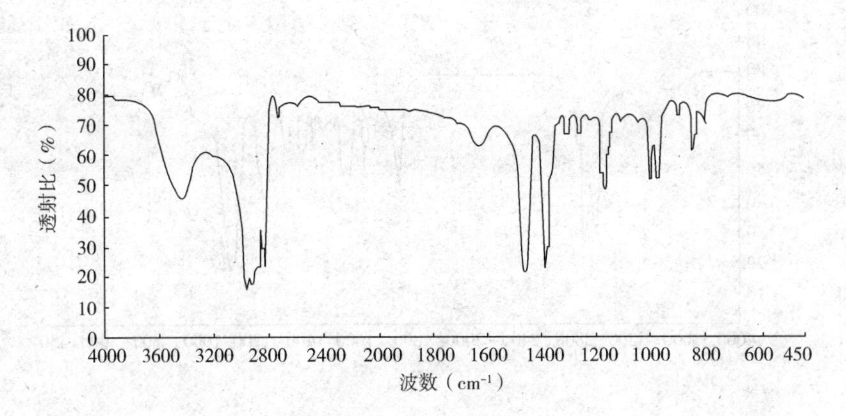

图 2-22　聚丙烯纤维红外光谱图

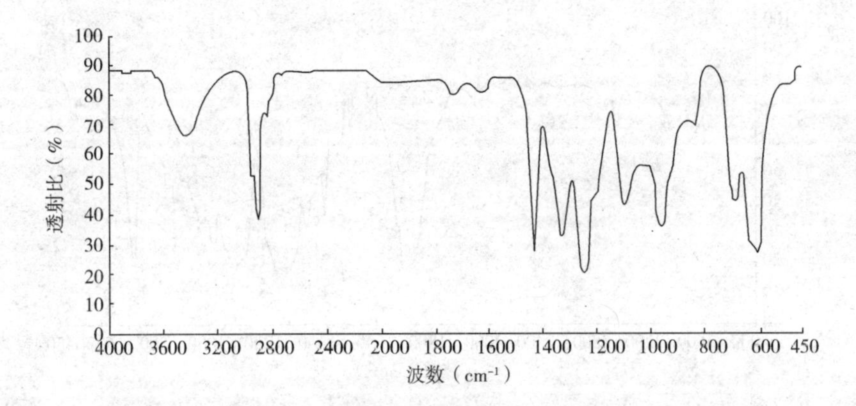

图 2-23　聚氯乙烯纤维红外光谱图

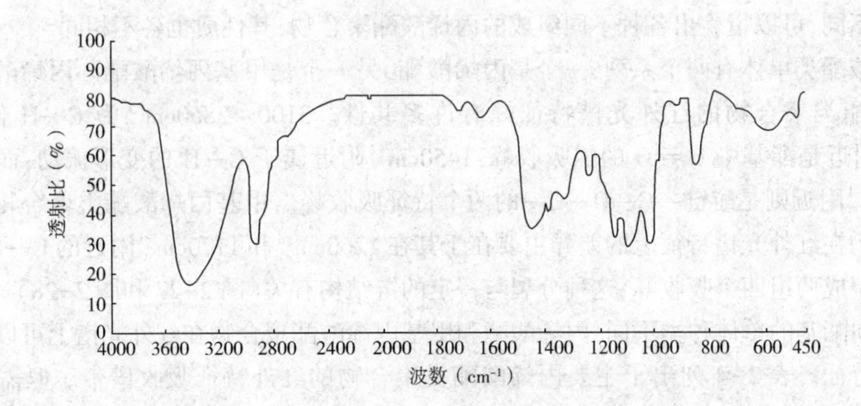

图 2-24　维纶红外光谱图

法相对容易；但对于已经施用并成膜的样品，则大多都是已交联的聚合物，不仅需要采用适当的方式去除添加在其中的各种添加剂或助剂，如增塑剂等，有时还可能要用到裂解制备试样的方法。如果条件具备，也可以采用 ATR 技术进行红外光谱的测定。

（一）聚丙烯酸酯

聚丙烯酸酯是以丙烯酸酯类为单体的一类聚合物，可以是均聚物，也可以是共聚物。根据

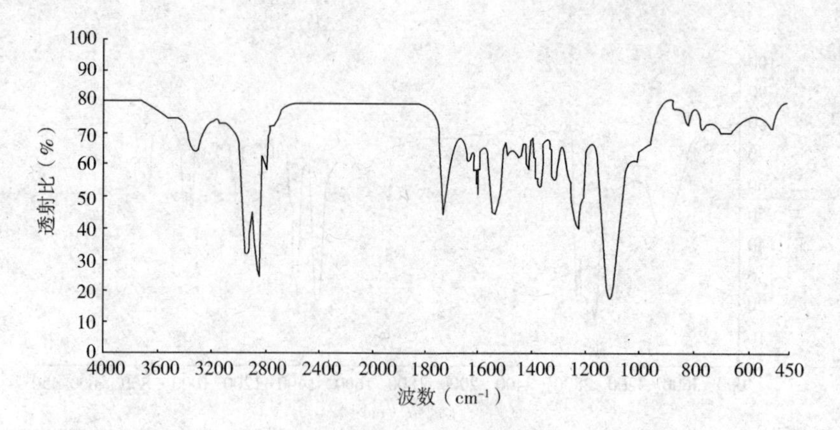

图 2-25　氨纶红外光谱图

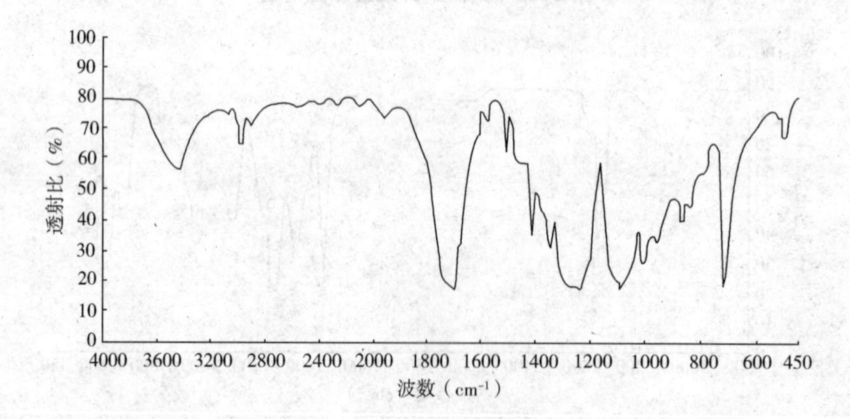

图 2-26　涤纶红外光谱图

取代基的不同，可以衍生出各种不同组成的丙烯酸酯聚合物，其性质也各不相同。

丙烯酸酯类单体有两个系列，一个是丙烯酸酯，另一个是甲基丙烯酸酯。丙烯酸酯类和甲基丙烯酸酯类聚合物的红外光谱特征峰有许多共性。3100～2860cm^{-1}为 C—H 伸缩振动；1730cm^{-1}附近是酯基中 C ═O 的强吸收峰；1450cm^{-1}附近属于 C—H 的变形振动；而 1260cm^{-1}和 1170cm^{-1}附近则是醚键—C—O—C—的两个特征吸收峰。甲基丙烯酸酯类聚合物与丙烯酸酯类聚合物在红外光谱特征上的差异主要在于其在 1260cm^{-1}和 1170cm^{-1}附近的 C—O—C 伸缩振动被分裂成两组四个吸收峰，这种分裂与一定的链结构有关（图 2-27 和图 2-28）。

因不同酯基的单体种类不同，丙烯酸酯和甲基丙烯酸酯聚合物在红外光谱上可以显示出不同的指纹特征。表 2-4 列出了主要丙烯酸酯类聚合物的红外特征吸收谱带。但需要强调的是，在实际应用中，丙烯酸酯聚合物往往是多种单体的共聚物，而不是单一单体的均聚物。因此，所得的红外光谱往往是多种单体的吸收特征加上耦合作用所产生的协同效应所产生的吸收混合甚至是叠加在一起的结果，出峰位置、峰形和强度都有可能发生变化，会增加谱图解析的难度。例如，甲基丙烯酸甲酯与丙烯酸乙酯共聚后，其聚合物的红外谱图上，已经无法找到甲基丙烯酸酯醚键的四个分裂峰，只略见其峰肩，但在 1100～700cm^{-1}的区域内，还是可以找到甲酯、乙酯的特征吸收峰。

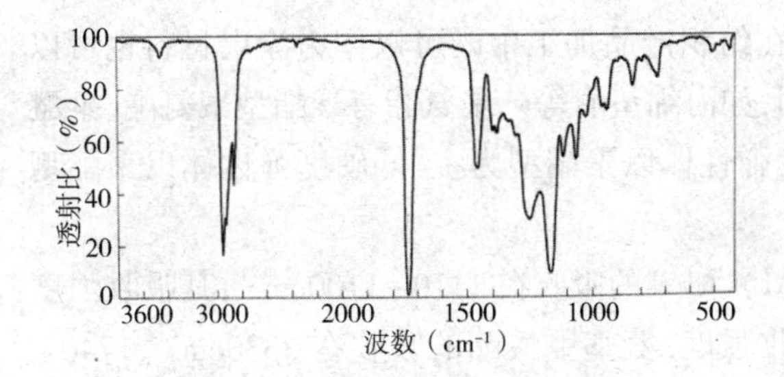

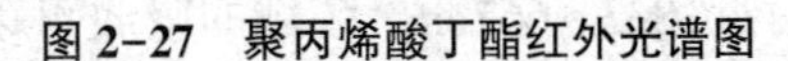
图 2-27　聚丙烯酸丁酯红外光谱图

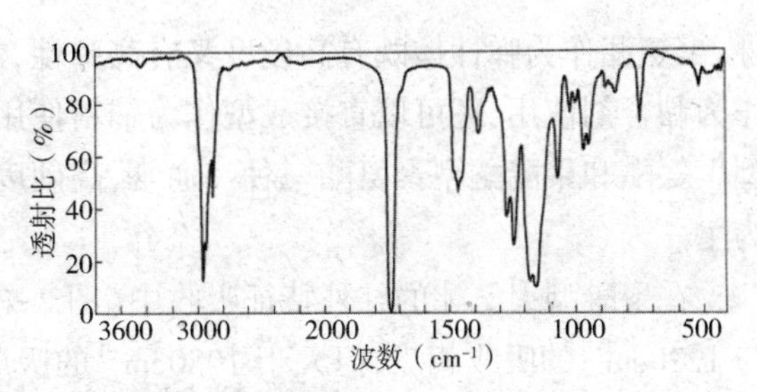

图 2-28　聚甲基丙烯酸丁酯红外光谱图

表 2-4　丙烯酸及其酯类聚合物的红外光谱特征吸收谱带

名称	特征吸收谱带（cm^{-1}）
聚丙烯酸	3100~2500,111
聚甲基丙烯酸	3100~2500,1471
聚丙烯酸甲酯	1260~1240,1196,1164,974,828
聚丙烯酸乙酯	1275~1240,1175,1161,1097,1025,854
聚丙烯酸丁酯	1250,1165,1070,963,944,843,740
聚丙烯酰胺	3350,3180,1650,1125
聚甲基丙烯酸甲酯	1272,1242,1192,1149,1066,993,844
聚甲基丙烯酸乙酯	1270,1239,1176,1148,1027,861
聚甲基丙烯酸丁酯	1269,1241,1176,1150,1066,966,946,845
聚甲基丙烯酰胺	3350,3180,1650,1470,1385

聚丙烯酸和聚丙烯酸酯的红外光谱最明显的不同之处是聚丙烯酸中的羧酸基—COOH,由于分子间氢键的缔合作用,使 O—H 键的力常数降低,使 O—H 的伸缩振动吸收向低波数方向移动,从而在 3100~2500cm^{-1}形成一个十分特别的宽而散的吸收峰,并与脂族的 C—H 伸缩吸收峰重叠(图 2-29)。

聚丙烯酰胺在纺织上可以用作上浆剂、黏合剂、润滑剂及匀染剂等。由于酰胺中C ═O的分子间氢键的缔合作用,其红外吸收波数位置出现在 1650cm^{-1},为酰胺Ⅰ谱带,而酰胺Ⅱ谱带 —N—H 的弯曲振动则出现在 1610cm^{-1}左右,和酰胺Ⅰ的谱带发生部分重叠(图 2-30)。

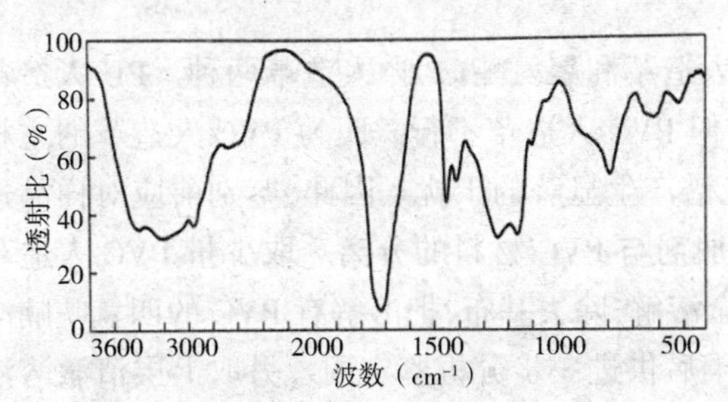

图 2-29　聚丙烯酸红外光谱图

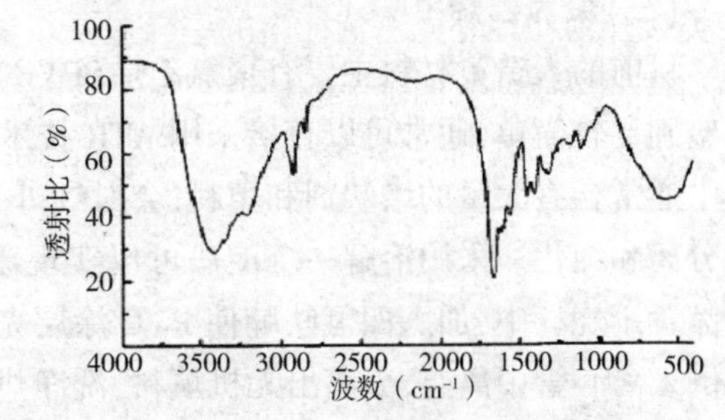

图 2-30　聚丙烯酰胺红外光谱图

(二)聚氨酯

聚氨酯是一种在聚合物主链上含有—NH—COO—的化合物。除了耐磨性能特别优良之外,聚氨酯作为弹性体既有高硬度又有高弹性,在纺织产品加工中既可以作为涂层材料也可以作为黏合剂使用,还可以直接成型作为辅料使用,如海绵垫肩等。聚氨酯有聚酯型聚氨酯、聚醚型聚氨酯和聚酯醚型聚氨酯三种。通常,高硬度弹性体以聚醚型为主,低硬度弹性体以聚酯型为主。

在聚醚型聚氨酯的红外特征吸收中(图 2-31),醚键的吸收在 1110~1100cm^{-1},其吸收强度与 1220cm^{-1}的吸收相当,但大于 1080cm^{-1}的吸收强度;氨基甲酸酯的吸收在 3330cm^{-1}、1740~1690cm^{-1}和 1538cm^{-1},芳香族结构的吸收在 1600cm^{-1}附近;833~667cm^{-1}区域的吸收可以用于鉴别异氰酸酯的组分,有时在 1640cm^{-1}还会出现脲基的吸收。

在聚酯型聚氨酯的红外特征吸收中(图 2-32),酯中的羰基吸收在 1740cm^{-1},而氨基甲酸酯中的羰基吸收在低频一侧,通常前者比后者略强;氨基甲酸酯结构中 N—H 的振动吸收分别出现在 3330cm^{-1} 和 1538cm^{-1};而与聚醚型聚氨酯最大的区别在于:1100cm^{-1}处无吸收,且 1220cm^{-1}的吸收强度远大于 1080cm^{-1}的吸收强度。另一个主要区别在于甲基和亚甲基的吸收谱带的变化,聚酯型聚氨酯在 2956cm^{-1}处的吸收峰较尖,只出现细微的肩峰,而聚醚型聚氨酯在这个位置的吸收谱带出现明显裂分,其中 2972cm^{-1}、2931cm^{-1}归属于 CH_2的不对称伸缩振动,2872cm^{-1}归属于 CH_2的对称伸缩振动,这一区别是由于聚醚和聚酯软段结构不同所形成的。

在聚酯醚型聚氨酯的红外光谱中也会出现分别由酯中的 C ═O 和氨基甲酸酯中的 C ═O 产生的吸收(1740cm^{-1}和 1710cm^{-1}),但其光谱整体上与聚醚型聚氨酯的光谱非常类似。

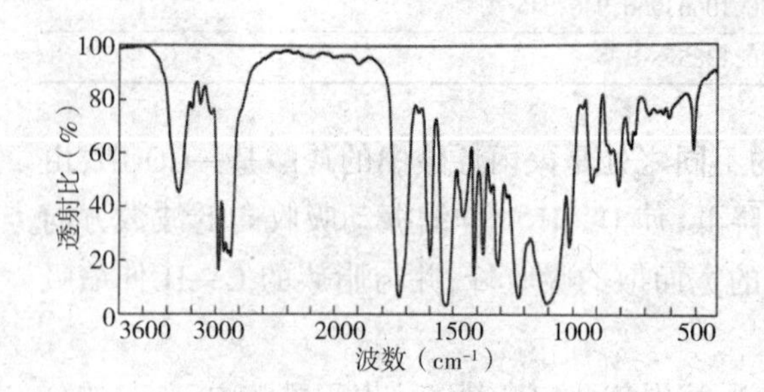

图 2-31　聚醚型聚氨酯红外光谱图

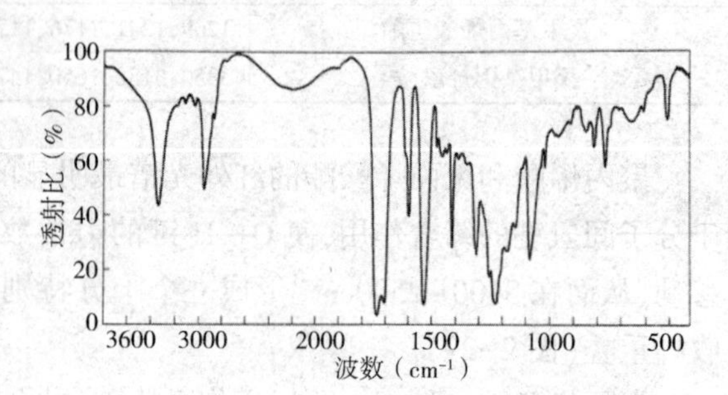

图 2-32　聚酯型聚氨酯红外光谱图

(三)聚氯乙烯

目前的人造革材料主要有聚氯乙烯(PVC)人造革和聚氨酯(PU)人造革两种。PU 人造革的鉴别比较简单,通常可以直接采用 ATR 技术,但 PVC 人造革不行。因为 PVC 人造革的主材料中通常含有大量的增塑剂和填料,会对红外光谱产生显著的干扰。因此,鉴别前应对样品进行分离和纯化。采用溶解—沉淀法可以实现添加剂与 PVC 材料的分离。取少量 PVC 人造革样品置于烧杯中,加入四氢呋喃使 PVC 涂层完全溶解,除去基布,把溶解有 PVC 的四氢呋喃溶液倒入离心管中离心,分离出无机填料,洗净烘干后供进一步分析鉴定用。另取上层清澈溶液加入过量乙腈(或乙醇),使溶解的 PVC 析出,溶液中出现白色絮状沉淀,过滤取出沉淀物,将溶液烘干后对残留物作进一步的分离分析,对沉淀物则用少量四氢呋喃溶解,然后挥发成膜,进行红外光谱分析,以确认是否是 PVC(图 2-33)。

图中,2968cm^{-1}、2914cm^{-1}、2850cm^{-1}和 2818 cm^{-1}谱带为 CH_2、CH 的伸缩振动;1429cm^{-1}为

CH_2的弯曲振动，由于受到邻位氯原子的影响，其强度增加；1330cm^{-1}为次甲基 CH 的面内弯曲振动与 CH_2的摇摆合频振动；而 1250cm^{-1}为 CHCl 中的 C—H 面外弯曲振动，由于有氯原子在同一个碳原子上，其峰强度显著增强；750～600cm^{-1}区域内有一些宽、强谱带，彼此重叠在一起，为 C—Cl 的伸缩振动吸收。

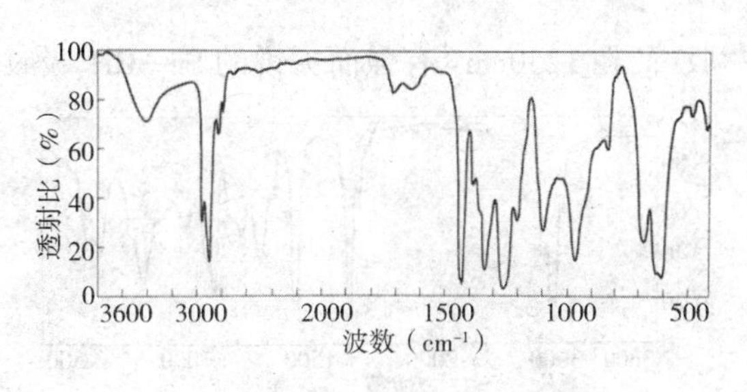

图 2-33　PVC 红外吸收光谱图

需要提醒的是，人造革的表面通常还会有一层涂饰膜，与人造革的主体材料未必是同一类物质，如果涂层很薄，在用 ATR 技术进行检测时，很可能在涂饰膜与人造革主材料之间产生干扰，必须根据实际情况采用特别的制样方法。

（四）各种橡胶

对于橡胶类涂层或黏合剂样品，在涂层或黏合剂可以被有效剥离的情况下，可以采用热裂解法制样。如果采用 ATR 技术，则应先用适当的方式将样品中的各种添加剂，如增塑剂、防老剂、稳定剂等有效去除后再进行分析，以免产生干扰。

天然橡胶与合成橡胶（1，4-聚异戊二烯）的主结构相同，其特征吸收峰（图 2-34）包括 1372cm^{-1}处的甲基变形振动和 833cm^{-1}处的顺式 1，4-双键中 C—H 的面外弯曲振动；1660～1640cm^{-1}为 C ═C 的吸收；而 1450cm^{-1}和 890cm^{-1}的特征吸收则属于亚甲基的弯曲振动和亚乙基 C—H 的面外弯曲振动；由于天然橡胶中会含有少量难以去除的蛋白质，故在 1638cm^{-1}及 1540cm^{-1}处会分别出现酰胺Ⅰ谱带及酰胺Ⅱ谱带的弱吸收；而合成的 1，4-聚异戊二烯橡胶则由于可能含有少量的润滑油而在 1710cm^{-1}及 720cm^{-1}出现吸收峰。

丁腈橡胶是丁二烯与丙烯腈的共聚物，丁二烯组分主要以反式 1，4-构型存在，故 970cm^{-1}处有强吸收，而 1，2-结构的中等强度吸收带则由 910cm^{-1}移向 920cm^{-1}；丙烯腈组分的特征吸收毫无悬念地出现在 2240cm^{-1}，是腈基的伸缩振动吸收（图 2-35）。

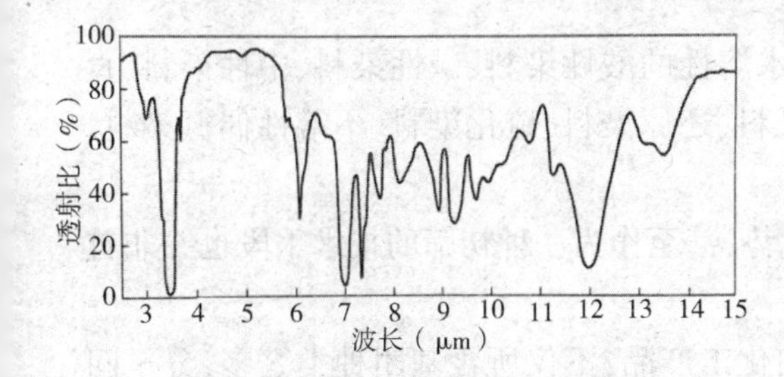

图 2-34　聚异戊二烯红外光谱图

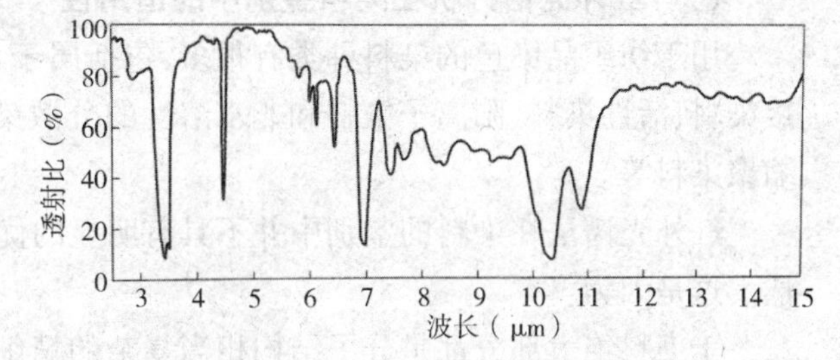

图 2-35　丁腈橡胶红外光谱图

氯丁橡胶是氯丁二烯的聚合体，聚合时会形成四种不同的异构体，其红外光谱中有四个特征的强吸收带（图 2-36）：1667cm^{-1}的 C ═C 伸缩振动、1430cm^{-1}处与氯原子相邻的 CH_2的振动、1120cm^{-1}的链振动和 826cm^{-1}的三取代双键上氢原子面外变角振动。其中前两个吸收带较为尖锐，后两个吸收带较宽。此外，在 667～600cm^{-1}的复杂吸收带归属于 C—Cl 的伸缩振动。

硅橡胶的应用越来越广泛，硅橡胶的鉴别也相对比较容易，主要在于其红外光谱的特征非常明显（图 2-37）。由甲基硅氧烷缩聚而成的硅橡胶在 1018～1100cm^{-1}有特强的 Si—O 结构吸收峰，在 $1250cm^{-1}$ 有强而尖锐的 Si—CH_3 吸收峰，在 $800cm^{-1}$ 附近有 $Si(CH_3)_2$ 结构谱峰。

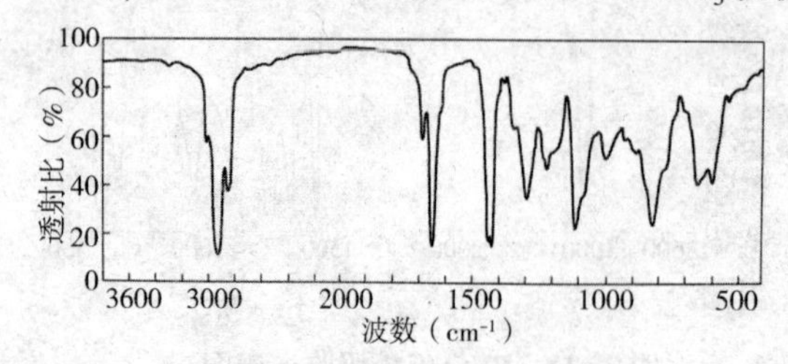

图 2-36 氯丁橡胶红外光谱图

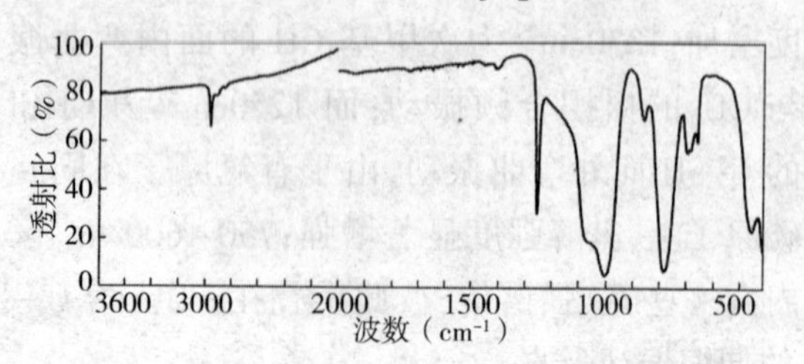

图 2-37 聚二甲基硅氧烷橡胶红外光谱图

对于共混橡胶样品，在预先并不知情的情况下，尽可能采用 ATR 技术进行分析。如果采用热裂解方法制备试样，可以采取控制温度的热裂解法，以免因为不同的橡胶组分的分解温度相差较大而发生某些橡胶的漏检。如丁腈橡胶与天然橡胶的共混物，可以先在 412℃ 收集到天然橡胶的热裂解产物，然后继续升温到 518℃ 收集到丁腈橡胶的热解液。几种常见橡胶的裂解温度见表 2-5。

表 2-5 几种常见橡胶的裂解温度

橡胶名称	裂解温度（℃）	橡胶名称	裂解温度（℃）
氯丁橡胶	314	乙丙橡胶	524
聚异戊二烯橡胶	412	氟橡胶	569
顺丁橡胶	510	硅橡胶	706
丁腈橡胶	518		

三、纺织用染料的鉴别

（一）红外光谱分析在染料鉴别中的适用性

用于纺织品染色的染料种类有很多，包括属于水溶性的酸性染料、碱性染料、中性染料、直接染料、活性染料、阳离子染料和非水溶性的分散染料、还原染料、硫化染料、不溶性偶氮染料、缩聚染料等。

红外光谱法在染料的鉴别中并不具有明显的优势，甚至作为一种初筛的技术手段也并非首选。这是因为：

①染料绝大部分都是分子结构相当复杂的精细化工产品，不仅所含基团种类繁多，分子间相邻甚至相隔一段距离的基团间的偶合协同效应也非常复杂，现有的红外光谱理论并不能解释所有吸收峰的归属，要对一张非常复杂的未知染料红外光谱图直接进行解析几乎是不可能的；

②纺织用染料产品成分复杂，除了合成的目标产物之外，还可能含有未反应的原料、合成的副产物或者多种添加剂，未经有效分离，根本无法对含杂的染料样品的红外光谱进行解析；

③染料产品的形状可以是固体、液体或悬浮液，浓度和分散环境不一，对制样要求不一；

④对已经上染的染料产品，由于在纤维上的含量很低，除了要先进行萃取之外，还必须采用合适的分离和富集手段获取足够的样品进行红外光谱分析，难度很大。

从纺织实验室的角度看，最常遇到的染料鉴别要求是针对纺织产品的，即已经上染或印花的产品。一是要求鉴别产品上染料的类别;二是确定是哪种染料。关于染料的类别,已有系统的化学方法可以运用;而关于染料组成和结构的确定则绝非易事,在大部分情况下需要色谱与多种波谱分析技术的综合运用才能得出可靠的结论。其中红外光谱分析主要扮演"是"还是"不是"的"判官"的角色,即确认被分析的样品是否为某种已知的染料,但其前提是必须获得相当纯度的样品组分,可采用萃取和分离的手段。

(二)纺织样品上染料的萃取与分离

各种纤维的化学组成和分子结构不同,印染用的染料也各不相同。棉、麻、黏胶和莱赛尔类纤维素纤维,因其线性大分子中存在大量的亲水性羟基,不仅能与染料形成氢键,而且还易吸附染料,可用还原染料、直接染料、活性染料、硫化染料和不溶性偶氮染料进行染色;毛、丝类的蛋白质纤维及锦纶常用酸性染料染色;而部分合成纤维因分子链上无活性基团,且具有疏水性,不得不使用分散染料染色;腈纶是以丙烯腈单体为主的共聚物,可用阳离子染料染色;当然,还有一些使用不溶性染(颜)料的涂料染色或印花工艺。由于上染机理和结合方式的不同,不同纤维原料上染料的萃取必须选择合适的萃取剂,要求既能使纤维溶胀且能将纤维上的染料尽可能多地萃取下来,但又不溶解和分解纤维。常见纺织纤维染料萃取剂见表 2-6。

表 2-6　常见纺织纤维染料萃取剂

溶剂	醋酯纤维	棉纤维(直接染料)	棉纤维(还原染料)	尼龙	聚酯纤维	羊毛
氯苯	好	不好	不好	不好	好	好
二甲基甲酰胺	溶解	好	尚好—沸腾	不好	好	好
二甲基亚砜	溶解	好	尚好—沸腾	好	好	好
硝基苯	溶解	尚好	尚好—沸腾	好	好	好
吡啶—水(53∶47)	尚好	好	不好	好	好	好

从纺织样品上萃取下来的染料往往含有一些杂质,甚至本身就是多组分的染料,在进行下一步的鉴别前,必须先进行分离。对普通实验室而言,薄层层析法(thin layer chromatography,简称 TLC)不仅简便,而且有效。TLC 法中常用的吸附剂(担体)包括硅胶、氧化铝、聚酰胺、纤维素等,其中硅胶最为常用,且在染料的分离分析中应用技术已经相当成熟。一般情况下,可以取一块 20cm×5cm 的薄层层析板(市售或自己制作的 TLC 板),在底部点样后用合适的展开剂(通常是混合溶剂)展开,必要时,可以采用二维展开方式,即在一个方向展开后,待溶剂挥发后换一种展开剂再从垂直方向展开。将分离后的组分(斑点)从层析板上洗脱下来,除去溶剂后进行红外光谱等波谱分析。需注意的是,在将洗脱剂与吸附剂进行分离时,常常会有微米级的细颗粒无法滤去,会对后续的光谱分析造成干扰。消除干扰的方法是三角形 KBr 片转移法,即将薄板上的样品斑点与吸附剂一起刮下来,放在一特制的 5mL 小烧杯里,加入 0. 5mL 洗脱剂,将一个专门压制的三角形 KBr 片(大致尺寸为底宽 7cm×高 25cm×厚 2cm,结构较为疏松)放入烧杯的展开剂中,并用一个支架支撑三角片。随着溶剂向 KBr 片顶端的扩散、蒸发,样品会不断地被转移到 KBr 三角片的顶端并聚积。通常,添加几次溶剂后,这个转移和富集的过程就可以完成。将 KBr 三角片的顶尖部分扳下,置于玛瑙研钵中烘干并研成细末,压片,测定红外光谱。

也有实验室采用更为简便的方法,即直接以氯化钾为吸附剂,取氯化钾晶体用球磨机磨成细粉,在载玻片上做成厚 1mm 、宽 25mm、长 75mm 的氯化钾层析板,将从纺织样品上萃取下来的染料用适当的溶剂溶解后点到薄层板上,先用二氯甲烷—乙醚(100∶0.5)混合展开剂沿长度方向展开,完成后取出薄层板晾干,再将氯化钾载玻片旋转90°,放在丙酮中沿宽度方向展开,少顷,取出,晾干。将分离开的斑点分别转移到少量氯化钾粉末中压片,上机测得薄层层析后各斑点组分的红外光谱图。

(三)染料的部分红外光谱特征吸收

虽然无法从理论上准确预测各种染料的红外光谱特征吸收,但大量的实验和日积月累的标准谱库还是积累了大量有关染料的红外光谱特征吸收的信息。

1. 染料中常见基团的特征吸收

(1)羟基(—OH)在3400~3200cm^{-1}有强而宽的吸收谱带,但如果是酚羟基,而且羟基在偶氮基邻位时,羟基与偶氮基生成很强的分子内氢键,羟基在此范围内无吸收。另一种相同的情形是α羟基蒽醌,α-位的羟基与蒽醌的C═O形成分子内氢键,也会发生同样的情况。

(2)氨基($—NH_2$)在3500~3300cm^{-1}呈中等强度的双峰。芳香仲胺(Ar—NH—)在3300cm^{-1}呈单尖峰;芳香氨基甲酸酯也有明显的N—H吸收;芳香仲酰胺(ArNHCOR)显示的也是单尖峰,但强度较弱,而且易受干扰。

(3)甲基($—CH_3$)在2960cm^{-1}和2870cm^{-1}显强双峰,亚甲基($>CH_2$)在2930cm^{-1}与2850cm^{-1}显双强峰。当甲氨基($>N—CH_3$)直接与芳香环相连时(如*N*-甲基苯胺和*N*,*N*-二甲基苯胺),分别在2804cm^{-1}及2807cm^{-1}会有特征峰。甲氧基($—OCH_3$)可在2832~2815cm^{-1}产生特征吸收峰,如甲氧基苯胺在2832cm^{-1}有吸收峰,而2,2,5-三甲氧基苯胺在2830cm^{-1}有明显的吸收峰。

(4)含氰基(—CN)的染料在2200cm^{-1}附近有明显的特征吸收,而且很少受到干扰,但其在分子中所处的位置不同,吸收峰强度及吸收峰位置都会有差异:染料侧链上的烷氰基(R—CN)在2260~2240cm^{-1}有吸收峰;而芳氰基(Ar—CN)在2240~2210cm^{-1}有吸收;如果在环上的氰基是在偶氮基邻位的,则会有两个弱吸收峰;但如果氰基在芳环的其他位置,则显中等强度的吸收峰;当氰基连在苯乙烯基上(Ar—CH═CH—CN)时,则在2195cm^{-1}显示强特征峰。

(5)染料中羰基(C═O)是相当重要的基团,如酰氨基、酯基和羧酸基等都是助色团,而醌则是重要的发色团。酯基(—COOR′)中的羰基在1740~1710cm^{-1}有强吸收峰,如脂肪酸酯在1740~1720cm^{-1}有强尖吸收峰;芳香族酸酯的羰基因直接连在共轭体系上,其吸收频率降低至1705cm^{-1}。此外在1310~1250cm^{-1}呈很强的C—O伸展吸收峰。邻氨基或邻羟基苯甲酸酯由于螯合作用使羰基的吸收频率降低至1690~1670cm^{-1}。羧酸(—COOH、—COOM)中的羟基在2500~3000cm^{-1}有宽而呈台阶状的吸收峰;饱和脂肪酸的羰基在1710cm^{-1}附近呈强吸收峰;芳香酸的羰基吸收在1690cm^{-1};邻羟基或邻氨基芳香酸的羰基由于螯合作用,吸收峰降低至1660cm^{-1}附近;当羧酸转变成羧酸盐时,吸收频率在1610~1550cm^{-1}。酰胺基($—CONH_2$,—CONH—)是染料中最常见的发色基团。由于构成酰胺的酸和胺的结构不同,酰胺基的羰基的吸收也有很明显的不同。如伯酰胺的羰基在1690~1650cm^{-1}有中等强度的吸收峰;而仲酰胺的羰基在1700~1655cm^{-1};脂肪酸酰胺的羰基吸收在1700~1690cm^{-1};芳香酸酰胺的羰基由于直接连在共轭体系上,其羰基吸收降低至1670cm^{-1}。

蒽醌的羰基在 $1680cm^{-1}$ 显强吸收峰,C—O 在 $1280cm^{-1}$ 呈强宽谱峰。同时染料中醌结构中羰基极易与 α 位的羟基或氨基形成氢键,吸收频率降低,吸收强度也降低。如 1,4-二羟基蒽醌,其羰基吸收频率在 $1630cm^{-1}$,但 β-羟基蒽醌就不受影响;而氨基蒽醌,无论其氨基处于 α 位还是 β 位,对羰基吸收频率均有影响。

(6)芳香族硝基($—NO_2$)在 1540~$1510cm^{-1}$ 与 1355~$1330cm^{-1}$ 有明显的强吸收峰;而在偶氮染料中,偶氮取代基使硝基吸收频率低移至 $1517cm^{-1}$ 和 $1333cm^{-1}$。

(7)磺酸基($—SO_3H$)是水溶性染料的重要基团,其 S═O 在 1260~$1150cm^{-1}$ 间有强而宽的吸收峰,同时在 1080~$1010cm^{-1}$ 间有强而尖的吸收峰。

2. 几种重要染料的红外光谱及其特征吸收

(1)偶氮染料。含乙酰芳胺的偶氮染料多为黄色或橙色,其红外谱图中 1660 cm^{-1} 处有羰基的强吸收峰,在 $1500cm^{-1}$ 有强宽峰或挤在一起的几个强吸收峰(图 2-38)。

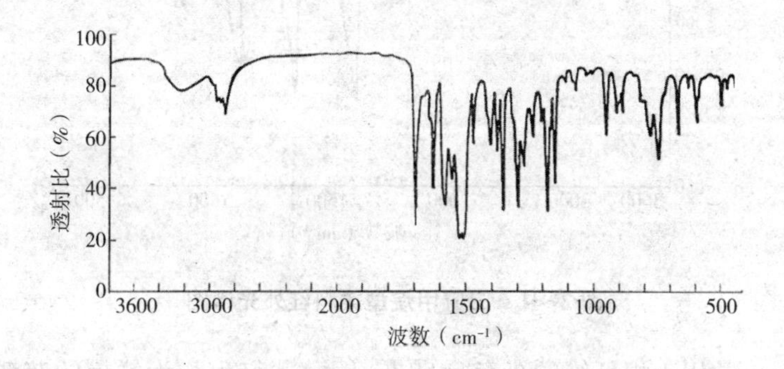

图 2-38 颜料黄 6 红外光谱图

含吡唑酮的偶氮染料为鲜艳的嫩黄色,在 $1500cm^{-1}$ 显中等强度的吸收,在 $1670cm^{-1}$ 与 $1630cm^{-1}$ 有两强度几乎一致的吸收峰(图 2-39)。

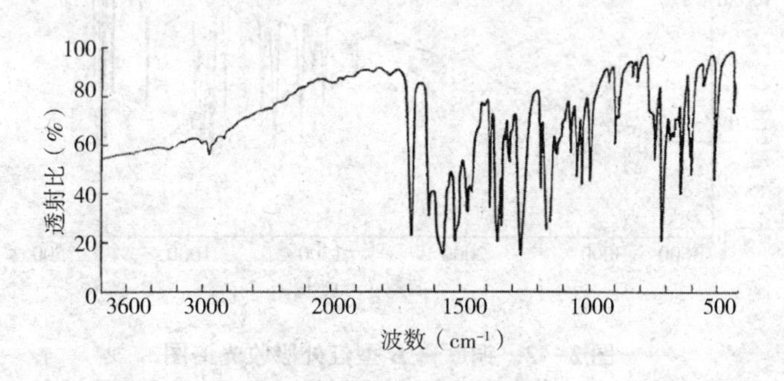

图 2-39 颜料黄 60 红外光谱图

(2)蒽醌染料。醌基是蒽醌染料中重要的发色团,其颜色多为亮蓝色。蒽醌中的羰基在 $1680cm^{-1}$ 显强吸收峰,在 $1280cm^{-1}$ 有 C—O 的强宽峰,其邻位有羟基或氨基时,在 1640~1560 cm^{-1} 间有吸收峰,在 1300~$1250cm^{-1}$ 间有强吸收峰(图 2-40)。

(3)三芳甲烷型染料。三芳甲烷型染料的分子结构对称性强,其红外光谱图中 $1580cm^{-1}$、$1370cm^{-1}$ 及 $1170cm^{-1}$ 有三个明显的宽吸收峰(图 2-41)。

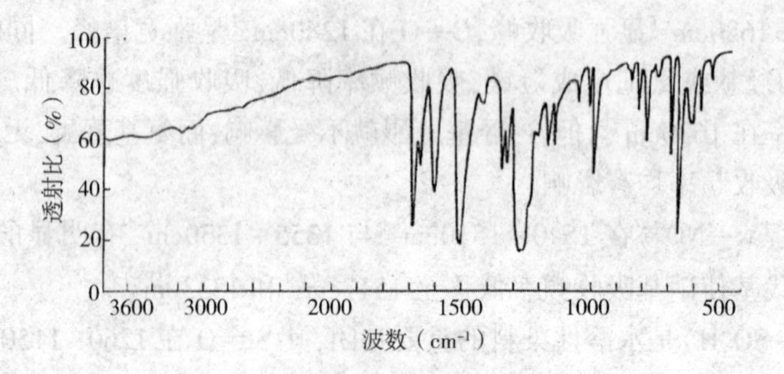

图 2-40 还原蓝 4 红外光谱图

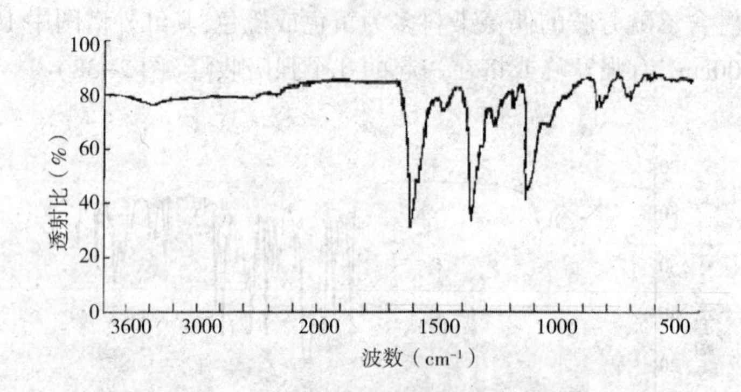

图 2-41 三芳甲烷型染料红外光谱图

（4）酞菁染料。常用于棉纤维的染色和印花，铜酞菁衍生物为鲜艳的蓝颜料，其红外谱图在 700cm^{-1}左右有尖锐的强吸收峰，在 1100cm^{-1}左右有台结构的吸收峰簇（图 2-42）。

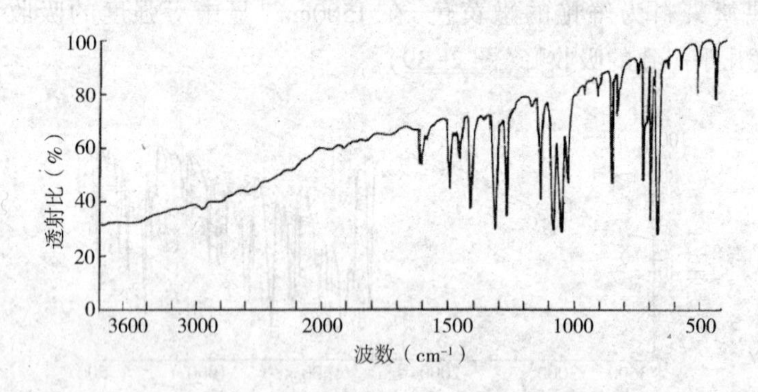

图 2-42 铜肽菁 β 型红外吸收光谱图

四、纺织用表面活性剂的鉴别

表面活性剂同时含有亲水和亲油基团，在溶液的表面能定向排列并使溶液体系的界面状态发生明显的变化。表面活性剂的亲水基团常为极性基团，如羧酸、磺酸、硫酸、氨基及其盐，羟基、酰氨基、醚键等因可以形成氢键也可成为亲水基团。表面活性剂的疏水基团常为非极性的烃链，如 8 个碳原子以上的烃链。表面活性剂根据其亲水基团的不同可分为阳离子表面活性剂、阴离子表面活性剂、两性离子表面活性剂和非离子表面活性剂四个大类,具有分散、润湿、润滑、渗透、乳化(或破乳)、洗涤、匀染、抗静电、起泡(或消泡)、防腐以及增溶等物理或化学性能,在纺织行业的纺纱、织造、染色、印花和后整理等各工序都有广泛应用,其中大部分是作为染化料助剂的重要组分被使用。

同染料鉴别一样,表面活性剂的红外光谱分析在大多数情况下也需经过样品的分离和纯化后才能进行,不管是作为染化料助剂的复配物组分还是直接从纺织样品上萃取所得的混合物。但与染料不同的是,除去某些同系物,如不同加成数的聚氧乙烯类非离子表面活性剂,红外光谱法对经分离和纯化后的各种表面活性剂的鉴别往往具有"一图定谳"的功效,已经成为各种表面活性剂分析中非常重要的技术手段。

(一)阴离子表面活性剂

阴离子表面活性剂可以根据其亲水基团分为羧酸盐、磺酸盐、硫酸酯盐和膦酸酯盐四大类。

(1)羧酸盐(皂类)是由脂肪酸与碱在加热条件下皂化制成的,其亲水基团为R—COOM,其中M为K^+、Na^+或NH_4^+。在脂肪酸转变为盐后,脂肪酸的C═O伸缩振动1710cm^{-1}吸收带消失,转而出现表征羧酸盐离子结构中C═O的1430cm^{-1}(对称伸缩振动)和1563cm^{-1}(反对称伸缩振动)两个强吸收峰(图2-43)。

(2)磺酸盐阴离子表面活性剂包括烷基苯磺酸盐、烷基磺酸盐、烯基磺酸盐、磺化琥珀酸酯盐和脂肪酸酰胺磺酸盐等不同的类别,但其分子结构中都有—SO_3M的磺酸盐基团,而且其红外光谱中的最强特征谱带都出现在低于1200cm^{-1}的区段。无论是支链还是直链烷基苯磺酸盐,在1180cm^{-1}都有强而宽的吸收,此外还有1600cm^{-1}、1500cm^{-1}和900~700cm^{-1}的苯核振动和取代吸收及1135cm^{-1}和1045cm^{-1}的吸收特征。支化烷基苯磺酸盐的特征吸收带出现在1400cm^{-1}、1380cm^{-1}及1367cm^{-1},而直链烷基苯磺酸钠显示1410cm^{-1}及1430cm^{-1}吸收(图2-44)。α-烯基磺酸盐除1190cm^{-1}的强峰和1070cm^{-1}的谱带外,还有965cm^{-1}反式双键C═H的面外弯曲振动的特征吸收带(图2-45)。烷基磺酸的谱带与烯基磺酸的谱带类似,但没有965cm^{-1}的弱吸收,且1050cm^{-1}的峰替代了1070 cm^{-1}峰。磺化琥珀酸酯盐显示1740cm^{-1}的C═O伸缩振动吸收,但1250~1210cm^{-1}的SO_3伸缩振动吸收与C—O—C的反对称伸展振动吸收重叠,而1050 cm^{-1}的强峰是特征峰。

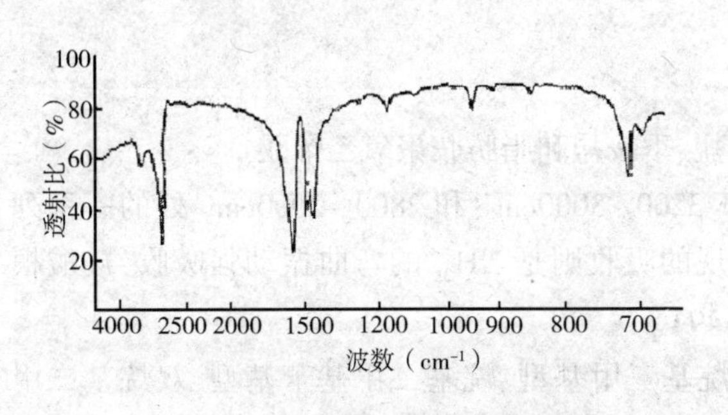

图2-43 硬脂酸钠红外吸收光谱图

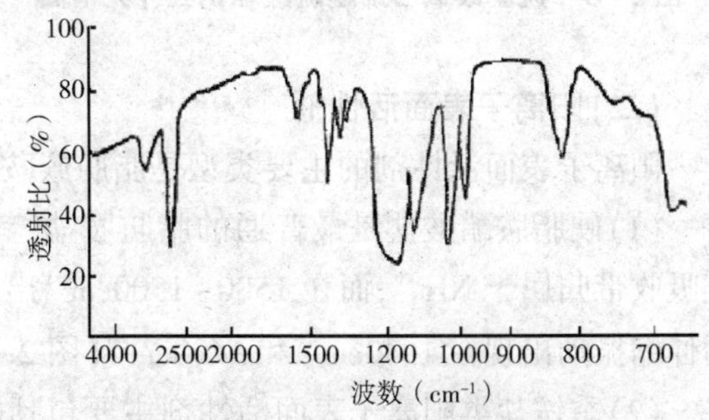

图2-44 直链烷基苯磺酸钠红外光谱图

(3)硫酸酯盐的特征谱带出现在1270~1220cm^{-1},是—OSO_3M中S═O基团的伸缩振动产生的,这个可与—SO_3M的磺酸盐基团相区别。硫酸酯盐的代表化合物有烷基硫酸酯盐、烷基聚氧乙烯醚硫酸酯盐和烷基酚聚氧乙烯醚硫酸酯盐。烷基硫酸酯盐中，1245cm^{-1}、1220cm^{-1}处的吸收以及1085cm^{-1}和835cm^{-1}的谱峰都很特征（图2-46）。除1220cm^{-1}附近的吸收外，若在1120 cm^{-1}附近有宽峰，即表示有烷基聚氧乙烯醚硫酸酯盐存在，且随其加成摩尔数的增加，1120 cm^{-1}吸收带变强（图2-47）。

（4）磷酸酯盐类表面活性剂分子中都含有—OPOM基团，其P ═O的伸缩振动谱带出现在1290~1235cm^{-1}，而P—O—C的伸缩振动吸收则出现在1050~970cm^{-1}（多数在1030~1010cm^{-1}），这两个特征吸收都是宽而强的吸收峰。通常，后一吸收峰强于前一吸收峰，且有时发生分裂（图2-48）。

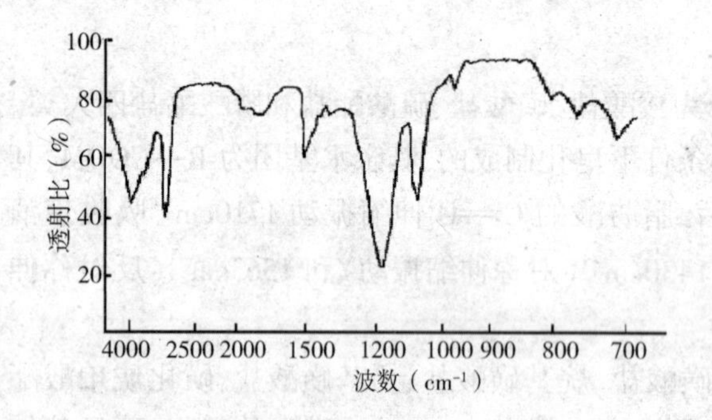

图2-45 α-烯基磺酸钠红外光谱图

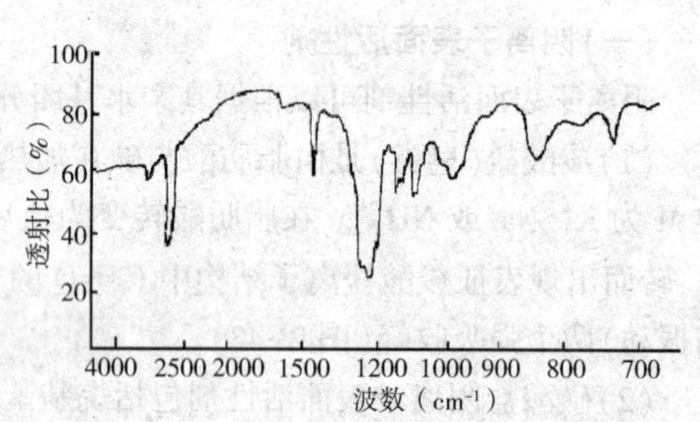

图2-46 十二烷基硫酸酯钠红外光谱图

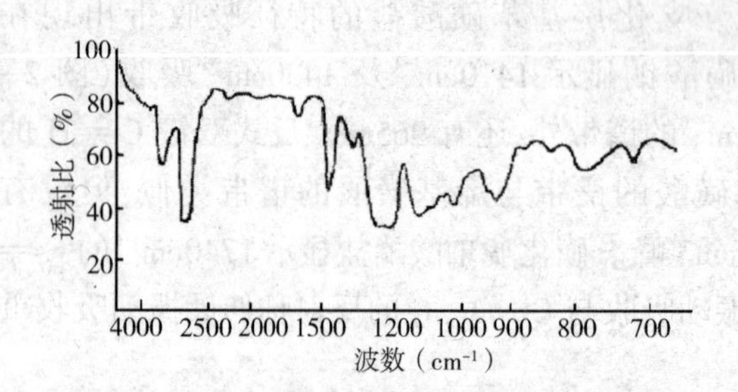

图2-47 烷基聚氧乙烯醚硫酸酯钠红外光谱图

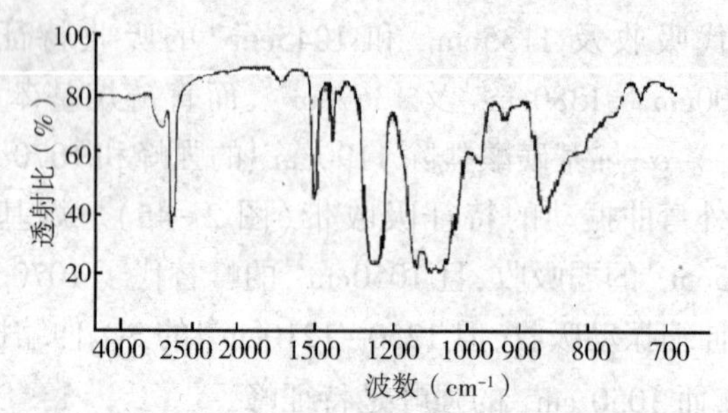

图2-48 辛基磷酸酯钠盐红外吸收光谱图

（二）阳离子表面活性剂

阳离子表面活性剂的主要类型是脂肪族胺盐、季铵盐和脂肪胺聚氧乙烯醚。

（1）硬脂胺醋酸盐是最普通的脂肪胺盐，其3200~3000cm^{-1}和2800~2000cm^{-1}处的一系列宽吸收带归属于NH_3^+，而在1580~1500cm^{-1}出现的吸收则是NH_3^+的弯曲振动强吸收，羧酸根的伸缩振动出现在1640cm^{-1}和1400cm^{-1}（图2-49）。

（2）季铵盐类阳离子表面活性剂主要包括烷基三甲基型、烷基二甲基苄基型、双烷基二甲基型以及烷基咪唑啉胺盐型等。

季铵盐类阳离子表面活性剂谱带中除1470cm^{-1}及720cm^{-1}的锐峰外，如有2900cm^{-1}处的强吸收，则表示有双烷基二甲基季铵盐（图2-50）；如除1470cm^{-1}吸收之外，还有970cm^{-1}和910cm^{-1}的分裂峰存在，则表示有烷基三甲基季铵盐存在；如970cm^{-1}和910cm^{-1}的分裂峰的强度相同,且 $720cm^{-1}$ 的峰分裂为 $720cm^{-1}$ 和 $730cm^{-1}$ 两个峰,则烷基链长为 18 碳;若 $910cm^{-1}$ 峰强,而 $720cm^{-1}$ 峰裂分为二,则链长为 12 碳。如在 $1620 \sim 1600cm^{-1}$ 及 $1500cm^{-1}$ 附近有吸收,则表示有咪唑啉环存在(图 2-51)。当 $1585cm^{-1}$ 处有尖锐弱峰,$1200cm^{-1}$ 处有尖锐中强峰,而 $725cm^{-1}$ 和 $705cm^{-1}$ 处有尖锐强峰,则可认为有烷基二甲基苄基铵盐(图 2-52)存在。

(3)脂肪胺聚氧乙烯醚的红外光谱特征与非离子表面活性剂中的脂肪醇聚氧乙烯醚非常类似。在 $1613 \sim 1588cm^{-1}$ 的弱峰显示有 N—H 的弯曲振动,在 $1351cm^{-1}$ 和 $1250cm^{-1}$ 是 CH_2 的弯曲振动吸收带,$1123 \sim 1100cm^{-1}$ 和 $953 \sim 926cm^{-1}$ 是醚键的伸缩振动吸收;而 $893 \sim 886cm^{-1}$ 和 $862 \sim 833cm^{-1}$ 的吸收是由于其链中 CH_2 弯曲振动所引起(图 2-53)。

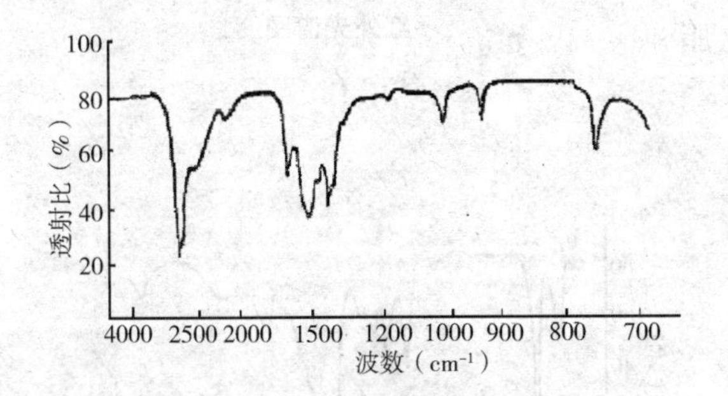

图 2-49　硬脂胺醋酸盐红外吸收光谱图

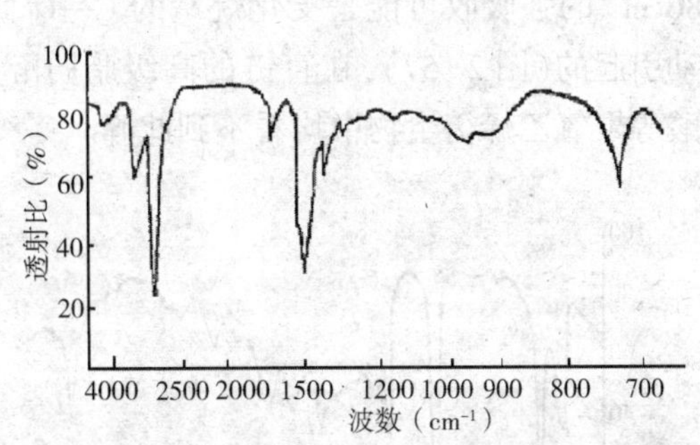

图 2-50　二硬脂基二甲基氯化铵红外光谱图

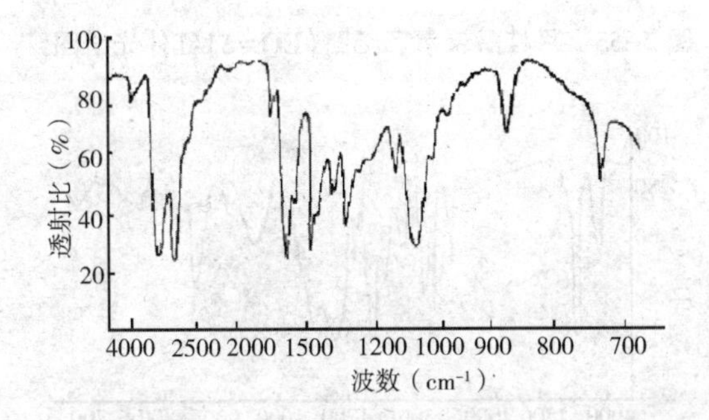

图 2-51　1,1- 羟乙基-甲基-2-十八烷基咪唑啉红外光谱图

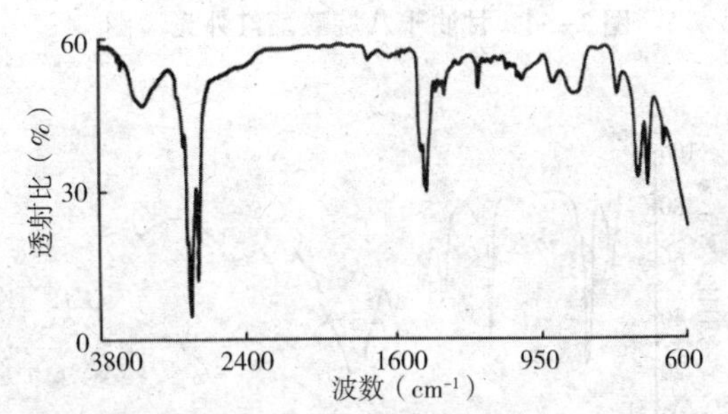

图 2-52　十二烷基二甲基苄基氯化铵红外光谱图

(三)非离子表面活性剂

非离子表面活性剂涉及多元醇脂肪酸酯、聚氧乙烯衍生物及脂肪酸烷醇酰胺。

(1)多元醇脂肪酸酯包括多元醇衍生物和山梨醇酐衍生物等。甘油衍生物用作表面活性剂的主要是甘油单脂肪酸酯,因其结构式中含有多个—OH,在 $3333cm^{-1}$ 处有很强的吸收峰,同时在 $1730cm^{-1}$ 处有 C ═O 的特征吸收谱带;山梨糖醇脂肪酸酯因其缩水山梨糖醇结构上的醚键在 $1110 \sim 1050cm^{-1}$ 处有宽幅吸收谱带,而其他的吸收谱带与多元醇脂肪酸酯类似(图 2-54)。

(2)聚氧乙烯型非离子表面活性剂包括脂肪酸聚氧乙烯酯、烷基酚聚氧乙烯醚、脂肪醇聚氧乙烯醚和聚氧乙烯聚氧丙烯醚四个大类。

因聚氧乙烯型表面活性剂中含有$(CH_2CH_2O)_n$,所以其红外吸收光谱在 $1120 \sim 1110cm^{-1}$ 有宽而强的特征吸收谱带。这条谱带的峰强随着环氧乙烷加成摩尔数(EO数)的增加而增强。脂肪醇的聚氧乙烯加成物仅显示此醚键的特征吸收峰(图2-55),而脂肪酸的聚氧乙烯加成物则在1740cm^{-1}处有C═O的特征强吸收峰(图2-56)。烷基酚的聚氧乙烯加成物因含苯环而在1600~1580cm^{-1}和1500cm^{-1}显示苯核的特征吸收,且在900~700cm^{-1}处还会显示苯核的取代特征,同时1186cm^{-1}的强吸收可能是支化烷基的C—C伸缩振动引起的(图2-57),在直链的高级脂肪醇、脂肪酸等聚氧乙烯衍生物中均看不到此峰。

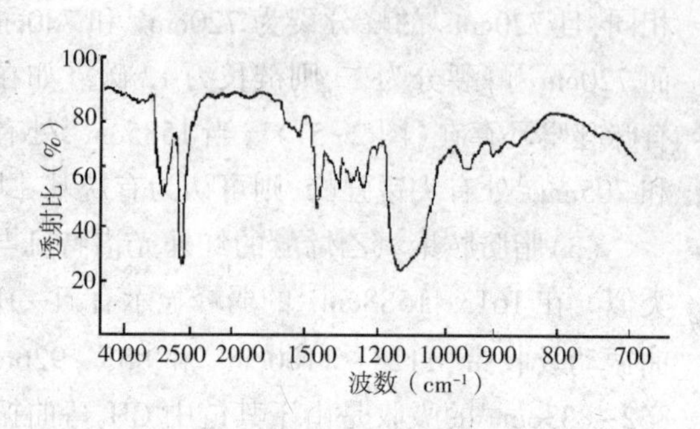

图2-53 椰子胺聚氧乙烯醚红外光谱图

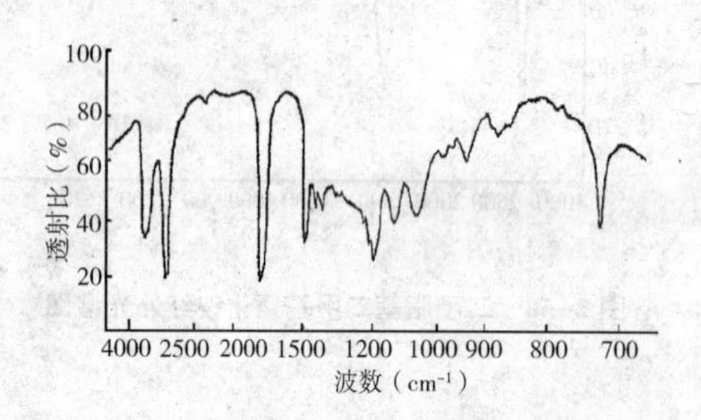

图2-54 甘油十八烷酸酯红外光谱图

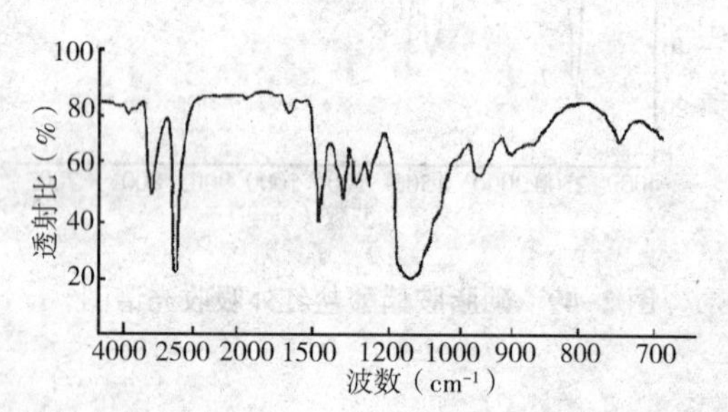

图2-55 月桂醇聚氧乙烯醚(EO=5)红外光谱图

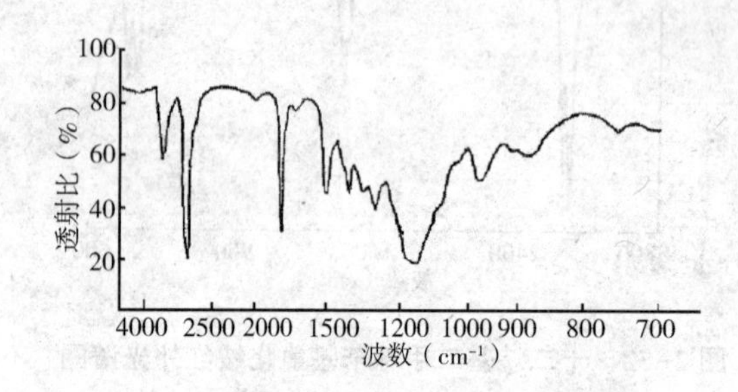

图2-56 肉桂酸聚氧乙烯酯红外光谱图

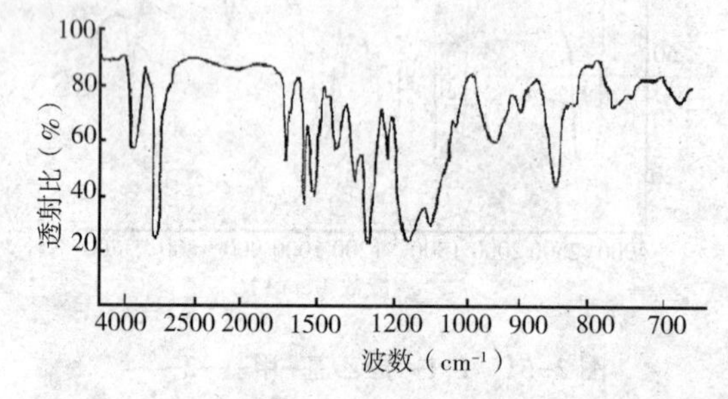

图2-57 壬基酚聚氧乙烯醚(EO=4)红外光谱图

(3)脂肪酸烷醇酰胺是以脂肪酸与二乙醇胺或单乙醇胺反应,经脱水得到脂肪酸二乙醇酰胺和脂肪酸单乙醇酰胺。以椰子酸二乙醇胺缩合物为例,其红外光谱中1610cm^{-1}的强吸收是酰胺基中C═O的伸缩振动吸收,3300cm^{-1}及1050cm^{-1}的谱峰分别是—OH的伸缩振动和变形振动(伯酰胺),烷醇酰胺的这些特征吸收带在红外光谱中非常容易被识别(图2-58)。

(四)两性离子表面活性剂

两性离子表面活性剂特别之处是其分子中同时存在阴离子和阳离子亲水基团,其阴离子基团可以是羧基、磺酸基或磷酸基,阳离子基团则是氨基或季铵基。由铵盐构成阳离子部分的两性离子表面活性剂被称为氨基酸型,由季铵盐构成阳离子部分的被称为甜菜碱型。两性离子表面活性剂使用时因外界条件的不同(即溶液的pH不同)可形成阳离子或阴离子,红外光谱图也

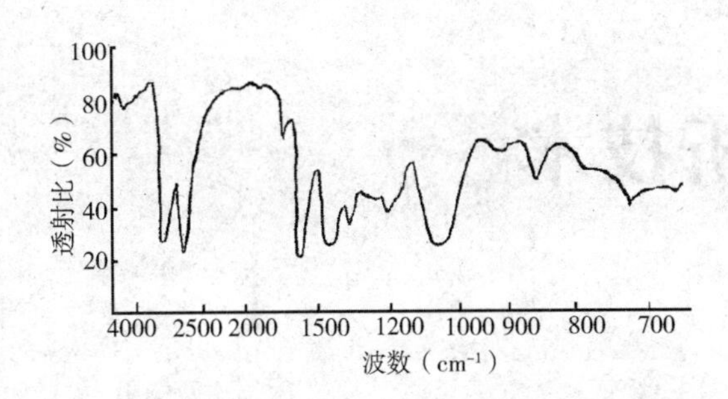

图 2-58　椰子酸二乙醇胺缩合物红外光谱图

会显示相应的结构谱带。

氨基酸型两性离子表面活性剂在酸性条件下显示出 1725cm^{-1}、1200cm^{-1}及弱的 1588cm^{-1}三个特征吸收，但在碱性条件下变为盐型时，1400cm^{-1}吸收向低波数转移，与 1380 cm^{-1}的 CH_3的吸收峰重叠。但在高背景和水峰的干扰下，仍可观察到 3225cm^{-1} N—H 的伸缩振动，而 1588cm^{-1} 和 1425cm^{-1}则是羧酸盐的特征强吸收，1137cm^{-1}是氨基羧酸钠的吸收峰，但振动类型尚不清楚（图 2-59）。

甜菜碱型是分子中有酸性基的季铵盐化合物。以酸型存在时有 1740cm^{-1}和 1200cm^{-1}特征峰；以盐型存在时，此两峰则消失而显示 1640~1600cm^{-1}的吸收峰，而 962cm^{-1}显示的是$(CH_3)_3N^+$的特征吸收（图 2-60）。

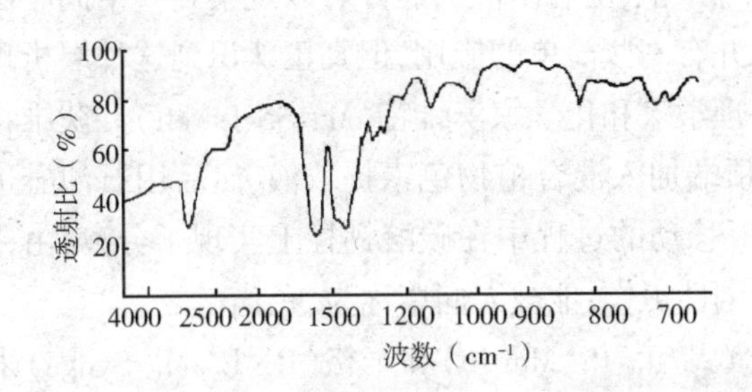

图 2-59　*β*-椰子基氨基丙酸钠红外吸收光谱图

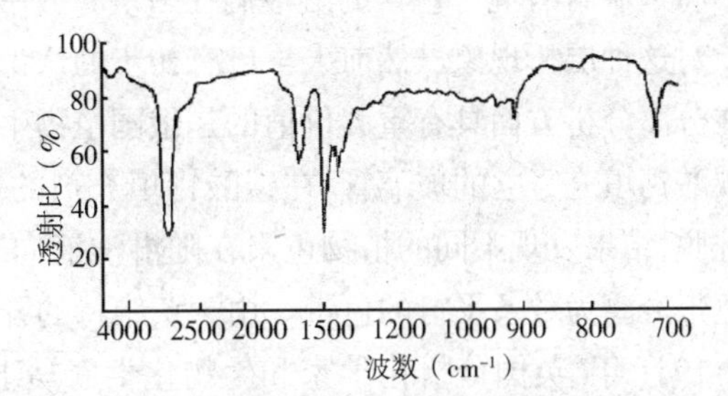

图 2-60　硬脂基甜菜碱红外光谱图

参考文献

[1]许禄，胡昌玉．化学中的人工神经网络法[J].计算机与应用化学，2000，17(2)：145-147.

[2]王正熙，刘佩华，潘海秦，等．高分子材料剖析方法和应用[M]．上海：上海科学技术出版社，2009.

[3]冯计民．红外光谱在微量物证分析中的应用[M]．北京：化学工业出版社，2010.

[4]钟雷，丁悠丹．表面活性剂及其助剂分析[M]．杭州：浙江科学技术出版社，1985.

[5]汪志芬，缪双泉．红外光谱技术在橡胶研究中的应用[M]．北京：中国石化出版社，2014.

[6]宦双燕．波谱分析[M]．北京：中国纺织出版社，2008.

[7]彭勤纪，王壁人．波谱分析在精细化工中的应用[M]．北京：中国石化出版社，2001.

[8]王敬尊，瞿慧生．复杂样品的综合分析——剖析技术概论[M]．北京：化学工业出版社，2000.

[9]李政军，钟志光，何志贵，等．傅立叶红外光谱分析在快速检验中的应用[J].纺织标准与质量，2004(5)：34-36.

[10]吴永红，姚中栋．纤维的红外光谱鉴别方法研究[J].医学杂志，1998(2)：83-84.

[11]王建平．涂料印花黏合剂的剖析方法[J].印染，1986，12(9)：295-303.

第三章　气相色谱分析技术

第一节　色谱分析技术概述

一、气相色谱分析技术的基本概念及其发展历程

色谱分析法(Chromatography)又称色谱法、色层法或层析法,是一种基于物理化学原理的分离和分析方法,在分析化学、有机化学、生物化学等多个领域有着非常广泛的应用。

将一滴含有混合色素的溶液滴在一块布或一片纸上,随着溶液的展开可以观察到一个同心圆环。对这种层析现象虽然前人早已有初步的认识并有一些简单的应用,但真正认识到这种层析现象在分离分析方面具有重大价值的是俄国植物生理学家和化学家茨维特(M. S. Tswett)。茨维特用碳酸钙填充竖立的玻璃管,在碳酸钙填充剂的顶端加入混合植物色素提取液,然后用石油醚进行洗脱,结果发现不同的植物色素在随淋洗液向下移动的过程中在碳酸钙柱上实现了分离,由一条色带分离为数条平行的色带。由于茨维特的开创性工作,他被人们尊称为"色谱学之父"。

1941 年,英国分析化学家和生物化学家马丁(A. J. P. Martin)和辛格(R. L. M. Synge)采用水饱和的硅胶为固定相,以含有乙醇的氯仿为流动相成功分离了氨基酸混合物。由于这种方法的原理与茨维特的方法完全不同,马丁和辛格将其称为分配色谱,并提出了液—液分配色谱的塔板理论。1949 年,英国科学家麦克莱恩(Maclean)和霍尔(Hall)在氧化铝中加入淀粉黏合剂制成薄层层析板,使薄层色谱法(TLC)得以应用。1953 年,马丁和詹姆斯(A. T. James)提出了从理论到实践都比较完善的气相色谱法(gas chromatography,简称 GC),利用不同物质在气相和液相之间的分配来分离物质。1958 年,瑞士裔科学家戈利(Marcel J. E. Golay)首先提出了开管柱(open tubular column,即毛细管柱)的分散理论,从此气相色谱法超过最先发明的液相色谱法而迅速发展起来。

二、色谱法的基本原理

色谱法是一种非自发、需耗能(由高压气体或液体提供)的分离方法。由于被检样品混合物中的不同组分与互不相溶的流动相(mobile phase)和固定相(stationary phase)之间的吸附、溶解、分配或离子交换等相互作用存在差异,当流动相携带着多组分混合物流过固定相时,性质不同的各组分就会因上述差异而产生随流动相移动的速度差。随着不同组分在两相之间持续发生反复的相互作用,原来微小的差异就会逐渐加大,从而使各组分在柱内移动的同时逐渐分离。例如,含 A、B 两个组分的试样,已知 A 组分在固定相中的分配系数(即与固定相的作用力)大于 B,当样品由流动相携带进入填充有固定相的色谱柱头时(图 3-1)所示,组分 A、B 是完全相混的。由于 A 组分在固定相中的溶解能力比 B 大,故 A 组分的移动速度慢,经过多次反复分配

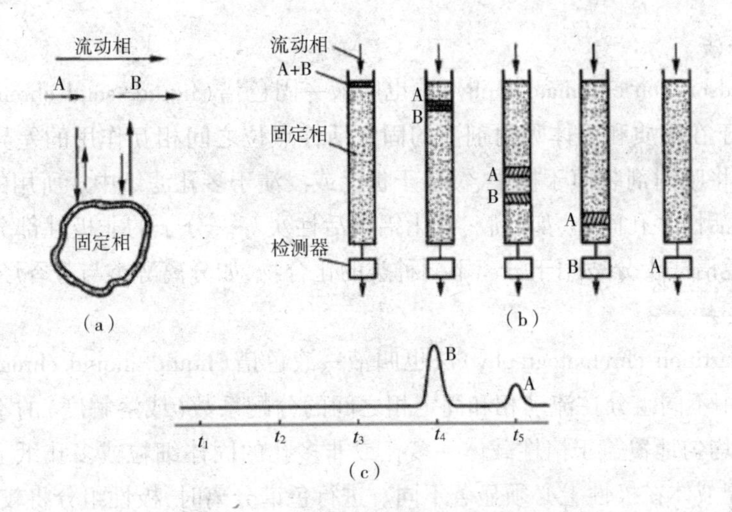

图 3-1　色谱分离分析原理示意图

后，分配系数较小的 B 组分首先被带出色谱柱，而分配系数较大的组分 A 则被后带出色谱柱，从而实现 A、B 两组分的分离。

在经典色谱分离中，从色谱柱先后流出的各组分用容器一一收集后，供进一步的分析或使用。而在现代色谱仪的分析中，从色谱柱流出的各组分将直接被流动相导入检测器，按不同检测器的分析检测原理对每个组分进行定性和定量分析。

三、色谱法的分类

(一) 按固定相和流动相的物理状态分类

色谱分析中总是存在着流动相和固定相两个相。按照流动相的状态，色谱可分为以下几种类型。

1. 液相色谱法

液相色谱的流动相是液体。当固定相是固体吸附剂时，称为液—固色谱；当固定相是附载在固体担体上的液体时，称为液—液色谱。

2. 气相色谱法

气相色谱色谱的流动相是气体。当固定相是固体吸附剂时，称为气—固色谱；当固定相是附载在固体担体上的液体时，称为气—液色谱。

3. 超临界流体色谱法

超临界流体的流动相是超临界流体。超临界流体是指温度和压力处于临界温度和临界压力以上的流体，这种流体对许多物质具有良好的溶解性。超临界流体色谱可以分析气相色谱法不能或难于分析的许多沸点高、热稳定性差的物质，同时比液相色谱更容易获得高的柱效，是介于气相色谱和液相色谱之间的一种色谱技术。

(二) 按分离机制分类

色谱法的基本原理是基于混合物中的组分在固定相与流动相之间的不均匀分配。不均匀分配的先决条件是各个单一组分对两相具有不同的“亲和力”和向两相不均匀扩散的传递性质。据此，色谱法又可分为以下几类。

1. 吸附色谱法

吸附色谱(adsorption chromatography)法也叫液—固色谱(liquid-solid chromatography,简称LSC)法,它是基于在溶质和固体吸附剂上的固定活性点位之间相互作用的差异而进行分离的方法。分析时可将吸附剂装填于柱中、覆盖于板上或浸渍于多孔滤纸中。所用的吸附剂一般是具有大表面积的活性多孔固体,如硅胶、氧化铝和活性炭等。分子的非极性部分对分离影响较小,所以液—固色谱法十分适用于分离不同种类的化合物,如分离醇类与芳香烃。

2. 分配色谱法

分配色谱(partition chromatography)法也叫液—液色谱(liquid-liquid chromatography,简称LLC)法,它是利用不同组分在流动相和固定相之间的分配系数(或溶解度)的不同而进行分离的方法。固定相均匀地覆盖于惰性载体—多孔或非多孔的固体细粒或多孔纸上。为避免两相的混合,两种分配液体在极性上必须显著不同。进行色谱分离时,极性组分将较强烈地被保留,此系统称为正相液—液色谱;相反地,若固定相是非极性的,流动相是极性的,则极性组分易分配于流动相,此系统称为反相液—液色谱。液—液色谱法适合于分离溶解度存在细微差异的同系物或同分异构体。

3. 离子交换色谱法

离子交换色谱(ion exchange chromatography,简称IEC)法的固定相通常为离子交换树脂,树脂上具有固定离子基团及可交换的离子基团。当流动相带着组分电离生成的离子通过固定相时,组分离子与树脂上可交换的离子基团进行可逆交换,根据组分离子对树脂亲和力的不同而得到分离。IEC在无机化学中广泛用于分离金属离子,在生物体系中广泛用于分离水溶性离子化合物,如核苷酸和氨基酸等。

4. 分子排阻色谱法

分子排阻色谱(molecular exclusion chromatography,简称MEC)法是根据样品组分因分子大小不同而进行分离的方法,又称为体积排阻色谱法、空间排阻色谱法等。在分子排阻色谱法中,固定相为化学惰性的多孔性物质,多为凝胶,其孔径大小需与被分离化合物分子大小相近似。组分保留程度取决于组分分子与孔的相对大小,小分子可渗透进入孔中而被滞留,中等大小的分子可部分进入,大分子则完全被排斥。分子越大,穿过固定相越快,首先从柱中流出,所以分子排阻色谱法特别适用于高分子有机化合物、生物聚合物与较小分子的分离。

5. 亲和色谱法

亲和色谱(affinity chromatography)法是利用不同组分与固定相(固定化分子)共价键合的高专属性反应进行分离的一种新技术,常用于蛋白质的分离。

(三)按操作形式分类

1. 柱色谱法

柱色谱(column chromatography,简称CC)法是将固定相装于柱内,使样品沿一个方向移动而达到分离。

2. 纸色谱法

纸色谱(paper chromatography,简称PC)法是用滤纸作液体的载体,点样后,用流动相展开,以达到分离和鉴定的目的。

3. 薄层色谱法

薄层色谱(thin layer chromatography,简称TLC)法是将适当粒度的吸附剂涂铺成薄层,以与纸色谱法类似的方法进行物质的分离和鉴定。

4. 薄膜色谱法

薄膜色谱(thin film chromatography)法是将适当的高分子有机吸附剂制成薄膜以与纸色谱法类似的方法进行物质的分离和鉴定。

色谱法分类总结如图3-2所示。

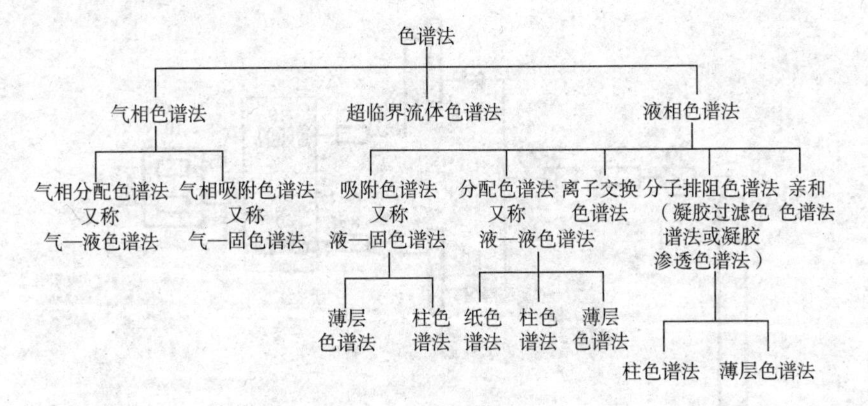

图3-2　色谱法分类

第二节　气相色谱分析仪的结构和原理

气相色谱仪通常由六大系统组成:气路系统、进样系统、分离系统、检测系统、记录及数据处理系统和温度控制系统。图3-3是配备热导检测器的普通气相色谱仪的构成示意图。

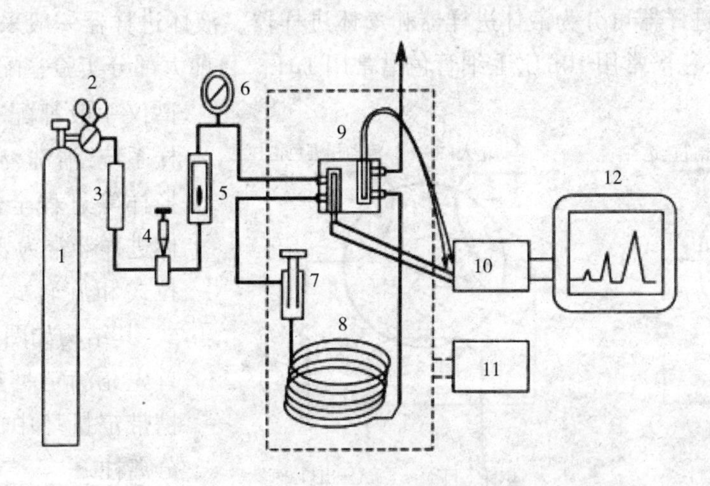

图3-3　气相色谱仪的构成示意图

1—载气钢瓶　2—减压阀　3—净化干燥管　4—针形阀　5—流量计
6—压力表　7—进样器　8—色谱柱　9—热导池检测器　10—放大器
11—温度控制器(虚线内)　12—记录仪

一、气路系统和进样系统

(一)气路系统

气相色谱的气路是一个载气连续运行的密闭管路系统。通过该系统,可获得纯净的、流速稳定的载气。载气从钢瓶出来后依次经过减压阀、净化器、气流调节阀、转子流量计、气化室、色谱柱、检测器,然后放空,补偿式双气路气相色谱仪结构如图 3-4 所示。

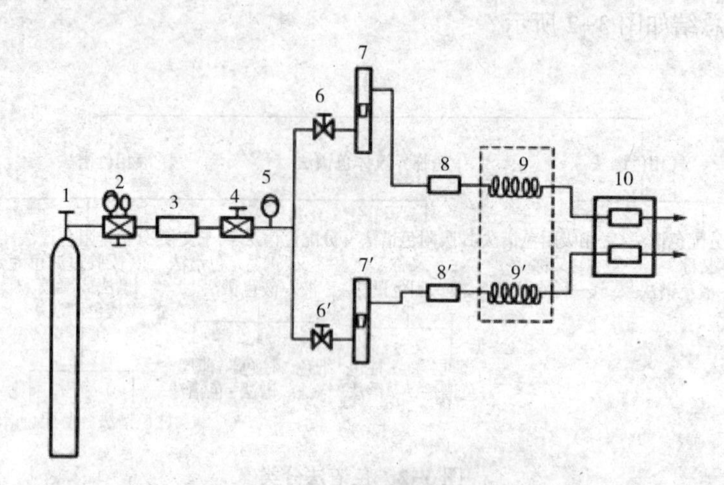

图 3-4 补偿式双气路气相色谱仪结构示意图

1—载气 2—减压阀 3—净化干燥管 4—稳压阀 5—压力表
6,6′—针形阀 7,7′—转子流量计 8,8′—气化室
9,9′—色谱柱 10—检测器

(二)进样系统

进样系统包括气化室和进样器。气化室是将液体或固体试样瞬间气化的装置,要求体积小、热容量大、内表面无催化活性等。

气相色谱的进样器可分为液体进样器和气体进样器。液体进样器一般采用不同规格的专用注射器,填充柱色谱常用 10μL,毛细管色谱常用 1μL。目前大部分实验室配备的新型气相色谱仪一般都配有全自动液体进样系统,清洗、润洗、取样、进样、换样等过程全部自动完成。气体进样器常为六通阀进样,有推拉式和旋转式两种,常用旋转式,其结构如图 3-5 所示。试样首先充满定量环,切入后,载气携带定量环中的气体试样进入分离柱。

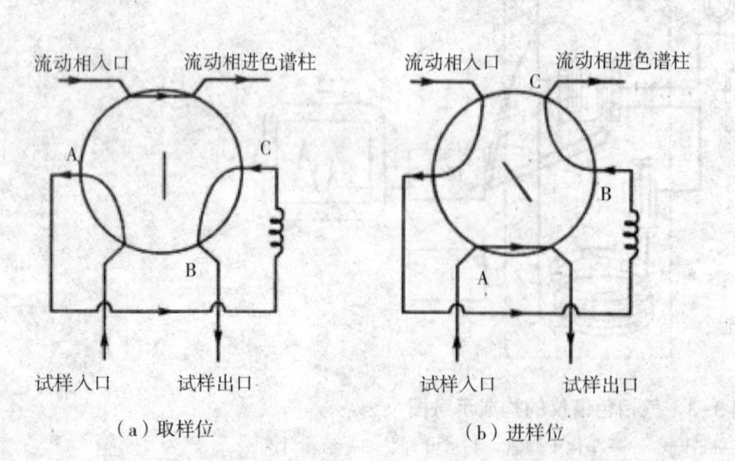

图 3-5 用于气体进样的旋转式六通阀

二、分离系统(色谱柱)

色谱分离系统是色谱仪器

中最为重要的部分,而其中分离柱的固定相组成与性质更是直接与分离效能有关。气相色谱固定相分为两类:气—固色谱的固定相和气—液色谱的固定相。

(一)气—固色谱的固定相

气—固色谱的固定相是一种具有多孔性及较大比表面积的固体吸附剂。固体吸附剂具有吸附容量大、热稳定性好、使用方便等优点;其缺点是由于结构和表面的不均匀性,吸附等温线为非线性,形成的色谱峰有时为不对称的拖尾峰。气—固色谱固定相的性能与制备及活化条件有很大关系。同一种固定相,不同批次、不同厂家及不同活化条件都可能使分离效果存在很大差异,使用时应特别注意。气—固色谱固定相种类非常有限(表 3-1),能分离的对象也不多,主要是永久性气体、无机气体和低分子碳氢化合物。

表 3-1　气相色谱常用固体固定相及其性能

吸附剂	主要化学成分	结晶形式	比表面积(m^2/g)	极性	最高使用温度(℃)	适用范围
活性炭、炭黑	C	无定形炭(微晶炭)	300~500	非极性	<300	分离永久性气体及低沸点烃类,不适于分离极性化合物
石墨化炭黑	C	石墨状细晶	≤100	非极性	>500	分离气体及烃类,对高沸点有机化合物也能获得较对称峰形
硅胶	$SiO_2 \cdot nH_2O$	凝胶	500~700	氢键型强极性	<400	分离永久性气体及低级烃
氧化铝	Al_2O_3	主要为 α 和 γ 型 Al_2O_3	100~300	弱极性	<400	分离烃类及有机异构物,在低温下可分离氢的同位素
分子筛	$x(MO) \cdot y(Al_2O_3) z(SiO_2) \cdot nH_2O$	均匀的多孔结晶	500~1000	强极性	<400	分离永久性气体和惰性气体

1. 常用的固体吸附剂

常用的固体吸附剂主要有强极性的硅胶、弱极性的氧化铝、非极性的活性炭和特殊作用的分子筛等。使用时,可根据它们对各种气体的吸附能力的不同,选择最合适的吸附剂。

2. 人工合成的固定相

高分子多孔微球是一类以苯乙烯和二乙烯苯共聚合成的多孔共聚物,可以作为有机固定相使用。这类固定相既是载体又起固定液作用,可在活化后直接用于分离,也可作为载体在其表面涂渍固定液后再用。由于是人工合成的,可通过工艺控制其孔径大小及表面性质。这类高分子多孔微球特别适用于有机物或气体中水分含量的测定,适用于分析试样中的痕量水,也可用于多元醇、脂肪酸等强极性物质的测定。

高分子多孔微球分为极性和非极性两种:非极性的如国产的 GDX 1 型和 GDX 2 型以及国外的 Chromosorb 系列;极性的如国产的 GDX 3 型和 GDX 4 型及国外的 Porapak N 等。

(二)气—液色谱的固定相

气—液色谱的固定相是在化学惰性的固体颗粒表面,涂上一层高沸点有机化合物液膜,这种高沸点有机化合物称为固定液。在气—液色谱柱内,被测物质中各组分的分离是基于各组分在固定液中溶解度的不同而实现的。

1. 载体

载体又称担体,是一种化学惰性物质,多为多孔性固体颗粒,用来支撑在其表面形成一层均匀的固定液薄膜,同时可使载气顺利通过。

(1)载体材料必须具备的条件。一是表面有微孔结构,且微孔结构均匀、细小,比表面积大;二是表面化学惰性,与样品组分不起化学反应,物理吸附作用很小;三是热稳定性要好;四是要具有一定的粒度和规则的形状,最好是球形,有一定的力学强度,在装填过程中不易破碎。

(2)载体的种类。按照组成的不同载体可分为无机载体和有机聚合物载体两大类。无机载体主要是硅藻土型和玻璃微球载体;有机聚合物载体主要包括含氟塑料和其他各种有机聚合物;目前应用最普遍的是硅藻土型载体,因处理方法和颜色的不同分为红色载体和白色载体两种。

①红色载体因含少量氧化铁颗粒呈红色而得名。其特点是表面孔穴密集,孔径小(平均孔径为1μm),比表面大(比表面积为4m^2/g),机械强度较好,可负载较多固定液;缺点是表面存在活性吸附中心,分析极性物质时易产生拖尾现象。因此,红色载体适合于分析非极性物质。国产6201载体及美国Chromosorb P、Gas Chrom R系列都属于此类。

②天然硅藻土在煅烧前加入助熔剂(碳酸钠),煅烧生成白色的铁硅酸钠玻璃体,即为白色载体。由于破坏了硅藻土中大部分细孔结构,黏结为较大的颗粒,其表面孔径大(8~9μm),比表面积小(只有1.0 m^2/g),载体中碱金属氧化物含量相对较高,pH大。白色载体有较为惰性的表面,表面吸附作用和催化作用比红色载体小,所以可用于高温分析,且适合于极性物质的分析。国产101、102载体,还有国外的Celite、Chromosorb W、Gas Chrom等系列都属于此类。

(3)载体的表面处理。理想的载体应该是无催化或吸附作用,在操作条件下不会与固定液或分析组分发生反应。但实际上载体表面不可能完全没有吸附性能和催化活性,其结果主要表现为色谱峰的拖尾。载体表面活性产生的主要原因包括载体表面存在能与醇、胺、酸类等极性化合物形成氢键的硅醇基团—Si—OH,载体中常含有少量金属氧化物杂质并在载体表面形成酸性或碱性活性位,载体内部有大量微孔,当孔径太小时会妨碍气体的扩散,严重时还会产生毛细管凝聚现象。因此,涂渍固定液前载体的表面必须先经化学处理,以改进空隙结构,屏蔽活性中心。常用的处理方法包括酸洗(除去碱性作用基团)、碱洗(除去酸性作用基团)、硅烷化(消除氢键结合力)及釉化(表面玻璃化、堵住微孔)等。

(4)载体的选择。载体的选择应根据实际工作中的分析对象、固定液的性质和涂渍量的具体情况来决定。一般情况下,当固定液的涂渍量大于5%时,应选白色或红色硅藻土载体;当涂渍量小于5%时,则选择处理过的硅烷化载体;当样品组分为酸性时应选择酸洗载体,而当样品组分为碱性时应选择碱洗载体;对高沸点样品宜选择玻璃微球载体,而分析强腐蚀性组分时应选择氟载体。

2. 固定液

固定液一般为高沸点有机化合物,均匀地涂覆在载体表面,呈液膜状态。

(1)对固定液的要求。一是选择性好,选择性的好坏可以用相对保留值$r_{2,1}$来衡量,对于填充柱,一般要求$r_{2,1}$>1.15,对于毛细管柱,一般要求$r_{2,1}$>1.08;二是热稳定性好,在操作温度下是液体，具有较低蒸气压，流失少；三是化学稳定性好，不与样品组分、载体、载气发生化学反应；四是对分离组分具有合适的溶解能力，即具有合适的分配系数；五是固定液的黏度和凝固点要低，以便在载体表面能均匀分布。

(2)固定液与组分分子间的作用力。分子间的作用力主要包括静电力、诱导力、色散力和氢键作用力。与此同时，固定液与被分离组分之间还可能存在形成化合物或配合物的键合力等。固定液与被分离组分之间的相互作用力，直接影响色谱柱的分离情况。因此，在进行色谱分析前，必须充分了解样品中各组分的性质及各类固定液的性能，以便选用最合适的固定液。

(3)固定液的分类。用于色谱的固定液有上千种，它们的组成、性质和用途各不相同。目前针对固定液的分类方法主要有两种。一种是按固定液的化学结构分类，即把具有相同官能团的固定液排列在一起，然后按官能团的类型不同分类，以便于按组分与固定液"相似相溶"原则选择固定液。另一种则是按固定液的极性分类，即以固定液的相对极性(常数)来表示色谱固定液的分离特性。常用的部分固定液的相对极性见表3-2，部分固定液的总极性和平均极性见表3-3。

表3-2 部分固定液的相对极性(罗氏常数)

固定液	相对极性	级别	固定液	相对极性	级别
角鲨烷	0	0	XE-60	52	+3
阿皮松	7~8	+1	新戊二醇丁二酸聚酯	58	+3
SE-30，V-1	13	+1	PEG-20M	68	+3
DC-550	20	+2	PEG-600	72	+4
己二酸二辛酯	21	+2	己二酸聚乙二醇酯	74	+4
邻苯二甲酸二壬酯	25	+2	己二酸二乙二醇酯	80	+4
邻苯二甲酸二辛酯	28	+2	双甘油	89	+5
聚苯醚 OS-124	45	+3	TCEP	98	+5
磷酸二甲酚酯	46	+3	β,β'-氧二丙腈	100	+5

表3-3 部分固定液的总极性和平均极性

固定液	型号	平均极性	总极性 $\sum \Delta I$	最高使用温度(℃)
角鲨烷	SQ	0	0	100
甲基硅橡胶	SE-30	43	217	300
苯基(10%)甲基聚硅氧烷	OV-3	85	423	350
苯基(20%)甲基聚硅氧烷	OV-7	118	592	350
苯基(50%)甲基聚硅氧烷	DC-710	165	827	225
苯基(60%)甲基聚硅氧烷	OV-22	219	1075	350
三氟丙基(50%)甲基聚硅氧烷	QF-1	300	1500	250
氰乙基(25%)甲基硅橡胶	XE-60	357	1785	250

续表

固定液	型号	平均极性	总极性 $\sum \Delta I$	最高使用温度(℃)
聚乙二醇-20000	PEG-20M	462	2308	225
己二酸二乙二醇聚酯	DEGA	553	2764	200
丁二酸二乙二醇聚酯	DEGS	686	3504	200
三(2-氯乙氧基)丙烷	TCEP	829	4145	175

(4)固定液的选择。一般根据“相似相溶”原则选择固定液。分离非极性物质,选用非极性固定液,这时试样中各组分按沸点顺序先后流出色谱柱,沸点低的先出峰。若样品中兼有极性和非极性组分,则同沸点的极性组分先出峰。分离极性物质,选用极性固定液,这时试样中各组分主要按极性顺序分离,极性小的先流出色谱柱。分离非极性和极性混合物时,一般选用极性固定液,这时非极性组分先出峰,极性组分(或易被极化的组分)后出峰。对于能形成氢键的试样,如醇、酚、胺和水等的分离,一般选极性或是氢键型的固定液,这时试样中的各组分按与固定液分子间形成氢键能力的大小先后流出,不易形成氢键的先流出。对于复杂的难分离的物质,可用两种或两种以上的混合固定液,可采用联合柱或混合柱,联合柱可以串联或并联。对于特别复杂样品的分析,还可以采用多维气相色谱法。此外,也可以根据官能团相似的原则选择固定液,若待测组分为酯类,则选用酯或聚酯类固定液;若组分为醇类,可选用聚乙二醇固定液。还可按被分离组分性质的主要差别来选择,若各组分之间的沸点是主要差别,可选用非极性固定液;若极性是主要差别,则选用极性固定液。

当对试样的性质了解不多时,可以选用几种常用的固定液(如 SE-30、DC-710、QF-1、PEG-20M、DEGS 等),以适当的操作条件进行初步的色谱分离,观察试样的分离情况,然后进一步按固定液的极性程序作适当调整,选择较合适的固定液。由于毛细管柱的柱效很高,通常 50m 的毛细管柱即可达到 15 万块理论塔板数。因此在实践中,通常只要选用三种毛细管柱(SE-30、QF-1、PEG-20M)即可完成大部分的分离分析任务。

三、检测系统

常规的气相色谱检测器是气相色谱仪中测定试样的组成及各组分含量的重要部件,其作用是将由色谱柱分离出的各组分的浓度或质量转换成响应信号。色谱仪的灵敏度高低主要取决于检测器性能的高低。

根据检测器在工作过程中是否会对被检测的组分造成破坏,可以将其分为破坏型检测器和非破坏型检测器。

根据检测器的响应原理,可以将检测器分为浓度型检测器和质量型检测器。浓度型检测器检测的是载气中组分浓度的瞬间变化,即响应值与浓度成正比,如热导和电子捕获检测器等。质量型检测器测量的是载气中某组分单位时间内进入检测器的含量变化,即检测器的响应值与单位时间内进入检测器某组分的量成正比,如火焰离子化检测器和火焰光度检测器等。凡非破坏型检测器,均为浓度型检测器。

根据检测器的应用范围,可以将检测器分为通用型检测器和选择型检测器。通用型检测器对所有物质均有响应;而选择型检测器则仅对特定类别的物质有高灵敏的响应(对某类化合物的响应值比另一类大10倍以上时)。

几种常规的气相色谱检测器如下。

(一)热导检测器

1. 热导检测器的特点

热导检测器(thermal conductivity detector,简称TCD)属于通用型、浓度型和非破坏型检测器,是根据不同物质具有不同热导率的原理设计的。其优点是结构简单、稳定性好、灵敏度适宜、线性范围宽,对无机物和有机物都有响应,而且不破坏样品,适宜于常量分析及含量在10^{-5}g以上的组分分析。其主要缺点是灵敏度较低。

2. 影响热导池灵敏度的因素

(1)载气的影响。TCD是基于不同的物质具有不同的热导率的原理设计的,载气与样品的热导率相差越大,热导池的灵敏度越高,由于一般物质热导率较小,因此,宜选用热导率较大的气体(H_2或He)作为载气。

(2)桥电流I的影响。桥电流增加,热丝温度提高,热丝与池体的温差增大,气体容易将热量导出,灵敏度提高。灵敏度S正比于I^3,增加桥电流,灵敏度迅速增加。但桥电流太大,噪声增大,热丝易烧断。一般桥电流控制在100~200mA(载气为N_2时:100~150mA;载气为H_2时:150~200mA)。类似地,采用阻值高、电阻温度系数较大的热敏原件,灵敏度就高。

(3)热导池体温度的影响。当桥电流一定时,热丝温度一定。池体温度越低,池体温度与钨丝温度相差越大,越有利于热传导,检测器的灵敏度也越高;但池体温度不能太低,否则待测组分将在检测器内冷凝,一般池体温度应等于或高于柱温。

(二)氢火焰离子化检测器

1. 氢火焰离子化检测器的特点

氢火焰离子化检测器(flame ionization detector,简称FID)属于通用型、质量型和破坏型检测器,主要用于可在H_2-Air火焰中燃烧的有机化合物(如烃类物质)的检测。其原理为含碳有机物在H_2-Air火焰中燃烧产生碎片离子,在电场作用下形成离子流,根据离子流产生的电信号及其强度,检测被色谱柱分离的组分。其特点是:灵敏度高,比热导检测器的灵敏度高10^3倍;检出限低,可达10^{-11}g/s;死体积小;稳定性好;响应快,线性范围宽,可达10^6以上,适用于痕量有机物的分析。但样品被破坏,无法进行收集,不能检测永久性气体、H_2O、H_2S、CO、CO_2、氮的氧化物等。

2. 氢火焰离子化检测器的结构

氢火焰离子化检测器由离子室和电极线路组成。

(1)离子室。氢火焰离子化检测器的主要部分是离子室,一般用不锈钢制成,包括气体入口、火焰喷嘴、一对电极和外罩(图3-6)。火焰喷嘴由不锈钢材料制成,其内径决定了气体通过喷嘴的运动速度和样品分子到达离解区的平均扩散距离,是影响检测器性能的重要参数,一般在0.2~0.6mm。极化极(负极)在火焰附近,也称发射极。收集极(正极)在火焰上方,与喷嘴之间的距离不超过10mm。

(2)电极线路。电极线路的基流为10~14A,分为单气路火焰和双气路火焰两种。

3. 操作条件的选择

(1)气体流量。一般选N_2作载气,载气流量的选择主要考虑分离效能。依据速率理论,可以选择最佳载气流速,使色谱柱的分离效果达到最好。H_2与载气流量之比会影响氢火焰的温

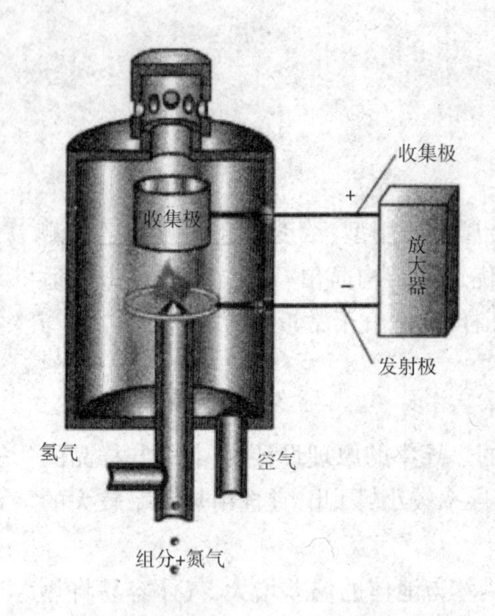

图 3-6 氢火焰离子化检测器示意图

度及火焰中的电离过程。H_2 流量低,灵敏度低、易熄灭;H_2 流量高,热噪声大;最佳 H_2 流量应保证灵敏度高、稳定性好。一般采用 $H_2 : N_2$ 为 $1 : (1\sim1.5)$。检测器中输入的空气是助燃气,为生成 CHO^+ 提供氧,当空气流量高于某一数值(如 400mL/min)时,对响应值几乎没有影响,一般采用H_2 : 空气为 1 : 10。

(2)洁净的管路。气体中含有微量有机杂质时,对基线的稳定性影响很大,故色谱分析过程中必须保持管路干净。上述三种气体都要经过干燥、净化才能进入仪器,且气路密闭性要好,流量稳定,否则基线易漂移、噪声增大。

(3)极化电压。氢火焰中生成的离子只有在电场作用下向两极定向移动,才能产生电流。因此,极化电压的大小直接影响响应值。实践证明,在极化电压较低时,响应值随极化电压的增加呈正比增加,然后趋于一个饱和值,极化电压高于饱和值时与检测器的响应值几乎无关。

(4)使用温度。FID 对温度不敏感,从 80~200℃的灵敏度几乎相同。但由于燃烧时会产生大量的水蒸气,温度太低时 FID 内会结水。通常,FID 的温度要高于色谱柱炉温 50~100℃。

(三)电子捕获检测器

电子捕获检测器(electron capture detector,简称 ECD)属于质量型、选择型和非破坏型检测器,选择性高、灵敏度高,应用广泛程度仅次于 TCD 和 FID。ECD 的选择性是指它只对具有电负性的物质如含卤素、S、P、O、N 等的物质有响应,而且电负性越强,检测的灵敏度越高。其高灵敏度表现在能检测出 10^{-14} g/mL 的电负性物质,可以测定痕量的电负性物质——多卤化合物、多硫化合物、甾族化合物和金属有机物等,是适合于电负性物质检测的最佳气相色谱检测器,特别是农产品和蔬菜中农药残留量的检测,在生物化学、药物、农药、环境监测、食品检验、法医学等领域有着广泛应用。

ECD 的结构与工作原理:ECD 的主要部件是离子室,离子室内装有筒状的 β 放射源(63Ni 或 3H)贴在阴极壁上,不锈钢棒作正极(图 3-7),在两极施加直流或脉冲电压,当载气(如 N_2)通过检测器时,受放射源发射的 β 射线的激发发生电离,产生一定数量的电子和正离子,在恒定或脉冲电场作用下,向极性相反的电极运动,形成一个背景电流——基流。当载气携带电负性物质进入检测器时,电负性物质捕获低能量的电子,使基流降低产生负信号而形成倒峰,检测信号的大小与待测物质的浓度呈线性关系。

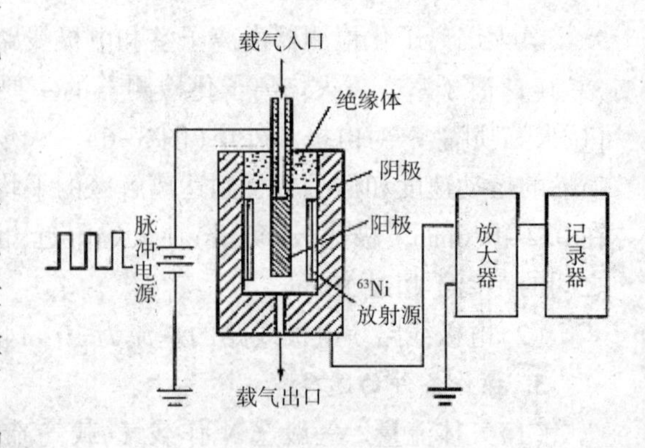

图 3-7 电子捕获检测器示意图

ECD 的缺点是线性范围窄,易受操作条件的影响,重现性较差。但由于毛细管柱的广泛使用,ECD 在电离源的种类、检测电路、池结构和池体积等方面均有很大的改进,从而使 ECD 的灵敏度、线性、最高使用温度及应用范围都有了很大改善和提高。

(四)火焰光度检测器

火焰光度检测器(flame photometric detector,简称 FPD)又称硫、磷检测器,是一种对含硫、磷化合物具有高选择性、高灵敏度的质量型和破坏型检测器,检出限可达 10^{-12} g/s(对 P)或 10^{-11} g/s(对 S),在环境监测、农残分析、化工等领域中应用广泛。

火焰光度检测器由燃烧系统和光学系统两部分组成。燃烧系统类似于火焰离子化检测器,若在上方加一个收集极就成了火焰离子化检测器。光学系统包括石英窗、滤光片和光电倍增管。

(五)氮磷检测器

氮磷检测器(nitrogen phosphorus detector,简称 NPD)又称热离子检测器(thermionic detector,简称 TID)、碱焰离子化检测器(alkali FID,简称 AFID),属于选择型、破坏型、质量型检测器。它对 P 原子的响应大约是对 N 原子的响应的 10 倍,是 C 原子的 10^4~10^6 倍。氮磷检测器对含氮、磷化合物的检测灵敏度与 FID 相比,分别是 FID 的 500 倍(对 P)和 50 倍(对 N)。因此,氮磷检测器是测定痕量氮、磷化合物(如许多含磷的农药和杀虫剂)的气相色谱专用检测器,广泛用于环保、医药、临床、生物化学和食品科学等领域。

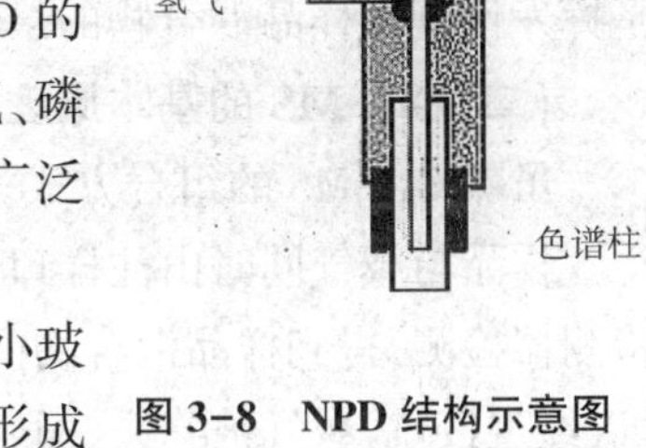

图 3-8 NPD 结构示意图

NPD 的结构与 FID 类似,只是在喷嘴和收集极之间,加一个小玻璃珠,表面涂一层硅酸物作离子源(图 3-8)。加热的硅酸物珠形成一温度为 600~800℃的等离子体,从而使含有 N 或 P 的化合物产生更多的离子。

第三节 气相色谱分析的联用技术

色谱法具有分离能力高、灵敏度高和分析速度快等显著的特点,是复杂混合物分离分析的最有效手段。但传统的色谱分析技术对经分离后的组分进行定性分析时的主要依据是其保留值,难以满足针对未知混合物的定性分析需求。而与此相反的是,一些用于化合物结构分析的谱学分析方法,如红外光谱(IR)、质谱(MS)和核磁共振波谱(NMR)虽然具有很强的结构鉴定能力,但对试样的纯度要求却非常高,不能直接用于未知混合物的组分结构鉴别。如果能将具有卓越分离能力的色谱分析技术与具有强大结构分析能力的谱学分析技术结合起来,不仅能够有效解决未知混合物的分离问题,更能直接对经分离的各未知组分进行定性分析,并最终获得定量分析结果。这种强强联合的现代分析方法联用技术为复杂混合物的分析提供了极其有效的技术手段。在这样的联用系统中,色谱仪扮演了谱学分析方法的样品分离和进样的角色,而谱学分析则充当了色谱仪的定性检测器。其技术关键在于把两种技术和装置连接起来的接口技术。到目前为止,色谱法已经在技术上解决了与多种谱学方法联用的问题,其中对气相色谱而言,最成功的应用当属气相色谱—质谱(gas chromatography-mass spectrometry,简称 GC-MS)联用技术(色质联用或气质联用)和气相色谱—红外光谱(gas chromatography-infrared spectrometry,简称 GC-IR)联用技术(色红联用)。

一、气相色谱—质谱联用技术

(一)GC-MS 联用技术的特点

GC-MS 利用气相色谱仪作为质谱仪的进样系统,用色谱仪对样品混合物进行分离,同时,利用质谱仪作为色谱仪的一种特殊检测器,对色谱流出物进行检测。GC-MS 兼有色谱分离效率高、定量准确以及质谱的选择性高、鉴别能力强、提供丰富的结构信息便于定性等特点,并具备了两者共有的灵敏度高、分析速度快、所需样品量少等优点。GC-MS 中,用质谱作为检测器时,既可通过扫描的方式给出样品中有机化合物的结构信息,进行定性分析,也可通过选择性离子监测的方式对某些组分进行定量分析,相当于一台选择性检测器,检出限可达 pg 级水平。随着毛细管气相色谱及傅立叶变换质谱(fourier transform mass spectrometry,简称 FTMS)技术的出现和迅速发展,GC-MS 联用技术出现了新的飞跃。目前,毛细管气相色谱—傅立叶变换质谱(GC-FTMS)联用被认为是 GC-MS 中最有效和最有前途的一种分析手段,具有高效分离性能的毛细管气相色谱与具有高分辨率、高灵敏度的 FTMS 检测器结合,是分析复杂样品混合物,特别是挥发性复杂样品混合物的最有力的工具。

(二)GC-MS 的基本原理

虽然 GC-MS 的组合方式多种多样,但方法原理却基本相同。

样品与载气同时由注样口进入色谱柱,色谱柱将样品混合物分离成各种单一组分,经色谱检测器检测,得到样品混合物的色谱图,进行定量分析。另外,由色谱柱流出的含被测组分的载气,经过接口,载气被除去,而气化的组分分子则被导入质谱仪的离子源;在离子源中,组分分子会被电离成分子离子及一系列的碎片离子,并在加速电场的作用下进入质量分析器;不同的质量分析器依据各自的质量分离原理,按质荷比(m/z)的不同将离子一一分离开(例如,扇形磁场质谱仪是利用不同质荷比的离子圆周运动的半径不同而将离子分开的)。经过分离的不同 m/z 的离子形成离子流进入质谱检测器(通常为电子倍增管),产生的电流信号经放大后,由质谱记录仪描绘成质谱图。由于 FTMS 采用电流对离子检测,因而不需要质谱检测器。样品混合物中的不同组分经 GC 分离后,按先后次序进入 MS,经质谱检测后,由记录仪分别记录成质谱图。

当电离源的电离条件固定时,不同化合物的碎裂都有一定的规律可循,包括碎片离子的形成及其百分比,而这些都与被分析组分的化学结构有关,并由此构成了质谱对化合物进行定性分析的依据。通常情况下,在电离源的作用下,化合物的碎裂并不是百分之百的。在一张质谱图中,分子离子峰在大多数情况下都是相对丰度 100%的离子峰。因此,通过质谱图非常容易根据分子离子峰来确定化合物的分子量,并根据其他碎片离子的分布及其相对丰度来推测整个化合物的分子结构,或直接根据质谱仪配备的标准谱库给出的检索结果确定被分析物的化学结构。同时,由于离子流的强度与样品中组分的含量有关,可以作为定量的依据。

(三)GC-MS 联用的基本问题

1. 色谱柱

GC-MS 联用通常采用毛细管色谱柱,以满足质谱仪在高真空条件下工作的需要。毛细管柱一般采用石英为柱材料的熔融二氧化硅空心柱及键合或交联涂层。由于键合交联涂层的熔融二氧化硅空心柱(FSOT 柱)具有众多的优点,是现代 GC-MS 联用技术首选的色谱柱。虽然相似性原则是选择固定相的一条基本的原则,但在大多数情况下选用的是非极性固定相。因为非极性固定相具有良好的性能,如不易氧化、高效、高的使用温度及柱寿命较长等。常用的非极性固定相为甲基聚硅氧烷 SE-30 或相当的键合相(商品名为 DB-1、BP-1、HP-1 等)。

对于中等极性和强极性样品,有时需要使用有一定极性的固定相,以增加被分离组分与固定相的相互作用。通常可选择的固定相为苯基甲基聚硅氧烷(如 SE-52、DB-5、BP-5、HP-5,弱极性);氰丙基苯基甲基聚硅氧烷(如 OV-225、DB-225、BP-225、HP-225,中等极性);聚乙二醇(如 Carbowax 20M、Durawax、BP-20、HP-20M,极性)。光学异构体的分离,则需要使用手性固定相(如 Chirasil-VALⅢ)。

2. 接口

如何把色谱柱流出物送进质谱仪的离子源,是实现 GC-MS 联用的首要技术问题。因为色谱柱流出物处于常压状态(1×10^5 Pa),其中绝大部分是载气,而质谱仪必须在高真空的条件下工作。解决这个问题有三种办法:一是直接连接法,二是浓缩减压法,三是分流法。其中,分流法只利用了样品的一小部分,不利于高灵敏度分析,有时甚至会混入空气、增大本底,因此,这种方法主要在早期的 GC-MS 联用中使用。现代 GC-MS 主要采用前两种方法。

3. 质谱仪的选择

GC-MS 联用时对质谱仪有特殊的要求:一是真空系统具有高的抽速,二是具要有高的扫描速度或检测速度。因为 MS 的基本要求是在记录质谱时,组分的分压(浓度)须保持恒定,否则将引起相对峰强度失真,而 GC 流分中的组分浓度是随时间变化的,如果 MS 的扫描速度太慢(通常指扫描时间大于该色谱峰流出时间的 1/10),则所得的质谱相对峰强度可能失真。此外,由于常常需要从连续记录的质谱中获得重建色谱图,因此,质谱采集速率越快,用以确定色谱峰形的数据点就越多。显然,MS 具有高扫描速率或高的质谱采集速率是十分重要的。

大多数常规质谱仪的扫描速度对填充柱来说是足够的,但有时对于毛细管柱却显得有些捉襟见肘,因为毛细管色谱的出峰时间极快,以秒计算。随着现代质谱仪的不断改进,尤其是 FTMS 的问世,因其具有很高的质谱采集速率,满足了空心毛细管柱气相色谱与质谱联用的需要。

根据质量分析器工作原理的不同,质谱仪被分为四大类型:扇形磁场质谱仪(magnetic sector MS)、四极杆质谱仪(quadrupole MS)、飞行时间质谱仪(time-of-flight MS,TOFMS)和傅立叶变换质谱仪(FTMS)。目前,这四种质谱仪在 GC-MS 联用上都有应用,四种质谱仪的性能比较见表 3-4。

表 3-4 四种质谱仪的性能比较

质谱仪类型	扇形磁场质谱仪		四极杆质谱仪	飞行时间质谱仪	傅立叶变换质谱仪
	单聚焦	双聚焦			
真空度要求	较高	较高	较低	较高	很高
扫描速度或检测速度	较慢	较慢	较快	极快	极快
分辨率	低	中等	低	低	高
灵敏度	较低	低	较低	高	高
质量范围(m/z)	<2000amu	<2500amu	<4000amu	≥10000amu	很宽

商品化质谱仪种类繁多,其中双聚焦扇形磁场质谱仪和四极杆质谱仪在 GC-MS 联用中使

用比较普遍,尤其是四极杆质谱仪,因对真空度要求低,扫描速度较快,特别适于 GC-MS 联用分析。

二、气相色谱—红外光谱联用技术

(一)GC-IR 联用技术的特点

GC-IR 联用技术是分析复杂有机混合物样品的另一有力工具。目前 GC-IR 联用检测的下限已达纳克级水平,与早期的 GC-IR 联机检测相比,检出限降低约三个数量级。虽然从检测灵敏度方面看,IR 较 MS 仍有不少差距,但由于几乎每一种化合物都有自己特征的 IR 谱图,在未知化合物的识别鉴定方面,IR 除无法辨认对映体外,对大部分有机化合物的误检可能性较小,有时甚至优于 MS。目前,GC-IR 在复杂有机混合物样品的分析中同样占有优势。

(二)GC-IR 的工作原理

GC-IR 联用仪是由一台气相色谱仪通过光管接口与一台傅立叶变换红外光谱仪连接而成的。

从红外光源发出的平行光到达分束器后,一部分反射到固定镜,另一部分透射到前后移动的移动镜,被两镜反射到分束器的光束,重合射向光管的一端(移动镜通过前后移动,可改变两束反射光的光程差)。经过调制的干涉光通过光管镀金内壁多次反射后,由光管的另一端射出到达红外检测器。由 GC 色谱柱流出的组分依次经过加热传输线也到达光管,并吸收组分分子振动能级跃迁所需的红外光产生吸收信号,通过红外检测器得到干涉图。此模拟信号经过转换和数据处理,由绘图仪绘制出相应组分的红外光谱图。从光管出来的组分再返回加热传输线进入 GC 色谱仪的检测器,得到气相色谱图。由于 GC-IR 联用中采用计算机实时监测,并将色谱峰出现的时间进行内存储,因而可以获得瞬时红外光谱,通常以红外频谱—官能团吸收强度—气相色谱保留时间三维谱图的形式显示在荧光屏上。据此,可用固定波数区间的红外光重建色谱图,即根据组分的官能团特征吸收所设计的“窗口”化学图,亦称官能团色谱图或化学信息色谱图或红外色谱图。

(三)GC-IR 联用技术的特点

(1)FTIR 采用干涉仪的移动镜扫描代替传统色散型红外光谱仪所用的光栅或棱镜波数扫描,从而使扫描速度大大提高,这对于实现出峰速度极快的毛细管 GC 与红外光谱联用十分有利。

(2)FTIR 使用微型光管接口和碲镉汞探测器,使灵敏度和信噪比大大提高,从而缓解了毛细管 GC 与红外光谱联用时存在的柱容量小与检测灵敏度低之间的矛盾。

(3)GC-IR 联用系统一般可得到三张图谱,即气相色谱图、红外光谱图以及“窗口”化学图。气相色谱图主要用于定量分析,红外光谱图和“窗口”化学图主要用于定性鉴别。

(4)GC-IR 联用的检测灵敏度虽然仍低于 GC-MS 联用技术,但 GC-IR 联用方法简便、快速,通过计算机进行谱库检索,提供有关未知物的特征官能团的重要信息,在未知物的鉴定尤其是异构体的鉴别方面卓有成效。

需要指出的是,在 GC-IR 联用中,由于 FTIR 检测灵敏度相对于 GC 还不是足够高,因而通常只能与柱容量相对较大的毛细管填充柱连接。此外,对于一些含量很低的组分进行检测,GC-IR的检测本领与 GC-MS 相比还存在不小的差距,但与单一使用 GC 相比,GC-IR 所获得的信息还是更为丰富。

三、裂解色谱法

将试样放在经选择并能有效控制的条件下加热,使之迅速裂解成可挥发的小分子,然后将裂解产物进行气相色谱分析,从碎片组分的色谱图特征来推测试样的组成、结构和性质,这种分析方法称为裂解色谱法(pyrolysis gas chromatography,简称 PGC)。由于裂解色谱法具有设备简单、操作简便、灵敏度高、分析速度快等特点,已经成为研究聚合物的重要分析方法之一。目前,裂解色谱法不仅可用来鉴定高聚物,而且已进一步发展到用于测定共聚物和均聚物的组成以及区别高聚物的微细结构。

裂解色谱法的操作过程比较简单。将欲分析的试样置于裂解器内,通过加热或光照的方法,使试样获得能量,进行裂解。利用带程序升温的气相色谱仪对裂解后的产物(小分子物质)进行分离分析,得到特征的裂解色谱图,并根据谱图进行定性和定量分析。

通常,裂解器并非气相色谱仪的固定组成部分,而是作为附件可供选配的。因此,PGC 也可被视为一种气相色谱的联用技术。根据裂解器的能源不同,可将裂解器大致分为两类:电热裂解器和光能裂解器。电热裂解器是指利用电热来裂解试样而做成的裂解器,有多种形式,但一般常用的有热丝裂解器、管式裂解器和居里点裂解器三种。光能裂解器是指利用光能裂解试样,主要有激光裂解器和紫外光裂解器。

裂解色谱法主要用于聚合物材料的定性鉴定。其主要定性依据是裂解色谱指纹图,也就是聚合物在一定温度下裂解,裂解产物在一定条件下进行气相色谱分离所得到的该聚合物的特征色谱图。由于气相色谱图与操作条件有关,因此对聚合物进行定性鉴定时,需要与在相同裂解和色谱分离条件下获得的标准聚合物样品的裂解色谱指纹图进行对比,才能获得鉴定结论。

为了便于定性比较,裂解指纹技术对所用气相色谱条件有其如下要求。

(1)色谱柱。采用一般填充色谱柱,无特殊要求。

(2)固定液。使关键性组分的特征峰能在色谱图上出现。

(3)检测器。一般选用高灵敏度的氢火焰离子化检测器。

(4)柱温。应视其主体峰的性质选择合适的柱温,最好选用程序升温。

(5)反吹。为了使分析柱不被裂解产物中重组分沾污,使用一定时间后,提高柱温并将柱反吹数小时,可以减少分析时间和延长柱寿命。

(6)试样。可以是膜、片、粉、粒、纤维等形式。

(7)裂解器温度。应根据聚合物的性质来确定,通常情况下,加温至 1000℃左右,可减少重组分积聚在裂解器内。

此外,裂解色谱还可用于共聚物中微量组分的测定。例如,各种聚酰胺的基本结构比较相似,当共聚聚酰胺中某些组分含量较低时,用一般方法难以鉴定,但在它们的裂解谱图上却非常容易找到各组分相应的特征,测定结果较为准确。

第四节　气相色谱分析的定性和定量技术

一、定性分析方法

用气相色谱法进行定性分析，就是要确定每个色谱峰代表的物质。具体的方法就是根据保留值或与其相关的值来进行判断，包括保留时间、保留体积、保留指数及相对保留值等。但是，在许多情况下，还需要与其他化学方法或仪器方法相配合，才能得出准确的定性分析结果。

（一）相关术语

1. 死时间、保留时间、校正保留时间

死时间（t_M）是指不被固定相吸附或溶解的气体（如空气）从进样开始到柱后出现浓度最大值时所需要的时间。

保留时间（t_R）是指被测组分从进样开始到柱后出现浓度最大值时所需要的时间。

校正保留时间（t'_R）是指扣除死时间后的保留时间。

2. 死体积、保留体积、校正保留体积、相对保留值

死体积（V_M）是指色谱柱内除了填充物固定相之外的空隙体积。通常可以由死时间和校正后的载气体积流速（F_c）的乘积来计算，即 $V_M = t_M \cdot F_c$。这里，F_c为校正到柱温、柱压下的载气体积流速。

保留体积（V_R）是指从进样开始到柱后被测组分出现浓度最大值时所通过的载气体积，即 $V_R = t_R \cdot F_c$。

校正保留体积（V'_R）是指扣除死体积后的保留体积，即 $V'_R = t'_R \cdot F_c$或 $V'_R = V_R - V_M$。

相对保留值 r_{12}是指某组分校正保留值和另一基准物质校正保留值的比值。即 $r_{12} = t'_{R(1)}/t'_{R(2)} = V'_{R(1)}/V'_{R(2)}$。

（二）已知物直接对照法

1. 保留时间或保留体积法

在一定的固定相和操作条件（如柱温、柱长、柱内径、载气流速等）不变时，任何一种物质都有确定的保留时间 t_R或保留体积 V_R，以此可作定性的指标。确切地说，真正表示组分特性的应该是校正保留时间 t'_R或校正保留体积 V'_R。t_R和 t'_R随载气流速的改变而变化，而保留体积 V_R或 V'_R，则不受流速变化的影响。

测定时只要在相同的操作条件下，分别测出已知物和未知样品的保留值，在未知样品色谱图中对应于已知物保留值的位置上若有峰出现，则可判定样品可能含有此已知物组分。这是气相色谱中应用最普遍、最方便的一种定性方法。但仅依靠在一根色谱柱上的保留值来进行定性分析有时并不可靠，因为有可能两种或多种不同的物质在同一根色谱柱上在相同的条件下有相同的保留值。因此，更可靠的办法是进行“双柱法”定性，即利用不同极性的两根柱子（一般会选择一根极性较强，另一根极性较弱）的分离差异来定性。分别测出两根柱子中已知物和未知样品的保留值，假如在两根柱子中的已知物和未知样品的出峰值重合，就认为未知样品中有已知物组分，如果只在一种柱子上出现峰值重合，则否定。

2. 比保留体积法

比保留体积 V_g 是指温度为 0 时单位质量固定液的校正保留体积。V_g 仅是温度的函数，与柱长、柱内径、固定液含量、流速等无关，是比较准确的定性方法。但要准确测定比保留体积 V_g 的绝对值比较困难，必须严格控制操作条件和已知固定液的质量。

3. 相对保留值法

根据前面提到的相对保留值的定义 $r_{12}=t'_{R(1)}/t'_{R(2)}=V'_{R(1)}/V'_{R(2)}$，当气体流速恒定时，校正保留体积就是校正保留时间，即 $r_{12}=V_i'/V_s'=t_i'/t_s'$。式中，$V_i'$、$V_s'$ 分别为被测物质和标准物质的校正保留体积，t_i'、t_s' 分别为被测物质和标准物质的校正保留时间。r_{12} 仅与柱温、固定液性质有关，与其他操作条件无关。由于各种物质在某种固定液中的相对保留值是已知的，可以在文献中查到。因而，只要在相同的条件下测得被测物的相对保留值，并与已知物的相对保留值比较，就可获得定性分析的结果。

（三）保留指数法

保留指数是以两个相邻正构烷烃保留值（时间、体积等）的对数之间的差值等分为 100 份，某一组分保留指数 I 就可按下式计算：

$$I = 100 \times \left(\frac{\lg X_{N_i} - \lg X_{N_z}}{\lg X_{N_{(z+1)}} - \lg X_{N_z}} + Z \right) \tag{3-1}$$

式中，X 为校正保留值，可以用体积、时间等表示；N_i 表示被测物；N_z 为具有 Z 个碳原子数的正构烷烃；N_{z+1} 为具有 $Z+1$ 个碳原子数的正构烷烃。组分 i 的 X 值应在 N_z 和 N_{z+1} 的 X 值之间。正构烷烃的保留指数始终为 100 乘以碳原子数。因此，欲求某一物质的保留指数，只需将该物质与相邻两正构烷烃混合在一起（或分别）在给定的条件下进行色谱实验，然后按式（3-1）计算其保留指数，并与文献数据对照即可定性。保留指数的重现性较其他保留值数据好，所以只要根据所用固定相与柱温度直接与文献上的数据对照而不需标准样品。有一定极性的同一物质在同一柱上的保留指数与柱温的关系为线性时，可以用内插法求不同温度下的保留指数，有利于与文献数据的对比。

（四）利用保留值经验规律法

1. 碳数规律

大量实验结果证明，在一定温度下同系物保留值（Y）的对数和分子中碳数呈线性关系，保留值可以用校正保留值、比保留值或相对保留值表示。即 $\lg Y=A_1 n+C_1$。式中，A_1，C_1 为与固定液和被分析物质分子结构有关的常数；n 为组分分子中的碳原子数目。当已知某一同系物中几个物质的保留值，便可进行线性回归，求得 A_1，C_1 值，或作出直线，从而确定未知物的保留值，最后与所得色谱图对照进行定性。

2. 沸点规律

具有相同碳原子数的碳链异构体的保留值（Y）的对数与其沸点呈线性关系。即 $\lg Y=A_2 T_b+C_2$。式中，A_2，C_2 为实验确定的经验常数；T_b 为物质的沸点。对各异构体，可以根据其中几个已知物的保留值的对数与沸点作图，或计算得到线性回归方程，求出 A_2，C_2 值，再根据未知物的沸点便可求出其相应的保留值，最后与色谱图上的未知峰对照定性。

(五)化学反应定性法

1. 柱前预处理法

有些具有特定官能团的化合物能与特征试剂发生反应,生成相应的衍生物,在处理后的样品色谱图上该类物质的色谱峰会提前、后移或消失。比较处理前后样品的色谱图就可以确认该组分属于哪种(族)化合物。

(1)酚类(羟基化合物)与乙酸酐作用,生成相应的乙酸酯,色谱峰提前。

(2)卤代烷与乙醇—硝酸银反应,生成白色沉淀,色谱图上卤代烷峰消失。

(3)伯胺、仲胺与三氟乙酸酐作用,生成胺类乙酰物,在相同色谱条件下,伯胺、仲胺色谱峰消失,而叔胺峰不变化。

(4)油中的烷芳烃加入 HBr 使烯烃加成,色谱峰后移,可用作族组成分析。

2. 柱上选择去除法

如果把化学试剂涂到载体上,装在一个短柱内,串联于分析柱之前,称为预柱。利用试剂与样品中某类组分进行化学反应生成其他化学物质,从而由色谱图上除去某些原有物质的色谱峰。

如果把吸附剂装到前柱里,利用其吸附作用除去某类物质,可起到同样效果。

3. 柱后流出物分类试剂定性法

采用粗直径(6~10mm)色谱柱,用冷阱收集柱后分离的单组分,利用分类试剂定性。或将柱后分离物通过 T 形毛细管分流器,直接通入官能团检测管,根据显色、沉淀等现象,对未知物进行定性。

(六)检测器的选择性定性法

不同类型的检测器对组分的选择性和灵敏度各不相同。如电子捕获检测器只对卤素、氧、氮等电负性物质有响应,电负性越强,检出灵敏度越高。热导池检测器灵敏度较低,但对无机气体和各类有机物都有信号反应。氢火焰离子化检测器只对含碳的有机物非常灵敏,而对无机气体或水基本上无信号反应。利用检测器的这些特点,可以对未知物进行大致分类、定性。

(七)联用技术定性法

前面已经提到,借助 GC-MS 或 GC-IR 联用技术和计算机检索系统,可以在大部分情况下快速提供对气相色谱分流出组分的结构鉴别结果。特别是随着配备 MSD 质量选择检测器的 GC-MSD 联用技术在大部分分析实验室的普及,在确保定性分析准确性的同时,可以避免传统气相色谱定性分析的烦琐过程,从而大大提高分析效率。

二、定量分析方法

(一)响应信号的测量

由于气相色谱检测器所测得的响应值(如峰高、峰面积等)与进入检测器的色谱分离流出组分的量成正比关系,其中峰面积的大小不易受操作条件(如柱温、流动相的流速、进样速度等)的影响,因此,峰面积更适合于作为定量分析的参数。

色谱峰的峰高是其峰顶与基线之间垂线的距离,其测量方法比较简单。而测量峰面积的方法可以有多种,包括手工测量和自动测量。对于对称的色谱峰,可采用峰高乘半峰宽法。即等腰三角形面积的计算方法,将色谱峰近似地认定为一个等腰三角形,则其峰面积(A_i)应该是峰高(h_i)乘以半峰宽($Y_{1/2}$)。但由于对称的色谱峰也并非完全的等腰三角形,计算所得的峰面积仅为实际测得的峰面积的0.94倍。因此,校正后的峰面积计算公式应为:

$$A_i = 1.064 h_i \cdot Y_{1/2} \tag{3-2}$$

但对不对称的峰,则峰面积可近似为:

$$A_i = \frac{1}{2} h_i (Y_{0.15} + Y_{0.85}) \tag{3-3}$$

式中,$Y_{0.15}$和$Y_{0.85}$分别是峰高15%和85%处的峰宽值。

(二)定量校正因子

(1)绝对校正因子。绝对校正因子主要分为质量校正因子、摩尔校正因子和体积校正因子三种,是指某组分i通过检测器的量与检测器对该组分的响应信号之比。绝对校正因子受仪器及操作条件的影响很大,其应用受到限制。

(2)相对校正因子。相对校正因子是指组分i与基准组分s的绝对校正因子之比。这是一个无因次量,其数值与采用的计量单位有关,一般文献上提到的校正因子,就是相对校正因子。

(三)外标法

当严格控制色谱操作条件不变时,在一定进样量范围内色谱峰的半峰宽是不变的,物质的浓度与峰高呈线性关系,此时就可以用峰高来进行定量分析。配制一系列不同浓度的已知样品,取相同体积的样品分别注射进样,根据所得色谱峰高,作浓度与峰高的标准曲线。对样品组分定量时,注射与制作标准曲线时同样体积的样品,按所测得色谱峰高,从标准曲线上查出未知样品浓度。

本法定量不用校正因子,不必加内标物,比较方便,适合于常规的质量分析或控制任务,但当色谱峰较宽,或因操作条件不够稳定而使色谱峰宽发生波动时,此法不适用。

(四)归一化法

若待测样品各组分在某一色谱操作条件下都能出峰,且已知待测组分的相对校正因子,可以用归一化法计算各组分的含量。

$$P_i = \frac{m_i}{m} \times 100 = \frac{A_i f'_i}{A_1 f'_1 + A_2 f'_2 + A_3 f'_3 + \cdots + A_n f'_n} \times 100 \tag{3-4}$$

式中,P_i为被测组分i的百分含量;m为进样量;m_i为组分i的质量;n为样品中的组分数;f_1'、f_2'、f_3'、…、f_n'为组分1~n的相对校正因子;A_1、A_2、…、A_n为组分1~n的峰面积。归一化法拥有明显的优点:一是不必准确知道进样量,尤其是液体样品,进样量少,不易准确计量;二是此法在仪器及操作条件稍有变动的情况下对结果的影响较小;三是针对多组分样品分析时比内标法、外标法更为简便;四是若用峰高h_i代替峰面积A_i,进样误差仍然对分析结果没有影响;五是各组分的f_i'值近似或相同(分析同分异构物,氢火焰离子化分析同系物、热导池以H_2或He作载气)时可不必求出f_i'值,而直接把面积归一化即可。

但采用归一化法对样品也有严格的要求:一是样品中各组分都必须流出并可测出其峰面积,不能有未流出或不产生信号的组分;二是某些不需要定量的组分也须测出其峰面积及f_i'值。

(五)内标法

内标法是选择一种样品中不存在的物质(纯)作内标物,定量地加入已知质量的样品中,测定内标物和样品中组分的峰面积,引入质量校正因子,就可计算样品中待测组分的质量百分数。

$$P_i = \frac{m_i}{m} \times 100 = \frac{A_i f_i m_s}{A_s f_s m} \times 100 \tag{3-5}$$

式中,P_i为某组分的质量含量(%);m为样品质量(g);m_s为加入内标物质量(g);A_i为组分i的峰面积;A_s为内标物的峰面积;f_i为组分i的重量校正因子;f_s为内标物的重量校正因子。

内标法是常用的准确定量方法,而且不要求被测样品中的所有组分都必须从色谱柱流出并被检测器检测到,进样量也不必严格控制。内标法采用了相对校正因子,使仪器和操作条件对分析结果的影响得到校正,但对内标物选择的要求比较苛刻。一是每次分析都要称取样品和内标物的质量,比较费时,不适合于常规的快速质量控制分析。二是要求内标物和样品能够互溶,加入量必须与被测组分接近,内标物与样品组分的峰要能分开但要尽量靠近,或位于几个被测组分的中间等。

外标法、归一化法和内标法是目前气相色谱分析中使用最多的定量分析方法。

第五节　气相色谱及联用技术在纺织上的应用

气相色谱分析技术具有灵敏度高、选择性好等特点,加上联用技术的快速发展,使得其应用领域不断扩大,普及性也日益提高。近年来,随着人们对健康和环境安全要求的不断提高以及在消费品领域各种技术性贸易壁垒的不断出现和强化,各种法规、标准不断出台,“清洁生产”和“绿色消费”已经成为市场的主流,有关纺织产品上有害物质的使用和残留量的管控成了纺织产品质量管控的重中之重。由于纺织产品上可能因误用或滥用而残留的有害物质的含量通常都很低,用常规的化学方法根本无法满足微量甚至痕量级的检测要求。而气相色谱,特别是其联用技术所具有的便捷、灵敏和选择性高的特点使得其成为纺织产品中有害物质检测的首选技术手段,很多检测方法标准的研究制订都是围绕气相色谱分析技术展开的。与此同时,气相色谱分析技术在纺织用染化料助剂和纺织材料分析中仍在继续发挥着重要的作用,在染料、助剂和化学品的质量监管中,也是很多标准测试方法首选的技术手段。

一、纺织产品上有害物质的检测

(一)禁用偶氮染料的测定

纺织用的合成染料中大部分为偶氮染料,品种超过1500种。在一定条件下,偶氮染料可被还原并产生芳香胺组分。研究表明,在各种由偶氮染料还原产生的芳香胺中,有二十多种芳香胺对人体或动物有致癌性。因此,世界上有许多国家或组织通过立法规定禁止在纺织产品及部分消费品上使用某些可能还原出致癌芳香胺的偶氮染料。为了将这些偶氮染料与其他可以安全使用的偶氮染料相区别,这些涉嫌的染料被称为禁用偶氮染料,涉及的品种有200多种。

为满足法规或强制标准的需要,有效管控禁用偶氮染料的滥用或误用,欧盟和中国几乎同时研究制定了纺织产品上禁用偶氮染料的检测方法标准。其技术原理是将纺织样品置于柠檬酸—盐缓冲溶液中用连二亚硫酸钠将纺织样品上的染料还原(针对分散染料染色的产品则先萃取后还原)生成芳香胺,经萃取后用硅藻土柱净化后洗脱,然后采用GC-MS联用技术进行分析。其分离分析的对象是样品上可能存在的偶氮染料经还原后产生的芳香胺,并判定是否存在一种或多种被列入清单的致癌芳香胺。我国的国家推荐性标准 GB/T 17592—2011《纺织品 禁用偶氮染料的测定》中推荐的 GC-MS 分析技术条件如下。

色谱柱:HP-5MS(30m×0.25mm×0.25μm);柱温:初始温度设定为 60℃,维持 1min 后以 10℃/min 的速度将温度升至 280℃,并持续 5min;进样:芳香胺样品溶液采用不分流进样,进样量为 1μL,进样口温度保持 250℃;载气:氦气(纯度 99.999%),控制载气流速为 1mL/min。

图 3-9为在上述条件下致癌芳香胺标准物的色谱图。

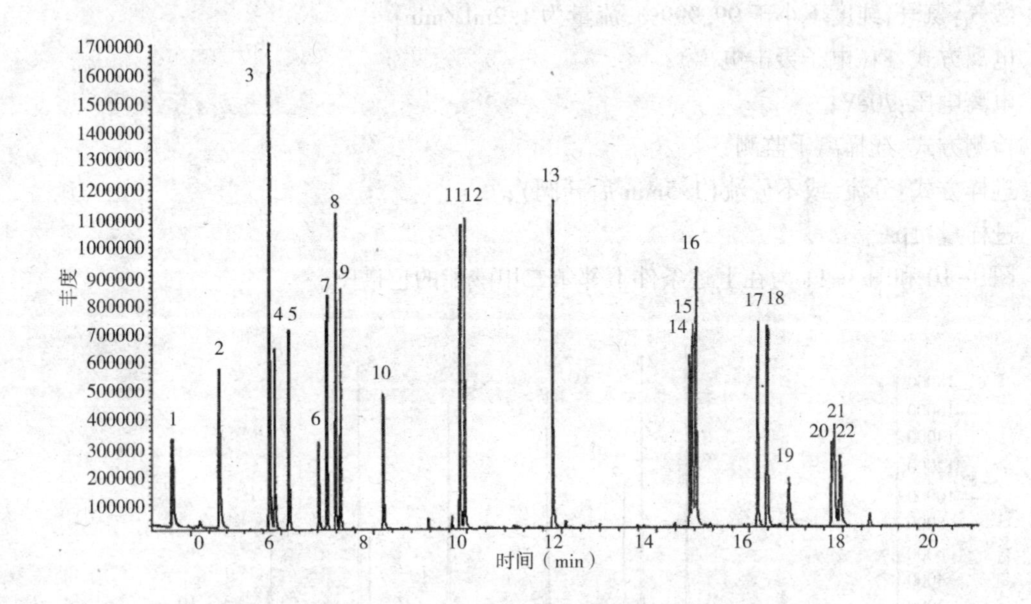

图 3-9　致癌芳香胺标准物 GC-MS 总离子流图

1—苯胺　2—邻甲苯胺　3—2,4-二甲基苯胺,2,6-二甲基苯胺　4—邻氨基苯甲醚
5—氯苯胺　6—1,4-苯二胺　7—2-甲氧基-5-甲基苯胺　8—2,4,5-三甲基苯胺
9—4-氯邻甲苯胺　10—2,4-二氨基甲苯　11—2,4-二氨基苯甲醚　12—2-萘胺
13—4-氨基联苯　14—4,4′-二氨基二苯醚　15—联苯胺　16—4,4′-二氨基二苯甲烷
17—3,3′-二甲基-4,4-二氨基二苯甲烷　18—3,3′-二甲基联苯胺　19—4,4′-二氨基二苯硫醚
20—3,3′-二氯联苯胺　21—4,4′-亚甲基-二-(2-氯苯胺)　22—3,3′-二甲氧基联苯胺

(二)邻苯二甲酸酯类增塑剂的测定

邻苯二甲酸酯类化合物又称酞酸酯类化合物,用途广泛,最主要的用途之一是增塑剂。邻苯二甲酸酯类物质广泛存在于塑料制品、玩具、化妆品、纺织产品、涂料、食品以及环境中。在纺织品上主要用作聚合物材料及黏合剂中的增塑剂。研究表明,部分邻苯二甲酸酯具有内分泌干扰作用,属于环境激素,可能通过呼吸、饮食和皮肤接触进入人体,对人体健康带来潜在的风险,特别是对婴幼儿的生长发育有害。欧盟、美国以及我国已经针对纺织产品制定了相关限量要求和测试标准。GB/T 20388—2016《纺织品 邻苯二甲酸酯的测定 四氢呋喃法》采用 GC-MS 法同时测定纺织产品中 10 种邻苯二甲酸酯类化合物,覆盖目前相关法规和标准的要求,并可以进一步扩展到其他邻苯二甲酸酯的测定。其具体的操作步骤为:以四氢呋喃为溶剂采用超声波发生器,将试样中的塑化聚合物全部或部分溶解,使用合适的溶剂(乙腈、正己烷等)对溶解的聚合

物进行沉淀,萃取邻苯二甲酸酯。萃取液经离心分离和稀释定容后,用 GC-MS 测定邻苯二甲酸酯,采用内标法定量。其推荐的分析条件如下。

色谱柱:DB-5MS(30m×0.25mm×0.1μm);

柱温:100℃(1min),100~180℃(15℃/min);180℃(1min),180~300℃(5℃/min);300℃(10min);

进样口温度:300℃;

质谱接口温度:280℃;

载气:氦气,纯度不小于 99.999%,流量为 1.2mL/min;

电离方式:EI(电子轰击电离);

电离电压:70eV;

检测方式:选择离子监测;

进样方式:分流,或不分流(1.5min 后开阀);

进样量:1μL。

图 3-10 和图 3-11 为在上述条件下邻苯二甲酸酯的色谱图。

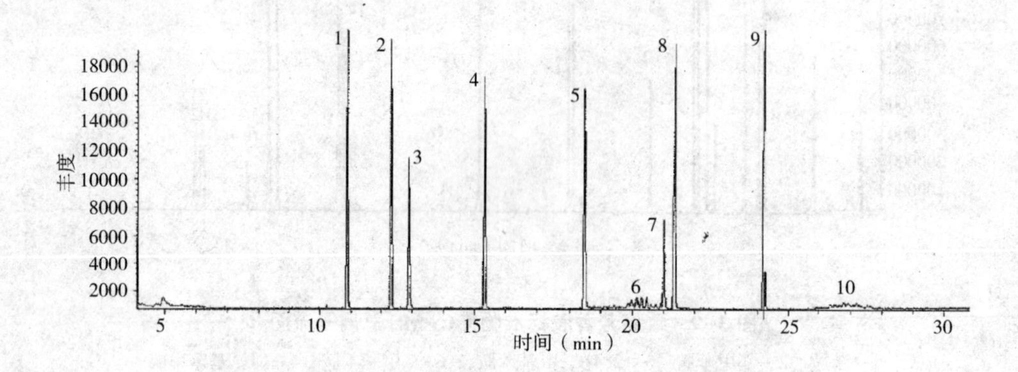

图 3-10 邻苯二甲酸酯与内标物的标准物色谱图

1—邻苯二甲酸二异丁酯(DIBP) 2—邻苯二甲酸二丁酯(DBP)

3—邻苯二甲酸二甲氧基乙酯(DMEP) 4—邻苯二甲酸二戊酯(DPP)

5—邻苯二甲酸丁苄酯(BBP) 6—邻苯二甲酸二 C_{5-8} 支链烷基酯,富 C_7(DIHP)

7—邻苯二甲酸二环己酯(DCHP),内标物 8—邻苯二甲酸二(2-乙基己)酯(DEHP)

9—邻苯二甲酸二正辛酯(DNOP) 10—邻苯二甲酸二异癸酯(DIDP)

(三)杀菌防腐剂的测定

1. 含氯酚化合物的测定

五氯苯酚(PCP)曾经是纺织织造浆料和印花色浆中普遍采用的一种防霉防腐剂,具有防霉、防腐、防虫和杀菌的功效,在其他助剂中也常有使用。但研究证明,含氯苯酚是一种强毒性物质,对人体具有致畸和致癌性,而且对环境也有长期的不利影响。由于原料和合成工艺的原因,作为工业品使用的 PCP 经常会与另一种有害物质四氯苯酚(TeCP)互为杂质而相互共存。国际上早已将 PCP 和 TeCP 列为纺织产品中的禁用物质,而欧盟和中国也早已制定了相关的检测方法标准用于对纺织产品进行监控。根据我国推荐性国家标准 GB/T 18414.1—2006《纺织

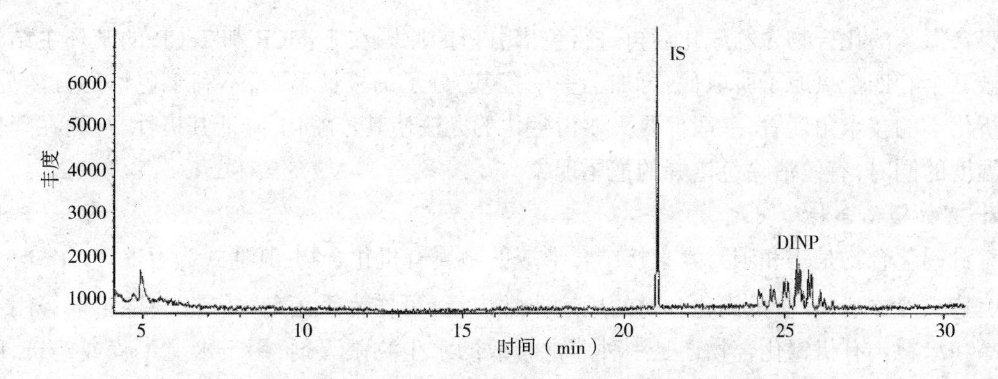

图 3-11　邻苯二甲酸二异壬酯(DINP)与内标物的标准物色谱图

品 含氯苯酚的测定　第 1 部分　气相色谱质谱法》和 GB/T 18414.2—2006《纺织品 含氯苯酚的测定　第 2 部分　气相色谱法》,分别采用 GC-MS 和 GC-ECD 方法,以毛细管柱 DB-1701(30m×0.25mm×0.25μm)为色谱柱,对经乙酸酐乙酰化后的样品提取液进行检测。所得图谱分别如图 3-12、图 3-13 所示。其中,GC-ECD 方法具有更低的检出限,但 GC-MS 方法定性的准确性更高。

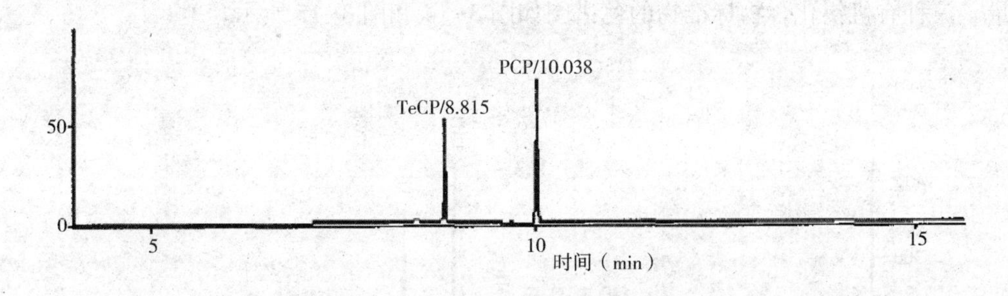

图 3-12　含氯苯酚乙酸酯标准物的 GC-MS 选择离子色谱图

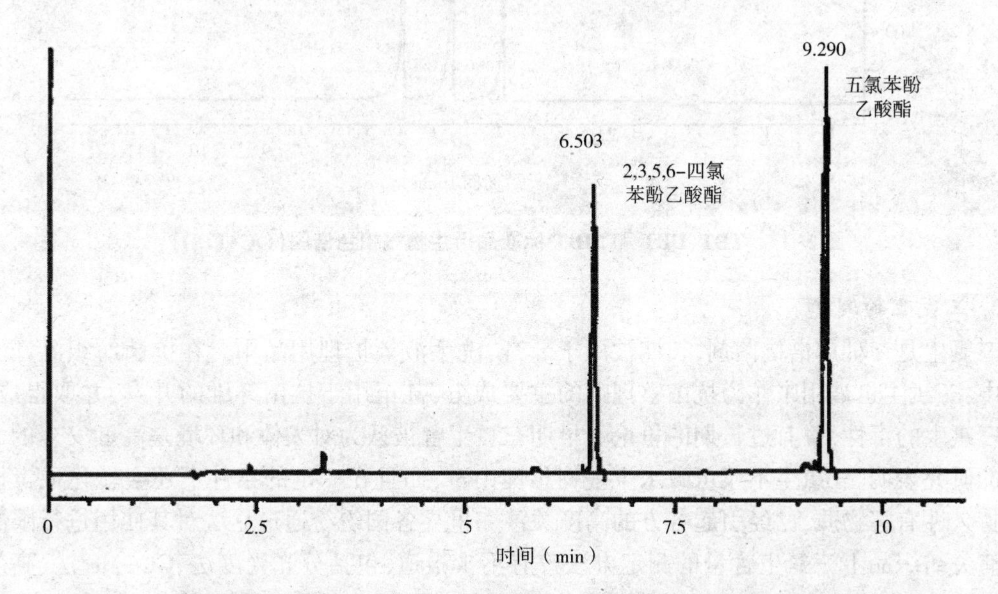

图 3-13　五氯苯酚乙酸酯和 2,3,5,6-四氯苯酚乙酸酯标准物气相色谱图(GC-ECD)

将含氯苯酚化合物先乙酰化后再进行色谱分析的原因在于：PCP 和 TeCP 的苯环主结构上分别被五个和四个氯原子所取代，再加上一个羟基，分子的极性增强，不利于色谱的分离分析。从分析化学的技术角度看，一般都要采取衍生化的办法使其乙酰化，降低其极性，从而在降低其汽化温度的同时，有效消除色谱峰的拖尾现象。

2. 有机锡化合物的测定

有机锡化合物是锡和碳元素直接结合形成的金属有机化合物，其通式为 $R_nS_nX_{4-n}$（$n=1\sim4$，R 为烷基或芳香基）。有机锡化合物的用途非常广泛，可作为杀菌剂、防霉剂、稳定剂等用于日常用品和涂料。有机锡化合物还是一种非常有效的水生物杀灭剂，用于水上工程或建筑、船舶等的涂料和水产养殖与捕捞工具的处理，可以有效防止水生物的腐蚀和黏附，但同时会对水环境造成污染和对水生物产生危害。在纺织行业，有机锡化合物曾被用来处理纺织品使之具有抗菌防臭的功效。但由于对人体存在潜在的健康危害而被相关的法规限制使用。我国制定了专门针对纺织品中有机锡化合物含量检测的标准 GB/T 20385—2006《纺织品　有机锡化合物的测定》，采用衍生化气相色谱方法，用酸性汗液萃取试样，在 pH＝4.0±0.1 的条件下，以四乙基硼化钠为衍生化试剂、正已烷为萃取剂，对样品萃取液中可能存在的三丁基锡（TBT）、二丁基锡（DBT）和单丁基锡（MBT）直接进行萃取和衍生化。用 GC-FPD 或 GC-MS 技术进行测定，外标法定量。三种有机锡化合物标准物的色谱图如图 3-14 和图 3-15 所示。

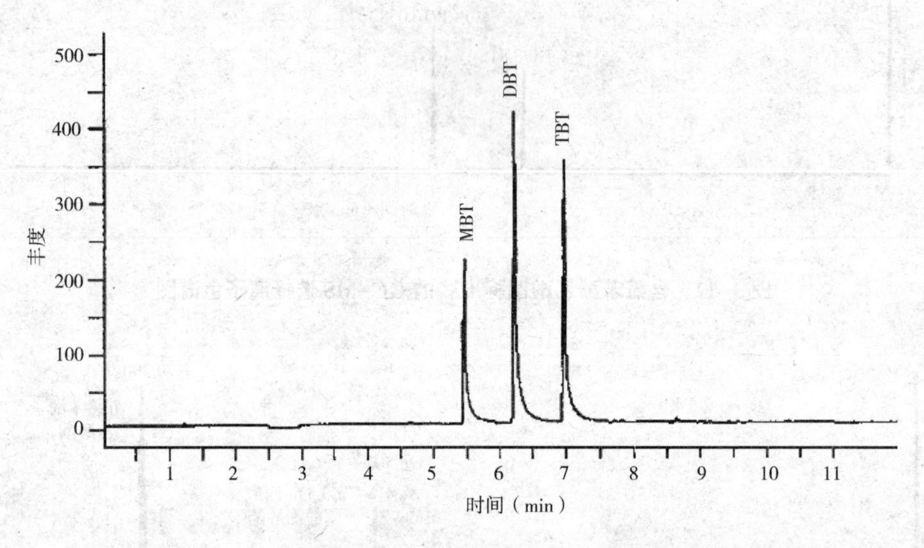

图 3-14　TBT、DBT 和 MBT 标准品衍生物气相色谱图（GC-FPD）

3. 三氯生的测定

三氯生是一种广谱抗菌剂，长期被用于牙膏、洗手液等护理用品中。在抗菌纺织品开发的热潮中，三氯生也被用来作为抗菌整理剂的主要成分，甚至用于抗菌纤维的开发，并取得成功。关于三氯生的毒性，曾有过长期的争论。早期三氯生曾被认为对人体和环境是高度安全的。但最新的研究表明，三氯生不仅可致水生生物急性中毒，而且在一定的条件下还会转化成毒性更强的持久性有害物质，已经引起各方的高度关注。世界各国纷纷通过立法对其使用进行限制。

有关纺织品上三氯生含量的测定方法曾有不少报道，包括分光光度法、GC-MS 法、高效液相色谱法等，但这些方法的检出限都较高。而采用气相色谱—串联质谱（GC-MS/MS）中母离

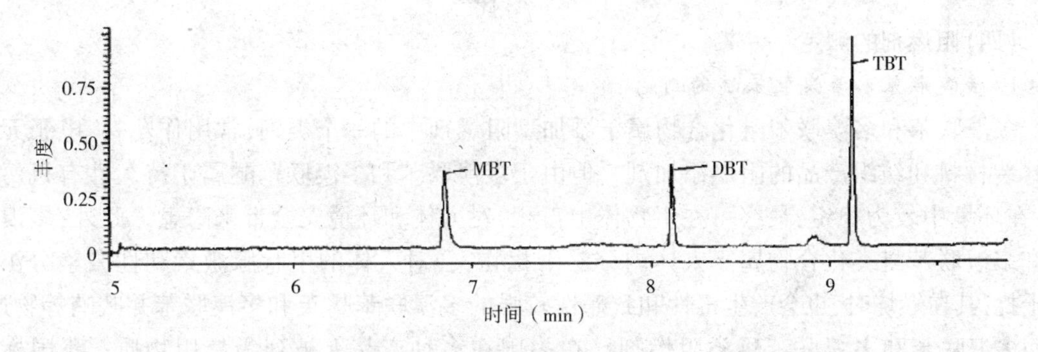

图 3-15　TBT、DBT 和 MBT 标准品衍生物的 GC-MS 总离子流图

子和子离子对应的多反应监测模式,可有效地消除基体杂质干扰,从而降低目标物的检出限。具体的方法是:以二氯甲烷为萃取剂,采用微波辅助萃取技术萃取抗菌纺织品中可能存在的三氯生;因三氯生的沸点较高,故在进行气相色谱分离前必须预先进行衍生化处理,衍生化试剂选用操作简便、衍生化效果好的乙酸酐;样品萃取液经衍生化处理后进行 GC-MS/MS 分析,推荐的技术条件如下。

色谱柱:Agilent HP-5MS 色谱柱(30m×0.25mm×0.25μm);

升温程序:150~280℃(20℃/min),280℃(3.5min);

载气:氦气,纯度不小于 99.999%,流量为 1.2mL/min;

进样口温度:260℃;

进样量:1.0μL;

进样方式:不分流;

电离方式:EI(电子轰击电离);

电离电压:70eV;

电离源温度:230℃;

四级杆温度:150℃;

接口温度:280℃;

溶剂延迟:4min;

检测方式:多反应监测(MRM);

氦气流量:2.25mL/min;氮气流量:1.5mL/min。

目标物的多反应监测条件见表 3-5。

表 3-5　目标物的多反应监测条件

组分	保留时间(min)	母离子 m/z	子离子 m/z	停延时间(ms)	碰撞电压(V)
三氯生乙酯	5.985	288	252.5*	150	10
		288	206.5	150	40

注　*为定量离子。

该方法回收率高(平均可达 99.1%~101.2%)、精密度好(3.0%~7.1%)、检出限低(S/N=10 时为 0.3ng/mL),能满足纺织品上三氯生检测的要求。

(四)阻燃剂的测定

1. 多溴联苯和多溴联苯醚的测定

多溴联苯和多溴联苯醚化合物属于添加型阻燃剂中的一个类别,常用作塑料、电子元器件封装材料和纺织产品的阻燃添加剂。但由于多溴联苯和多溴联苯醚属于持久性有机污染物,在环境中较为稳定,最终可在生物体中蓄积,对人体和环境安全带来隐患。此外,多溴联苯和多溴联苯醚类化合物属于人体内分泌干扰物,会对人体的甲状腺激素和性激素分泌产生干扰;其在燃烧时,也会产生毒性和致癌性较强的多溴联苯噁英和多溴联苯并呋喃等物质。因而多溴联苯和多溴联苯醚类阻燃剂已在多国在多种产品上被列为禁用物质。我国标准GB/T 24279—2009《纺织品 禁/限用阻燃剂的测定》采用GC-MS/SIM技术(毛细管柱DB-5MS:30m×0.25mm×0.50μm,选择离子监测)提供了对纺织产品上17种含磷、多溴联苯和多溴联苯醚阻燃剂的测定方法(图3-16),已被相关实验室广泛采用。

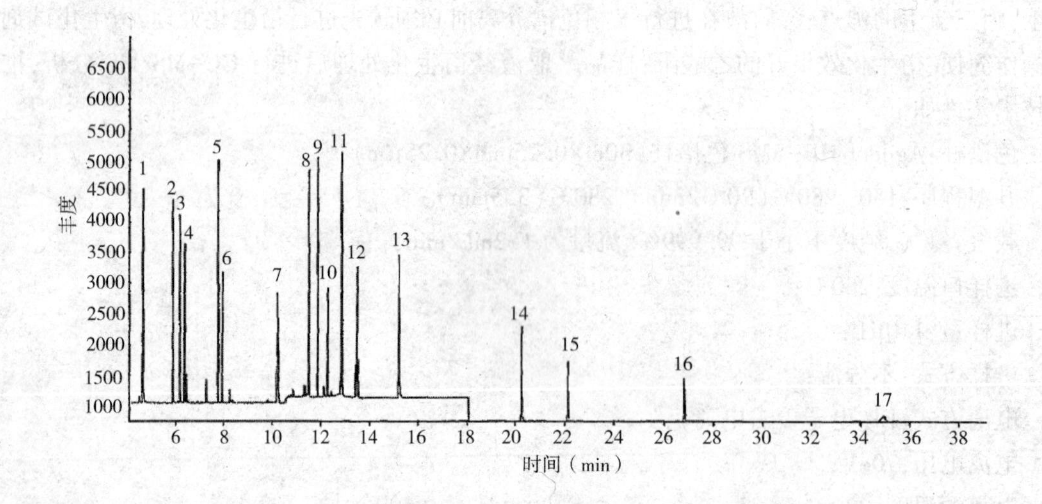

图3-16 17种阻燃剂标准物GC-MS/SIM色谱图(GC-MSD)

1—三-(氮环丙基)-膦化氧 2—一溴联苯 3—磷酸三(氯乙基)酯
4—三-(2,3-二氯丙基)磷酸酯 5—二溴联苯 6—三溴联苯 7—四溴联苯
8—五溴联苯 9—五溴联苯醚 10—六溴联苯 11—三(2,3-二溴丙基)磷酸酯
12—六溴十二烷 13—七溴联苯 14—八溴联苯 15—八溴联苯醚
16—九溴联苯 17—十溴联苯

2. 多氯联苯的测定

多氯联苯早已被公认为全球性污染物,并被列为常规监测项目,人们常在纺织品上检测出残留的多氯联苯衍生物,并习惯将其归类为杀虫剂,但实际上却是作为抗静电剂、阻燃剂或染料中间体而被引入纺织品。美国EPA的多氯联苯分析方法和我国对水及土壤中多氯联苯的测定方法选用毛细管柱GC-ECD检测。但研究表明,采用GC-MSD/SIM分析技术效果更佳。我国标准GB/T 20387—2006《纺织品 多氯联苯的测定》采用毛细管柱HP-5MS(30m×0.25mm×0.50μm),以选择离子监测方式测定18种多氯联苯化合物,取得很好的效果(图3-17)。

(五)农药残留的测定

天然纤维在大规模种植、生长和储存过程中,为了病虫害的防治以及除草、落叶、防霉、防腐

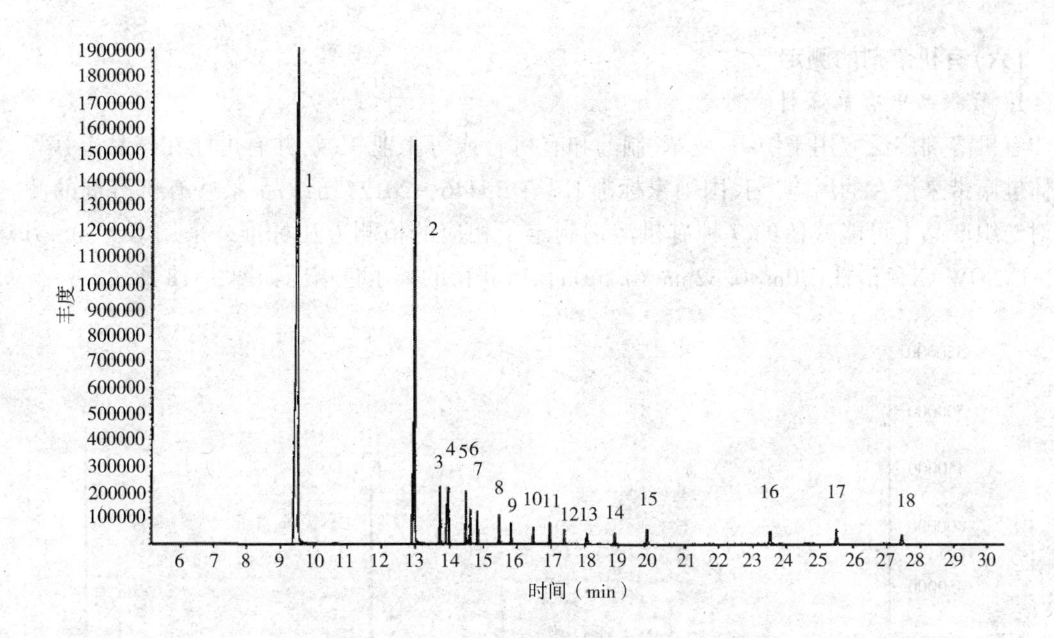

图 3-17 18 种多氯联苯标准物总离子流图

1—4-一氯联苯 2—2,4-二氯联苯 3—2,4′,5-三氯联苯 4—2,2′,5-三氯联苯
5—2,4,5-三氯联苯 6—2,4,4′-三氯联苯 7—2,2′,3,5′-四氯联苯 8—2,2′,5,5′-四氯联苯
9—2,2′,4,6-四氯联苯 10—2,3′,4,4′,5-五氯联苯 11—2,2′,4,5,5′-五氯联苯
12—2,2′,4,4′,5,5′-六氯联苯 13—2,2′,3,4′,5′,6-六氯联苯 14—2,2′,3,4,4′,5′六氯联苯
15—2,2′,3,4,4′,5,5′-七氯联苯 16—2,2′,3,3′,4,4′,5,5′-八氯联苯
17—2,2′,3,3′,4,4′,5,5′,6-九氯联苯 18—2,2′,3,3′,4,4′,5,5′,6,6-十氯联苯

等需要，会使用大量不同种类的农药。大量的研究和检测结果表明，近年来随着科技的发展以及对毒性较高的农药品种的生产、销售和使用的限制越来越严格，高效、低毒、低残留的农药已经成为市场的主流，纺织产品上因可能残留有农药而带来的风险已降低，但仍是一些国际买家关注的重点。

关于纺织品上农药残留的检测技术，目前国际上并没有通用的方法，各国大多根据各自的农药使用情况来制订本国的农药残留限量要求及检测方法。目前，农药残留分析普遍采用气相色谱法（GC）、高效液相色谱法（HPLC）及气相色谱—质谱法（GC-MS）、高效液相色谱—串联质谱法（HPLC-MS/MS）等。GC 和 HPLC 方法灵敏度高，分离效果好，定量准确，经过多年实践运用，已经证明是一种经典适用的分析方法，但尚存在广谱性差，仅能按照农药的化学结构选择性地检测的缺点。在色谱分析中，干扰物与待测物在同一根色谱柱具有相同保留时间的现象经常发生，对污染物不明的样品很容易造成误判。GC-MS/SIM 方法具有灵敏度高、广谱性强、抗干扰好的特点，不仅可以实现多种不同化学结构的农药的同时一次性检测，还可利用色谱保留时间和质谱特征离子及其丰度比等多重因素定性，使测定结果更加准确可靠。

目前，我国对纺织产品上农药残留的检测方法有 GB/T 18412. 1—2006、GB/T 18412. 2—2006、GB/T 18412. 3—2006、GB/T 18412. 4—2006、GB/T 18412. 5—2006、GB/T 18412. 6—2006、GB/T 18412. 7—2006。

(六)有机溶剂的测定

1. 纺织品中有机溶剂的测定

有机溶剂广泛应用于纺织、皮革、制药和有机合成等工业领域,并有可能在产品上残留,给人体健康带来潜在的风险。我国国家标准 GB/T 35446—2017《纺织品 某些有机溶剂的测定》针对纺织产品上可能残留的 9 种有机溶剂制定了相应的检测方法标准。采用 GC-MS 方法,HP-INNOWAX色谱柱(30m×0.32mm×0.5μm),所获得的离子色谱图如图 3-18 所示。

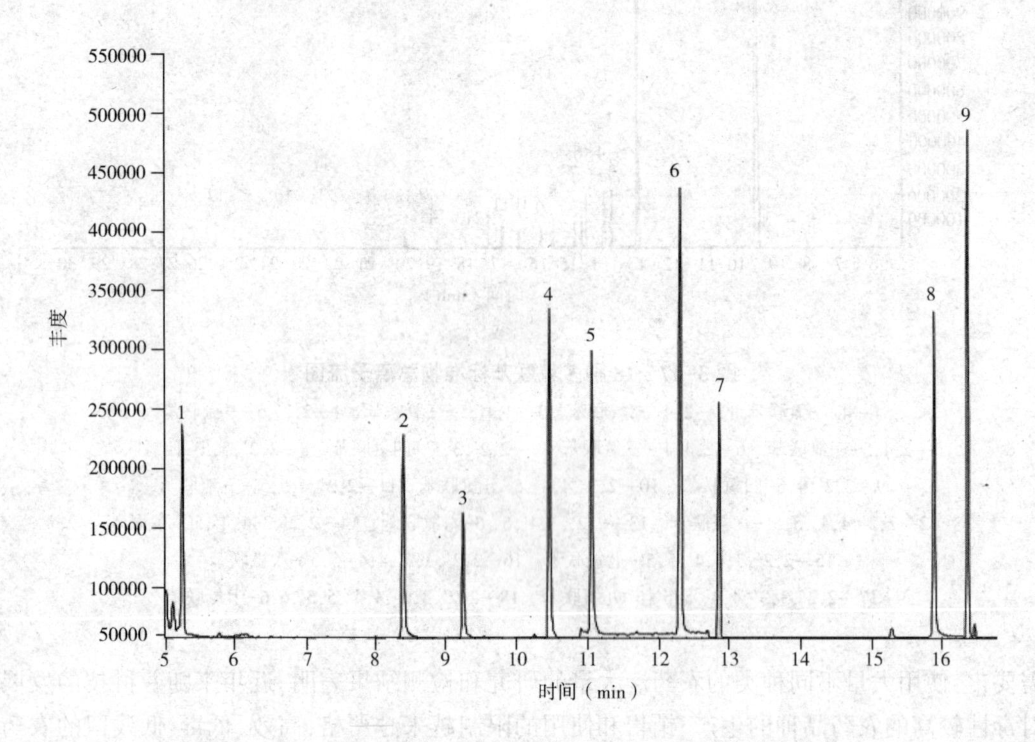

图 3-18 9 种有机溶剂标准物质的 GC-MS 分析离子色谱图

1—乙二醇二乙醚 2—乙二醇单甲醚 3—乙二醇单乙醚 4—乙二醇乙醚醋酸酯
5—N,N-二甲基甲酰胺 6—N,N-二甲基乙酰胺 7—1,2,3-三氯丙烷
8—N-甲基吡咯烷酮 9—三甘醇二甲醚

2. 纺织染整助剂中禁限/用醇醚类溶剂的测定

乙二醇醚类有机溶剂其分子内同时含有醚键和羟基,常在纺织印染工艺中作为染浴添加剂。20 世纪 80 年代以来,大量的研究表明,乙二醇醚类有机溶剂在体内经代谢后会形成剧毒化合物,对人体的血液循环和神经系统造成永久性损害,长期接触乙二醇醚类有机溶剂会致癌,还会导致女性生殖系统的永久性损害。美国环保局(EPA)出台新的染色及整理标准,将其列入空气中有毒污染物的重点控制名单,限制乙二醇醚在印花、涂层及染色中使用。我国也禁止使用乙二醇醚(乙二醇单甲醚、乙二醇单乙醚、乙二醇单丁醚等)等高毒、致癌、致畸和致突变性物质,国家强制性标准 GB 24409—2009《汽车涂料中有害物质限量》和 GB 24410—2009《室内装饰装修材料 水性木器涂料中有害物质限量》中规定水性涂料中乙二醇醚及其酯类的含量不得超过 300mg/kg。而国际有害化学品零排放计划(ZDHC)的染化料助剂限用物质清单也将 8 种乙二醇醚有机溶剂列入监管范围。针对这 8 种乙二醇醚有机溶剂,国内相关行业正在起草的标

准拟采用 GC-MS 方法,色谱柱为 DB-WAX 石英毛细管柱(60m×0.25mm× 0.25μm),8 种标准物质所得色谱图如图 3-19所示。

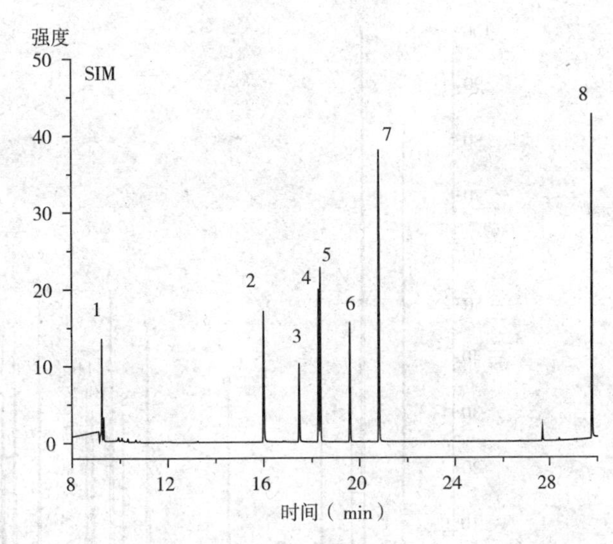

图 3-19　乙二醇醚类溶剂标准物质的选择离子监测色谱图

1—乙二醇二甲醚　2—乙二醇单甲醚　3—乙二醇单乙醚
4—乙二醇甲醚乙酸酯　5—2-甲氧基-1-丙醇乙酸酯
6—乙二醇乙醚乙酸酯　7—二乙二醇二甲醚　8. 三乙二醇二甲醚

二、纺织产品上可挥发有机物的检测

可挥发有机物(VOCs)是一个很宽泛的概念,不同的法规或标准中对 VOCs 的定义和管控要求也不尽相同。众所周知,大部分可挥发有机化合物,如氯仿、丙酮、甲苯、二甲苯、苯酚、二甲基苯胺、甲醛、正己烷、乙酸乙酯和乙醇等都对人体有害。人体吸入有害的 VOCs 能引起免疫系统失调,神经系统受损,出现头晕、头痛、嗜睡、无力和胸闷等症状,还可能影响消化系统,出现食欲缺乏、恶心等,严重时甚至可损伤肝脏和造血系统等。

研究表明,采用顶空固相微萃取和色质联用技术(HS-SPME-GC-MS),测定毛织物干洗后氯代烃的残留,能得到很低的检出限。也可采用直接顶空进样和顶空固相微萃取进样的方法,以测定纺织品中 VOCs 的含量,由 GC-MS 联用技术进行定性分析,外标法定量。加标回收率在 88%~97%,对目标化合物的检出限低于 0.005mg/kg,相对标准偏差小于 9%。

目前我国的国家标准 GB/T 24281—2009《纺织品 有机挥发物的测定 气相色谱—质谱法》也是采用 HS-SPME-GC-MS 法来测定纺织品中总可挥发有机物、总芳香烃化合物以及氯乙烯、1,3-丁二烯、甲苯、乙烯基环己烯、苯乙烯、4-苯基环己烯的含量,应用效果良好(图 3-20)。

三、纤维和聚合物的裂解色谱分析

在一定的高温条件下,纤维和聚合物会发生有规律的分解,生成一系列小分子化合物,乃至一些碎片,裂解产物的种类和相对含量是固定的,故不同的纤维裂解产生的裂解色谱图有特征性。根据这一原理,可以利用裂解气相色谱分析技术将纤维样品按一定的规律裂解成小分子化合物,然后用气相色谱对裂解产物进行分离和分析,通过与标准样品比较,给出未知样品的鉴定结果。

由于很多聚合物很难溶解于溶剂制备成液体样品,而裂解气相色谱采用直接固体进样,进样量极少,且基本不需要前处理,方便快捷,广泛用于聚合物的分析,以及研究聚合物的降解机理或者不同影响因素对聚合物降解的影响。对于纤维的研究,目前该方法在国外报道较多,国内报道较少。

事实上,用裂解气相色谱法还可以对纺织样品的混纺比例进行测定。有研究者尝试用该方法测定涤棉混纺纱的混纺比。通过对 11 种不同纤维的裂解,计算这 11 种不同纤维的总色谱流出峰面积(进样量控制在 5mg),并对不同棉和涤纶混纺比进行了测定。结果表明,总色谱流出

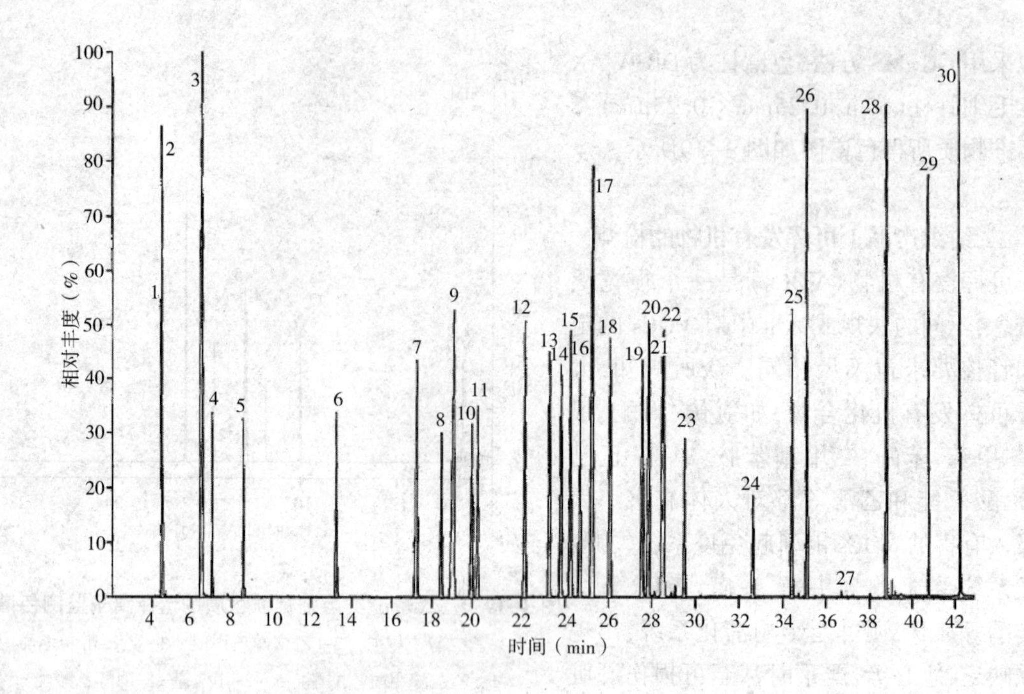

图 3-20　典型可挥发有机物的总离子流图

1—氯乙烯　2—1, 3-丁二烯　3—丁酮　4—正己烷　5—苯　6—甲苯　7—乙烯基环己烯
8—乙基苯　9—苯基乙炔、对二甲苯、间二甲苯　10—苯乙烯、甲基苯　11—邻二甲苯
12—异丙基苯　13—3-乙基甲苯　14—*n*-丙基苯　15—2-乙基甲苯　16—1,3,5-三甲苯
17—乙烯基甲苯、苯丙烯　18—1,2,4-三甲苯　19—1,2,3-三甲基苯
20—1-异丙基-3-甲基苯、1-异丙基-4-甲基苯　21—茚　22—1-异丙基-2-甲基柴
23—*n*-丁基苯　24—1,2,4,5-四甲苯　25—1,4-二异丙基苯　26—1,3-二异丙基苯
27—萘　28—4-苯基环已烯　29—辛基苯　30—正十六烷

峰面积和混纺比存在线性关系，而且两种纤维单一裂解的总色谱流出峰面积差距越大，结果越准确。但这项早期的研究，采用的还是填充柱，取样量很大。因为目前已经普遍采用毛细管柱色谱，取样量必须大幅降低，反而对取样的均匀性提出了挑战。

参考文献

[1]周良模．气相色谱新技术[M]．北京：科学出版社，1994.

[2]上海化工学院分析化学教研组，成都工学院分析化学教研组．分析化学[M]．北京：人民教育出版社，1978.

[3]陈荣圻，王建平．生态纺织品与环保染化料[M]．北京：中国纺织出版社，2002.

[4]王建平，陈荣圻，吴岚，等．REACH 法规与生态纺织品[M]．北京：中国纺织出版社，2009.

[5]张敏民．生态家用纺织品[M]．北京：中国纺织出版社，2006.

[6]王建平．中国纺织服装绿色供应链中的生态安全检测技术标准化[J]．印染，2015(11)：46-51.

[7]何凤香．简述气相色谱分析仪的原理组成及使用[J]．黑龙江科学，2013，4(9)：134-134.

[8]丁友超，王香香，王晓琼，等．欧盟纺织品中禁用偶氮着色剂检测新旧标准差异[J]．印染助剂，2013，30(3)：46-50.

[9]周佳，汤娟，丁友超，等．气相色谱—质谱法测定染整助剂中 19 种有害有机溶剂[J]．分析测试学

报, 2018,37(2):236-241.

[10]王成云,谢堂堂,张伟亚. 微波萃取—GC/MS/MS 测定抗菌织物的三氯生含量[J]. 印染,2011, 37(20):32-35.

[11]牛增元, 叶曦雯, 房丽萍. 固相萃取—气相色谱法测定纺织品中的邻苯二甲酸酯类环境激素[J]. 色谱, 2006, 24(5):503-507.

[12]罗忻,修晓丽,牛增元. 纺织品中致癌致敏染料检测的研究进展及存在问题[J]. 纺织学报, 2013, 34(7):154-164.

[13]王力君,郭方龙,吴刚. 气相色谱—质谱法测定纺织品中多种有机锡化合物[J]. 民营科技, 2012(7):25-26.

[14]徐宜宏,姜玲玲,杨潇. 纺织品中农药残留检测技术的研究进展[J]. 毛纺科技, 2014, 42(3):61-64.

[15]王明泰,靳颖,牟峻. GC-MS 法测定纺织品中 77 种农药残留量[J]. 印染,2007, 33(4):37-41.

[16]WANG R S, OHTANI K, SUDA M, NAKAJIMA T. Inhibitory effects of ethylene glycol monoethyl ether on rat sperm motion[J]. Industrial Health, 2006, 44(4): 665-668.

[17]YANG X N, HARDIN I R. Analytical pyrolysis as a method to determine blend levels in cotton polyester yarns[J]. Textile Chemist and Colorist, 1991, 23(4):15-18.

第四章　高效液相色谱分析技术

第一节　高效液相色谱分析技术概述

高效液相色谱法(high performance liquid chromatography,简称 HPLC)按分离机制的不同可分为液—固吸附色谱法、液—液分配色谱法(正相与反相)、离子交换色谱法、离子对色谱法及分子排阻色谱法。

一、液—固吸附色谱法

流动相为液体,固定相为固体吸附剂的色谱法称为液—固吸附色谱法(liquid-solid adsorption chromatography,简称 LSC),简称液—固色谱法。该法使用固体吸附剂,被分离组分根据固定相对组分吸附力大小不同而分离。分离过程是一个吸附—解吸附的平衡过程。常用的吸附剂为硅胶或氧化铝,粒度在 5~10μm。适用于分离相对分子质量在 200~1000 的非离子型化合物组分(离子型化合物易产生拖尾现象),常用于分离同分异构体。

二、液—液分配色谱法

流动相与固定相都是液体的色谱法,称为液—液分配色谱法(liquid-liquid chromatography,简称 LlC),简称液—液色谱法。该法是将特定的液态物质涂布于担体表面或化学键合于担体表面形成固定相,分离时被分离的组分在流动相和固定相中因溶解度的不同而分离,这是一个分配平衡的过程。

涂布式固定相应具有良好的惰性;流动相必须预先用固定相饱和,以减少固定相从担体表面的流失;温度的变化和不同批号的流动相常引起柱子的变化;另外,在流动相中存在的固定相也使样品的分离和收集复杂化。由于涂布式固定相很难避免固定液流失,再加上前面一系列的问题,现在已很少采用。现在大多采用的是化学键合固定相,如 C_{18}、C_8、氨基柱、氰基柱和苯基柱。

按照固定相与流动相的极性差别,还可把液—液分配色谱分为正相(normal phase,简称 NP)与反相(reversed phase,简称 RP)色谱法两类。

1. 正相色谱法

流动相极性小于固定相极性的液—液分配色谱法称为正相分配色谱法,简称正相色谱法。在正相色谱中,由于固定相是极性填料,流动相是非极性或弱极性溶剂,所以在作正相洗脱时,样品中极性小的组分先出柱,极性大的后出柱。这是因为根据相似相溶原理,极性小的组分在极性固定相中的溶解度小、容量因子(k')小。正相色谱主要靠组分的极性差别分离,常用于分离中等极性和极性较强的化合物(如酚类、胺类、羰基类及氨基酸类等)。

2. 反相色谱法

流动相极性大于固定相极性的液—液分配色谱法称为反相分配色谱法,简称反相色谱法。在进行反相洗脱时,样品中极性大的组分先出柱,极性小的组分后出柱,主要分离对象是极性小的物质。

随着柱填料研发的快速发展,反相色谱法的应用范围也逐渐扩大,现已可应用于某些无机样品或易解离样品的分析。为控制样品在分析过程的解离,常用缓冲液控制流动相的 pH。但需要注意的是,C_{18}和 C_8使用的 pH 通常为 2.5~7.5(2~8)。太高的 pH 会使硅胶溶解,太低的 pH 会使键合的烷基脱落。有报道称一些新的商品柱可在 pH 1.5~10 范围内使用。

三、离子交换色谱法

离子交换色谱所用的固定相是离子交换树脂,常用苯乙烯与二乙烯交联形成的聚合物作为骨架,在其表面末端芳环上接上羧基、磺酸基(阳离子交换树脂)或季铵基(阴离子交换树脂)。被分离组分在色谱柱上分离时,树脂上可电离离子与流动相中具有相同电荷的离子包括被测组分的离子进行可逆交换,根据各离子与离子交换基团具有不同的电荷吸引力而分离。

缓冲液常用作离子交换色谱的流动相。被分离组分在离子交换柱中的保留时间除跟组分离子与树脂上的离子交换基团作用强弱有关外,还受流动相的 pH 和离子强度影响。pH 可改变化合物的解离程度,进而影响其与固定相的作用。流动相的盐浓度大,则离子强度高,不利于样品的解离,导致样品较快流出。离子交换色谱法主要用于有机酸、氨基酸及核酸的分离分析。

四、离子对色谱法

离子对色谱法又称偶离子色谱法,是液—液色谱法的分支。它是根据被测组分离子与离子对试剂离子形成中性的离子对化合物后,在非极性固定相中溶解度增大的原理,使分离效果改善,主要用于分析离子强度大的酸碱物质。分析碱性物质时常用的离子对试剂为烷基磺酸盐,如戊烷磺酸钠、辛烷磺酸钠等。另外高氯酸、三氟乙酸也可与多种碱性样品形成很强的离子对。分析酸性物质时则常用四丁基季铵盐,如四丁基溴化铵、四丁基铵磷酸盐。

离子对色谱法常用 ODS 柱(即 C_{18}),流动相为甲醇—水或乙腈—水,水中加入 3~10mmol/L 的离子对试剂,在一定的 pH 范围内进行分离。被测组分保留时间与离子对性质、浓度、流动相组成及其 pH 和离子强度等有关。

五、分子排阻色谱法

分子排阻色谱的固定相是有一定孔径的多孔性填料,流动相是可以溶解样品的溶剂。相对分子质量小的化合物可以进入孔中,滞留时间长;相对分子质量大的化合物不能进入孔中,直接随流动相流出。它利用分子筛对相对分子质量大小不同的各组分排阻能力的差异而完成分离。常用于分离高分子化合物,如组织提取物、蛋白质、核酸等。

第二节　高效液相色谱仪的结构

高效液相色谱仪是由以色谱柱为中心的分离部分和以检测器为中心的检测部分组成。无论哪种仪器,基本配置都包括高压输液系统、进样系统、分离系统(色谱柱)、检测系统和数据记录及处理系统。作为附属装置或优化升级配套,有的仪器还配有梯度洗脱装置、在线脱气机、自动进样器、预柱或保护柱、柱温控制器等。现代高效液相色谱仪还配有微机控制系统,进行仪器自动化控制和数据处理。制备型高效液相色谱仪还配备有自动馏分收集装置。

一、高压输液系统

高效液相色谱仪的高压输液系统由储液罐、过滤与脱气装置、高压输液泵及梯度洗脱装置组成。

(一)储液罐

贮液罐是一个存放洗脱液的容器,其材料必须对洗脱液是化学惰性的,可为玻璃、不锈钢及氟塑料等;容积一般为0.5~2L,与脱气装置相配套。

(二)过滤与脱气装置

高效液相色谱仪所用的洗脱液和注入系统的样品应无可能堵塞管道的固体微粒和纤维杂质。洗脱液上机前应用滤膜过滤。有的仪器在储液罐和输液泵入口之间、输液泵出口与进样器之间,配以多孔性氟塑料滤板,以阻止洗脱液中微粒、纤维进入泵体。洗脱液进入高压泵前应充分脱气。

(三)高压输液泵

高压输液泵是将洗脱液在高压下连续不断地送入色谱柱系统,并使样品在色谱柱中完成分离的装置,是色谱仪的关键部件。输液泵的种类很多,按输出液体的情况可分为恒压泵和恒流泵。按工作方式恒压泵又分为液压隔膜泵和气动放大泵,恒流泵分为螺旋注射泵和往复柱塞泵。目前,绝大部分的高效液相色谱仪采用的都是往复柱塞泵(图4-1)。往复柱塞泵属恒流泵,流量不受柱阻影响,容积只有几毫升,易清洗,易更换流动相。这种泵的缺点是输液的脉动性较大,目前多采用双泵补偿法来克服这一缺点。按泵的连接方式可分为并联式和串联式(图4-2),但后者居多。高效液相色谱仪对输液泵的要求是无脉动、流量恒定、流量范围宽、耐高压、耐腐蚀及适用于梯度洗脱等。

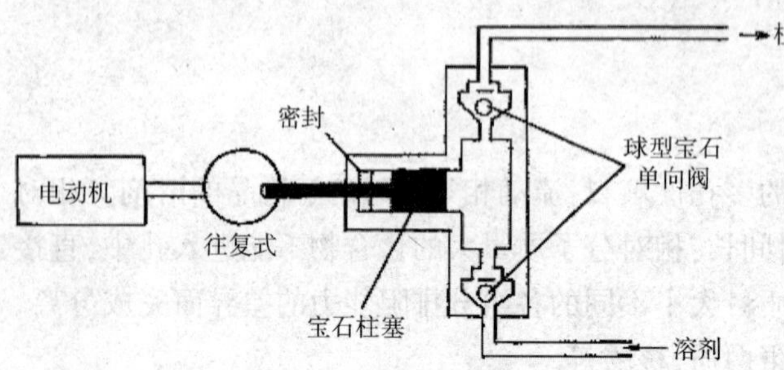

图4-1　往复柱塞泵示意图

(四)梯度洗脱装置

高效液相色谱仪的梯度洗脱装置分为两种类型:高压梯度和低压梯度。高压梯度是用两台高压泵将溶剂增压后送入混合室混合,然后再送入色谱柱;低压梯度是在常压下先将溶剂按程序混合,然后再用一台泵增压送入色谱柱。

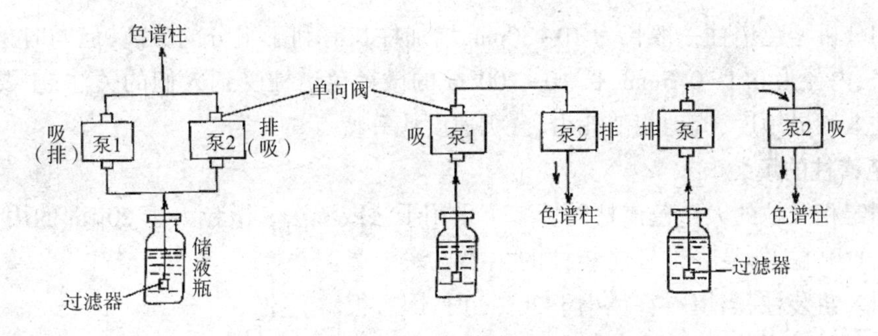

图 4-2　两种连接方式的往复柱塞泵

二、进样系统

进样系统是将需被分离的样品导入色谱柱的装置，在液相色谱中对进样装置的要求是具有良好的密封性和重复性，死体积小，便于实现自动化。常用的进样器有手动的六通阀和自动进样器两种。

（一）六通阀进样装置

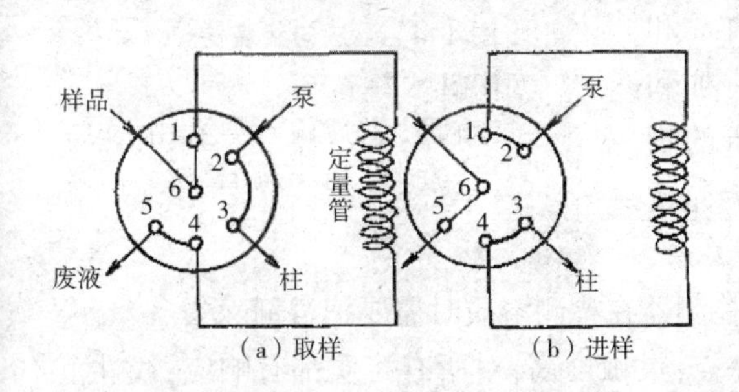

图 4-3　高压六通阀进样

六通阀的特点是耐高压、死体积小，其阀体用不锈钢材料，旋转密封部分由合金陶瓷制成，耐磨、密封性，高压六通阀的结构如图 4-3 所示。当进样阀手柄置“取样”位置时，用平头注射器吸取比定量管体积稍多的样品从“6”处注入定量管，多余的样品由“5”排出。再将进样阀手柄转至“进样”位置，流动相将样品携带进入色谱柱。用六通阀进样具有进样准确、重复性好及可带压进样等优点。

（二）自动进样器

自动进样器是由计算机自动控制定量阀，按预先设定的程序工作。取样、进样、复位、管路清洗和样品盘的转动，全部自动进行。自动进样重复性高，适合于批量样品的分析，节省人力，可实现自动化操作。

三、色谱柱

色谱柱是高效液相色谱仪的心脏，要求分离度高、柱容量大、分析速度快。高性能的色谱柱与固定相本身性能、柱结构、装填和使用技术有关。

（一）色谱柱的结构和类型

高效液相色谱柱大致分为三类：内径小于 2mm 的细管径柱；内径在 2~5mm 范围的常规高效液相色谱柱；内径大于 5mm 的半制备柱或制备柱。色谱柱由柱管、压帽、卡帽、筛板、接头螺丝组成，为了便于固定相填装和与仪器连接，柱管一般采用直型。柱管材料一般采用不锈钢，内径加工要精细抛光，不允许有轴向沟痕，以免影响色谱分离效果，使谱带变宽，柱效降低。

通用和分析型色谱柱一般长为10~30cm,增加柱长有利于组分的分离,但同时也增加了柱压。近年来,内径为0.1~0.5mm,长10~200cm的微径色谱柱受到人们的关注,主要是因为其具有高的柱效和灵敏度、流动相消耗少、分析速度快等特点。

(二)色谱柱的填装

根据固定相微粒的大小色谱柱的填装可采用干法或湿法。微粒大于20μm的用干法,直径小于20μm的用湿法,湿法是目前装柱的主要方法。湿法装柱又叫匀浆装柱,当填料直径小于20μm时,因有很高的表面能,易积聚,同时化学键合相和高分子微球常带静电,所以必须选一溶剂作为分散悬浮介质,经超声波处理使微粒在介质中高度分散,这种合适的溶剂叫匀浆剂。它有合适的黏度和密度,使粒子在其中不易沉降,可消除填料的积聚效应。匀浆剂应当不与填料发生不可逆化学吸附或反应,便于顶替和洗涤(图4-4)。

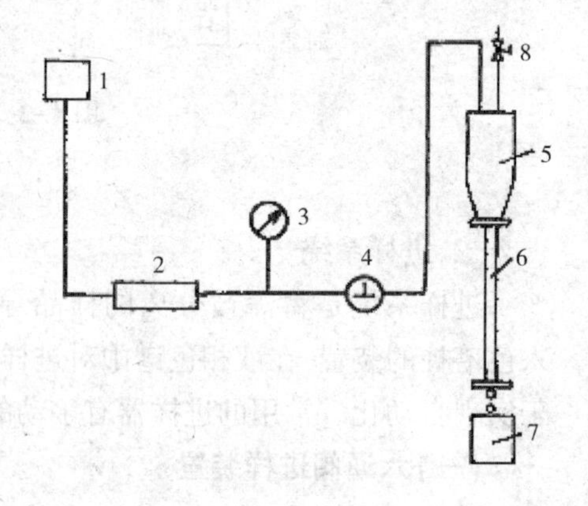

图4-4 湿法匀浆装柱

1—顶替液槽 2—高压泵 3—压力表 4—三通阀 5—匀浆罐 6—色谱柱 7—废液缸 8—放空口

四、检测器

液相色谱检测器大致分为两类:一类是测量样品和流动相的共有性质,如折光指数等,测量信号具有加和性质,根据洗馏液与溶剂性质的差别检测被分析的物质;另一类是测量样品中溶质所特有的性质,如荧光或特定波长下的紫外吸收,与流动相存在与否没有关系,这类检测器被称为溶质性质检测器。有溶质性质检测器在检测溶质时需要把溶剂除去。

一种理想的液相色谱检测器,应该具有如下特点:灵敏度高;对所有溶质都有响应;线性范围宽;低噪声和低基线漂移;死体积小,避免谱带发生再混合;响应快;对溶剂改变、流速和温度变化不敏感;不破坏样品;操作简便,易于维修等。

目前,液相色谱仪常备的检测器主要有紫外(或紫外—可见)分光光度和光电二极管阵列检测器、示差折光检测器和荧光检测器。伴随离子色谱的发展,以电导检测器为主的电化学检测器也已有商品化仪器生产。同时,新的检测方法也不断涌现,特别是与质谱、红外光谱、原子吸收、等离子体发射光谱和核磁共振分析技术的联用也已经在很多领域中投入应用。其中,液相色谱—质谱联用技术已经开始在日常质量监管领域普及。

第三节 液相色谱分析的联用技术

和气相色谱一样,液相色谱也具有高分离能力和高灵敏度的显著特点,是复杂混合物分离分析的有效手段。但同样,它对经色谱分离后的洗脱物的定性分析依据仍是各组分的保留特性,从中获得的洗脱组分的分子结构信息非常有限,无法满足针对未知混合物的定性分析需求。伴随液相色谱—质谱联用在接口技术上的突破、傅立叶变换红外光谱(FTIR)的出现、核磁共振波谱仪磁场强度的提高及在专用探头设计上的创意和溶剂峰抑制技术的发展,液相色谱与质谱

(LC-MS)、液相色谱—傅立叶变换红外光谱(LC-FTIR)和液相色谱—核磁共振(LC-NMR)联用分析技术已经进入成熟的应用发展阶段,并开始向普通实验室普及。无论是将液相色谱作为前置的复杂混合物样品的分离净化装置,还是将质谱、红外光谱或核磁共振作为液相色谱的特殊检测器,都使这些技术如虎添翼,功能和效率都有大幅提升。

一、液相色谱—质谱(LC-MS)联用技术

LC-MS 联用仪主要由高效液相色谱、接口装置(同时也是离子源)、质谱仪和数据处理系统构成。高效液相色谱仪和一般的液相色谱仪基本相同,其作用是将混合物试样经分离后进入质谱仪。该技术的关键部分是 LC 和 MS 之间的接口技术。其主要作用是除去溶剂(流动相)并使试样组分离子化。由于接口装置同时也是离子源,因此质谱仪部分只包括质量分析器,对进入的离子按质量的大小先后由收集器收集,并记录质谱图。LC-MS 联用技术在发展过程中曾有多种接口技术被提出,且都有自己的开发和完善过程,也都有各自的长处和短板。有的最终形成了被广泛接受的商品化接口装置,有的则仅在某些领域,在有限的范围内被使用。

(一)接口技术及其发展

LC-MS 联用技术最关键的是接口技术,它要求将高压液相色谱的高流速液体流出与质谱所要求的气相和高真空度环境相匹配,并且在接口中快速完成溶剂的去除和样品组分的电离,并使产生的离子在离子光学系统的作用下汇聚成一定几何形状和一定能量的离子束,进入质量分析器进行分离分析。这当中存在着巨大的技术障碍。

自 20 世纪 70 年代初,人们开始致力于 LC-MS 联用接口技术的研究。在开始的 20 年中处于缓慢的发展阶段,虽研制出了多种联用接口,但均没有实现商业化的应用,直到大气压离子化(atmospheric-pressure ionization,简称 API)接口技术的问世,LC-MS 联用技术才得到迅猛发展。1984 年美国约翰·芬恩(John Fenn)等人发表了他们在电喷雾技术方面的研究进展,这一开创性的工作引起了质谱界极大的重视。在其后的十几年中开发出的电喷雾电离(electrospray ionization,简称 ESI)和大气压化学电离(atmospheric pressure chemical ionization,简称 APCI)商品化接口是一项非常实用、高效的“软”离子化技术,被人们称为 LC-MS 技术乃至质谱技术的革命性突破。此后,配套于各种类型质谱的接口乃至 LC-MS 专用机纷纷上市。

(二)LC-MS 分析条件的选择和优化

1. 接口的选择

ESI 和 APCI 在实际应用中表现出它们各自的优势和弱点,这使得 ESI 和 APCI 成为两个可以相互补充的技术手段。概括地说,ESI 适合于中等极性到强极性的化合物分子,特别是那些在溶液中能预先形成离子的化合物和可以获得多个质子的大分子(蛋白质),只要有相对强的极性,ESI 对小分子的分析常常可以得到满意的结果。APCI 不适合带有多个电荷的大分子,它的优势在于非极性或中等极性的小分子的分析。表 4-1 从不同的角度对二者进行了比较,有助于针对不同的样品、不同的分析目的进行选择。

表 4-1 ESI 和 APCI 的比较

项目	ESI	APCI
可分析样品	蛋白质、肽类、低聚核苷酸;季铵盐;杂原子化合物,如氨基甲酸酯等;可用热喷雾分析的化合物	非极性或中等极性的小分子;含杂原子化合物,如氨基甲酸酯等;可用热喷雾、粒子束分析的化合物
不可分析样品	极端非极性样品	非挥发性样品;热稳定性差的样品
基质和流动相的影响	对样品的基质和流动相组成比 APCI 更敏感;对挥发性很强的缓冲液也要求使用较低的浓度;出现 Na^+、K^+、Cl^-、CF_3COO^-等离子的加成	对样品的基质和流动相组成的敏感程度比 ESI 小;可以使用较高浓度的挥发性强的缓冲液;有机溶剂的种类和溶剂分子的加成影响离子化效率和产物
溶剂	溶剂 pH 对在溶剂中形成离子的分析物有重大的影响;溶剂 pH 的调整会加强在溶液中非离子化分析物的离子化效率	溶剂选择非常重要并影响离子化过程;溶剂 pH 对离子化效率有一定的影响
流动相流速	在低流速(<100 μL/min)下工作良好;在高流速下(>750 μL/min)比 APCI 差	在低流速(<100 μL/min)下工作不好;在高流速下(>750 μL/min)好于 ESI
碎片的产生	碰撞诱导离解(CID)对大部分的极性和中等极性化合物可产生显著的碎片	比 ESI 更为有效,并常有脱水峰出现

2. 正、负离子模式的选择

一般的商品仪器中,ESI 和 APCI 接口都有正负离子测定模式可供选择。选择的一般性原则为:

(1)正离子模式:适合于碱性样品,如含有赖氨酸、精氨酸和组氨酸的肽类;可用乙酸(pH=3~4)或甲酸(pH=2~3)对样品加以酸化;如果样品的 pK 是已知的,则 pH 要至少低于 pK 两个单位。

(2)负离子模式:适合于酸性样品,如含有酪氨酸和天冬氨酸的肽类可用氨水或三乙胺对样品进行碱化;pH 要至少高于 pK 两个单位。

样品中含有仲氨或叔氨基时可优先考虑使用正离子模式,如果样品中含有较多的强负电性基团,如含氯、溴和多个羟基时可尝试使用负离子模式。有些酸碱性并不明确的化合物则要进行预试方可决定,也可优先选用 APCI(+)模式。

3. 流动相和流量的选择

ESI 和 APCI 分析常用的流动相为甲醇、乙腈、水和它们不同比例的混合物以及一些易挥发盐的缓冲液,如甲酸铵、乙酸铵等。HPLC 分析中常用的磷酸缓冲液以及一些离子对试剂如三氟乙酸等要尽量避免使用,不得已时也要尽量使用低浓度。

流量的大小对 LC-MS 成功的联机分析十分重要。要从所用柱子的内径、柱分离效果、流动相的组成等不同角度加以通盘考虑。即便是有气体辅助设置的 ESI 和 APCI 接口也仍是在较小的流量下可获得较高的离子化效率,所以在条件允许的情况下最好采用内径小的柱子。

从保证良好分离的角度考虑,0.3mm 内径的液相柱在 10μL/min 左右的流量下可得到良好分离;1.0mm 内径的液相柱在 30~60μL/min 的流量下可得到良好分离;2.1mm 内径的液相柱在 200~500μL/min 的流量下最宜;而 4.6mm 的内径则在大于 700μL/min 的流量下方可保证其分离度。

同样流量下的流动注射分析比柱分离联用可得到更强的响应值 t,这是由于没有色谱柱洗脱损失所致。实践工作中可根据样品的纯度灵活地选用流动注射或柱分离方式。

4. 温度的选择

ESI 和 APCI 操作中温度的选择和优化主要是针对接口的干燥气体而言。一般情况下,选择干燥气体温度高于分析物的沸点 20℃左右即可;对热不稳定性化合物,要选择更低些的温度以避免发生明显的分解。选择干燥气体温度时要考虑流动相的组成,有机溶剂比例高的可采用适当低些的温度。此外,干燥气体的设定加热温度与干燥气体在毛细管入口周围的实际温度往往是不同的,后者要低一些,这在温度设定时也要加以考虑。

二、液相色谱—核磁共振(LC-NMR)联用技术

典型的 LC-NMR 联用装置是由高压泵、注入阀、色谱柱和紫外检测器组成 LC 系统,色谱的流出物通过 2~2.5m 长的特制毛细管接到专门设计的 NMR 液相探头上。位于 NMR 探头底部的阀门用来控制 NMR 测试是在连续流动还是停流状态下进行。这样,NMR 就成了 HPLC 的特殊检测器,其测得的化学位移、积分强度和谱线分裂情况能为液相色谱洗脱组分的定性和定量提供丰富的信息。

NMR 探头是 LC-NMR 联用技术中的关键部分。传统的 NMR 探头是将样品管置于一个与测量线圈相连的玻璃插件内旋转;但 LC-NMR 探头则是由一个不旋转的直接固定在射频线圈上的玻璃管构成。由于射频线圈直接固定在检测池玻璃管上,NMR 线圈的体积和试样体积比,即填充因子接近最佳值,这种类型的 NMR 测定探头理论上讲应该是最灵敏的。

LC-NMR 联用的操作模式分为连续流动模式和驻流模式两种。

1. 连续流动模式

所谓连续流动(on-flow)模式,是指当流动相中样品组分含量较大时,直接将各组分经色谱毛细管分离后依次送至 NMR 检测池进行检测。HPLC 的流动是连续的,不受 NMR 取样的影响。当每一组分由 HPLC 流经 NMR 检测池时,仪器就会扫描出这个组分的 NMR 图谱。在色谱分离保持连续的情况下,NMR 同步取得不同时段的 NMR 谱图。使用这种方法可以在很短的时间内完成样品的分析并得到各个组分分子结构方面的信息,但这种模式仅适用于 ^{1}H 和 ^{19}F 的 NMR 分析。

连续流动模式的优点是难于用 HPLC 检测器检测的非发色团物质也可得到各组分的 NMR 谱图。其缺点是各组分在探头区域的停留时间短且样品浓度低,使 NMR 采样次数受到限制,谱图信噪比差,分辨率也低。

2. 驻流模式

所谓驻流(stopped-flow)模式,是让溶液停留在检测池中进行测试。当所测组分的保留时间已知,或者 HPLC-NMR 采用灵敏的在线检测器时,可以采用这种方式。

一般在做 LC-NMR 联用分析之前,应先根据样品的实际情况和分析需求,优化色谱分离条件,以提高联用分析的分离和检测能力。目前,在 500MHz 的 NMR 波谱仪上,连续流动模式的 ^{1}H NMR检出限为 3μg(相对分子质量小于 400),驻流模式的检出限为 100ng(12h 采样)。

三、液相色谱—红外光谱(LC-FTIR)联用技术

红外光谱(IR)是一种强有力的结构鉴定手段,几乎没有两种物质有完全相同的红外光谱。要实现 IR 与 HPLC 的联机,必须解决两大难题。其一,部分化合物对红外光的吸收较弱,即其振动能级跃迁的概率较小。其二,HPLC 的流动相大多具有红外活性,本身可吸收红外光而干扰被测组分的 IR 测定。

作为 HPLC 的特殊检测器,FTIR 不仅具有测量快速(0.2s)、灵敏度高(纳克级)的特点,而且能够在得到色谱图的同时测得每个色谱峰的完整光谱。目前,已有的两种类型的 LC-FTIR 联用仪,一类是进行 IR 光谱测定时不必除去流动相,仪器的数据处理系统能通过自动差减的方式扣除背景溶剂的红外吸收光谱,得到被测物的 IR 谱图。但在 HPLC 的实践中,流动相的组成常常不是单一的,特别是梯度洗脱的普遍使用,使得流动相的各组分含量也变得不确定了,这些给光谱的差减带来很大的困难。因此,这种方法一般只适用于正相色谱。对于反相色谱,需要采用细内径柱和代溶剂。另一类是除去溶剂后进行检测。已有的接口技术包括漫反射转盘接口、缓冲存储接口和粒子束接口等。各种接口有其适用范围和限制,但接口技术的成熟度尚有欠缺,目前正在发展中。

第四节　液相色谱分析的定性和定量方法

一、液相色谱的定性方法

液相色谱的定性方法与气相色谱有许多相似之处,主要有已知物对照法、化学反应定性法和联用技术定性法。

(1)已知物对照法。已知物对照法就是将样品和已知纯物质的保留值或相对保留值相互对照,进行定性分析的方法。方法虽然简便,但只能用于已知范围的样品分析,无法适用于完全未知的混合物样品分析。

(2)化学反应定性法。化学反应定性法是利用专属的化学反应对分离后的纯组分进行鉴别。官能团鉴别试剂与气相色谱的官能团试剂相同。

(3)联用技术定性法。联用技术定性法就是把高效液相色谱法作为分离制备手段,然后将分离所得的样品组分用波谱分析手段进行定性分析,如 LC-MS、LC-NMR 和 LC-FTIR 联用分析技术。

二、液相色谱的定量方法

液相色谱的定量方法与气相色谱法基本相同,常用内标法、标准加入法及外标法进行定量分析。因为很难找到相同条件下各组分的定量校正因子,所以在高效液相色谱法中很少使用校正归一化法。

(一)内标法

内标法可分为工作曲线法、内标一点法(内标对比法)、内标二点法及校正因子法等,内标法是高效液相色谱中最常用的定量方法。关于内标物的选择与气相色谱的要求完全相同。使

用该法可消除仪器稳定性差、进样不准等因素带来的误差。

1. 工作曲线法

在各种浓度的标准溶液中加入相同量的内标物，分别测量 i 组分与内标物 s 的峰面积 A（或峰高），用峰面积比 A_i/A_s 与 c_i 绘制工作曲线，或求出回归方程。

$$c_i = bA_i/A_s + a \tag{4-1}$$

先用加内标物的标准溶液求出直线的斜率 b 与截距 a。样品测定时，把与标准溶液相同量的内标物加到样品溶液中进样，分别测样品和内标物的峰面积或峰高，二者之比代入上式计算出 i 组分含量。有时测定工作曲线并非直接用于定量分析，而是检验是否能用内标一点法进行定量分析，只有当截距为零时才可用内标一点法。

2. 内标一点法

当工作曲线通过原点时，可以采用内标一点法。这种方法不需知道校正因子，又具有内标法的准确度与进样量无关的特点。内标一点法的计算公式为：

$$c_i = F_1 \frac{A_i}{A_{is}} c_{is} \tag{4-2}$$

式中，c_i 和 c_{is} 分别为组分和内标物的浓度；A_i 和 A_{is} 分别为组分及内标物的峰面积；F_1 为曲线的斜率或比例常数。

3. 内标二点法

当工作曲线不通过原点时，可采用内标二点法，其计算公式为：

$$c_i = F_1 \frac{A_i}{A_{is}} c_{is} + F_2 c_{is} \tag{4-3}$$

式中，F_2 为截距。

4. 校正因子法

采用校正因子法时校正因子和未知组分浓度的计算公式分别为：

$$RF_{(X_i)} = \frac{R_{(is)}}{R_{(X_i)}} \times c_{(X_i)} \tag{4-4}$$

式中，$RF_{(X_i)}$ 为校正因子；$R_{(is)}$ 和 $R_{(X_i)}$ 分别为内标物和标样的响应值；$c_{(X_i)}$ 为标样浓度。

$$c_i = RF_{(X_i)} \times \frac{A_i}{A_{is}} \tag{4-5}$$

式中，A_i 和 A_{is} 分别为样品组分和内标物的峰面积。

（二）标准加入法

标准加入法又称叠加对比法，实际上是一种特殊的内标法。在选择不到合适的内标时，可以待测组分的纯物质作为内标加入待测样品中，然后在相同的色谱条件下，根据加入纯物质前后待测组分的峰面积计算含量。

图 4-5 中，A_1、A_2 是样品中组分 1、2 的峰面积；A_1'、A_2' 是样品中加入组分 1 的纯品后，组分 1、2 的峰面积；α 是原样品中组分 1 应有的面积，α' 是样品中因加入了纯品后组分 1 增加的峰面积。实际上，追加法就是以组分 1 的纯品为内标。虽同一样品两次进样量不同，但峰面积比应保持不变。

$$A_1/A_2 = \alpha/A_2' \quad \alpha = A_1A_2'/A_2$$

$$\alpha'=A_1'-\alpha=A_1'-A_1A_2'/A_2$$

由此，可按内标法计算组分 1、2 的百分含量：

$$组分1的含量(\%)=\alpha m_s\times 100/\alpha' m \tag{4-6}$$

$$组分2的含量(\%)=f_2A_2'm_s\times 100/f_1\alpha' m \tag{4-7}$$

式中，m 为样品质量；m_s为加入纯物质的质量；f_1和f_2为组分 1、2 的重量校正因子。

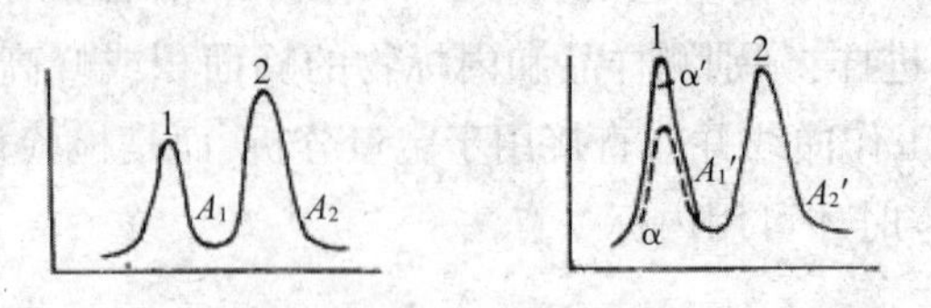

图 4-5　标准加入法中纯物质加入前后的色谱图

(三)外标法

外标法是以试样的标准品为对照物质计算样品组分含量的方法。其优点是不需要校正因子，被测组分能出峰、无干扰即可定量；缺点是要求准确的进样量。在 HPLC 中，用六通阀进样的重现性好，进样误差小，因此该法是 HPLC 常用的定量方法之一。外标法也有工作曲线法和外标一点法之分。

1. 工作曲线法

配制一系列已知浓度的标准溶液，在相同条件下，以相同的进样量注入色谱仪，测峰面积或峰高，做出峰面积或峰高与浓度的标准曲线。然后，在相同条件下，注入同量的样品，测量待测组分的峰面积或峰高，根据标准曲线，计算待测组分的浓度。

2. 外标一点法

配制一个和被测组分含量接近的标准溶液，定量进样，由被测组分和外标组分峰面积或峰高比来求被测组分的含量：

$$c_i=c_sA_i/A_s \tag{4-8}$$

式中，c_i与A_i分别为样品的浓度和峰面积；c_s和A_s分别为标准品的浓度与峰面积。只有工作曲线通过原点时，才可用外标一点法定量。

第五节　高效液相色谱分析技术在纺织上的应用

液相色谱法适用于相对分子质量较大、挥发性较低或不挥发的有机化合物，热不稳定的和具有生物活性的物质的分析，还可以用于手性分析，可以在很大程度上弥补气相色谱法的不足，在纺织产品生态安全的评价和检测中具有更广阔的应用前景。

一、高效液相色谱分析技术在有害染料分析中的应用

HPLC 法在染料的研发和日常生产的质量管控中已经获得广泛的应用，在有害染料的监测中也是被优先选用的重要技术手段。

目前，中国在对纺织品上致敏性分散染料、致癌染料的监测中，都已建立了以 HPLC 法为主

的检测方法标准。其中在禁用偶氮染料的检测方法中,HPLC 法被确认为是分离效果最好、定量准确性最高的技术手段。但在致癌染料和致敏性分散染料的检测中,标准所给出的技术条件在实际应用中还存在一定的局限,还有可以改进的空间。

(一)致敏性分散染料的测定

在纺织产品上限制使用的致敏性分散染料是指可能会引起皮肤过敏的染料。并非所有的分散染料都是致敏性染料,而是被认定为对人体皮肤有致敏性的 20 种染料恰巧都是分散染料。中国国家标准 GB/T 20383—2006《纺织品　致敏性分散染料的测定》分别采用 LC-MS/MS 联用和离子对分析技术对 20 种致敏性分散染料进行了成功的分离分析,下面的技术条件则来自于又一个成功的实例。

1. 色谱分离条件

1. 8μm 反相色谱柱 Zorbax Eclipse C_{18}(100mm×2. 1mm),最大承受压力 6×10^7Pa(600bar),带有 1. 8μm 保护柱;柱温:40℃;Accela 高压泵,最大承受压力 8×10^7Pa(800bar);流速:0. 3mL/min;进样量:5μL;A 流动相:甲醇和乙腈的混合溶剂(40∶60,*v/v*),B 流动相:10mmol/L 乙酸铵溶液;梯度洗脱程序:10% A 在 6min 内线性增至 55% A,再在 2min 内线性增至 95% A,保持 2. 5min,再在 0. 5min 回到 10% A 的初始状态,再平衡 4min。一次分析测试运行的时间为 15min。

2. DAD 检测条件

DAD 扫描速率:40Hz;扫描采集波长:200~700nm;检测波长:420nm、570nm 和 640nm;样品经色谱柱分离后流入 DAD 检测器,再直接导入带有 ESI 接口的质谱仪。

3. MS/MS 检测条件

ESI 通过快速切换模式同时在正离子(ESI+)和负离子(ESI-)模式下检测。喷雾电压:4. 5kV (ESI+),3. 5kV (ESI-);鞘气:N_2(纯度 99. 99%),16L/min;辅助气:N_2(纯度 99. 99%),4L/min;碰撞气:Ar(纯度 99. 999%),0. 45Pa(4.5×10^{-3}mbar);毛细管温度:350℃;扫描模式:选择反应监测(SRM);每个 SRM 离子对的扫描时间为 20ms,切换时间为 5ms。

表 4-2　列出了 20 种致敏性分散染料的 MS 特征离子和 DAD 特征波长。

表 4-2　20 种致敏性分散染料的 MS 特征离子和 DAD 特征波长

染料名称	分子式	准分子离子 (*m/z*)		最大吸收波长 (nm)	
		正离子	负离子	紫外区域	可见区域
C. I. 分散蓝 1	$C_{14}H_{12}O_2N_4$	269[M+H]$^+$	—	241	585
C. I. 分散蓝 3	$C_{17}H_{16}O_3N_2$	297[M+H]$^+$	—	256	638
C. I. 分散蓝 7	$C_{18}H_{18}O_6N_2$	359[M+H]$^+$	357[M-H]$^-$	243	617, 666
C. I. 分散蓝 26	$C_{16}H_{14}O_4N_2$	299[M+H]$^+$	—	239	574
C. I. 分散蓝 35	$C_{15}H_{12}O_4N_2$	285[M+H]$^+$	283[M-H]$^-$	240	586
C. I. 分散蓝 102	$C_{15}H_{19}N_5O_4S$	366[M+H]$^+$	—	—	599, 619
C. I. 分散蓝 106	$C_{14}H_{17}O_3N_5S$	336[M+H]$^+$	334[M-H]$^-$	—	614
C. I. 分散蓝 124	$C_{16}H_{19}O_4N_5S$	378[M+H]$^+$	376[M-H]$^-$	—	590

续表

染料名称	分子式	准分子离子 (m/z)		最大吸收波长 (nm)	
		正离子	负离子	紫外区域	可见区域
C.I. 分散红 1	$C_{16}H_{18}O_3N_4$	315[M+H]$^+$	359[M+COO]$^-$ 313[M-H]$^-$	242 288	495
C.I. 分散红 11	$C_{15}H_{12}O_3N_2$	269[M+H]$^+$	267[M-H]$^-$	257	530
C.I. 分散红 17	$C_{17}H_{20}O_4N_4$	345[M+H]$^+$	343[M-H]$^-$	—	499
C.I. 分散黄 1	$C_{12}H_9O_5N_3$	—	274[M-H]$^-$	234, 264	366
C.I. 分散黄 3	$C_{15}H_{15}O_2N_3$	270[M+H]$^+$	268[M-H]$^-$	249	356
C.I. 分散黄 9	$C_{12}H_{10}O_4N_4$	—	275[M-H]$^-$	242	369
C.I. 分散黄 39	$C_{18}H_{15}O_2N_2$	291[M+H]$^+$	289[M-H]$^-$	236, 281	378
C.I. 分散黄 49	$C_{22}H_{22}O_2N_4$	375[M+H]$^+$	373[M-H]$^-$	239	574
C.I. 分散橙 1	$C_{18}H_{14}O_2N_4$	319[M+H]$^+$	317[M-H]$^-$	—	466
C.I. 分散橙 3	$C_{12}H_{10}O_2N_4$	243[M+H]$^+$	241[M-H]$^-$	249	436
C.I. 分散橙 37/76	$C_{17}H_{15}O_2N_5Cl_2$	392[M+H]$^+$	436[M+COO]$^-$ 337(未知)	244	430
C.I. 分散棕 1	$C_{16}H_{15}C_{13}N_4O_4$	433[M+H]$^+$	431[M-H]$^-$ 493[M+AC]$^-$	220, 242	445

(二)致癌染料的测定

已知的可用于纺织品染色的致癌染料有十多种,但被正式列入法规的暂时只有 9 种。致癌染料是指未经任何化学反应,本身就具有致癌性的染料。有关纺织产品上致癌染料的测定,中国国家标准 GB/T 20384—2006《纺织品　致癌染料的测定》给出了一个 HPLC-DAD 的检测方法和相应的技术条件。下面的实例不仅与标准中 HPLC-DAD 的技术条件有所不同,而且还增加了 HPLC-MS/MS 的测试方法,效果更佳。

1. HPLC-DAD 法

检测技术条件及结果如下(图 4-6)。

(1)色谱分离条件。色谱柱:Agilent XDB C_{18}反相色谱柱(100mm×2.1mm,5μm);保护柱:C_{18}柱(美国 phenomenex 公司);柱温:50℃;流动相:乙腈(A)和 2.5mmol/L 磷酸四丁基铵溶液(B);梯度洗脱:0~35min 内乙腈从 20%线性增至 100%,并保持 5min;流速:200μL/min;进样量 10μL。

(2)DAD 检测条件。DAD 扫描波长为 190~700nm,定量波长为:C.I. 分散蓝 1 在 400nm,C.I. 分散橙 11 在 500nm,C.I. 酸性红 26、C.I. 直接红 28、C.I. 碱性红 9 和 C.I. 碱性紫 14 在 540nm,C.I. 直接蓝 6、C.I. 直接黑 38 和 C.I. 分散蓝 1 在 600nm。

(3)结果。C.I. 碱性红 9 和 C.I. 碱性紫 14 因电离生成极性的阳离子而在 C_{18}柱上最先被洗脱出,接着是弱极性的三个分散染料,而含有磺酸根的阴离子染料因与阳离子对试剂作用而最后被洗脱。其中带四个磺酸根的 C.I. 分散蓝 6 因与四个阳离子结合成极性更低的化合物而

在 C_{18} 柱上保留时间最长。

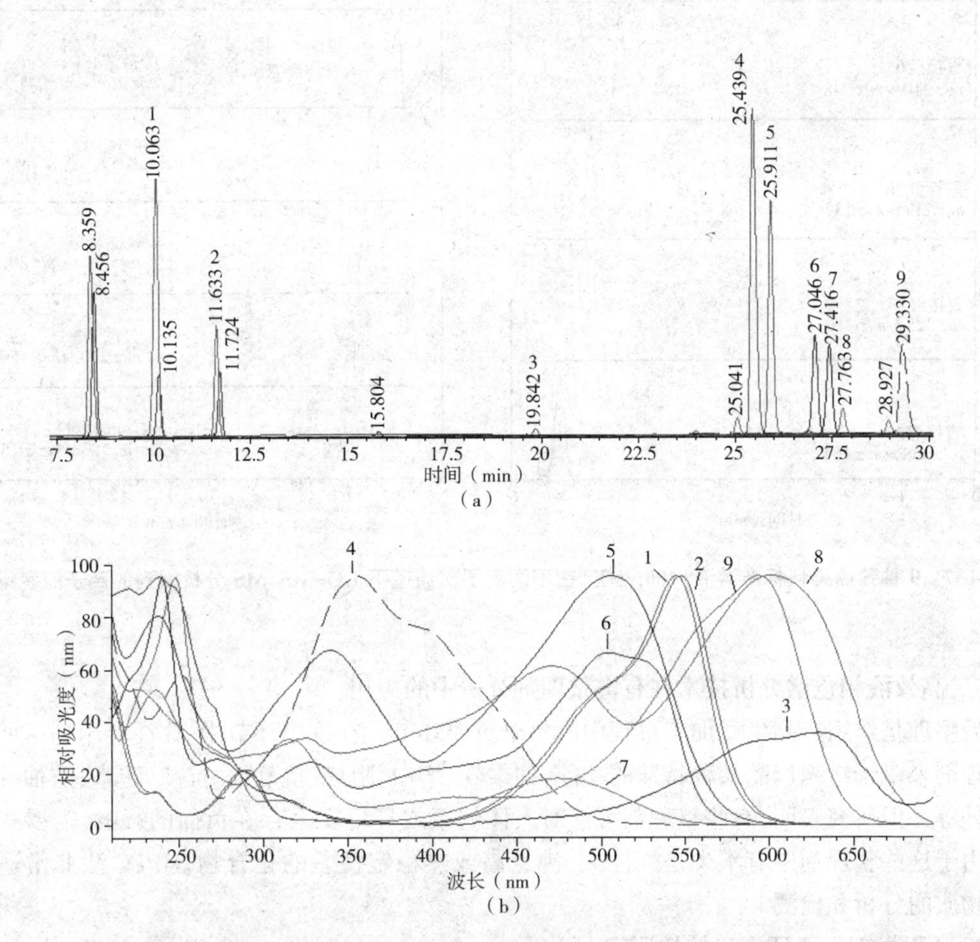

图 4-6 9 种致癌染料(5mg/L)的色谱图(a)和紫外—可见吸收光谱(b)

1—碱性红 9 2—碱性紫 14 3—分散蓝 1 4—酸性红 26 5—直接红 28

6—分散黄 3 7—分散橙 11 8—直接黑 38 9—直接蓝 6

2. HPLC-MS/MS 法

采用 HPLC-MS/MS 和离子对色谱技术对 9 种致癌染料进行分离和检测。其检测技术条件及结果(图 4-7)如下:

(1)色谱分离条件。色谱柱:Hypersil Gold C_{18} 反相色谱柱(100mm×2.1mm,5μm,美国 Thermo 公司);保护柱:C_{18} 柱(美国 phenomenex 公司);柱温:35℃;流动相:乙腈(A)和 5mmol/L 乙酸铵溶液(B);梯度洗脱:5%乙腈保持 1min,2~5min 内乙腈从 5%线性增至 80%,并保持至 10min,10.5min 变为 5%,并保持至 15min;流速:200μL/min;进样量:10μL。

(2)质谱检测条件。检测模式:0~5.65min 为负离子模式(ESI-),5.65~15min 为正离子模式(ESI+);喷雾电压:-3.5kV(负离子),4.5kV(正离子);鞘气(N_2):16L/min;辅助气(N_2):4L/min;离子源温度:350℃;碰撞气(He)压力:1.5mTorr;扫描方式:选择反应监测(SRM);离子扫描时间:0.1min;离子扫描宽度:0.01m/z。

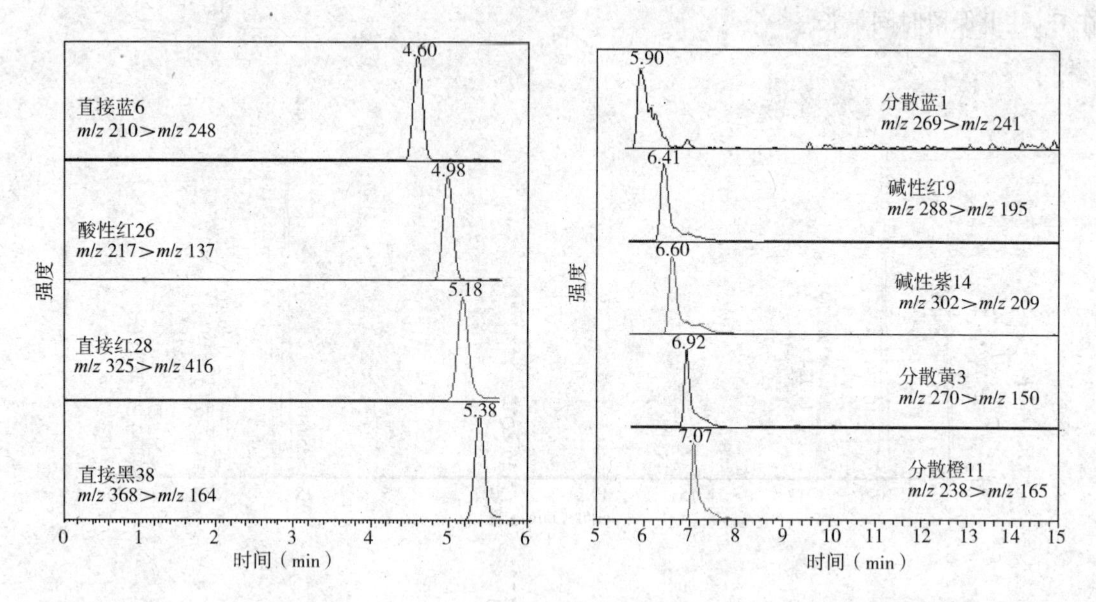

图 4-7 9 种致癌染料标准溶液(100μg/L)在不同离子对通道下 LC-MS/MS 分析得到的离子流色谱图

二、高效液相色谱分析技术在有害整理剂分析中的应用

后整理是纺织产品生产加工过程中的一个重要环节。在这个环节中,往往会用到一些特殊的整理剂来赋予纺织产品某种特殊的功能,如柔软、增白、阻燃、抗静电、抗菌、防水、防油、防污、抗紫外等。但研究表明,有些整理剂可能对人体健康或环境安全存在负面的影响,需要进行管控。由于这些整理剂中有不少是极性大、沸点高或热稳定性差的化合物,HPLC 法非常适合于这类物质的分析和检测。

(一)阻燃剂六溴环十二烷的测定

纺织产品的阻燃整理是后整理工艺中最常见的工艺要求之一。可用于纺织产品的阻燃整理剂有很多,包括含磷系列和含卤素系列等,其中含溴阻燃剂也是一个很大的系列,用途广泛。六溴环十二烷(Hexabro mocyclododecane,HBCD)属脂环族溴系添加型阻燃剂,广泛用于阻燃聚苯乙烯泡沫材料、纺织品、环氧树脂、硅树脂、涂料及黏结剂等产品的生产,阻燃效果良好,是仅次于十溴二苯醚和四溴双酚 A 的世界第三大用量的阻燃剂产品。HBCD 工业产品主要是 α-HBCD、β-HBCD 和 γ-HBCD 三种异构体的混合物。HBCD 已被认定为高持久性、高生物蓄积性和毒性物质(PBT 物质),并被列入优先控制的污染物名录。

HBCD 的三种主要异构体在 160℃以上会发生热重排,在 240℃以上将脱溴降解,属于热稳定性差的物质。原国家质检总局行业标准 SN/T 3508—2013《进出口纺织品中六溴环十二烷的测定 液相色谱—质谱/质谱法》是以正已烷:丙酮=1:1(v/v)混合液为萃取溶剂萃取纺织品样品中的 HBCD,萃取液经固相萃取柱净化后,用 LC-MS/MS 法进行测定,外标法定量。检测条件如下。

色谱柱:XBridge Cs 柱,3.5μm,150mm×2.1mm(内径),或相当者;流动相:甲醇:乙腈:水=41:41:18(v/v);流速:0.3mL/min;柱温:30℃;进样量:5μL;电离方式:电喷雾电离,负离子;毛细管电压:2.8kV;射频透镜电压:0.3V;离子源温度:150℃;脱溶剂气:N_2,流速 1000L/h,

温度500℃；锥孔气：N_2，流速50L/h；扫描方式：多反应监测（MRM）。三种HBCD标准品的多反应监测色谱图见图4-8。

（二）全氟类化合物的测定

全氟类化合物是指有机化合物中碳氢键全部转化为碳氟键的一类物质。由于碳氟键具有极强的键能，使得这类化合物具有超强的稳定性。全氟化合物在生物体内的蓄积水平远高于有机氯农药和二噁英等已知的持久性有机污染物。

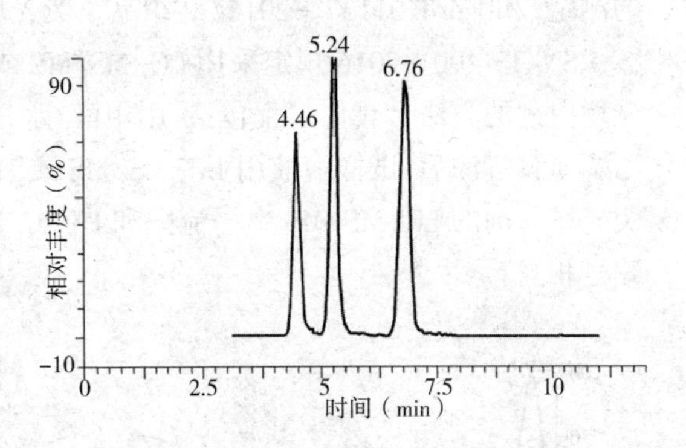

图4-8　α-HBCD、β-HBCD、γ-HBCD标准品的多反应监测色谱图

α-HBCD（4.46min）；β-HBCD（5.24min）；γ-HBCD（6.76min）

含全氟辛烷磺酰基化合物（PFOS）和全氟辛酸（PFOA）的含氟整理剂是目前最有效的纺织产品"三防"（防水、防油、防污）整理剂，有着广泛的市场需求。但PFOS和PFOA的生产和使用会对人体和环境带来潜在的危害，加强监控很有必要。中国国家标准GB/T 29493.2—2013《纺织染整助剂中有害物质的测定　第2部分：全氟辛烷磺酰基化合物（PFOS）和全氟辛酸（PFOA）的测定　高效液相色谱—质谱法》采用溶剂提取及LC-MS/MS方法。该方法用甲醇作溶剂，超声波提取试样中的全氟辛烷磺酰基化合物PFOS和全氟辛酸PFOA，以HPLC-MS/MS测定和确证，外标法定量。检测条件如下。

色谱柱：C_{18}柱，3.5μm，2.1mm×150mm，或相当者；流速：0.3mL/min；柱温：40℃；进样量：10μL；流动相选用二级水和甲醇，梯度洗脱；离子源：电喷雾离子化电离源（ESI），负离子模式；扫描方式：多反应监测（MRM）；雾化气、碰撞气均使用高纯氮气。PFOS和PFOA的API 2000 HPLC-MS/MS电喷雾离子源参考条件见表4-3。

表4-3　PFOS和PFOA的HPLC-MS/MS电喷雾离子源参考条件

化合物	离子对（m/z）	去簇电压DP（V）	聚集电压FP（V）	入口电压EP（V）	碰撞气能量CE（V）	碰撞室出口电压CXP（V）
PFOS	498.9/79.8 *	-60	-400	-9	-95	-10
	498.9/98.9	-30	-400	-9	-70	-10
PFOA	413.0/369.0 *	-20	-170	-5	-18	-25
	413.0/168.9	-20	-170	-5	-25	-10

注　*为定量离子对。

（三）荧光增白剂的测定

荧光增白剂是一种无色的荧光染料，因在紫外光的照射下可激发出蓝、紫光，并与基质上的黄光互补而具有增白效果，被广泛应用于纺织品、洗涤剂、纸和塑料等领域。已有大量研究表明，大多数常用的荧光增白剂品种应该是低毒或基本无毒的，可放心使用；但也有些荧光增白剂，易被人体消化系统的黏膜组织吸收，然后通过人体的循环系统到达各个器官。由于荧光增白剂的分子结构稳定,不易被分解,长期积累以后可能会使细胞发生变异,从而产生潜在的致癌风险。纺织产品上荧光增白剂测定方法目前有 SN/T 4490—2016《进出口纺织品　荧光增白剂的测定》和 FZ/T 01137—2016《纺织品　荧光增白剂的测定》两个标准。

SN/T 4490—2016 规定采用 LC-MS/MS 或 HPLC-FLD(荧光检测器)测定纺织品中 16 种荧光增白剂的方法。具体过程包括:用甲醇/水(75/25,*v/v*)萃取样品中的荧光增白剂,经聚四氟乙烯薄膜过滤后,试样溶液用 LC-MS/MS 或 HPLC-FLD 测定,以外标法定量。其检测的 16 种荧光增白剂的 LC-MS/MS 离子流图和 HPLC-FLD 的液相色谱图见图 4-9 和图 4-10(两图出峰编号相同)。

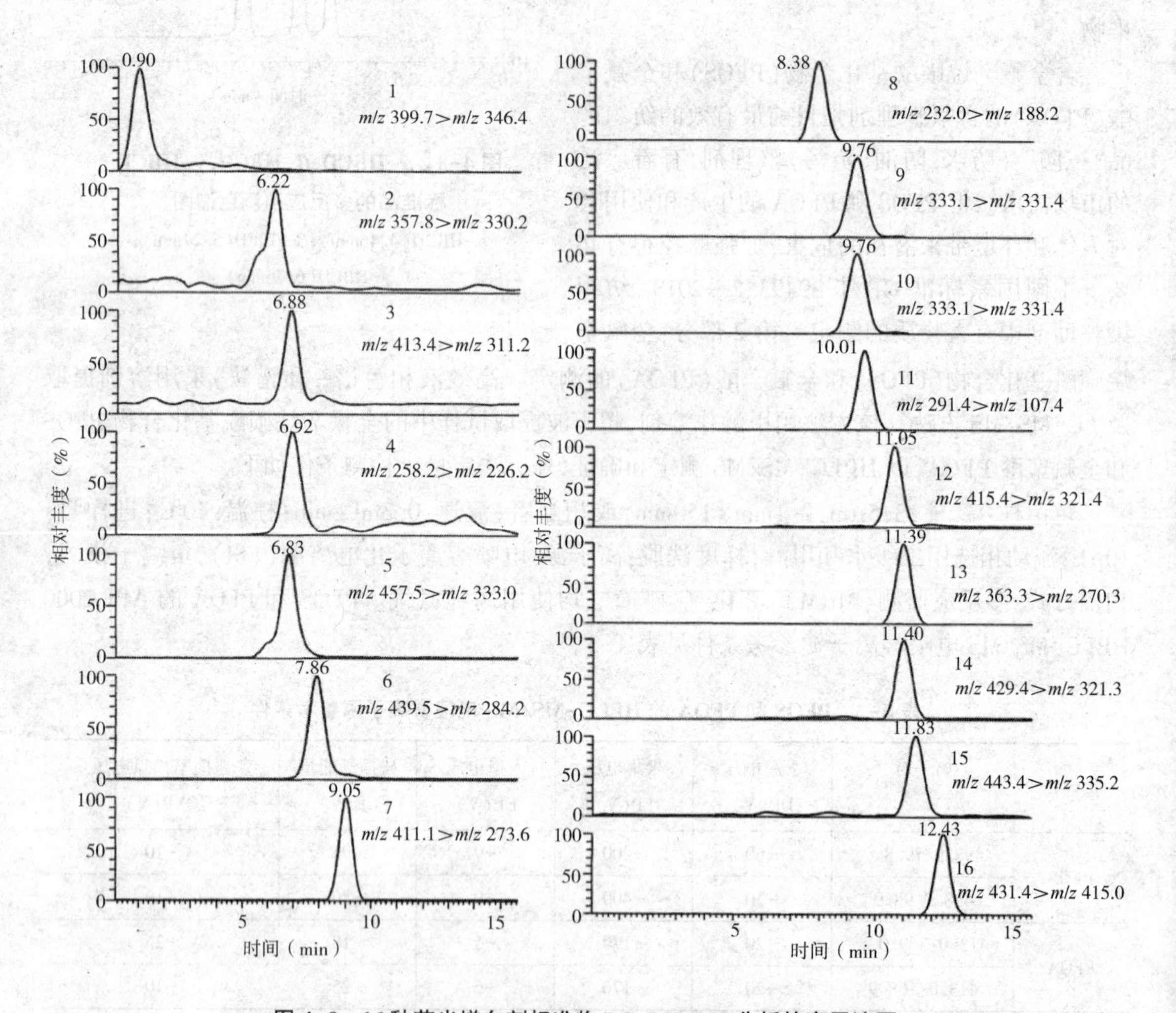

图 4-9　16 种荧光增白剂标准物 LC-MS/MS 分析的离子流图

1—荧光增白剂 MST　2—荧光增白剂 ABP　3—荧光增白剂 VBL　4—荧光增白剂 4BK
5—荧光增白剂 CBS　6—荧光增白剂 CXT　7—荧光增白剂 WG　8—荧光增白剂 SWN
9—荧光增白剂 ER-Ⅱ　10—荧光增白剂 ER-Ⅰ　11—荧光增白剂 DT　12—荧光增白剂 KCB
13—荧光增白剂 OB-1　14—荧光增白剂 KSN　15—荧光增白剂 OB-2　16—荧光增白剂 OB

标准 FZ/T 01137—2016 规定采用 HPLC-FLD 测定纺织产品中 9 种荧光增白剂的方法。具体步骤包括:将试样置于二甲基甲酰胺—水混合溶液中经超声提取后,用 HPLC-FLD 测定。采

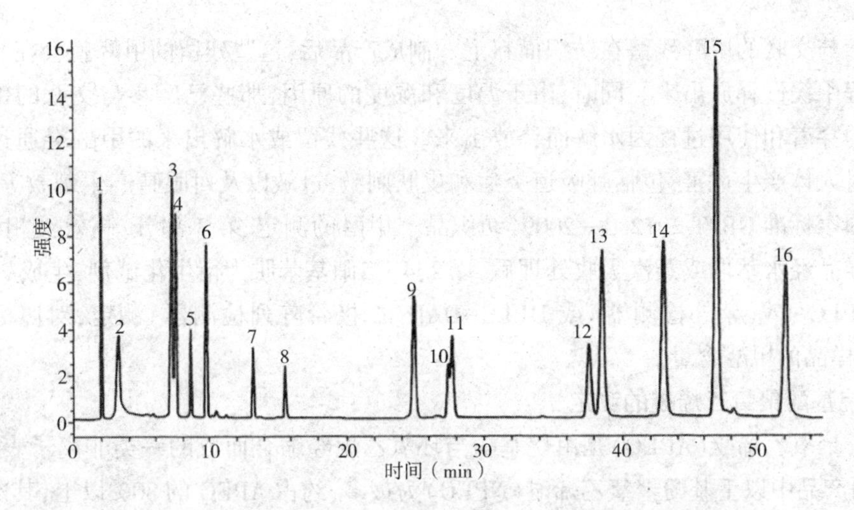

图 4-10　16 种荧光增白剂标准物 HPLC-FLD 分析的液相色谱图

用保留时间对待测物质进行定性，外标法对待测物质进行定量。其检测的 9 种荧光增白剂液相色谱图见图 4-11。

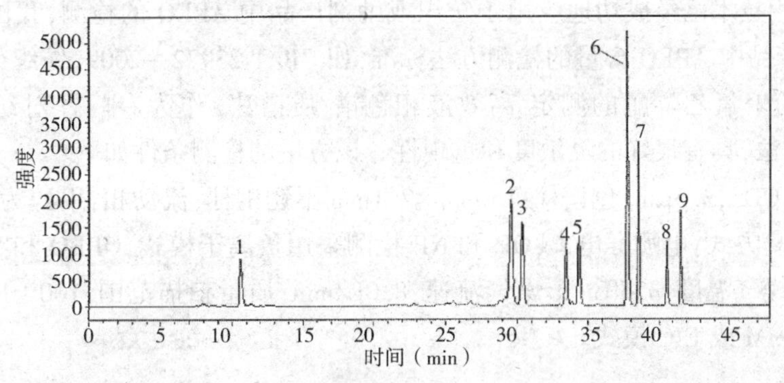

图 4-11　纺织品中 9 种荧光增白剂 HPLC-FLD 分析的液相色谱图

1—荧光增白剂 C. I. 220　2—荧光增白剂 C. I. 85　3—荧光增白剂 C. I. 113
4—荧光增白剂 C. I. 351　5—荧光增白剂 C. I. 71　6—荧光增白剂 C. I. 162
7—荧光增白剂 C. I. 140　8—荧光增白剂 C. I. 135　9—荧光增白剂 C. I. 199

三、高效液相色谱分离技术在有害纺织助剂分析中的应用

纺织助剂是指在纺织产品生产加工的各道工序中，为提高生产效率、改善加工性能、提高产品质量、降低生产成本、提升后续加工或使用性能而使用的辅助化学品，如原棉消糖剂、纺丝油剂、和毛油、纺纱油剂、上浆剂、印染前处理剂、印染助剂、后整理助剂及后处理剂等。有关纺织助剂的生态安全性能问题，已经成了纺织服装国际贸易中广受买家和消费者关注的重点。近年来，在广受关注的诸多纺织助剂中，最受关注的莫过于甲醛和烷基酚聚氧乙烯醚（APEO）这两个应用量大面广的品种。

（一）甲醛含量的测定

无论是纺织面料的树脂整理，或是采用丙烯酸酯涂层剂进行涂层整理，还是将丙烯酸酯黏合剂用于涂料印花，大多都会用到甲醛作为交联剂。由于工艺上的原因，交联完成后可能会有极少量未参与交联的甲醛残留在纺织面料上。制成产品后,这些残留的甲醛就会在穿着使用或储藏的过程中缓慢释放出来。同时,由于温度和湿度的原因,那些已经参与交联的甲醛也会在纺织产品的穿着和使用过程因水解而释放出来。这些残留或水解出来的甲醛会通过呼吸道或皮肤接触对人体产生危害,包括呼吸道炎症和皮肤刺激、过敏以及对眼睛产生刺激等。

中国国家标准 GB/T 2912.3—2009《纺织品 甲醛的测定 第3部分:高效液相色谱法》规定将纺织样品经水萃取或蒸汽吸收处理后,以2,4-二硝基苯肼为衍生化试剂,生成2,4-二硝基苯腙,用 HPLC-UV(紫外检测器)或 HPLC-DAD(二极管阵列检测器)测定,对照标准工作曲线,计算出样品的甲醛含量。

(二)烷基酚聚氧乙烯醚的测定

烷基酚聚氧乙烯醚(APEO)是由烷基酚与环氧乙烷经缩合而成的一类非离子表面活性剂。APEO 系列产品中以壬基酚聚氧乙烯醚(NPEO)为最多,约占 APEO 的80%以上,其次是辛基酚聚氧乙烯醚(OPEO),约占 APEO 的15%以上。APEO 因缩合上去的环氧乙烷(EO)摩尔数的多少而呈现出良好的润湿、渗透、分散、乳化、增溶或净洗性能,广泛用于洗涤剂、药妆、纺织、造纸、石油、冶金、农药、制药、印刷、合成橡胶、合成树脂、塑料等工业。

LC-MS 联用技术已经成功地应用于纺织或助剂产品中 APEO 的检测,我国多个行业已制定了多项针对产品中 APEO 含量的检测方法标准,如 GB/T 23972—2009《纺织染整助剂中烷基苯酚及烷基苯酚聚氧乙烯醚的测定 高效液相色谱/质谱法》作为专门针对纺织染整助剂中 APEO 的检测方法,具有很好的灵敏度和重现性。该方法的检测条件如下。

固定相:C_{18} ODS,3.5μm;色谱柱:150mm×2.1mm 不锈钢柱;流动相:甲醇为有机相,乙酸铵溶液为水相;电离方式:电喷雾电离,OP 和 NP 检测采用负离子模式,OPEO 和 NPEO 检测采用正离子模式;干燥气温度:325℃;干燥气流速:8.0L/min;质量扫描范围:100~1200*m/z*;选择检测离子为一级,SIM 或 EIC 模式。

四、高效液相色谱分析技术在印染废水检测中的应用

苯胺是印染废水中常见的污染物。我国原有的国家标准 GB/T 11889—1989《水质 苯胺类化合物的测定 *N*-(1-萘基)乙二胺偶氮分光光度法》(简称 NEDA 法)操作程序烦琐,分析结果的精密度和重现性都不理想。最近的一项研究利用固相萃取—HPLC-UV-FL(荧光检测器)串联方法进行染色废水中苯胺的检测。样品经 MCX(固相萃取小柱 3mL/60mg,Waters 公司)固相萃取、净化后,采用 Kromasil C_{18} 柱(250mm×4.6mm×5μm)分离,水/乙腈(20/80,*v/v*)为流动相,紫外检测波长为235nm,荧光检测波长 λ_{ex} 为225nm,λ_{em} 为335nm,外标法定量。

试验结果显示,在荧光检测条件下,苯胺在0.001~0.500mg/L 范围内呈良好的线性关系,最低检出限 LOD 为0.001mg/L,定量检出限 LOQ 为0.003mg/L。在紫外检测条件下,苯胺在0.02~5.00mg/L 范围内呈良好的线性关系,最低检出限 LOD 为0.02mg/L,定量检出限 LOQ 为0.06mg/L,方法回收率在95.6%~101.8%,RSD 为2.2%~5.2%,能满足相关规定的检测要求。

参考文献

[1]J. J. 柯克兰. 液体色谱的现代实践[M]. 中国科学院上海有机化学研究所《液体色谱的现代实践》翻译组,译. 北京,科学出版社,1978.

[2]L. R. 森德尔,等. 实用高效液相色谱法的建立[M]. 张玉奎,等,译. 北京:华文出版社,2001.

[3]冯景春,王芹,冯开. 高效液相色谱法的应用与发展前景[J]. 广东化工, 2014,41(12):192-192.

[4]赵贝贝,张艳,唐涛,等. 硅胶基质高效液相色谱填料研究进展[J]. 化学进展.2012(1):122-130.

[5]丁友超,汤娟,路颖. 超高效合相色谱法快速测定纺织品中 11 种致敏分散染料[J]. 印染, 2017(23):51-55.

[6]汤娟,周佳,丁友超. 超高效液相色谱法同时测定纺织品中 18 种荧光增白剂[J]. 色谱, 2018,36(7):670-677.

[7]罗忻,修晓丽,牛增元. 纺织品中致癌致敏染料检测的研究进展及存在问题[J]. 纺织学报, 2013, 34(7):154-160.

[8]高永刚,牛增元,张艳艳,等. 液相色谱—质谱法同时测定纺织品中 19 种含氯苯酚类化合物[J]. 分析测试学报, 2019,38(1):75-79.

[9]吴刚, 赵珊红, 王华雄. 加速溶剂萃取—高效液相色谱测定羽绒羽毛中的烷基苯酚与聚氧乙烯醚[J]. 纺织学报, 2010, 31(3):72-77.

[10]吴刚, 虞慧芳, 王力君. 超声萃取—高效液相色谱法测定纺织品中二苯甲酮类防紫外线整理剂[J]. 丝绸, 2016, 53(9):15-20.

[11]孙国良, 陈金媛. 20 种致敏性染料液相色谱方法研究[J]. 实验技术与管理, 2010, 27(11):61-64.

[12]蒋治国. 食用菌中荧光增白剂的风险评估[J]. 环境与可持续发展,2010(5):47-48.

[13]李志刚. HPLC-UV-FL 串联法测定染色废水中的苯胺[J]. 印染,2014,40(22):40-43.

[14]RATEL J, PLANCHE C, MERCIER F. Liver volatolomics to reveal poultry exposure to γ-hexabromocyclododecane (HBCD)[J]. Chemosphere, 2017, 189:634-642.

[15] COPACIU F M, SIMEDRU D, COMAN M V. Determination of three chromium textile azo dyes in wastewater by SPE-LC-ESI(-)-MS/MS[J]. Journal of AOAC International, 2018, 101(5):1422-1428.

[16]PREISS A, SÄNGER U, KARFICH N, et al. Characterization of dyes and other pollutants in the effluent of a textile company by LC/NMR and LC/MS[J]. Analytical Chemistry, 2000, 72(5):992-998.

第五章　核磁共振分析技术

第一节　核磁共振分析技术概述

一、核磁共振分析技术的基本概念及其发展历程

核磁共振波谱(nuclear magnetic resonance spectroscopy,简称 NMR)分析技术是在光谱学分析技术基础上发展起来的一种分析技术。运用光对物质结构进行分析被归类为光谱学,而运用无线电波对物质结构进行分析则被称为波谱学。但事实上,无论是光还是无线电波,都是电磁波。只是由于波长的不同,有的波段的电磁波可以以光的形式被人眼观察到,而大部分的电磁波则无法被人用肉眼直接观察到。NMR 也属于吸收光谱,只是研究的对象是处于强磁场中的原子核对射频辐射(radio-frequency radiation)的共振吸收。

1924 年,奥地利物理学家沃尔夫冈·泡利(Wolfgang E. Pauli)预言了 NMR 的基本理论:有些核同时具有自旋和磁矩,这些核在磁场中会发生能级分裂。1946 年,美国哈佛大学的珀塞耳(E. M. Purcel)和斯坦福大学的布洛赫(F. Bloch)各自首次发现并证实了 NMR 现象。但对于这一重大发现,人们并未给予足够的重视,因为当时此实验技术除了用于测定原子核的磁矩外,似乎并无其他用处。直到 1949~1951 年间,化学位移和自旋耦合被相继发现,人们才把 NMR 的吸收信号与物质的化学结构联系起来,成为解决化学问题的一种非常有用的工具,并认识到此技术在其他领域也会有广阔的应用前景。1953 年,美国的瓦里安(Varian)公司开始开发商用的 NMR 仪器,并于同年研制成功世界上第一台高分辨的商品化 NMR 仪(EM-300 型,质子工作频率 30MHz,磁场强度 7000 高斯)。由此,各类 NMR 仪器相继出现,应用范围日益扩大。1956 年,Knight 发现元素所处的化学环境对 NMR 信号有影响,而这一影响与物质分子结构有关,NMR 由此而迅速成为测定有机化合物结构的有力工具。1964 年以后,NMR 仪的研发开始进入快速发展的轨道,并经历了两次重大技术革命:一是磁场的超导化,二是脉冲傅立叶(Fourier)变换技术(PFT)的采用(早期的 NMR 分析大多使用的是连续波 NMR 仪),使 NMR 仪的控制和数据处理实现计算机化。1964 年,瓦里安公司研制出世界首台超导磁场的 NMR 仪(HR-200 型,质子工作频率 200MHz,磁场强度 4.74T,即 47400 高斯)。1971 年,日本电子(JEOL)公司生产出世界上第一台脉冲傅立叶变换 NMR 仪(JNM-PFT-100 型,质子工作频率 100MHz,磁场强度 2.35T),使 NMR 分析的灵敏度提高了至少一个数量级,但与其他用于有机化合物结构分析的波谱技术相比,其灵敏度仍然处于较低的水平。到了 20 世纪 80 年代,随着超导磁体式核磁共振波谱仪的出现,仪器的磁场强度从 100MHz 的 1.35T 迅速提高到了 800MHz 的 18.79T,仪器的灵敏度提高了 3~4 个数量级,毫克级的样品分析也已不成问题。超导和计算机技术的应用大大提高了 NMR 仪的灵敏度和分辨率,多核和多功能的 NMR 仪开始不断涌现,应用范围也从

有机小分子扩大到了生物大分子。1967 年以后,由于多重脉冲技术的应用,产生了固体高分辨 NMR,NMR 的研究对象也从液体扩展到了固体。

NMR 技术从连续波核磁共振波谱发展为脉冲傅立叶变换波谱,从单核到多核,从传统一维谱到多维谱,加上超导、多重脉冲、计算机控制和解谱技术的应用,整体技术不断发展,应用领域也越来越广泛。NMR 技术在有机分子结构测定中扮演了非常重要的角色,已经成为材料表征中最有用的一种仪器测试方法,是对各种有机和无机物的成分、结构进行定性分析的强有力的工具之一,与其他仪器分析技术配合,已经成功鉴别了数十万种化合物,并且与紫外光谱、红外光谱和质谱一起被有机化学家们称为结构分析中的"四大谱学"。核磁共振波谱法具有精密、准确、深入物质内部而不破坏被测样品的特点,是目前唯一能够确定生物分子溶液三维结构的实验手段,在分析化学、络合物化学、高分子化学、石油化工、药物化学、分子生物学、医学和固体物理等多个领域都有广泛的应用。

二、核磁共振的基本原理

(一)原子核的自旋与取向

1. 原子核的自旋

原子核的体积很小,直径只在 10^{-12} mm 的数量级,仅相当于原子直径的十万分之几。原子核具有一定的形状,其所带的正电荷主要分布在原子核的表面。根据电磁学的原理,原子核的自旋会使得其表面的电荷产生运动,并进而产生磁性。核自旋是原子核的重要性质之一,是核自旋角动量的简称。原子核由质子和中子组成,质子和中子都有确定的自旋角动量,它们在核内还有轨道运动,相应地有轨道角动量。所有这些角动量的总和就是原子核的自旋角动量,反映了原子核的内禀特性。核自旋角动量的最大投影值 I 称为核自旋,它也是核的自旋量子数。原子核磁性的大小一般用磁矩 μ 来表示,μ 是矢量,具有方向性,其方向可由右手法则来确定(图 5-1)。

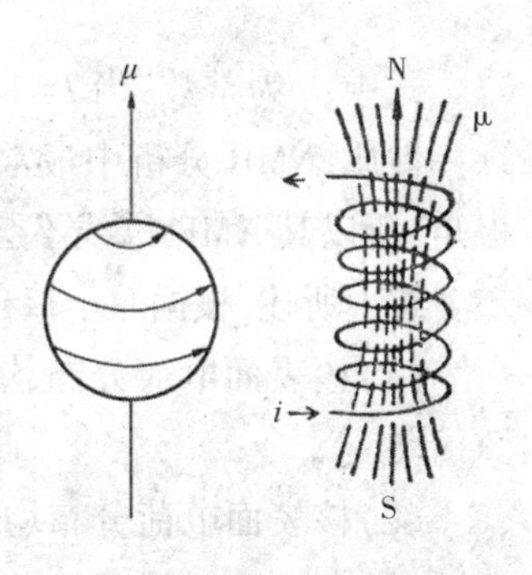

图 5-1 原子核的自旋和磁矩的产生

$$\mu = I\gamma h/2\pi \tag{5-1}$$

式中:h 为普朗克(Planck)常数,γ 为旋磁比(亦称磁旋比),I 为自旋量子数。

在上述参数中,旋磁比 γ 实际上是原子核磁性大小的度量,γ 值大说明原子核的磁性强。在天然同位素中,氢原子核(质子)的 γ 值最大(42.6 MHz/T),检测灵敏度高,这是质子首先被选择作为 NMR 研究对象的重要原因。

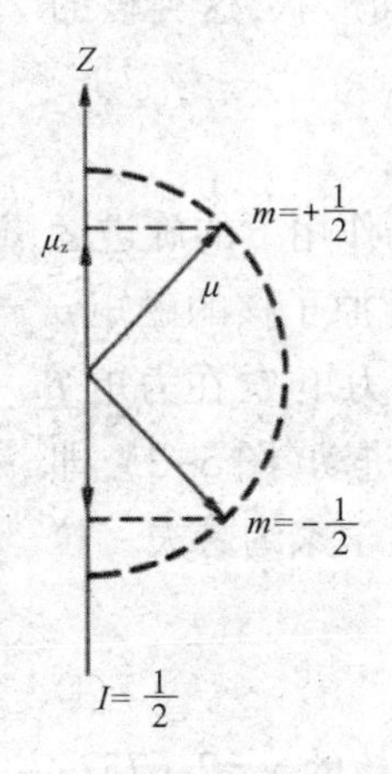

图 5-2 $I=1/2$ 时的核空间量子化

2. 原子核的取向

自旋量子数 I 是表征磁矩的空间量子化情况,即其可能的量子状态。核磁矩在外磁场作用下的取向是量子化的,可以用磁量子数 m 来表示其取向的趋势。假设 $I=1/2$,表示质子的磁矩在外磁场的作用下有两种可能的取向,其磁量子数 $m=\pm 1/2$(图 5-2),而氘核的 $I=1$,则表示其磁矩在磁场中有三种可能的取向,其所对应的 $m=0,\pm 1$。因此,磁量子数可能的数值应该是

$I, I-1, \cdots, -I+1, -I$,共有$(2I+1)$个可能值,而不能取任意值。

各种原子核的I值有如下规律。

(1)Z(质子数)为偶数,N(中子数)为偶数,$I=0$。这类原子核的磁矩为零,即无自旋,如^{12}C、^{16}O、^{32}S、…

(2)$Z+N=$偶数,其中Z和N皆为奇数,I为整数,有自旋,但由于它们的核磁矩空间量子化比较复杂,如^{2}H、^{14}N、…

(3)$Z+N=$奇数,其中Z或N为奇数,I为半整数,如^{1}H、^{13}C、^{15}N、^{17}O、^{19}F等。

3. 原子核的电四极矩对NMR的影响

并非所有原子核表面的电荷分布都是均匀的,除了有磁矩γ外,有些原子核还有电四极矩(用eQ或Q表示),会对NMR谱线产生影响。Q与Z的关系如下:

$$Q = 2/5Z(a^2 - b^2) \tag{5-2}$$

式中:a是旋转轴半径,b是赤道平面半径。当$a=b$时,$Q=0$;当$a>b$时,$Q>0$;当$a<b$时,$Q<0$。而且随着Z的增大,Q值也增大。

电四极矩Q与自旋量子数I的关系如下:

$$Q = cI(2I - 1) \tag{5-3}$$

式中:c为常数,当$I=1/2$时,$Q=0$。也就是说,只有当$I>1/2$的核才具有电四极矩。根据这一性质,NMR分析中最常用的核就是^{1}H、^{13}C、^{19}F和^{31}P等,因为它们的I都是1/2,没有电四极矩,所以其NMR谱线不会受电四极矩的影响而变宽。

综上所述,根据原子核自旋状态和核表面电荷分布的不同,可以把原子核分成以下四种类型。

(1)核表面电荷分布均匀,但没有自旋,磁矩μ为零,这类核观察不到NMR信号,如^{12}C、^{16}O、^{32}S等。

(2)核表面电荷分布均匀,且有自旋,这类核的$I=1/2$,$Q=0$,是NMR中研究得最多的核,如^{1}H、^{13}C、^{19}F、^{15}N、^{29}Si和^{31}P等。

(3)核电荷在自旋轴方向上分布较为密集,因此两极的电场强度比赤道方向强,电场强度示性面呈拉长的椭球面形状,这类核的$I\geqslant 1$,$Q>0$,如^{2}H、^{10}B、^{14}N等。

(4)核电荷在赤道方向上分布较为密集,电场强度示性面呈压扁的椭球面形状,这类核的$I\geqslant 1$,$Q<0$,如^{7}Li、^{17}O、^{33}S、^{35}Cl、^{37}Cl等。

(二)拉莫尔进动

拉莫尔进动(Larmor precession)是指电子、原子核和原子的磁矩在外部磁场作用下的旋进运动。具有自旋与磁矩特性的磁性核处于磁感应强度为H_0的均匀磁场中时,若此原子核的磁矩μ与H_0的方向不同,在磁场作用下,原子核将受到一个垂直于μ与H_0形成平面的力矩T,在力矩T的作用下自旋角动量I的方向会连续发生变化,但大小保持不变,自旋核将发生进动(图5-3),即原子核既自旋,又围绕外磁场方向发生进动。这是1897年由英国物理学家和数学家约瑟夫·拉莫尔首先推论的。进动的频率ν和外磁场强度H_0的关系可以用拉莫尔方程表示:

$$\nu = \gamma/2\pi H_0 \tag{5-4}$$

式中:ν为拉莫尔频率;γ为磁旋比,对于某一特定核,γ是一个常数,如^{1}H核的$\gamma=2.6752\times 10^{8}$T/s,$^{13}C$核的$\gamma=6.7261\times 10^{7}$T/s;$H_0$是以高斯为单位的磁场强度。可见,原子核进动的频率是由外加磁场的强度和原子核本身的性质决定的,也就是说,对于某一特定原子,在已知强度的外加磁场中,其原子核自旋进动的频率是固定不变的。

由于核磁矩 μ 倾向于与外磁场 H_0平行(能量最低),经过一定时间,μ 与 H_0的夹角 θ 会越来越小,最终 $\theta=0$,此时力矩 T 也等于零。这意味着自旋核不再受到力矩的作用,拉莫尔进动也就停止了。如果此时在垂直于外磁场的方向上加进一个频率与进动频率相同的射频场,核磁矩便会离开平衡位置,使得拉莫尔进动重新开始。

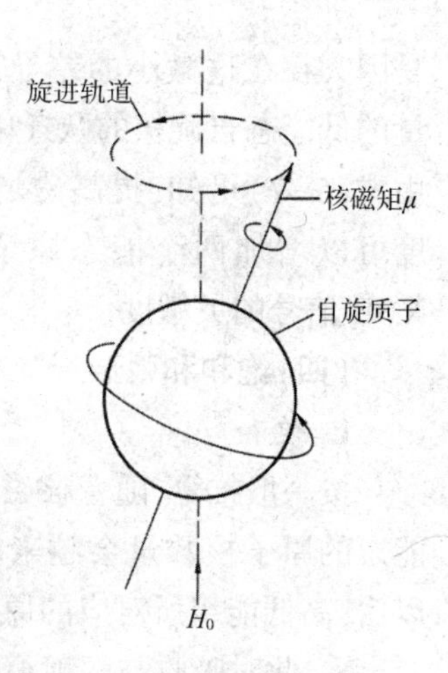

图 5-3　核磁矩的拉莫尔进动(旋进运动)

(三)原子核的共振

在无外磁场的情况下,由于原子核的无序排列,不同自旋方向的核不存在能级的差别。但在外磁场的作用下,核磁矩会按一定的方向排列,并且是量子化的。对质子而言,可以有两种取向,一种是 $m=+1/2$,顺磁场方向,另一种是 $m=-1/2$,逆磁场方向。显然,前者属于低能态,后者属于高能态(图 5-4),而且两者之间的能级差随外磁场 H_0的增加而增加,这种现象被称为能级分裂。

在外磁场中,原子核能级的能量大小如下。

$$E=-m\gamma h/2\pi\, H_0 \tag{5-5}$$

$$m=-1/2,\ E_2=\gamma h/4\pi\, H_0$$

$$m=+1/2,\ E_1=-\gamma h/4\pi\, H_0$$

$$\Delta E=E_2-E_1=\gamma h/2\pi\, H_0 \tag{5-6}$$

要在外磁场中实现自旋核从低能级向高能级的跃迁,其所吸收的光子能量 $h\nu_0$必须等于两个能级之间的能量差 ΔE,即:

$$\Delta E=h\nu_0=\gamma\frac{h}{2\pi}H_0 \tag{5-7}$$

$$\nu_0=\frac{\gamma}{2\pi}H_0$$

根据拉莫尔进动方程,$\nu=\frac{\gamma}{2\pi}H_0$,因而,$v=v_0$。

如果在垂直于外磁场的方向上加进一个频率可以变化的射频场 H_1,当射频场的频率 v_0与某一原子核的拉莫尔进动频率 v 相等时,则会产生共振,处于低能态的 E_1的原子核会吸收射频能,从低能态跃迁至高能态 E_2(图 5-5),这种现象被称为核磁共振吸收,并形成一个 NMR 信号。

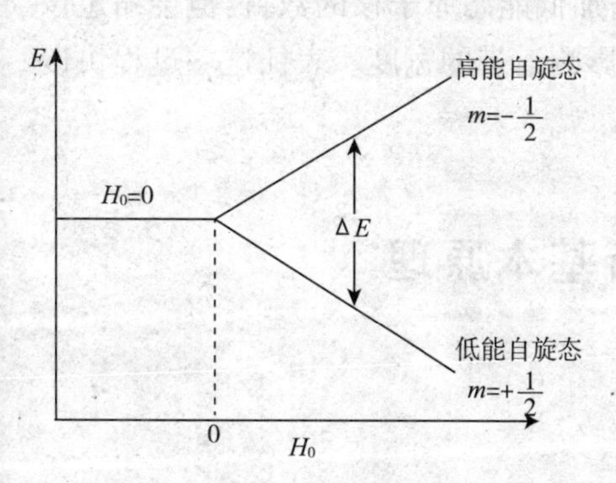

图 5-4　$I=1/2$ 的原子核能级分裂

通常情况下,高低两种能态的原子核数量分数大体相等,但低能态的原子核数(N_1)要比高能态的原子核数(N_2)略多一点。根据玻尔兹曼(Boltzmann)分布:

$$\frac{N_1-N_2}{N_1}=\frac{\Delta E}{kT}=\frac{2\mu H_0}{kT} \tag{5-8}$$

以质子为例,在室温为 300K(27℃),磁场强度为 1.4T 的条件下,其 $\frac{N_1-N_2}{N_1}\approx 1\times 10^{-5}$,也就是说,其处于低能态的原子核数量仅比高能态的多了十万分之一。就是因为存在这微小的差异，才有可能从这些少量的低能态自旋核的跃迁中观察到NMR信号。由式(5-7)可知，提高磁场强度或降低工作温度可以增加两个能态原子核数的差距，提高NMR信号的灵敏度。

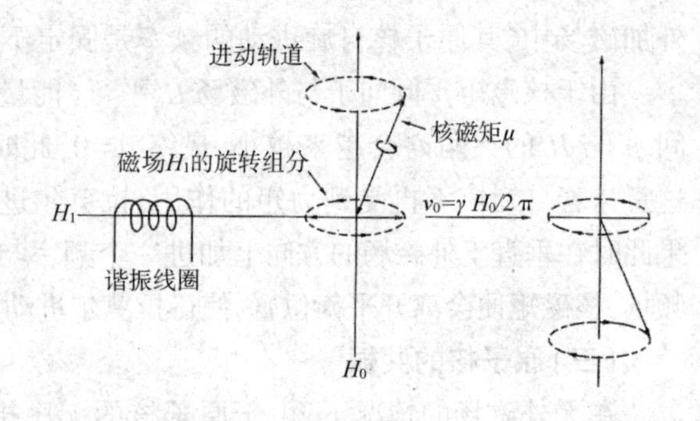

图5-5 原子核在射频场H_1的作用下由低能态向高能态的跃迁

(四)饱和和弛豫

1. 饱和

按一般推算，随着核磁共振吸收的进行，低能态的原子核数量会越来越少，经过一定时间以后，高低能级所对应的原子核数趋于相等，即$N_1=N_2$，此时吸收与辐射概率相等，共振吸收应该不再被观察到。但事实上，在一定的条件下，共振吸收是可持续的。这是因为高能态的原子核可以通过弛豫机制(relaxation mechanism)以热能的方式将能量传递给周围介质(晶格)后，自身又回到低能态(自旋—晶格弛豫)，使$N_1>N_2$，核磁共振吸收得以维持。但如果射频场的强度太高，从低能态跃迁到高能态的原子核数量增长太快，而高能态的原子核又来不及回到低能态，也会造成核磁共振吸收的停止，这种现象被称为饱和。

2. 弛豫

弛豫是指一个体系由不平衡状态回复到平衡状态的过程。对于原子核的自旋体系来说，弛豫可以分为两种。一种是自旋—晶格弛豫，也称为纵向弛豫，指的是宏观磁化矢量M在Z轴(纵向)上的分量M_z由于自旋与晶格(环境)的相互作用而回复到平衡M_0的过程。在自旋—晶格弛豫中，处于高能态的原子核将其过剩的能量传递给周围的介质而回到低能态，从而维持低能态原子核向高能态的跃迁，保持核磁共振的吸收。这里，周围介质是指非同类原子核的介质，通常把溶剂、添加剂或其他种类的核统称为晶格。表征这一过程快慢的时间常数称为自旋—晶格弛豫时间，用T_1表示。而自旋—晶格弛豫的效率则可以用纵向弛豫时间T_1的倒数$1/T_1$来表示，T_1短，则说明这种弛豫的机制是有效的。另一种是自旋—自旋弛豫，也称为横向弛豫，指的是宏观磁化矢量M在x、y平面(横向)上的分量M_x、M_y由于核自旋之间的相互作用而消失的过程。在自旋—自旋弛豫中，处于高能态的原子核将其过剩的能量传递给同种类的处于低能态的原子核，两者之间发生能量交换。这种弛豫机制并不会增加低能态原子核的数目，但会缩短该核处于激发态或基态的时间，使横向弛豫时间T_2缩短，并影响谱带的宽度。表征这一过程快慢的时间常数称为自旋—自旋弛豫时间。

第二节 核磁共振分析基本原理

一、化学位移

(一)屏蔽效应与化学位移

研究表明，在原子核周围，电子的旋转运动在外磁场H_0的作用下会产生一个与H_0方向相反的感应磁场或次级磁场H'，从而对原子核产生屏蔽作用，使原子核的共振频率发生位移。根据楞次定律，磁场 H' 的方向与外磁场 H_0 相反，即：$H'=-\sigma H_0$，其中 σ 为原子核的屏蔽系数。显然，由于屏蔽作用的存在，使得原子核实际受到的外磁场强度 $H=(1-\sigma)H_0$，由此得到核的共振频率 $\nu=\frac{\gamma H_0}{2\pi}(1-\sigma)$。每个化合物中不同的基团由于核外电子云的分布和密度不同，其屏蔽常数 σ 也各不相同，因而处于不同基团的相同的原子核，也会表现出不同的共振频率。这种由于某种核所处的化学环境不同而使其共振频率发生偏移，其谱线出现在 NMR 波谱上不同位置的现象称为化学位移。

理论上讲，只要能计算出 σ 的值，就能求得某一原子核的绝对共振频率或化学位移，但实际上计算 σ 的绝对值绝非易事。因此，σ 值主要通过实验测得，并且是以某些化合物作标准测定出来的相对值，被用来作为标准的物质称为参考物质。表 5-1 列出了几种常用的参考物质，但目前应用最普遍的是 TMS（四甲基硅氧烷）。

表 5-1　几种常用的参考物质

参考物质	参考物质简称	化学位移，δ(ppm)
$Si(CH_3)_4$	TMS	0.000
$(CH_3)_3SiOSi(CH_3)_3$	HMDS	0.055
$(CH_3)_3Si(CH_2)_3SO_3Na$	DSS	0.015
$(CH_3)_3Si(CD_2)_2COONa$	TSP	0.000

在 NMR 谱上，化学位移的标度采用了一种特殊的方法。这是因为如果直接采用共振频率 ν 作为化学位移的标度，由于 ν 与外磁场 H_0 强度成正比，当采用不同的 NMR 波谱仪或将 H_0 作为工作条件按需要进行调整时，ν 就会变成一个可变的值，即同一化合物中同一基团中核的进动频率会因为工作频率（外磁场 H_0）的不同而不同，无法用来进行标准化的比较。再加上对一般的有机化合物而言，由于核外电子云密度的不同而带来的外界磁场的变化是非常小的，直接用共振频率来标度化学位移显然是不方便的。因此，NMR 分析中化学位移的标度通常采用与工作频率无关的另一个参数 δ 来表示。δ 的定义如下：

$$\delta=\frac{\nu_S-\nu_R}{\nu_R}\times 10^6(\text{ppm})\quad(\text{扫频方式})\tag{5-9}$$

$$\delta=\frac{H_R-H_S}{H_R}\times 10^6(\text{ppm})\ (\text{扫场方式})\tag{5-10}$$

式中，ν_S、H_S 和 ν_R、H_R 分别是样品和参考物质的共振频率和共振磁场强度。δ 与 ν 的换算公式为：

$$\nu=\delta\times\nu_R\times 10^{-6}\ (\text{Hz})\tag{5-11}$$

δ 为核磁共振波谱分析技术中采用的无量纲参数。由上述原理可知，同一化合物在不同磁场频率的仪器上，其各种基团原子核的 δ 是恒定的，而在不同化合物中的相同基团的原子核的 δ 也是相同的，这就使得核磁共振波谱分析技术有了标准化的依据。

此外，也有文献采用 τ 作为化学位移的标度，单位也是 ppm，τ 与 δ 的换算关系为：

$$\delta=10-\tau\tag{5-12}$$

需要补充说明的是，选用 TMS 作为化学位移参比物质的原因在于其 12 个 ^1H 质子受到硅原子的强烈屏蔽,在高场出现一个尖锐的峰(12 个^{1}H 质子处于同等的结构位置,故只出一个峰)。而且 TMS 在大多数有机溶剂中易溶,并呈化学惰性,且沸点低,易于回收。研究表明,大部分有机化合物的^{1}H 核磁共振信号出现在 TMS 的左侧,δ 为正值,只有少数有机化合物的^{1}H 信号出现在 TMS 的右侧,δ 值以负号表示。在核磁共振波谱分析实践中,H 谱和 C 谱都将 δ_{TMS} 设置为 0。采用 δ 作为化学位移的标度后可以发现,对于^{1}H,在 δ 改变 10 的范围内就能涵盖大部分有机化合物的核磁共振吸收(表 5-2)。

表 5-2 各类质子的 δ 值(ppm)

取代基(X)	X—CH$_3$	X—CH$_2$—R	X—CH—R$_2$	X—CH$_2$CH$_2$—X	X—CH$_2$—X
R$_3$—Si	0	0.5	—	—	—
R—	0.9	1.3	1.5	1.3	1.3
R—CH ═CH—	1.6	1.9	2.2	2.2	2.7
R$_2$N—C(═O)—	2.0	2.2	2.4	2.5	3.5
R—O—C(═O)—	2.1	2.2	2.5	2.6	3.2
N≡C—	2.2	2.4	2.9	—	—
R—S—	2.2	2.5	3.0	2.6	4.0
Ph—	2.3	2.9	2.9	2.8	3.8
R—C(═O)—NH—	2.8	3.2	3.8	3.4	4.6
Ph—NH—	2.9	3.1	3.6	—	—
Cl—	3.0	3.6	4.0	3.7	5.3
R—O—	3.3	3.4	3.6	3.6	4.7
HO—	3.4	3.5	3.9	3.7	—
Cl—SO$_2$—	3.6	3.8	4.1	—	—
R—C(═O)—O—	3.7	4.2	5.1	4.3	—
Ph—O—	3.8	4.0	4.6	4.3	—
F—	4.3	4.4	4.8	—	—
NO$_2$—	4.3	4.4	4.5	—	—

(二)影响化学位移的主要因素

1. 原子与分子的磁屏蔽

如前所述,核的化学位移是由于磁屏蔽引起的。因此,影响化学位移的因素自然可以归结为影响磁屏蔽的因素。1954 年,Saika 和 Slichter 提出把影响磁屏蔽的因素分为三部分,即原子的屏蔽 σ_A、分子内的屏蔽 σ_M 和分子间的屏蔽 σ'。

(1)原子的屏蔽。原子的屏蔽既可以指孤立原子的屏蔽,也可以是分子中原子的电子云的局部磁屏蔽,这类屏蔽统称为近程屏蔽。与此相对应,分子中其他原子或原子团以及别的分子的影响被统称为远程屏蔽。分子中原子的屏蔽性包括抗磁项 $\sigma_A{}^D$ 和顺磁项 $\sigma_A{}^P$。不同轨道上的电子对这两项的贡献是不一样的。对于 s 电子,其电子云分布基本上是球形对称的,因此,其在外磁场作用下感应产生的次级磁场的方向总是与外磁场相反的，从而表现出抗磁性。但对于p电子，由于p电子具有方向性，在外磁场的作用下，电子云只能围绕其对称轴旋转，并形成自己的诱导磁矩，而这个磁矩在外磁场的作用下也会产生拉莫尔进动。经过一定的时间，二者的取向趋于一致，从而表现出微弱的顺磁性。研究表明，原子序数越大，σ_A也越大，化学位移范围也越宽。如^{13}C、^{19}F和^{31}P的化学位移范围比^{1}H大1~2个数量级。

(2)分子内的屏蔽。分子内的屏蔽是指分子中其他原子或原子团对目标核的磁屏蔽作用，分子结构对化学位移的影响主要也表现在分子内屏蔽方面。分子内屏蔽主要包括诱导效应、共轭效应、环电流效应、磁各向异性效应和氢键效应等。

(3)分子间的屏蔽。分子间屏蔽是指样品中其他分子对目标核的磁屏蔽作用。影响因素主要涉及溶剂效应、氢键效应和介质磁化率效应等。

2. 诱导效应

当一个基团与电负性较强的原子(或基团)连接时，由于电负性较强的原子(或基团)的吸电子效应，会使基团周围的电子云密度下降，核的磁屏蔽作用降低，NMR谱线向低场方向移动，δ变大，这种效应称为诱导效应。例如，在卤代甲烷CH_3X中，CH_3中质子的δ值与X的电负性E_x呈现出显著的关联性(表5-3)。

表5-3　CH_3X中^{1}H的δ值与X的电负性E_x的关系

X	F	Cl	Br	I
E_x	3.92	3.32	3.15	2.94
δ(ppm)	4.26	3.05	2.68	2.16

3. 共轭效应

在有不饱和键或共轭不饱和的分子体系中，由于π电子的转移会导致某些基团的电子云密度和磁屏蔽的改变，此种效应称为共轭效应。共轭效应主要有两种类型，一类是π-π共轭，另一类是p-π共轭。但这两种共轭效应的电子转移方向是相反的(图5-6)。

在图5-6的π-π共轭中，C═O键上的电子云向电负性高的O偏移，而C═C键上的电子云也因为共轭效应而发生电子云的偏移，结果使得β位的C和H的电子密度和磁屏蔽作用减少(去屏蔽)，δ值增加。p-π共轭的情况则不同，由于O原子上存在孤对电子(p电子)，会与乙烯双键形成p-π共轭，从而使得β位的C和H的电子密度增加，磁屏蔽作用也增加(正屏蔽)，因而谱线向高场方向移动，δ值降低。

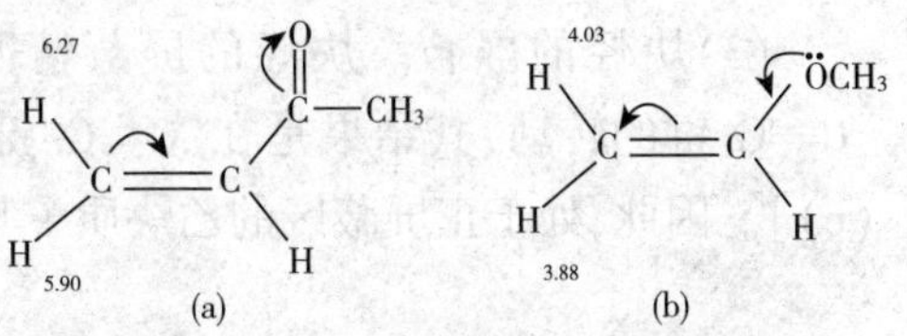

图5-6　π-π共轭(a)和p-π共轭(b)

以处于不同分子内部环境的羟基OH为例(表5-4)，第一种情况，由于O原子对R基团的诱导效应，因而OH的δ值较小；第二种情况，由于O原子的孤对电子与苯环形成p-π共轭，使得OH中的H原子的电子云密度降低，δ值有所增加；第三种情况，两个O原子一个供电子，一个吸电子，形成协同作用，共轭效应大为增强，OH基团中H原子周围的电子云密度进一步减小,δ 值进一步上升。

表 5-4　几种不同状态下的 OH 的 δ 值变化

序号	化合物	OH 的 δ 值(ppm)	效应
1	R—OH	1.4~5.3	诱导效应
2	C_6H_5—OH	3.8~6.5	诱导+弱共轭效应
3	R—C(=O)—OH	9.3~12.4	诱导+强共轭效应

4. 磁各向异性效应

如果分子拥有不饱和键或共轭不饱和体系,在外磁场的作用下,不饱和键的 π 电子会沿着分子的某一方向流动,形成次级磁场,从而影响分子的屏蔽。由于次级磁场具有方向性,对分子内各部位的磁屏蔽也会各不相同,因此,这种影响被称为磁各向异性效应。磁各向异性效应可以被分成以下几种情况。

(1)环电流效应。由于苯环上的电子会形成大 π 键,具有流动性和离域性,在外磁场 H_0 的作用下,当 H_0 的方向垂直于苯环平面时,沿着苯环平面流动的 π 电子会形成一个"环电流",并产生一个与 H_0 方向相反的感应磁场。此时,在苯环平面的上下方形成正屏蔽区(以"+"表示),在环的侧面形成去屏蔽区(以"-"表示)[图 5-7(a)]。由于苯环上的质子处于去屏蔽区,所以其质子的 δ 值(7.30)要比烯烃的 δ 值(5.25)大得多。研究证明,某些具有共轭体系的大环化合物,环电流效应更加明显。

(2)双键和羰基的屏蔽。与苯环的情况类似,双键和羰基的磁屏蔽也呈各向异性[图 5-7(b)]。烯的质子位于去屏蔽区,故其 δ 值比饱和烃的 CH_2 大约 4ppm 左右,但其去屏蔽效应不如芳烃,所以 δ 值仍比芳烃小。羰基的屏蔽与双键相似。所以对于醛基来说,由于其质子位于去屏蔽区,其共振峰也出现在低场位置,δ 值较高。

(3)炔烃的屏蔽。炔烃的屏蔽情况与烯烃不一样。在外磁场 H_0 的作用下,电子作绕 C≡C 键的转动,其结果是在 C≡C 键的两端形成正屏蔽区,面的两侧为去屏蔽区[图 5-7(c)]。因此,处于正屏蔽区的乙炔质子其共振峰出现在高场的位置(δ=1.8ppm)。

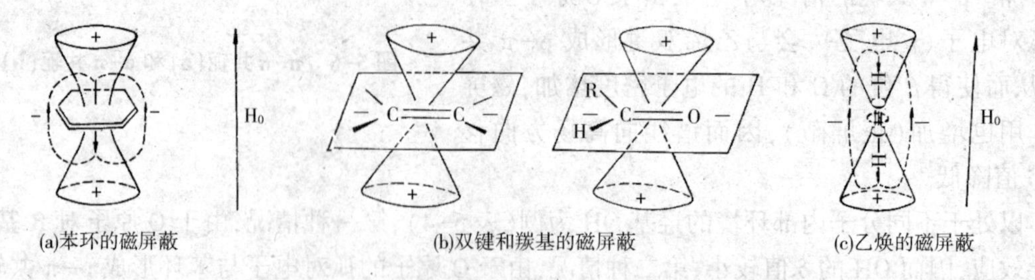

(a)苯环的磁屏蔽　(b)双键和羰基的磁屏蔽　(c)乙炔的磁屏蔽

图 5-7　不饱和键和不饱和共轭体系的磁屏蔽各向异性效应

5. 范德瓦耳斯效应

当两个原子相互靠近时，由于范德瓦耳斯力的作用，电子云会相互排斥，导致原子周围的电子云密度偏移，磁屏蔽降低，谱线向低场方向移动，δ 值上升，这种效应被称为范德瓦耳斯效应（Van der Waals′ effect）。

6. 氢键效应

曾有人将 98%的乙醇和 7%的乙醇氘代氯仿（$CDCl_3$）溶液做比较，研究氢键对乙醇中 OH 的共振谱线位置的影响。结果发现：两个样品的 NMR 谱图上，C_2H_5共振峰的位置和形状基本不变，但 OH 中质子的 δ 值变化却很大。前者在低场出峰，而后者则在高场有共振吸收。究其原因，在于在纯的乙醇中，不同分子上的 OH 因形成氢键而存在分子间的缔合，在氢键的作用下，OH 中的质子同时受到 2 个 O 原子的诱导效应，去屏蔽作用明显，故在低场出峰。当将乙醇在氘代氯仿中形成低浓度的溶液时，分子间形成氢键的几率大幅降低，去磁屏蔽作用十分微弱，故共振吸收峰向高场移动。这种由于氢键的形成而对 δ 值产生影响的效应被称为氢键效应（effect of hydrogen bond）。由于缔合程度受诸多因素（溶剂、浓度、温度等）的影响，故 OH 的出峰位置会因条件的改变而改变。

至于水，情况也差不多。在常温下，水分子之间就存在缔合。温度降低时，缔合作用增强，水的谱线会向低场方向移动。在实际的 NMR 分析中，所观察到的水分子的谱线位置是各种水分子（未缔合的、双分子缔合的和多分子缔合的）中 OH 谱线的平均值。这是因为各种水分子的 OH 之间的缔合情况是在一直变化的，如果变化速度大于 NMR 的工作频率，就只能观察到一个 OH 峰，但通常这个峰的宽度要大于其他质子的峰。由于水的谱线位置易受各种因素（温度、pH 值等）的影响，水不宜作为 NMR 分析的参考物质。

存在分子内氢键的化合物，会由于氢键的形成而使质子的磁屏蔽减弱，从而使 δ 值向低场移动。但这对某些可能由于氢键的形成而发生构型改变并达到某种平衡态的化合物来说，也许是一件好事，因为可以通过对不同构型中 OH 质子的峰面积来准确评估不同构型之间的定量比。

7. 溶剂效应

溶剂的采用可能直接影响核的磁屏蔽效应，而在高分辨的 NMR 中，溶剂的采用往往是必需的。对于固体样品，必须使用溶剂将其溶解，制备成溶液后才能进行 NMR 分析。而对液体样品，有时也需要使用溶剂稀释，以减少样品分子间的相互作用。但各种不同的溶剂对化学位移的影响，即溶剂效应具有很大的不确定性。考虑到 NMR 分析技术应用中的标准化要求，应尽量降低溶剂效应所带来的影响。主要的措施如下。

（1）尽可能使用同一种溶剂。氘代氯仿是 NMR 分析中最常用的溶剂，如果没有特别标明，NMR 的标准图谱一般均采用氘代氯仿作为溶剂。

（2）尽量使用浓度相同或相近的溶液。因为浓度不同，溶剂效应的作用也不同。在灵敏度许可的情况下，尽可能采用稀溶液，以减少溶质间的相互作用。

（3）除非必要，尽量不使用含不饱和键的溶剂。当然也有利用溶剂效应来解决一些在通常情况下共振峰不易分开的样品的 NMR 分析难题。

8. 介质磁化率效应

化学位移的标准参考方法有两种，一种是内参考，另一种是外参考。采用内参考时样品和标准物质处于同一介质内,无须进行磁化率校正。但若采用外参考方法,由于样品与标准物质不在同一介质内,磁化率会存在差异,即可能存在介质磁化率效应,须作磁化率校正。校正公式如下:

$$\delta = \delta_{obs} + \frac{2\pi}{3}(x_r - x_s) \tag{5-13}$$

式中:δ 是校正后的化学位移,δ_{obs} 是实验观察到的化学位移,x_r 和 x_s 分别是参考物质和样品的体积磁化率。

9. 顺磁效应

顺磁效应是指如果在样品中含有顺磁性物质,NMR 谱将会受到严重影响。这种影响包括:①谱线加宽,线宽可以从原来的几赫兹增至数十乃至数百赫兹;②化学位移范围增加,^1H 谱的值可能增大到数十乃至一百多 ppm。

二、自旋耦合

(一)自旋耦合与自旋耦合常数

研究发现 $POCl_2F$ 中 ^{19}F 的 NMR 谱出现两条同等强度的谱线,而且两条谱线之间的距离不随外磁场强度的变化而变化。这是由于邻近核的自旋与目标核之间的相互作用引起的,属于另一种谱线分裂,谱线分裂的数目取决于邻近核的数目和自旋量子数。即:

$$N = 2nI + 1 \tag{5-14}$$

式中,N 是谱线分裂的数目,n 是相邻原子核的数目,I 是邻近核的自旋量子数。事实上,在 NMR 分析中,除了原子核周围的电子云密度和它们对外加磁场的屏蔽作用决定了原子核的化学位移之外,相邻原子核的两种处于自旋状态的小磁场($I=+1/2$ 和 $I=-1/2$)也会对原子核的化学位移产生影响。如果将由 $I=+1/2$ 和 $I=-1/2$ 两种自旋状态所产生的磁场分别表示为 H_a 和 H_b,则原子核实际所感受到的磁场强度应分别为 $H+H_a$ 和 $H-H_b$,显然,其共振吸收信号应该不是一个单峰,而是裂分的双峰。由于分别处于 $I=+1/2$ 和 $I=-1/2$ 的原子核数量基本相等,$H_a \approx H_b$,这对双峰相对于理论上的 δ 应该是对称的,且强度基本相等。如果相邻的原子核有两个,则实际感受的磁场强度应分别为 $H+2H_a$、$H+H_a-H_b$、$H-H_a+H_b$ 和 $H-2H_b$。由于 $H_a \approx H_b$,因而,峰的裂分结果是得到对称的三重峰,峰的强度比大致为 1∶2∶1。这种由于核自旋之间的相互作用而导致的 NMR 谱线分裂现象被称为自旋—自旋耦合或自旋—自旋裂分,而谱线裂分后产生的裂距 J 称为耦合常数,单位为 Hz。耦合常数一般用 $^nJ_{A-B}$ 表示,其中 A 和 B 为彼此相互耦合的核,n 为 A 与 B 之间相隔的化学键数量。如,$^2J_{H-H}$ 表示相隔 2 个化学键的两个质子之间的耦合常数。J 与被测物质的化学结构有关,与外加磁场无关。在 NMR 分析技术中,自旋—自旋偶合现象对有机化合物的结构分析具有非常重要的意义。

(二)自旋裂分的规律

由于相邻原子核的耦合作用而使 NMR 的谱线发生裂分,谱线的裂分数目与邻近核的数目 n 和自旋量子数 I 存在定量关系(式 5-14)。当 $I=1/2$ 时,$N=n+1$,这被称为"$n+1$ 规律"。"$n+1$ 规律"是解释 H 谱分裂的重要依据,也适用于其他 $I=1/2$ 的核。

关于"$n+1$ 规律",可以以氯乙烷为例(溶剂 $CDCl_3$,磁场强度 60Hz),在 NMR 谱中(图 5-8),乙基中—CH_3 的共振吸收出现在相对高场的位置,且分裂成 3 个峰,而—CH_2—的吸收峰则在—CH_3峰的左侧,分裂成 4 个峰。先来分析—CH_3吸收峰的分裂情况:与—CH_3相邻的是—CH_2—基团,上面有 2 个 H,由于 H 核的自旋量子数 I 为 1/2,因此,这 2 个 H 核在磁场中都有两种取向。当 H 核的自旋取向与外磁场 H_0一致时,$m=+1/2$,用 a 来表示,当自旋取向与外磁场 H_0相反时,用 b 表示。由此,当处于同一外磁场中的 2 个 H 核相互作用时,其自旋取向的排列组合方式应该有 3 种(表 5-5),出现的概率为 1∶2∶1。

表 5-5　二核体系的核自旋排列组合方式

组合方式	$\sum m$	概率	—CH_3 处的磁场变化
aa	+1	1	增强
ab,ba	0	2	不变
bb	−1	1	减弱

从表 5-5 中可以看出,在 aa 组合方式中,2 个 H 核的自旋取向与 H_0相同,因而在—CH_3处产生的局部磁场与 H_0的方向相同,两者相互加强,从而使—CH_3的共振吸收向低场方向移动。而在 ab 和 ba 的组合方式中,2 个 H 核的自旋方向相反,在—CH_3处产生的局部磁场为零,—CH_3共振吸收的位置不变。bb 组合方式与 aa 正相反,所以—CH_3共振峰的位置应该向高场移动。由此,—CH_3的谱线被一分为三,且 3 个峰的相对强度与其出现的概率成正比,为 1∶2∶1。

乙基中—CH_2—的 NMR 峰的分裂情况也可以用上述方法来进行分析:在乙基中,与—CH_2—相邻的是—CH_3基团,其 3 个 H 核的自旋取向的排列组合可以有 4 种,各种组合发生的概率比为 1∶3∶3∶1(表 5-6)。因此,—CH_2—的谱线因这 4 种组合的影响而被一分为四,4 个峰的相对强度比与出现的概率相同,为 1∶3∶3∶1。

表 5-6　三核体系的核自旋排列组合方式

组合方式	$\sum m$	概率	—CH_2—处的磁场变化
aaa	+3/2	1	增强多
aab,aba,baa	+1/2	3	增强少
abb,bab,bba	−1/2	3	减弱少
bbb	−3/2	1	减弱多

从上述分析不难看出,NMR 谱线被裂分后的各谱线的强度之比遵循二项式$(a+b)^n$的系数规则,n 为体系中的原子核数。前面提到的 $NaSbF_6$的 NMR 谱线应该有 7 个峰,其强度比按二项式系数规则展开后为 1∶6∶15∶20∶15∶6∶1。由于其最外侧的 2 条谱线的相对强度太低,所以用一般的 NMR 波谱仪很难观察到。

需要强调的是,耦合常数是有正负之分的。如果有两个核的自旋取向反平行时自旋体系的能量较低(与平行时的能量相比),那它们之间的耦合常数便是正的。但如果两个核的自旋取向平行时体系的能量较低,则它们之间的耦合常数应该是负的。直链烷烃的一般规律是:隔单数键的耦合常数$^nJ>0$(n 为奇数),隔双数键的耦合常数$^nJ<0$(n 为偶数)。

(三)影响耦合常数的因素

影响耦合常数的主要因素是原子核的磁性和分子结构。原子核的磁性大小和有无决定了

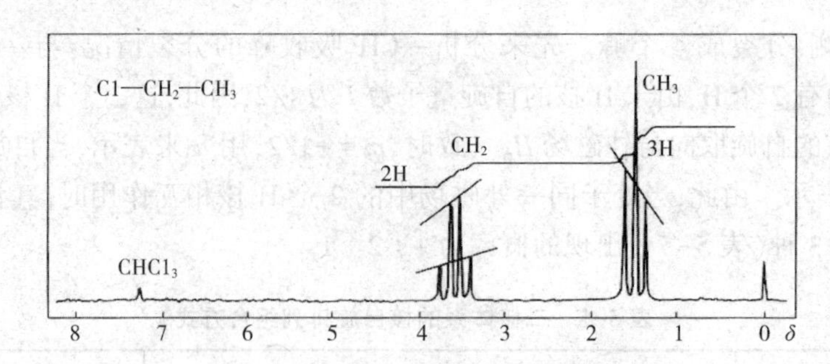

图 5-8　氯乙烷的^{1}H 核磁共振图谱(溶剂 $CDCl_3$,磁场强度 60Hz)

耦合常数的大小和有无,而核的旋磁比 γ 实际上就是核的磁性大小的度量。因此,耦合常数和核的旋磁比存在直接的关联。而分子结构对耦合常数的影响又可以归结为分子的几何结构和电子结构。几何结构包括键角、键长两个因素。电子结构则涉及核周围的电子密度和化学键的电子云分布,而这两个因素又与原子或基团的电负性和成键电子的离域性等性质有关。具体分析如下。

1. 核的旋磁比

假设有 A 和 B 两个核,其自旋量子数 I 均为 1/2,而且两核的化学位移之差 $\Delta\nu_{AB}$ 远大于耦合常数 J_{AB},当它们之间不发生耦合时,$J_{AB}=0$,在 NMR 谱上只能看到共振频率分别为 ν_A 和 ν_B 的两条谱线。当两核之间存在耦合时,$J_{AB}\neq 0$,原本的两条谱线各自裂分为二,NMR 谱上出现四条谱线。经过推算,可以得到 $J_{AB}=K\gamma_A\gamma_B$,即 A 和 B 两核之间的耦合常数与其旋磁比的乘积成正比(K 为比例系数)。

2. 原子序数

随着原子序数的增加,原子核周围的电子数也增加,电子密度随之上升,与周围核的耦合能力也增强,耦合常数增大。

3. 相隔化学键的数目(核间距)

通常情况下,随着被观察的目标核之间相隔的化学键数目增多,核之间相互产生局部场的强度降低,耦合能力减弱,耦合常数变小。相隔四个化学键以上的耦合被称为远程耦合,其耦合常数值一般都较小。

4. 化学键的性质

核之间化学键的类型不同,其传递耦合的能力也不同。通常,不饱和键比单键的耦合能力强,耦合常数也大,这是由于不饱和键电子云分布的离域性造成的。比如,有些远程耦合在不饱和化合物中仍能被很容易地观察到,这是由于不饱和键中的 π 键比单键的 σ 键传递耦合的能力强。

5. 化学键电子云分布

研究表明,耦合常数与杂化轨道密切相关,则耦合常数与化学键的电子云分布也存在密切的关联。随着杂化轨道中 s 电子所占的百分比增加,成键电子云较多地分布在近核区和化学键的轴心区,因为 s 电子云比 p 电子云更多地分布在近核区,从而使其离域性降低。显然,这种电子云分布状态有利于传递隔着一个化学键的耦合($^1J_{C-H}$、$^1J_{C-C}$),而不利于其他类型的耦合($^2J_{H-H}$、$^3J_{H-H}$)。

6. 键角

以乙烷的$^3J_{H—H}$与键角的关系为例：

$$^3J_{H—H}=A+B\cos\varphi+C\cos2\varphi \tag{5-15}$$

式中，$A=4.22$，$B=-0.5$，$C=4.5$Hz，φ 为 H—C—C—H 在经 C—C 轴的两个 C—H 平面之间的夹角（二面角）（图 5-9）。当 $\varphi=0$ 或 180°时，$^3J_{H—H}$值最大；当=90°时，$^3J_{H—H}$值最小。

事实上，在研究耦合常数的计算时，也可以得到类似的公式：

$$^nJ^{(1)}=K(1.30|\cos\theta|+0.130) \tag{5-16}$$

式中，$^nJ^{(1)}$表示通过化学键的耦合常数，K 则是由相互耦合的核的种类和耦合途径中化学键的长度和性质决定的，这些因素都确定之后，K 就是一个常数。

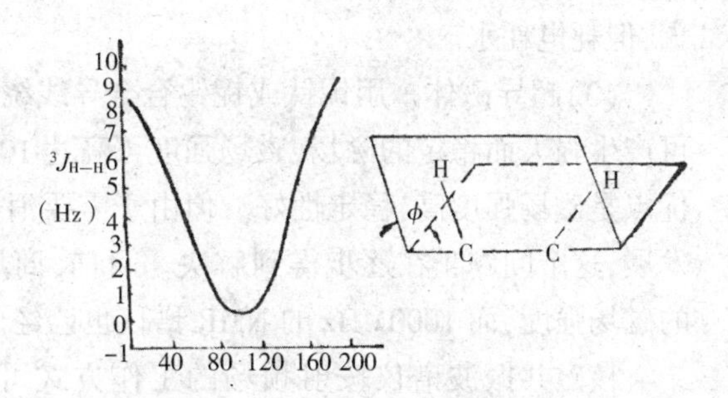

图 5-9　$^3J_{H-H}$与二面角 φ 的关系

7. 取代基

取代基对耦合常数的影响可以分以下几种情况来讨论。

（1）$^3J_{H—H}$与ρ_c之间的关系。当烃类分子的 H 原子被基团 X 或（和）Y 取代后，与基团连接的 C 原子的电子密度ρ_c会发生变化，分子的几何结构和电子云的分布也可能受到一定的影响。在这些变化中，电子密度ρ_c的变化应该是主要的。如果只考虑取代基对ρ_c的影响而忽略相对较小的空间耦合项的影响，就可以通过推算得到$^3J_{H—H}=K\rho_{c1}(x)\rho_{c2}(y)$。其中，$\rho_{c1}$和$\rho_{c2}$分别表示与 X、Y 连接的 C 原子 C_1和 C_2的电子密度，K 是与分子的几何结构及化学键电子云分布相关的系数。

（2）$^nJ_{H—H}(n\geqslant4)$与ρ_c之间的关系。远程耦合常数与ρ_c的关系，上述原理同样适用，其计算公式可以演变为$^nJ_{H—H}(n\geqslant4)=K\rho_{cA}(x)\rho_{cZ}(y)$。其中，$\rho_{cA}$和$\rho_{cZ}$分别表示与所讨论的耦合 H 连接的 C 原子的$\rho_c$值，$K$ 也是一个与分子几何结构和化学键电子云分布有关的系数。

（3）$^2J_{H—H}$与ρ_c之间的关系。$^2J_{H—H}$与ρ_c之间的关系要比$^3J_{H—H}$复杂，由于两个 H 原子的空间距离较近，$^2J^{(2)}$的数值和$^2J^{(1)}$差不多；而且符号也不同，在考虑问题时不能忽略，因而$^2J_{H—H}$与ρ_c之间的关系比较复杂，$^2J_{H—H}=K_2-K_1\rho_c{}^2(X)$。其中，$K_1$和 K_2为不同的常数，其数值仍然与分子的几何结构和化学键的电子云分布有关，但其 H—H 耦合的$^2J^{(2)}$与ρ_c无关，仅是$^2J^{(1)}$与ρ_c有关。

（4）$^1J_{Y—H}$与ρ_Y之间的关系。与上述讨论的几种情况不同，$^1J_{Y—H}$与ρ_Y之间的关系比较复杂，上面讨论中涉及的一些基本原理和方法在研究$^1J_{Y—H}$与ρ_Y之间的关系中有的适用，有的则不适用，尚无普遍的规律可循。

第三节　核磁共振波谱仪与实验技术

一、核磁共振波谱仪

NMR 仪中磁场的作用是使核自旋体系的磁能级发生分裂，所用的磁体可以有以下三种。

(1)永久磁铁。采用高硬度磁合金制成片状然后合并而成。磁极用纯铁制成,但需抛光至光学平级,磁场强度可高达2.1T(特斯拉),相当于质子工作频率90MHz。采用永久磁铁的优点是使用方便,耗电低。但永久磁铁的磁场强度易受温度的影响而发生漂移,磁隙不能太宽(≤24mm),因而难以容纳较大的样品管。

(2)电磁铁。用纯铁制成,外面缠绕空心铜线,工作时通以大电流(数十安培)及冷却水,磁场强度可达2.35T,相应的质子工作频率为100MHz。优点是磁场强度受温度的影响小,磁隙较大,但耗电耗水。

(3)超导磁体。用铌钛或铌锡合金导线绕制成空心螺线管并浸于液氦之中,一次通电后便可产生强大而稳定的磁场,磁场强度可高达10~15T,相应的质子工作频率为400~600MHz。其优点是磁场强度高,稳定性好。但由于需要消耗液氦,运行成本高。随着高温超导材料的快速发展,这个问题正在逐步得到解决。目前,商用的高场NMR谱仪已经可以达到200~950MHz的磁场强度,而1000MHz的NMR谱仪也已经研制成功,但尚未实现商业化。

核磁共振波谱仪按射频场的工作方式可分为连续波核磁共振谱仪(图5-10)和脉冲傅立叶变换核磁共振谱仪(图5-11)。连续波核磁共振谱仪是通过射频振荡器产生的射频波按频率大小有顺序地连续照射样品,激发核自旋体系中磁能级之间的跃迁,同时按磁场或频率的变化记谱。但这种方式测谱,对同位素丰度低的核,如C等,必须多次累加才能获得可观察的信号,耗时长。而脉冲傅立叶变换核磁共振谱仪(PFT-NMR)射频振荡器产生的射频波以窄而强的脉冲照射样品,样品中所有被观察的核同时被激发,产生共振,并产生一被称为“自由感应衰减(FID)”的响应信号(函数),经计算机进行傅立叶变换,得到核磁共振谱。脉冲傅立叶变换核磁共振谱仪每发射一次脉冲即相当于连续波的一次完整测量,因而测试时间大大缩短。连续波NMR和PFT-NMR的性能比较见表5-7。

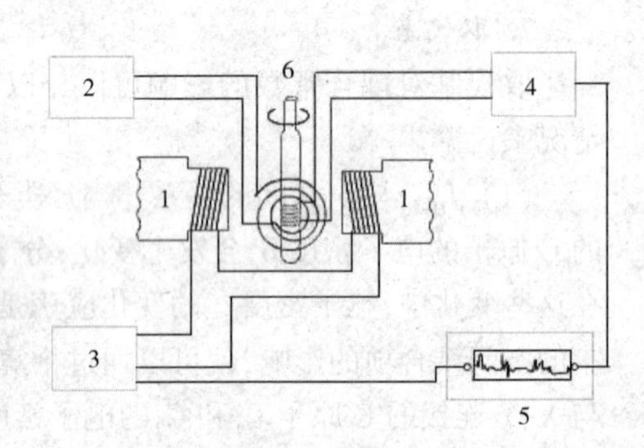

图5-10 连续波核磁共振波谱仪的结构示意图

1—磁场 2—射频振荡器 3—扫描发生器
4—检测器 5—记录和数据处理 6—样品管

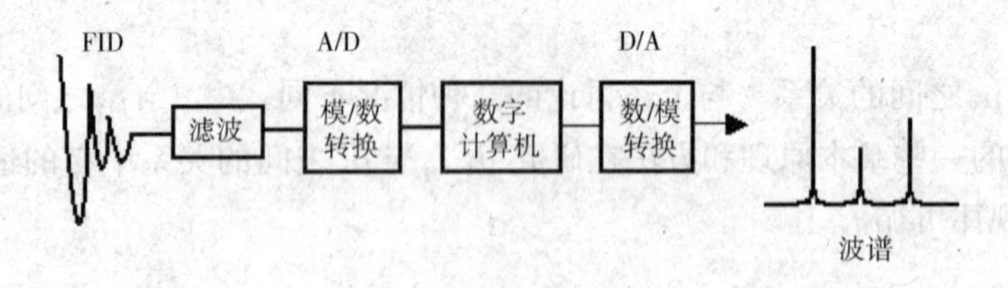

图5-11 脉冲傅立叶变换核磁共振波谱仪原理图

表 5-7　连续波和脉冲傅立叶变换核磁共振波谱仪的性能比较

仪器	连续波 NMR 仪	PFT-NMR 仪
1	单频发射,单频接收	强脉冲照射,自由感应衰减(FID)信号,计算机进行傅立叶变换,NMR 谱图
2	扫描时间长,单位时间内的信息量少,信号弱	光谱背景噪声小,测定速度高,可以较快地自动测定和分辨谱线及所对应的弛豫时间
3	累加的次数有限,灵敏度仍不高	灵敏度及分辨率高,分析速度快
4	谱线宽,分辨不佳,得到的信息不多	固体高分辨 NMR,采用魔角旋转及其他技术,直接得出分辨良好的窄谱线。
5		用于动态过程、瞬时过程及反应动力学方面的研究,可以测量^{13}C、^{14}N等弱共振信号

连续波核磁共振谱仪主要由磁场、射频振荡器、扫描发生器、检测器、记录和数据处理、样品管等几部分组成。磁场的作用是提供一个稳定的高强度磁场,即 H_0。射频振荡器则提供一束固定频率的电磁辐射,用以照射样品。扫描发生器是在一对磁极上绕制的一组磁场扫描线圈,用以产生一个附加的可变磁场,叠加在固定磁场上,使有效磁场强度可变,以实现磁场强度扫描。检测器俗称探头,是一组绕在样品管周围的接收线圈(单圈法),其激发和接收合用一组线圈并成为射频电桥的一臂,因而又被称为"射频电桥法"。当某种核的进动频率与射频频率匹配而吸收射频能量产生核磁共振时,便会产生一信号,被记录仪自动记录下来,形成图谱,即核磁共振波谱。

脉冲傅立叶变换核磁共振波谱仪则包括了 FID 信号接收、滤波、模/数转换、计算机傅立叶变换、数/模转换等模块。其探头(检测器)的线路通常采用双圈法,即激发和接收分别使用两组相互垂直的线圈,在正常情况下,接收线圈里没有信号输出,只有在发生共振的情况下,接收线圈才能感应出共振信号,所以也被称为感应法。该方法结构工艺复杂,但可承受较大的射频功率。不管是何种 NMR 谱仪,它们的整个探头工作时都是快速旋转的,以减少磁场不均匀的影响。

二、NMR 分析的实验技术

(一)试样制备技术

对于低分子量的化合物通常采用四氯化碳、氘代氯仿、氘代苯、氘代丙酮等去质子溶剂,因为如果采用普通的溶剂,测试时溶剂中的氢也会出峰,由于溶剂的量远远大于样品的量,溶剂峰会掩盖样品峰。如果用氘取代溶剂中的氢,因氘的共振峰频率和氢差别很大,所以氢谱中不会出现氘的峰,也就自然减少了普通溶剂的干扰。有时在谱图中出现的溶剂峰是氘的取代不完全的残留氢的峰。另外,在测试时需要用氘峰进行锁场。但由于氘代溶剂的品种不是很多,要根据样品的极性选择极性相似的溶剂,氘代溶剂的极性从小到大排列为:苯、氯仿、乙腈、丙酮、二甲亚砜、吡啶、甲醇、水。还要注意溶剂峰的化学位移,最好不要遮挡样品峰。

但对于聚合物样品,这些去质子溶剂的适用性仍存在诸多问题,如溶解性差、沸点低,无法适应高温的测试环境等。因此,聚合物的高分辨 NMR 测试通常选择含质子的溶剂,但要注意溶剂质子的出峰不能干扰样品的共振峰。有时,为了获取一张完整的 NMR 谱,还可能需要用到多种溶剂,以在不同的区段避开溶剂的干扰。在聚合物样品中加入溶剂有助于消除限制链段运动的分子间或分子内的作用,当在聚合物极性基团之间存在强的相互作用时,需要使用强极性溶剂。比如,聚酰胺只有在三氯乙酸中才能得到理想的 NMR 谱图。表 5-8 列出了一些聚合物 NMR 分析常用的溶剂。

表 5-8 聚合物 NMR 分析常用的溶剂

聚合物	溶剂	适用温度范围(℃)
聚丙烯腈(PAN)	二甲基亚砜-d_6	~100
聚乙烯(PE)	α-氯萘、五氯乙烷、邻/对二氯苯	100~160
聚酯树脂	氯仿 d_1、丙酮 d_6	室温
聚甲基丙烯酸甲酯(PMMA)	氯仿 d_1、邻/对二氯苯、α-氯萘	室温~160
聚丙烯(PP)	邻/对二氯苯、α-氯萘、五氯乙烷	120~170
聚醋酸乙烯酯(PVAC)	苯、邻/对二氯苯	室温~160
聚乙烯醇(PVA)	D_2O	~80
聚氨酯(PU)	邻/对二氯苯	120~170
聚氯乙烯(PVC)	邻/对二氯苯	~140
聚对苯二甲酸乙二醇酯(PET)	三氯乙酸	100~140
聚甲醛(POM)	邻/对二氯苯、对氯酚	~170
聚二苯撑醚砜	二甲基亚砜-d_6、氯仿 d_1	~100
乙烯/丙烯共聚物	邻/对二氯苯、二苯醚	160~200
乙烯/醋酸乙烯酯共聚物	苯、对二氯苯	室温~160
氯乙烯/乙烯异丁基醚共聚物	对二氯苯	140~160

$AsCl_3$ 和 $SbCl_3$ 是聚合物的良好溶剂,但因毒性太大而很少使用。溶剂和溶质可能会发生相互的作用,这是溶剂选择中的大忌。而溶剂中的杂质有时也会干扰 NMR 分析的结果,如使用 $DCCl_3$ 作为溶剂时,经常会在 $\delta=7.2$ 处产生 $CHCl_3$ 的质子吸收。有些强酸性溶剂是聚合物的良好溶剂,但由于酸性过强而可能使聚合物发生降解,使溶液的色泽加深。用液体法测定聚合物的 NMR 谱时,聚合物溶液的浓度无需严格控制,在 10%的浓度范围一般都是合适的,但上机前应进行溶液脱泡处理。

室温条件下聚合物分子链中的链段运动非常缓慢,提高温度将有助于加快聚合物分子链段的运动,得到尖锐的 NMR 谱线,通常最佳的温度范围在 100~150℃,但由于 TMS 的沸点太低,不宜作为高温条件下聚合物 NMR 分析的参考物质,可以用六甲基二硅氧烷(HMDS)代替,其 $\delta=0.05$,必要时可用 TMS 进行校正。需要说明的是,聚合物的共振峰比单体的共振峰要宽,峰的分辨率也不是很高,要通过自旋—自旋耦合来进行结构鉴定存在一定的难度。

(二)NMR 的波谱分类

分子结构和自旋耦合的复杂程度决定了其 NMR 谱的复杂程度,而每一个自旋体系的 NMR 谱都有其固有的特征,包括谱线数目、分裂情况和谱线的相对强度等及其变化规律。因此,NMR 谱的解析有难有易。对所谓的“一级谱”来讲,谱图的解析相对比较容易,如果是“高级谱”或“复杂谱”,则会比较困难,甚至是要经过复杂的计算才能得出结果。

NMR 的波谱类型可以按其自旋体系进行分类并遵循下列原则:①分子中化学位移相同且对外的耦合常数也相同的核用同一个大写的英文字母表示,如 A_1、A_2、A_3、…,下标为核的数目。这类核称为化学位移和磁性相同的核,即所谓的“磁全同”核;②分子中化学位移不同的核用不同的英文字母表示。如果核之间的化学位移之差 $\Delta\nu$ 与耦合常数 J 数值相当,用 *AB*、*ABC* 或 *ABCD* 表示;如果 $\Delta\nu$ 比 J 大很多(一般 $\Delta\nu/J>6$),则用 *AX*、*AMX* 或 *AMPX* 表示,等等;③分子中化学位移相同但对外的耦合常数不同的核用 *AA'* 或 *BB'* 表示,这类核又称为化学位移相同而磁性不同的核。

一级谱是指核之间的耦合较弱,因而谱线分裂比较简单,并且服从(n+1)分裂规则(I=1/2 的核)的 NMR 谱。除此之外,所有其他的 NMR 谱都称为高级谱(表 5-9)。事实上,随着体系中核数目的增加,高级谱的解析工作量和难度都是按几何级数增加的。因此,寻找降低“读谱”难度的方法就变得至关重要。

表 5-9　一级谱和高级谱的区别

NMR 谱级别	一级谱	高级谱
耦合情况	弱耦合	强耦合
分裂情况	n+1	复杂
自旋体系类别	*AX*,*AMX*	*AB*,*ABC*

(三)NMR 波谱的简化方法

1. 提高磁场强度

根据玻尔兹曼(Boltzmann)分布,随着场强 H_0 的增加,低能态的核子数也随之增加,从而可以提高 NMR 波谱仪的灵敏度(以信噪比 S/N 表示),其与场强 H_0 的 3/2 次方成正比。与此同时,随着场强的增加,特别是采用超导磁场,可以大幅提高磁场的均匀度,使仪器的分辨率提高。仪器工作频率为 60MHz 时,分辨率<0. 6Hz;当工作频率达到 500MHz 时,分辨率可<0. 1Hz。此外,磁场强度 H_0 的增加还可以使不同基团的化学位移(频率)之差 $|\nu_A-\nu_B|$ 也成比例地增加,但耦合常数 J_{AB} 却保持不变。其结果是:在弱磁场条件下的复杂谱(高级谱)在强磁场条件下可以逐渐演变为简单谱(一级谱),使谱图的解析变得更加容易。

2. 使用位移试剂

除了提高磁场强度之外,也可以在实验时在样品中加入位移试剂来简化 NMR 谱图。不过,只有分子中具有含孤对电子基团(如—OH、—NH_2 等)的化合物才能有效使用位移试剂,且不同基团的化合物,使用效果也各不相同。通常情况下,各种基团使用位移试剂的效果有如下顺序:—NH_2>—OH>C ═O>—O—>—COOR>—CN。位移试剂实际上是一类顺磁性金属配合物,常用的是过渡金属铕(Eu)的 β-二酮络合物,如 $Eu(BAT)_3$、$Eu(DBM)_3$、$Eu(DPM)_3$、$Eu(FOD)_3$ 和 $Eu(PPM)_3$ 等。

3. 自旋去耦

NMR 谱变复杂的根本原因是核的自旋耦合。如果自旋耦合不存在,那么 NMR 谱将会非常简单,因为一种核只会出现一条谱线,但这仅是一种理想化的状态,而且如果耦合不存在,很多分子结构的推断也就无法进行。但若可以去掉一些耦合,对 NMR 谱图的解析是有帮助的。例如,在含水乙醇的NMR谱图上看不到—OH与—CH_2—之间的耦合。这是由于在乙醇和水分子之间,—OH上的H^+发生快速交换,因而H^+的自旋态也发生快速的变化,导致自旋耦合被破坏。又如,具有四极矩的核(如^{14}N、^{35}Cl等),由于四极矩的弛豫效应,也能使核的自旋态快速改变,因而也观察不到自旋耦合。总之,当核的自旋态存在时间τ(自旋寿命)小于耦合常数J的倒数时,自旋耦合就不会被观察到。具体的办法是:在用普通射频场进行NMR分析时,使用另一个比射频场强得多的射频场作用于所要去耦的某一种核,使之处于"饱和"状态,也就是使其快速改变自旋态,从而破坏它们与其他核之间的耦合,达到去耦的目的。由于这种去耦方法需要同时使用两种不同的射频照射,所以也被称为双照法;又因测试时有两种共振同时发生,又被称为双振法。

4. 自旋模拟

将一组NMR参数输入计算机,经处理后生成一幅NMR谱图,然后再与实验所得到的谱图进行比较,以确定输入的参数是否准确,这个过程被称为自旋模拟。一般傅立叶变换NMR谱仪都有自旋模拟的程序。

第四节　核磁共振分析技术在纺织及相关材料分析中的应用

一、NMR技术在纺织材料分析中的应用

NMR分析技术是测定高聚物结构的有效方法之一,特别是对多种单体共聚物的组成分析、构型与构象分析、聚合物序列结构分析等。在这些分析中,NMR法所能给出的结构信息是其他任何方法都无法提供的,特别是随着高场强超导核磁共振仪的发展,NMR法的灵敏度有了大幅度的提高,使NMR分析技术成为聚合物分析的重要手段之一。

(一)聚合物样品的溶剂选择

在纺织聚合物材料的NMR分析中,必须找到一种合适的溶剂先将聚合物溶解,并配成一定浓度的溶液,然后才能进行NMR分析。为了避免溶剂分子中H原子对聚合物中的^1H谱产生干扰,在^1H-NMR分析中,不能使用含H原子的溶剂。解决的方法是将所有溶剂分子中的H原子用重氢—氘来取代,如氘代丙酮、氘代氯仿、氘代苯、重水、氘代氯苯等。由于共聚物溶液的黏度较大,即使在1%的浓度,仍然可能引起NMR吸收峰的加宽,分辨率下降。所以,高分子材料的NMR分析通常要在可加热的条件下进行,以提高分辨率。为避免溶剂挥发,试样管必须密封,或直接选用高沸点的氘代溶剂。

对于交联型的聚合物材料和天然纤维材料,由于无法用溶剂溶解,因而不能进行高分辨的NMR分析,必须采用适当的方法使其降解成低聚物或单体小分子,然后进行NMR分析。

(二)聚合物结构的定性和定量分析

NMR在由几种单体共聚的高分子材料分析中,不仅可以准确地判别其结构,而且可以通过积分曲线,准确地计算出其共聚比。图5-12是氯乙烯/乙烯基异丙醚共聚物的^1H-NMR图谱,从其各吸收峰的δ值可以准确推断出其聚合物结构,而且可以计算出$\left[CH_2—CHCl \right]_n$和$\left[CH_2—CH_2—O—CH(CH_3)_2 \right]_m$的两种单体的摩尔比$n/m$为97∶3。

又如,PET、PTT和PBT纤维都是聚酯类纤维,其红外光谱虽然在细节上存在差异,但区别并不明显。虽然可以综合运用多种方法将它们加以区别,但NMR技术却是最直接有效的鉴别

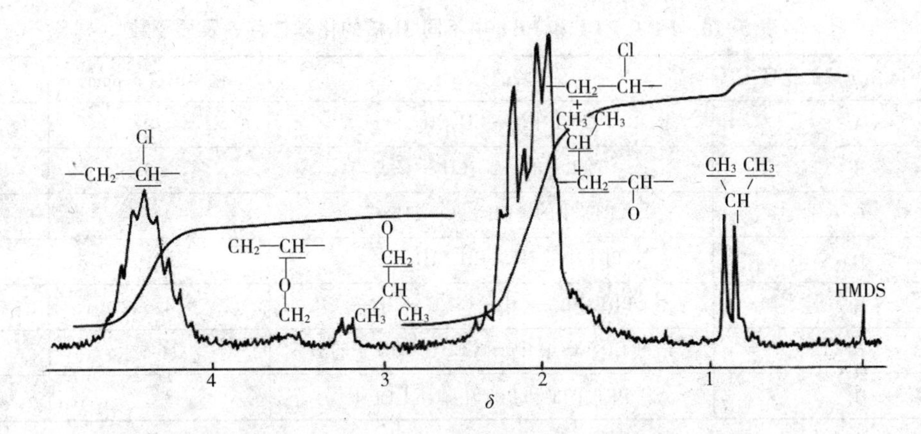

图 5-12 氯乙烯/乙烯基异丙醚共聚物的[1]H-NMR 谱

(溶剂:氘代二氯代苯,140℃,100MHz)

手段。因为这三种聚酯的第二单体分别为乙二醇、丙二醇和丁二醇,进行 NMR 分析时,其—CH_2CH_2—、—$CH_2CH_2CH_2$—和—$CH_2CH_2CH_2CH_2$—单元中处于不同磁场环境下的 H 原子和 C 原子的化学位移和峰的面积比都具有明显的特征(图 5-13、图 5-14 和表 5-10),因而无论是采用[1]H-NMR 还是[13]C-NMR 法均可快速地对这三种聚酯纤维加以鉴别。

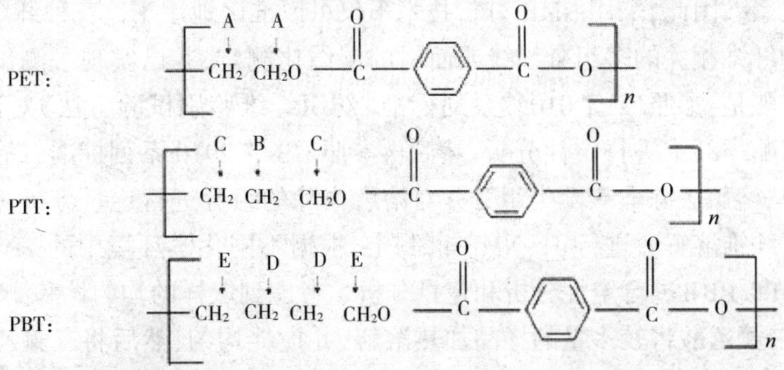

PET: [—CH₂(A)—CH₂(A)O—C(=O)—C₆H₄—C(=O)—O—]ₙ

PTT: [—CH₂(C)—CH₂(B)—CH₂(C)O—C(=O)—C₆H₄—C(=O)—O—]ₙ

PBT: [—CH₂(E)—CH₂(D)—CH₂(D)—CH₂(E)O—C(=O)—C₆H₄—C(=O)—O—]ₙ

图 5-13 PET、PTT 和 PBT 中第二单体上五种不同化学环境下的 H 原子

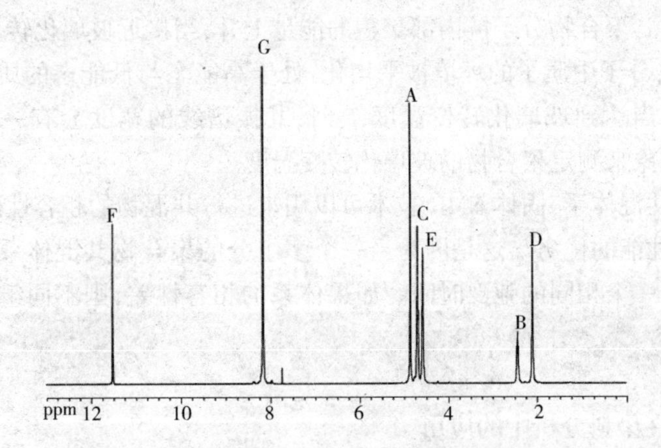

图 5-14 PET、PTT 和 PBT 混合样品的 NMR 谱

表 5-10　PET、PTT 和 PBT 中不同^{1}H 核的化学位移 δ 及质子数

图 5-14 中出峰的代号	峰的归属	化学位移 δ,ppm	质子数
A	PET 中的—CH_2CH_2—	4.9	4
B	PTT 中的—C—CH_2—C—	2.3	2
C	PTT 中的—CH_2—C—CH_2—	4.7	4
D	PBT 中的—C—CH_2CH_2—C—	2.1	4
E	PBT 中的—CH_2—C—C—CH_2—	4.6	4
F	溶剂 CD_3COOD 中杂质 CH_3COOH 中的 H	11.5	1
G	PET、PTT 和 PBT 中苯环上的 H	8.2	4

从上述图表中可以看出,PET、PTT 和 PBT 纤维中第二单体上与 O 直接相连的亚甲基上的 H 原子由于受到相邻酯基上 O 的强电负性吸电子效应的影响,电子云密度明显下降(去屏蔽效应),其共振吸收峰向低场移动,且因所受到的诱导效应存在差异,各自呈现出不同的化学位移 δ。而 PTT 和 PBT 中与酯基隔了一个 C 原子的亚甲基上的 H 受去屏蔽效应的影响明显减弱,故其共振峰位置仅略向低场偏移,且同样因诱导效应的高低而呈现出各自不同的化学位移 δ。与此同时,PET、PTT 和 PBT 的 NMR 谱图中,各类质子的共振峰在峰面积和对应的质子数之间呈现良好的正比关系。因此,采用 NMR 分析技术不仅可以准确地用于这三种纤维的定性,而且可以用于与这三种纤维相关的多组分纱线或面料的混纺比测定,并已实现了测试方法的标准化。标准中的方法步骤是:参照FZ/T 01057系列标准《纺织纤维鉴别试验方法》对试样纤维中的聚酯类纤维与非聚酯类纤维进行定性分析,然后再参照 GB/T 2910 系列标准《纺织品　定量化学分析》中适当方法溶解去除非聚酯类组分并对溶解去除的组分进行定量分析,最后再用氘代三氟乙酸将聚酯类纤维溶解后进行^{1}H-NMR 谱测定,根据不同化学环境中的^{1}H 吸收峰的化学位移和峰面积对 PTT、PBT 进行定性分析和定量分析。考虑到取样的均匀性和测试溶剂的价格因素,测试时先用三氟乙酸将较多量的样品加热溶解,并搅拌均匀,然后将三氟乙酸蒸发至干,取少量经溶解混匀并干燥的试样,加入氘代三氟乙酸制成溶液,进行 NMR 分析测定。

(三)聚合物玻璃化转变温度 T_g 的测定及共混体系的相容性研究

随着温度的升高,聚合物分子链内部聚积的能量上升,当接近玻璃化转变温度时,分子链的运动开始被"解冻",分子中质子的环境被平均化,处于高能态与低能态的质子在数量上趋于接近,共振谱线变窄。当达到玻璃化转变温度 T_g 时,共振谱线的宽度会有一个很大的改变。因此,可以利用这个现象来测定聚合物的玻璃化转变温度。

对于聚合物的共混体系,固体 NMR 技术可以用来进行共混物的相容性研究,并以此判断材料的结构稳定性和性能的优劣。这是因为当一个多组分的聚合物共混体系具有良好的相容性时,共混物应该只有一个相同的弛豫时间。如果体系的相容性差,则不同组分可能各自有独立的 NMR 参数。

二、NMR 技术在染料分析中的应用

染料是纺织产品印染加工中重要的原材料,NMR 分析技术在染料结构分析中的应用也相当普遍。由于染料的种类繁多,分子大小不一,溶解性能也各不相同,因而在其他分析方法中,

往往需要采用多种方法的“拼装”分析，甚至是要将染料分解成小分子后再进行分析。图 5-15 为一蒽醌染料的[1]H-NMR 图谱，其中 δ=3.41 的单峰为—OCH_3 的共振吸收；δ=3.63、δ=3.69、δ=3.94 和 δ=4.31 四组峰表明有四个与 O 原子相连的—CH_2 存在；δ=7.68、δ=7.79 和 δ=8.25、δ=8.37 为蒽醌环上的 5 个 H；而 δ=11.35 为蒽醌环 4 位上的—OH 峰，与 5 位羰基形成分子内氢键后移向低场。此染料的化学结构经结合 UV、IR、MS 和元素分析的结果而得到最终确认。

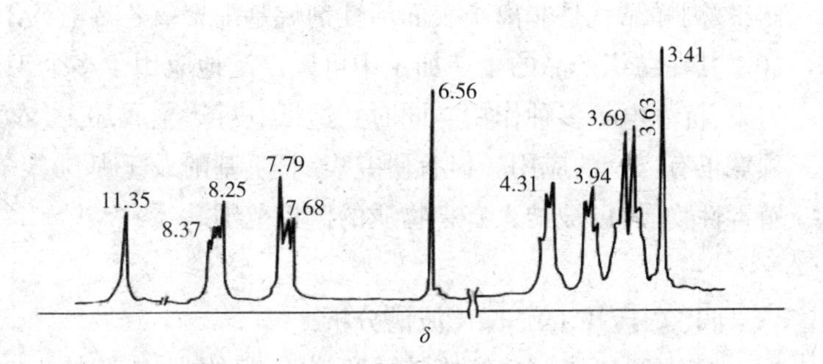

图 5-15　某蒽醌染料的[1]H-NMR 图谱

三、NMR 技术在纺织助剂和表面活性剂分析中的应用

随着经济的发展和人们生活水平的不断提高，消费者对纺织面料的风格和功能提出了越来越多样化和更高的要求。而要满足这种消费潮流的发展需求，各种新型纺织助剂和表面活性剂的开发和应用就变得十分关键。基于国内在纺织助剂研发方面基础相对薄弱的现状，除了大量采用进口助剂之外，选择一些有代表性的、性能比较优异的进口助剂进行剖析研究，并在此基础上进行合成和复配是目前大部分助剂开发和生产企业的常用手段。在这当中，NMR 分析技术发挥着非常关键的作用。

在大部分纺织助剂中，表面活性剂往往扮演着非常重要的角色，而 NMR 分析技术在表面活性剂结构的定性和组分定量分析中，图谱及其解析相对简单，其准确性和有效性相当高，不仅是对经分离的组分分析是如此，甚至对某些未经分离或难以分离的样品也能获得理想的分析结果。

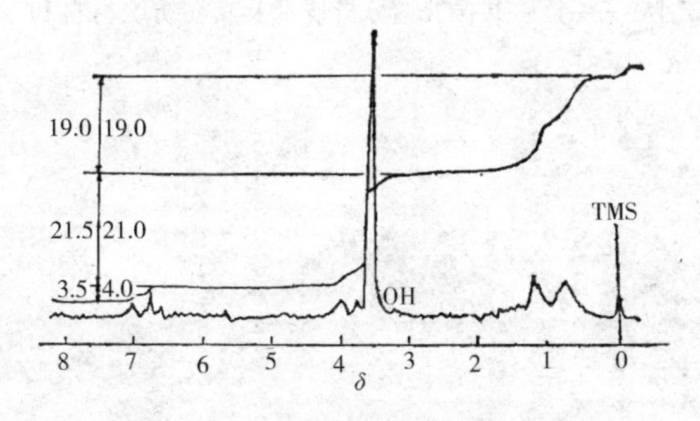

图 5-16　壬基酚聚氧乙烯醚（NPEO）的[1]H-NMR 图谱

图 5-16 是最著名的非离子表面活性剂壬基酚聚氧乙烯醚的[1]H-NMR 谱图（溶剂为重水）。在 R—Ar$\left(OCH_2CH_2\right)_n$OH 的结构中，R 是带有支链的壬基，其所含有的—CH_3、—CH_2—和 >CH— 上的质子在 δ=0.8~1.1 的范围内有共振吸收；苯环上的 4 个质子分别处于两种不同的化学环境，并由于耦合的作用发生共振峰的分裂，在 δ=6.8~7.0 的范围内出峰；而—OCH_2CH_2—单元上的质子由于相邻 O 原子的强电负性所带来的吸电子效应而部分去屏蔽，使共振峰向低场移动，在 δ=3.6 左右的地方出峰；而乙氧基末端的羟基—OH 的出峰位置则在 δ=3.2 左右。与此同时，根据在 NMR 谱图上同时出现的积分曲线可以得知：样品中 R 基、苯环、乙氧基和羟基上的质子数比为 19 : 4 : 20 : 1，则可推测 R 基的碳链长度为 C_9，而聚氧乙烯的缩合加成数 n 为 10。显

然,被测样品就是非离子表面活性剂烷基酚聚氧乙烯醚(APEO)中生产和应用最多的品种 OP-10。其在纺织产品的生产加工中可以广泛地应用于多个工艺环节,发挥润湿、洗涤、渗透、乳化、匀染、抗静电等多种作用。同时在造纸、皮革、金属加工、农药以及日用洗涤、护理用品和化妆品领域也有广泛的应用。但有研究表明,壬基酚及壬基酚聚氧乙烯醚属于环境激素,也被列为生殖毒性物质,已被纳入有害物质的监控范围。

四、关于^{13}C的 NMR 波谱分析

相对于^{1}H核,^{13}C核的灵敏度较低,仅约为^{1}H核的 1/5700。因此,^{13}C的 NMR 波谱分析只有借助于傅立叶变换核磁共振波谱分析技术,通过信号的多次累加,提高信噪比,才能实现。但与^{1}H-NMR 谱相比,^{13}C-NMR 谱的最大优点是其化学位移分布较宽,一般有机化合物的化学位移分布可达 200ppm。对于不太复杂的不对称有机分子,常常可以观察到每一个 C 原子的共振吸收峰。在^{1}H-NMR 谱中,无法观察到季碳原子和羰基的吸收(因为不含 H 原子),但在^{13}C-NMR 谱,可以轻易地捕捉到这两种基团的共振吸收峰。因此,^{13}C-NMR 谱在有机分子的骨架结构分析中具有十分重要的意义。在有机化合物的结构和构型分析中,^{1}H-NMR 和^{13}C-NMR 的结合使用是人们最常用的技术手段。

参考文献

[1]杨文火,王宏钧,卢葛覃. 核磁共振原理及其在结构化学中的应用[M]. 福州:福建科学技术出版社,1988.

[2]王正熙,刘佩华,潘海秦. 高分子材料剖析方法与应用[M]. 上海:上海科学技术出版社,2009.

[3]彭勤纪,王璧人. 波谱分析在精细化工中的应用[M]. 北京:中国石化出版社, 2001.

[4]王敬尊,瞿慧生. 复杂样品的综合分析-剖析技术概论[M]. 北京:化学工业出版社,2000.

[5]钟雷,丁悠丹. 表面活性剂及其助剂分析[M]. 杭州:浙江科学技术出版社, 1986.

[6]王建平. 现代分析测试技术在印染行业的应用(十九)——核磁共振波谱分析技术及其在纺织材料和染化料剖析中的应用[J]. 印染,2007,33(21):44-46.

[7]王建平. 现代分析测试技术在印染行业的应用(二十)——核磁共振波谱分析技术及其在纺织材料和染化料剖析中的应用(2)[J]. 印染,2007,33(22):44-45,46.

第六章　电感耦合等离子体发射光谱/质谱分析技术

第一节　电感耦合等离子体发射光谱/质谱分析技术概述

电感耦合等离子体(inductively coupled plasma,简称 ICP)是一种通过随时间变化的磁场电磁感应所产生的电流作为能量来源的等离子体源。电感耦合等离子体发射光谱分析实际上就是利用高频电感耦合产生等离子体放电的光源来进行原子发射光谱分析的方法,其全称为电感耦合等离子原子发射光谱法(inductively coupled plasma atomic emission spectroscopy,简称 ICP-AES)。ICP 作为一种新型的原子发射光谱激发光源,不仅具有环形结构、温度高、电子密度高、惰性气氛等特点,而且具有检出限低、线性范围广、电离和化学干扰少、准确度和精密度高等优异性能,是目前用于原子发射光谱的主要光源。而电感耦合等离子体质谱法(inductively coupled plasma mass spectrometry,ICP-MS)则是以等离子体为离子源的一种质谱型元素分析方法,可用于多种元素的同时测定以及同位素的组成分析,并可与其他色谱分析技术联用,进行元素的价态分析。

在 ICP 被作为新型光源应用于原子发射光谱之前,原子发射光谱法就已经发展成为一种成熟的光谱分析方法,是光学分析中较早诞生的分析方法之一,其雏形在 1860 年代即已形成。原子发射光谱法(atomic emission spectroscopy,简称 AES),是一种利用受激发气态原子或离子所发射的特征光谱来测定被测物质中元素组成和含量的方法。AES 分析技术早期采用火焰、电弧、火花等作为激发源,使气态原子或离子受激发后发射出紫外和可见区域的辐射,复合在一起的辐射光经过分光被色散成不同波长的谱线,并分别对应其所属的某种元素原子。因此,可以根据光谱图中是否出现某些特征谱线来判断是否存在某种元素。同时,根据特征谱线的强度来测定某种元素的含量。AES 分析可一次将被测物质中所有可被激发的元素全部在光谱图上显示出来,涉及的元素种类有七十多种(金属元素及磷、硅、砷、碳、硼等非金属元素),灵敏度高,选择性好,分析速度快。

1762 年德国化学家马格拉夫(A. S. Marggraf)首次观察到钠盐或钾盐可将酒精灯火焰染成黄色或紫色的现象,并提出可据此对二者进行鉴别和区分。1859 年德国物理学家基尔霍夫(G. R. Kirchhoff)和德国化学家本生(R. W. Bunsen)合作,共同设计了以本生灯为光源的第一台光谱分析仪器。由此,AES 分析技术逐渐成为一种常用的元素分析手段。1930 年以后,基于特征谱线强度的 AES 定量分析方法得到了应用,但因准确度不如后来出现的原子吸收光谱分析法而逐渐淡出分析化学应用领域。随着科学技术的不断发展,AES 分析技术不断得到完善和提升,并在近代分析化学中起着越来越重要的作用。以火焰、电弧和火花为经典的激发光源与辉光放电、空心阴极光源以及近几十年来兴起的以 ICP、MIP(微波诱导等离子体)、DCP(直流等离子体喷焰)等为代表的新型光源在发射光谱仪器中相互补充,使 AES 分析技术成为材料分析中最常用的分析测试手段之一。

早在 1884 年,德国化学家和物理学家希托夫(J. W. Hittorf)就已注意到,当高频电流通过感应线圈时,装在线圈所环绕的真空管中残留的气体会发出辉光,这是最初观察到的高频感应放电现象,即通过电磁感应产生的无极放电等离子体现象。1942 年,苏联科学家巴巴特(G. I. Babat)采用大功率电子振荡器成功地进行了在石英管中不同压强和非流动气流下的高频感应放电实验,但由于所用功率过大,石英管的热防护问题未能得到解决。直到 20 世纪 60 年代初,英国工程热物理学家里德(Reed)设计了一种从石英管的切向通入冷却气的高频放电装置才解决了这一问题。在这个装置中,采用氩气或含氩气的混合气体作为冷却气,并用碳棒或钨棒来引燃。Reed 将这种在常压下所获得的外观类似火焰的稳定的高频无极放电称为电感耦合等离子炬(体),即 ICP。英国化学家格林费尔德(Greenfield)和美国物理学家法斯尔(Fassel)将 ICP 装置用于 AES,开启了 ICP 在原子发射光谱分析上的应用。20 世纪 70 年代,ICP-AES 进入实质性的应用阶段,科学家们对 ICP 光源的性能、分析条件、干扰效应、仪器装置等开展了广泛的研究,并获得许多实际应用的成果。1975 年,美国的 ARL 公司生产出世界上第一台商品化的 ICP-AES 分析仪。近年来,人们开始逐渐意识到,在 6000~10000K 的高温下,试样中的大多数组分经原子化之后又进一步发生了电离,由此而得到的光谱实际上是一种离子光谱,而不是原先认为的原子光谱。因此,在一些后来的技术文献中,人们将 ICP-AES 另称为电感耦合等离子体光学发射光谱法(inductively coupled plasma optical emission spectrometry,简称 ICP-OES)。表 6-1 列出了 1965 年和 1975 年 ICP-AES 分析技术对相关元素的检出限数据,从中可以看出这十年间 ICP-AES 分析技术所取得的巨大进步。

表 6-1 ICP-AES 光谱分析检出限的变化 单位:μg/mL

元素	1965 年	1975 年
Al	3	2×10^{-4}
As	25	6×10^{-3}
Cd	20	2×10^{-4}
Cr	0. 3	1×10^{-4}
Mg	2	3×10^{-5}
Mn	1	2×10^{-3}
Fe	3	9×10^{-3}

与此同时,将 ICP 作为质谱分析离子源的研究也取得了积极的进展。20 世纪 70 年代,美国科学家加里(Gray)首先报道了用等离子体作离子源的质谱分析法。由于 ICP 可以提供很好的无机物分析所需要的离子源,在 ICP 与质谱仪相结合的接口问题解决之后,ICP-MS 分析法在无机元素超痕量分析上获得了巨大的成功。1983 年英国和加拿大两家公司同时推出了商用 ICP-MS 仪。此后,该技术迅速发展,从最初在地质领域的应用迅速扩展到在环境、高纯材料、核工业、生物、医药、冶金、石油、农业、食品、化学计量学等领域。目前,ICP-MS 分析技术除了

大量应用于元素分析外,在同位素比值分析、形态分析等方面也取得了大量的成果。表 6-2 反映了从 1980 年至 1990 年这十年间 ICP-MS 分析技术快速提升的对比情况。

表 6-2　ICP-MS 分析检出限的变化　　单位:ng/mL

元素	1980 年	1986 年	1990 年
As	60	0.04	0.01
Co	6	0.05	0.001
Cr	2	0.06	0.01
Mg	6	0.7	0.001
Mn	3	0.1	0.01

第二节　原子发射光谱分析技术

一、AES 法的基本原理

在 AES 法中,待测元素原子的能级结构不同,则发射谱线的特征不同,据此可对样品进行定性分析;待测元素原子的浓度不同,则发射强度不同,可实现元素的定量测定。通常情况下,AES 法的检出限可达 ppm 级,线性范围约 2 个数量级,精密度为±10%左右,适合于物质中大、中、少量的元素定性和半定量分析。

AES 法分析包括三个主要的过程。

(1)在外界能量的作用下使样品蒸发,形成气态原子,并进一步使气态原子激发至高能态。处于激发态的原子是不稳定的,很快便会跃迁回低能态,这时原子将以光的形式释放出多余的能量而形成特征的谱线。由于样品中含有不同的原子,就会产生不同波长的电磁辐射。

(2)将原子发出的复合光辐射经单色器分解成按波长顺序排列的谱线,形成有规则的光谱图。

(3)用检测器检测光谱中谱线的波长和强度,用人工或计算机辅助的方法进行元素的定性和定量分析。

二、AES 法定性分析中的几个基本概念

1. 共振线

不同原子的核外电子不仅数量不同,其所处的能级也不同。因此,当原子的外层电子获得能量后,从基态向高的能级跃迁时,可以跃迁到不同的能级,即原子的激发态可以有很多个。按能级由低到高排列,将不同的激发态依次称为第一激发态、第二激发态等。处于激发态的原子很不稳定,在极短的时间内便会跃迁回基态或其他的低能级而发射出光谱线。在 AES 分析中,通常把从激发态跃迁到基态的谱线称为共振线。其中,由第一激发态跃迁到基态产生的谱线称为第一共振发射线,简称第一共振线,其余类推。通常情况下,第一共振线也是最灵敏线、最后线。

2. 灵敏线

最易激发的能级所产生的谱线被称为灵敏线，其强度最高。每种元素都有一条或几条最强的谱线。因为第一共振线最易发生，所需能量最小，所以第一共振线，往往就是最灵敏线。同理，最后线也是最灵敏线。

3. 分析线

复杂元素的谱线可多至数千条，但进行分析时仅需选择其中的几条特征谱线即可，这些被选择的谱线被称为分析线。

4. 最后线

随着浓度逐渐降低，发射光谱的谱线强度也会逐渐减小，直到最后消失。最后消失的那条谱线被称为最后线。

三、AES 法的定性定量分析

AES 法中常用的定性分析方法有铁光谱比较法（简称铁谱法）和标准试样光谱比较法。其中选择铁谱法的主要原因在于：①铁谱的谱线多，在 210~660nm 的范围内谱线多达数千条；②铁谱的谱线间距分配均匀，容易比对，适用面广；③铁谱的每一条谱线的波长均已被准确测量，因而可以用来作参照定位，将其他元素的分析线标记在铁谱上，铁谱可以起到标尺的作用（图 6-1）。

应用铁谱时，可将试样与纯铁在完全相同的条件下摄谱，将两谱片在读谱器上放大对齐，检查被测试样有哪些谱线，并与标准图谱对比，可同时进行多元素的测定。而在进行定量分析时所依据的基本关系式则是 $I=\alpha bc$，式中，I 为谱线的强度，α 为比例系数，b 是自吸收系数，c 是试样中被测组分的浓度。显然，I 与 c 成正比是 AES 法进行定量分析的基础。在进行 AES 定量分析时，为了补偿因实验条件波动而引起的谱线强度变化，通常用分析线和内标线强度比对元素含量的关系进行校正，称为内标法。定量采用标准曲线法或标准加入法。

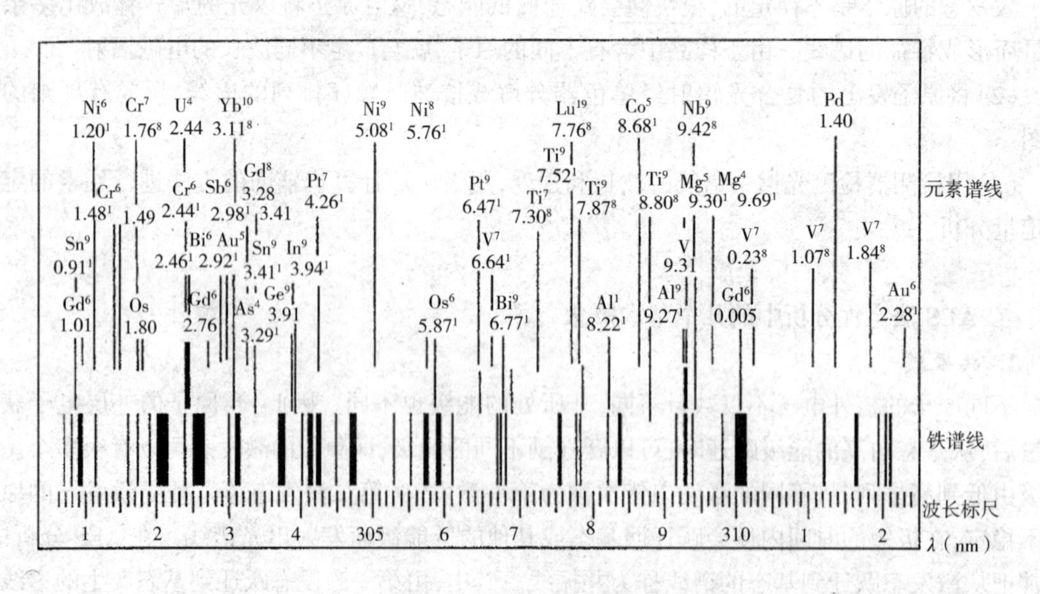

图 6-1 元素标准光谱图

关于谱线强度，需要说明的是，原子由某一激发态 i 向低能级 j 跃迁时，所发射的谱线强度与激发态原子数成正比。当达到热力学平衡时，单位体积的基态原子数 N_0 与激发态原子数 N_i 之间的分布遵守玻耳兹曼分布定律：

$$N_i = \frac{g_i}{g_0} N_0 \, e^{\frac{-E_i}{kT}} \tag{6-1}$$

式中，g_i、g_0 为激发态与基态的统计权重；E_i 为激发能；k 为玻耳兹曼常数；T 为激发温度。而发射谱线的强度则为：

$$I_{ij} = N_i A_{ij} h v_{ij} \tag{6-2}$$

式中，h 为普朗克常数；A_{ij} 为两个能级之间的跃迁概率；v_{ij} 为发射谱线的频率。将式(6-1)代入式(6-2)可得：

$$I_{ij} = \frac{g_i}{g_0} A_{ij} h v_{ij} N_0 \, e^{\frac{-E_i}{kT}} \tag{6-3}$$

从上式可以看出，激发能越小，谱线强度越强；温度升高，谱线强度增大，但易电离。

第三节　电感耦合等离子体原子发射光谱分析技术

一、ICP 装置及工作原理

作为激发光源的 ICP 装置主要由等高频发生器(产生高频电流)、等离子体炬管、感应线圈、供气系统和雾化系统组成。

1. 高频发生器

ICP 系统中高频发生器的功能是向感应螺管提供高频电流。高频发生器主要有两类：一是自激式发生器(电子管自激振荡)，它能使振荡电流的频率随等离子体阻抗的变化而变化；二是它激式石英稳频发生器(晶体控制振荡)，它是利用压电晶体的振荡来调节电流频率，从而保持频率的恒定。它激式发生器的主要优点是振荡频率恒定，功率稳定，转换效率高，抗干扰能力较强，其结构比自激式发生器复杂，在 ICP 商品仪器中的应用也比自激式振荡器广泛。在高频发生器的螺管中产生的高频电流为 ICP 的工作提供了必不可少的振荡磁场。目前，作为原子发射光谱光源的 ICP 的高频发生器一般采用 27. 12MHz 或 40. 68MHz 的振荡频率，输出功率通常为 1~1. 5kW。高频发生器的输出功率要有极好的稳定性，因为输送到 ICP 的功率只要有 0. 1%的漂移，发射强度就会产生超过 1%的变化。因此，高频发生器的功率变化必须小于±0. 05%。同时，反射功率也是越小越好，一般要求小于 10W。

等离子炬的能量来源于高频发生器。当等离子体引燃后，负载线圈与等离子体之间相当于组成了一个变压器。负载线圈是这个变压器的初级线圈，而等离子体相当于一匝次级线圈。高频功率便通过负载线圈耦合到等离子体中，使等离子体焰炬维持不灭。高频发生器的输出功率主要消耗在负载线圈发热、等离子体焰炬(入射功率)和部分反射(反射功率)。为得到高温的发光等离子体射流，先在高速气流中触发小的电火花，产生带电粒子(电子和离子)；它们在感应线圈中受到高频交变磁场的驱动，做圆周或螺旋前进的运动，并与定向运动着的气体粒子碰撞，使后者被无规则取向的加速而升高温度，并在碰撞中被原子化和部分电离，进而被碰撞激发和产生辐射。完全或部分电离的气体,当其正负荷电粒子数近似相等,且空间电荷接近零时,即处于等离子体状态。

2. 等离子体炬管

ICP是大气压下一种无极放电现象,并通过一个射频发生器的耦合作用得以维持。等离子体是在被称为“炬管”的一组石英管内和开口端产生的。通常使用的炬管是根据Scott Fassel设计的三层同心石英炬管,两个内管的开口端都短于外管的开口端,工作时分别通入3股发挥不同功效的氩气流。其中,进入外管的气流称为冷却气(又称等离子体工作气),沿炬管壁内侧切向高速流入,形成旋转气流,流量一般为10~19L/min,其作用如同高速离心机,将重的低温气体甩向管壁,较轻的热气体留在轴心。这样,热等离子体和管壁被分隔开,既冷却了管壁,又收缩了热等离子体的体积,增加了其功率密度,切向进气所产生的涡流可使等离子体炬保持稳定。冷氩气流量应与高频电流的功率和频率、炬管的大小、质量和冷却效果相匹配。流量太小,不能起到热防护作用,同时也会引起轴向通道的收缩,样品引入稳定性下降。流量太大,则氩气消耗量太多,且容易造成等离子体的熄灭。中间管的氩气流是点燃等离子体时通入的,称为辅助气流,流量通常在1L/min以下。等离子体被点燃后,辅助气流可以切断,也可根据需要予以保留。保留辅助气流的目的在于使高温的ICP底部与中心管和中间管的顶部保持一定的距离,避免其被烧熔或过热,减少气溶胶所带的盐分被过多地沉积在中心管口上。此外,利用辅助气流还可以起到抬升ICP,改变等离子体观察度的作用。中心管气流称为载气或进样气,流量可控制在0.5~3.5L/min,但通常在1.0L/min以下。其作用之一是作为动力在雾化器中将试样的溶液转化为粒径只有1~10μm的气溶胶;作用之二是作为载气将试样的气溶胶引入ICP;作用之三是对雾化器、雾化室和中心管起清洗作用。

3. 试样引入系统

试样引入系统可分为三类:液体气溶胶引入、固态直接引入和气态氢化物引入。液体气溶胶引入方式是最典型的引入方式,它是几乎所有的商业ICP光谱仪所采用的标准配置。将被测物质转化成溶液相进行液体气溶胶进样具有诸多的优势,且溶液分析有大量的基础理论和应用技术数据支撑。而对于某些ICP测定灵敏度较低,却又是环境科学重点研究的元素,如砷(As)、锑(Sb)、铋(Bi)、镉(Cd)、硒(Se)、碲(Te)、锗(Ge)、锡(Sn)等,则采用气态氢化物引入效果更好。固态直接进样的优势在于无须对样品进行分解而直接进样,并可以获得极低的检出限。然而样品的均匀性及固体样品的直接雾化也是一个棘手的难题。此外固态进样设备的性能要求一般都要高于液体气溶胶进样设备。

液体试样被引入ICP之前进行雾化是必经步骤。各种气动雾化器产生的液滴,其直径一般在0.1~100μm。较大的液滴进入ICP焰炬会使ICP发射信号的噪声增大,并且会因引入过多的水分而使等离子体过分冷却。雾化室的设计可以使载气突然改变方向,让比较小的液滴跟随气流一起进入等离子体,而较大的液滴则由于惯性较大,不能迅速转向而撞击在雾化室壁上,聚集成更大的液滴后一起向下流,并通过最低点处的管道排出。这样,经气动雾化形成的初始气溶胶进入雾室后,较大的液滴(直径>10μm)就可以被从细微的气溶胶液滴中分离出来,并阻止它们进入等离子体中。雾室的容积一般为100~200cm^3,常见的式样为双管雾室和带撞击球的锥形雾室。后者利用气溶胶与撞击球的碰撞使大液滴变小。

ICP中的气态氢化物引入方式必须使用氢化物发生装置。这种装置可以使As、Sb、Bi、Cd、Sn、Ge、Se和Te等元素在酸性介质中与硼氢化钠($NaBH_4$)反应生成挥发性的氢化物,并由氩气载入等离子炬中进行测定。由于待测元素基本上都进入了等离子体中,所以其测定的灵敏度要比溶液进样法提高10~100倍。同时,由于与基体元素实施了分离,干扰也就大为减少。固体粉末样品直接进入等离子体进行分析至今仍不十分成熟,不过激光烧蚀进样已成功地应用于ICP-AES和ICP-MS。激光进样系统一般包括高能量的激光器、聚焦激光的光学系统及相应的控制单元、样品烧蚀室以及使产生的气溶胶有效传输至等离子体的接口装置等。

二、ICP光源的激发机理

表6-3列出了被测物在ICP光源中的电离和激发过程。

表6-3　ICP光源的激发机理

激发类型	反应过程
潘宁电离	$M + Ar^m \rightarrow M^{+*} + e^- + Ar$ $M + Ar^m \rightarrow M^+ + e^- + Ar$
电子碰撞电离	$M + e^- \rightarrow M^{+*} + 2e^-$ $M + e^- \rightarrow M^+ + 2e^-$
电子碰撞激发	$M + e^- \rightarrow M^* + e^-$ $M + e^- \rightarrow M^{+*} + e^-$
辐射离子电子复合	$M^+ + e^- \rightarrow M^+ + h\nu$
三体离子电子复合	$M^+ + 2e^- \rightarrow M^* + e$ $M^+ + e^- + Ar \rightarrow M^* + Ar$
电子转移反应	$M + Ar^+ \rightarrow M^{+*} + Ar$
粒子的高能Ar碰撞激发	$M + Ar^m + e^- \rightarrow M^* + Ar + e^-$ $M^+ + Ar^m + Ar \rightarrow M^* + 2Ar$ $M^+ + Ar^m \rightarrow M^{+*} + Ar + h\nu$ $M^+ + Ar^m + e^- \rightarrow M^{+*} + Ar + e^-$ $M^+ + Ar^m + Ar \rightarrow M^{+*} + 2Ar$
光子激发	$M + h\nu \rightarrow M^*$

三、ICP激发光源的主要特点

(1)工作温度高,且工作气体为惰性气体,因此原子化条件良好,有利于难熔化合物的分解及元素的激发。

(2)检出限低,对大多数元素有很高的灵敏性,许多元素的检出限可达1μg/L。

(3)趋肤效应的存在,稳定性高,自吸现象小,测定的线性范围宽,一般可达5~6个数量级。

(4)基体效应小。ICP是一种具有6000~7000K的高温激发光源,样品预先经过化学处理,分析用的标准系列易于配制成与样品溶液在酸度、基体成分、总盐度等各种性质十分相似的溶液。同时,光源能量密度高,特殊的激发环境(通道效应)和激发机理,使 ICP 光源具有基体效应小的突出优点。

(5)无极放电,不存在电极污染

(6)载气流速低,利于试样在中央通道中充分激发,而且耗样量少。

(7)准确度和精密度均很高,RSD 可达 0.5%。

(8)可同时进行多元素的测定。

四、ICP-AES 的基本组成

ICP-AES 分析技术实际上就是在传统的 AES 分析技术基础上采用 ICP 作为新型和高效的激发光源所形成的一种现代原子光谱分析技术。ICP-AES 主要由两大部分组成(图 6-2):ICP 激发光源和光谱仪。ICP 激发光源包括高频发生器、等离子体炬管及试样引入系统;光谱仪包括色散系统、检测器及相关的记录、计算机控制和数据处理系统;此外,还有冷却系统和气体控制系统。

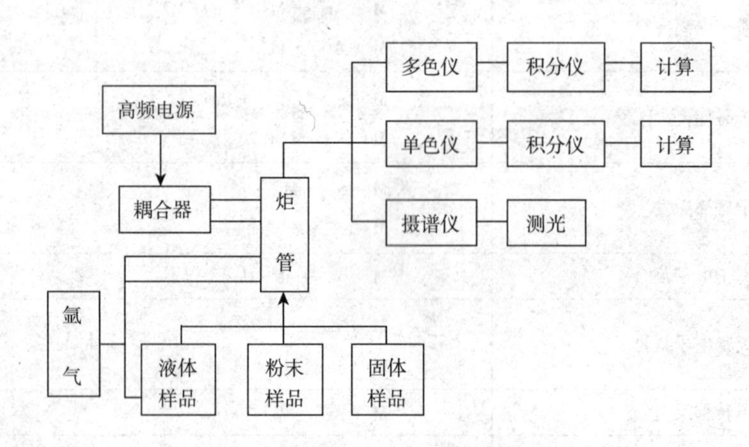

图 6-2 ICP-AES 仪组成示意图

五、ICP-AES 分析的工作过程

1. ICP 光源的激发

形成 ICP 焰炬的过程被称为“点火”,有三个步骤:第一步是向外管及中间管通入等离子体气和辅助气(此时中心管不通气体),在炬管中建立氩气气氛;第二步是向感应圈接入高频电源,一般频率为 7~50MHz,电源功率为 1~1.5kW,此时线圈内有高频电流 I 及由它产生的高频电磁场 H;第三步是用高频火花等方法使少量氩气电离,产生的离子和电子再与感应线圈所产生的高频交变磁场相互作用,使原子、离子、电子在强烈的振荡运动中互相碰撞产生更多的电子与离子并产生高温,呈现雪崩式的放电,从而形成火炬状的等离子体。

形成火炬状的等离子体后,试样被导入,并在 ICP 中被激发,具体的过程包括:液体试样经过雾化成气溶胶,然后脱溶成为固体颗粒后到达激发源;在激发源中固体颗粒被进一步气化变成分子形态,而后被激发解离成为原子,发生核外电子的跃迁,发射出光子(原子线)。与此同时,部分原子被进一步激发成离子,伴随核外电子的跃迁,也发射出光子(离子线)。

在感应线圈上方15~20mm的高度上,背景辐射中的氩谱线很少,故光谱观察宜在这个区域进行。ICP中心通道的预热区温度较低,试液气溶胶在此区内首先脱水(去溶剂)形成干气溶胶颗粒。干气溶胶颗粒向上移动进入高温区(约10000K),被测物开始分解和原子化,产生光辐射。但此区域温度过高,光谱背景过强,分析线的信背比不佳,故不宜在此区域取光测定。当被测物在中心通道继续上移进入正常分析区时(温度范围为5000~8000K),其原子化程度最好,化学干扰也最少,是最佳的取光观察区间。

2. 试样的引入

气溶胶进样是ICP-AES最常用的方法。试样引入系统由两个主要部分组成:样品提升部分和雾化部分。样品提升部分一般采用蠕动泵,也可使用自提升气动雾化器。雾化部分包括雾化器和雾化室。样品以泵入方式或自提升方式进入雾化器后,在载气作用下形成小雾滴并进入雾化室,大雾滴碰到雾化室壁后被排除,只有小雾滴可进入等离子体源。雾化器应满足雾化效率高、雾化稳定性好、记忆效应小和耐腐蚀的要求。雾化室应保持稳定的低温环境,并需经常清洗。

3. 分光

ICP-AES的单色器通常采用光栅或棱镜与光栅的组合,目前较常使用的是中阶梯光栅。中阶梯光栅常数为微米级,刻线密度10~80线/mm,闪烁角约为60°,入射角>45°,常用谱级为20~200级。

4. 检测

ICP-AES的检测系统利用光电效应将不同波长光的辐射能转化成电信号。所采用的电荷耦合组件(charge-coupled device,简称CCD)和电荷注入组件(charge injection device,简称CID)是一种新型固体多道光学检测器件,它是在大规模硅集成电路工艺基础上研制而成的模拟集成电路芯片。由于其输入面空域上逐点紧密排布着对光信号敏感的像元,因此它对光信号的积分与感光板的情形颇相似。具有多谱线同时检测能力,检测速度快,动态线性范围宽,灵敏度高的特点。目前这类检测器已经在光谱分析的许多领域获得了应用。

六、ICP-AES分析技术应用中的干扰问题

1. 光谱干扰

光谱干扰是ICP-AES中重要的干扰之一,迄今为止已经发表的ICP发射光谱表为光谱干扰研究提供了可借鉴的数据和资料。光谱干扰包括连续背景干扰和光谱线重叠干扰。ICP放电的连续背景辐射一般认为主要是由辐射的再复合、杂散光效应和轫致辐射产生的。相比于传统的火焰和电弧放电,ICP放电的连续背景辐射要小得多。而谱线重叠干扰源于ICP放电产生的丰富的原子线和离子线及谱线变宽效应等。主要有如下几类:①谱线变宽引起的光谱干扰,研究表明:由于谱线变宽,可以导致理论上可以分开的谱线发生重叠,如果光谱仪色散率和分辨率不足,谱线变宽可能引起谱线重叠干扰;②复合辐射背景引起的干扰,这在对痕量元素的分析中需要考虑;③基体元素发射的杂散光引起的干扰,杂散光使背景加深降低信背比;④分子光谱的干扰,常见的是O分子光谱带和OH分子光谱带的干扰;⑤分析过程中可能出现干扰元素的特征谱线与被测元素的分析线部分或完全重叠的情况。

从理论上讲,减小光谱仪狭缝宽度和增长焦距均可提高分辨率。但在实践中发现:前者会

导致光通量减少，后者会导致光谱仪稳定性下降，而且商用 ICP 光谱仪的焦距通常不超过 1m。因此，真正有效可靠的提高分辨率的途径是增加光栅刻线密度或者利用高级次光谱。传统机刻光栅的每毫米刻线数难以达到 2000 条以上，分辨率提高受限制。全息光栅的刻线容量可以达到很高的密度，可以有效地提高分辨率。但是，刻线密度超过 2400 条/mm 后，光栅不能覆盖 ICP 光谱仪所需的全部光谱范围（160~780nm）。解决的办法是采用多个光栅连用，但此举会导致光学系统更加复杂。另一种新型光栅是 Echelle，通常称为中阶梯光栅。与全息光栅相比，中阶梯光栅对于短波谱线有较高的分辨率，波长增加，分辨率下降；而全息光栅则在其覆盖的全部光谱范围均有较高的分辨率。

对于连续背景校正，目前常用非峰值背景测量校正，即将分析线近旁的强度作为背景来校正，具体的实现方式是通过计算机控制电路动态分离分析信号和背景信号。这要求仪器具备光谱描迹功能，现在最一般的顺序扫描型 ICP 光谱仪都可以得到理想的效果。至于在分析过程中已经出现的光谱重叠现象，如果由于种种要求和条件不能更换分析线，不能分离基体，可借助于化学计量学方法。

2. 非光谱干扰

ICP-AES 的非光谱干扰是指干扰剂对已分辨开的分析信号的增强或者减弱效应，有些文献也称之为增敏、增感或压制效应。在更多的文献报道中出现了基体效应或者是化学基体效应的概念，一般认为基体效应是用来表述非光谱干扰，但基体效应的表述方式更为直观。

就基体的组成来看，某些基体的组成强烈干扰 ICP-AES 的分析结果，通常考察的对象是溶液中相对高含量的共存物，或称之为基体，可分成如下类别：酸基体、元素基体（包括易电离元素基体或称低离子化电势元素和难电离元素基体）及其他杂类基体。此外，样品进样方式的不同也可能带来不同的基体干扰。

七、原子发射光谱分析技术的特点

1. 原子发射光谱分析技术的优点

如果脱开 ICP-AES，再回到整个 AES 分析技术看，AES 分析在元素分析中具有许多无可比拟的优势。

（1）适用范围广。可用于几乎所有金属元素和部分非金属元素的分析，总数可达 70 多个。

（2）选择性好。光谱的特征性强，每种元素都有自己的特征谱线，许多化学性质相近而用化学方法难以分别测定的元素，如铌和钽、锆和铪及十几种稀土元素，其原子发射光谱性质存在较大的差异，用 AES 法来进行测定非常容易。

（3）分析速度快。试样大多无需经过特殊的化学处理就可进行分析，且可同时进行数十个元素的同时分析，适于整批样品的多组分测定，与其他逐个元素单独进行测定的分析方法相比，无论是从效率还是从经济、技术等方面都显示出独特的优势。这也是 ICP-AES 分析技术的应用快速发展的原因之一。

（4）检出限低。一般光源可达 0.1mg/g 数量级，采用 ICP 作为激发光源时可低至 ng/g 数量级，许多元素的绝对灵敏度只有 10^{-11}~10^{-13}g。

（5）准确度高。一般光源可达 5%~10%，采用 ICP 时可<1%。ICP-AES 良好的线性范围可达 4~6 个数量级，可测高、中、低不同含量的试样。

(6)试样消耗少。AES 分析的试样消耗仅为 mg 级,适用于微量甚至痕量样品的分析。

2. 原子发射光谱分析技术的缺点

(1)大多数非金属元素因难以得到灵敏的光谱线而无法采用 AES 法进行检测。

(2)影响谱线强度的因素较多,尤其是试样组分的影响较为显著,所以对标准参比的组分要求较高。

(3)试样含量(浓度)较大时,准确度较差。

(4)仅能用于元素分析,不能进行试样结构和形态的测定。

第四节　电感耦合等离子体质谱分析技术

一、电感耦合等离子体质谱分析技术的基本概念

电感耦合等离子体质谱(ICP-MS)分析技术是指以电感耦合等离子体为离子源,将无机元素电离成带电离子后通过接口将离子束从等离子体中提取进入质量分析器,再根据离子质荷比(m/z)的不同由质谱计进行检测的无机多元素分析技术。除了同样采用电感耦合等离子体作为激发源和将元素分析作为工作目标,ICP-MS 和 ICP-AES 的工作原理存在本质上的不同。ICP-MS 实质上是采用电感耦合等离子体作为离子源的质谱分析法,而 ICP-AES 则是采用电感耦合等离子体作为激发光源的原子发射光谱法。因此,ICP-MS 仪实际上就是一台质谱仪。

ICP-MS 是 20 世纪 80 年代发展起来的一种新型的无机元素和同位素分析测试技术,它以独特的接口技术将电感耦合等离子体的高温电离特性与质谱仪的灵敏快速扫描的优点相结合而形成的一种高灵敏度的分析技术。

ICP-MS 仪所使用的电感耦合等离子体除了方位和线圈接地方式外,与发射光谱中使用的 ICP 基本相同。而其质量分析器、离子检测器和数据采集系统又与传统质谱相类似。其中质量分析器多采用四极杆质谱,也有采用具有高分辨的双聚焦扇形磁场质谱或飞行时间质谱的。ICP-MS 技术的特点是:灵敏度高,速度快,可在几分钟内完成几十个元素的定量测定;谱线简单,干扰相对于原子光谱技术要少;线性范围可达 7~9 个数量级;样品的制备和引入相对于其他质谱技术简单;既可用于元素分析,还可进行同位素组成的快速测定;测定精密度(RSD)可达 0.1%。

二、ICP-MS 分析技术概述

(一)ICP-MS 仪的组成

ICP-MS 由两大部分组成,ICP 发生器和质谱检测系统。其中的质谱系统包括接口、离子聚焦透镜系统、质量分析器和检测器等主要部件,还配有数据处理系统、真空系统和供电控制系统等(图 6-3)。

(二)ICP-MS 的工作原理

如前所述,ICP-MS 分析技术实际上是一种采用 ICP 作为离子源,将单质离子按质荷比的不同进行分离和检测的原子质谱法,主要用于元素分析。与目前质谱法绝大部分用于有机化合

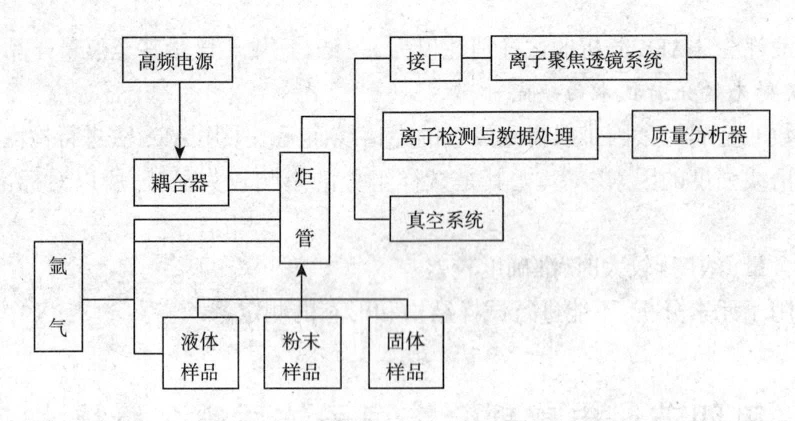

图6-3 ICP-MS仪组成示意图

物的定性定量分析相比,ICP-MS的用途相对比较单一,但对采用ICP-AES法进行元素的定性和定量分析来说却是一大进步。

在ICP-MS分析中,被测元素以一定的形式进入高频等离子体中,在高温下电离成离子,产生的离子经过离子光学透镜聚焦后进入四极杆质谱分析器,并按照荷质比进行分离,然后既可以按照荷质比进行半定量分析,也可以按照特定荷质比的离子数目进行定量分析。

ICP-MS的工作流程包括以下几个关键环节。

1. 样品的引入和离子化

用于ICP-MS分析的样品通常以液态形式以1mL/min的流速被泵入雾化器,用大约1L/min的氩气流将样品雾化成细颗粒的气溶胶。气溶胶中细颗粒的雾滴仅占样品的1%~2%。通过雾化室后,大颗粒的雾滴聚集后成为废液被排出,而从雾化室出口出来的细颗粒气溶胶则通过样品喷射管被传输到等离子体炬中。

ICP-MS分析中等离子体炬的作用与ICP-AES中的作用有所不同。在铜线圈中输入高频电流产生强的磁场,同时在同心石英炬管的沿炬管切线方向输入流速约为15L/min的氩气,磁场与气体的相互作用形成等离子体。当使用高压电火花产生电子源时,这些电子就像种子一样会形成气体电离的效应,在炬管的开口端形成一个温度高达10000K的等离子体放电。这是ICP-MS与ICP-AES的相似之处。在ICP-AES中,炬管通常是垂直放置的,被ICP激发的基态原子从高能级向基态跃迁时,会发射出特定波长的光子。但在ICP-MS中,等离子体炬管都是水平放置的,用于产生带正电荷的离子,而不是光子。实际上,ICP-MS分析中要尽可能阻止光子到达检测器,以减少信号的背景噪声。正是由于大量离子的生成并被检测到,使得ICP-MS具备了独特的ng/L量级的检测能力,检出限要优于ICP-AES技术3~4个数量级。

2. 离子束聚焦

由于质谱和等离子体之间存在温度、压力和浓度的巨大差异,前者要求在高真空和常温条件下工作,后者则是在常压下工作,所以接口是整个ICP-MS系统最关键的部分。样品的气溶胶在等离子体中经过去溶、蒸发、分解和离子化等步骤后变成一价正离子($M \rightarrow M^+$),通过接口区被直接引入质谱仪,用机械泵保持真空度为1~2mmHg(133~267Pa)。接口锥由两个金属(通常为镍)锥组成,分别称为采样锥和截取锥。每一个锥上都有一个小的锥孔,孔径为0.6~1.2mm,允许离子通过离子透镜引入质谱系统。离子从等离子体中被提取出来,必须有效传输并进入四极杆滤质器。然而高频线圈和等离子体之间会发生相互耦合而产生几百伏的电位差。如果不消除这个电位差,在等离子体和采样锥之间会产生放电效应(二次放电或收缩效应)。这种放电会形成更多的干扰物质,同时大大影响进入质谱仪离子的动能,使得离子透镜的优化变得不稳定和不可预知。因此,将高频线圈接地以消除二次放电是极其关键的措施。一旦离子被成功从接口区提取出来,通过一系列称为离子透镜的静电透镜直接被引入主真空室。在这个区域用一台涡轮分子泵保持约为 10^{-3} mmHg (0.133Pa)的运行真空。离子透镜的主要作用是通过静电作用将离子束聚焦并引入质量分离装置,同时阻止光子、颗粒和中性物质到达检测器。

3. 质量分析

离子束中所有的待测元素离子和基体离子离开离子聚焦透镜后,进入质量分析器。质量分析器的作用是过滤掉所有的非待测元素、干扰和基体离子,仅允许具有特定质荷比的待测元素离子进入检测器。这是质谱分析的核心和关键步骤。在这一区域,用第二台涡轮分子泵保持大约为 10^{-6}mmHg(1.33×10^{-4}Pa)的运行真空。目前,大部分商用ICP-MS仪在设计中通常采用碰撞/反应池技术消除干扰,然后在后续的四极杆中进行质量过滤分离(图6-4)。

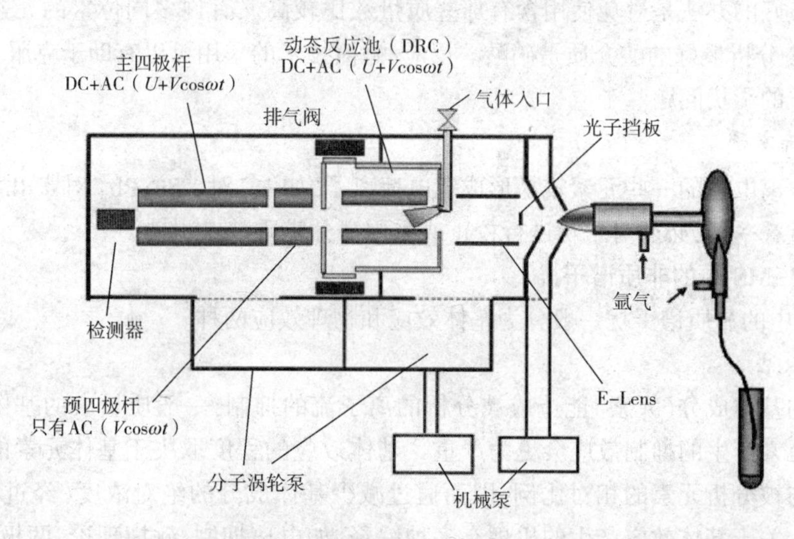

图6-4 双四级杆电感耦合等离子体质谱仪结构示意图(ICP-MS-MS)

4. 检测

ICP-MS分析的最后一个环节是采用离子检测器将离子流转换成电信号。目前最常用的检测器是离散打拿极二次电子倍增器,它是在检测器纵向方向布置一系列的金属打拿极,离子从质量分析器出来之后打击第一个打拿极,然后转变成电子。电子被下一个打拿极吸引,发生电子倍增,在最后一个打拿极就产生了一个非常强的电子流。用传统的方法通过数据处理系统对这些电信号进行测量,再应用标准溶液建立的ICP-MS校准曲线就可以将这些电信号转换成待测元素的浓度。

(三)ICP-MS中的质谱干扰

ICP-MS分析中遇到的干扰基本分为两大类:质谱干扰和非质谱干扰。实际工作中,这类干扰影响的程度大小不一。质谱干扰主要是干扰成分的质谱与被分析同位素的质谱发生重叠时产生的。一般质谱干扰对分析物离子流测量的结果产生的是正误差,质谱干扰主要有如下几种类型。

1. 同量异位素的重叠

元素周期表中到目前为止只发现有21个元素无同位素,如Be、F、Na、Al等,而其他一般元素都有相对丰度大小不一的2~5种同位素。其中约有40种元素的同位素间存在质量相同、元素不同的同量异位素问题,如^{40}Ar、^{40}Ca、^{40}K、^{50}Ti和^{50}V等。不过多数元素至少还有一个同位素不存在这个问题。若分析物中选不出不受干扰的同位素,或者可选用的同位素丰度太低而达不到灵敏度要求时,则应在分析前对样品进行化学分离以除去干扰,或采用高分辨ICP-MS仪分开干扰进行测量。

2. 多原子分子质谱的重叠

该种干扰往往比同量异位素的重叠要大,在ICP中多原子分子离子的产生源于分子的电离,通常由两个同种原子或两个不同种原子组成(如$ArAr^+$、ArO^+、ClO^+等),常见的类型有:等离子气体形成的多原子分子,如$ArAr^+$干扰$^{80}Se^+$、$^{40}Ar^+$干扰$^{40}Ca^+$等;氧化物,氧化物的形成源于等离子体中存在过量的氧;样品基体及酸的成分,如HCl、HNO_3中的Cl、N及O等。解决多原子分子质谱干扰最好的办法是避免使用含有那些质量数比较高又有许多同位素的元素的酸和其他试剂,ICP-MS分析最好的酸介质是硝酸。反应/碰撞技术的采用可以有助于克服ICP-MS分析中多原子分子的干扰问题。

3. 双电荷离子

具有低电离电位的一些元素较易形成双电荷离子,如U^{2+}对^{119}Sn、Pb^{2+}对^{103}Rh等,和其他同量异位素的重叠一样,必须对干扰进行校正或采用高分辨质谱仪测量。

(四)ICP-MS中的非质谱干扰

ICP-MS中的非质谱干扰一般分为基体效应和物理效应两种。

1. 基体效应

高浓度的基体成分(元素)能造成被分析的离子流的抑制,一般质量大的基体元素对质量小的被分析元素产生的抑制效应会更为严重。基体效应的程度取决于基体元素的绝对量而不是基体元素与被分析元素的相对比例,因而通过减少基体成分的绝对浓度(经过稀释)能把抑制效应减少。关于基体效应产生的机理有多种解释,如电离抑制、碰撞理论、两极扩散理论、质量分离效应理论和空间电荷效应理论等。基体干扰效应的程度可通过调节仪器工作参数加以减弱。

2. 物理效应

随着样品溶解总盐度增加,被分析物离子流信号会发生漂移,高盐样品溶液的这一效应是一种物理干扰效应。

一般来说,如果溶液中溶解的盐类的浓度超过2mg/mL则会有信号不稳定的问题,若盐分组成为碱金属的盐则耐受能力更低。解决的方法有几种:稀释样品使基体浓度降低,可减少盐类在取样锥孔的堆积;另外,使用内标也能校正由于取样锥孔堆积盐类造成的信号强度降低;除此之外可用基体匹配法、标准加入法、化学分离和加入抑制剂等解决办法。

物理效应还有其他类型,如样品与标准溶解之间在黏度、表面张力和挥发性等方面存在的差距导致的样品输送效应,雾化器使用蠕动泵进样能在一定程度上克服该影响。记忆效应也是一种物理干扰,针对不同的测定对象应选择合适的清洗时间。此外,由于氢氟酸会腐蚀玻璃进样系统,所以在样品测定时必须保证待测液中不含氟离子或者使用耐氢气酸的进样系统。

第五节 电感耦合等离子体原子发射光谱/质谱分析技术在纺织上的应用

ICP-AES 和 ICP-MS 分析技术在纺织工业最重要的应用就是纺织产品上有害重金属残留量的测定。某些重金属是维持生命不可缺少的物质,但浓度过高则对人体有害。某些重金属进入人体后,无法被人体排泄而趋向于在肝、骨骼、心及脑中积聚,当浓度到达一定程度时,便会对人体健康造成不可逆的损害。纺织产品上有害重金属的主要来源包括:某些含有有害重金属的合成染料;纺织产品在加工过程中所使用的化学品及助剂,如用作硫化染料的氧化剂、用作媒染染料的媒染剂、皮革鞣革剂的铬盐、作为固色剂的铜盐、防皱整理中作为交联反应的催化剂加入的硝酸锌、含重金属的抗菌防霉防臭整理剂、含有锑的阻燃剂和含铬的防水剂等;天然纤维生长过程中,因土壤中的重金属通过环境迁移、生物富集而含有的微量铅、镉、汞等重金属;合成纤维中的残留,如聚酯纤维中的作为缩合催化剂或阻燃剂的三氧化二锑中的锑、黏胶纤维中的锌和铜氨纤维中的铜等。

火焰原子吸收分光光度法(FAAS)、石墨炉原子吸收分光光度法(GFAAS)、ICP-AES 法和 ICP-MS 法是目前纺织产品及金属和塑胶辅料中有害重金属残留量测定最常用的技术手段。但 FAAS 法和 GFAAS 法主要用于定量,且针对不同的元素必须采用不同的光源进行测定;ICP-AES 法和 ICP-MS 法则可同时进行定性和定量分析,并可对几乎所有金属元素及部分非金属元素进行同步分析。这四种方法在金属元素检测的线性范围和检出限方面存在显著的差异,见表 6-4。

表 6-4 FAAS、GFAAS、ICP-AES 和 ICP-MS 技术在重金属检测中线性范围与检出限比较

测定方法	线性范围	检出限
FAAS/GFAAS	1~2 个数量级	mg/L
ICP-AES	5 个数量级	μg/L
ICP-MS	8 个数量级	ng/L

一、全谱直读 ICP-AES 法测定纺织产品上重金属含量

不同型号的 ICP-AES 仪的分析条件可能有所不同,表 6-5 和表 6-6 分别列出了部分 ICP-AES 仪的工作条件及待测元素的分析波长及衍射级。

表 6-5 ICP-AES 仪的工作条件

仪器型号		IRIS HR	IRIS Advantage ICAP	JY 238	JY 70P	JY 381	P-4010	Baird PS4	ICP-2000
变频功率发生器	入射功率(W)	1150	1150	100	1480	1000	1000	1150	1800
	反射功率(W)	—	—	<5	—	—	<5	<5	<3
	工作频率(MHz)	27. 12	27. 12	40. 68	56	40. 68	27. 12	40. 68	40. 68
气路系统	观察高度(mm)	15	15	15	18	16	13	10	15
	冷却气(L/min)	14	14	15	15	16	11	12	12
	辅助气(L/min)	0. 5	0. 5	—	1. 0	1. 0	1. 0	1. 0	0. 4
	载气(L/min)	—	—	0. 3	1. 0	0. 7	0. 6	0. 5	0. 4
	雾化器压力(kPa)	270. 3	165. 9	—	—	—	—	—	—
	蠕动泵转速(r/min)	100	100	—	—	—	—	—	—
数据处理系统	短波部分积分时间(s)	30	10	视元素定	视元素定	5	5	5	5
	长波部分积分时间(s)	10	5			5	5	5	5
	积分次数	3	3			5	4	4	2

表 6-6 元素的分析波长及衍射级(nm)

元素	Pb	Cd	As	Cu	Co	Ni	Cr	Sb
波长(衍射级)	220. 3(152) 261. 4(129)	214. 4(157) 226. 5(148) 228. 8(147)	189. 0(177) 228. 8(146)	324. 7(103) 327. 3(102)	228. 6(147) 237. 8(141)	221. 6(152) 231. 6(145)	267. 7(126) 283. 5(118)	231. 1(145) 206. 8(162) 252. 8(133)

注 表中括号中注明的光谱衍射级仅对全谱直读 ICP-AES 光谱仪适用。

原天津出入境检验检疫局采用改良的干法灰化法处理纺织品样品，以全谱直读 ICP-AES 法对纺织品中 Pb、Cd、As、Cu、Co、Ni、Cr、Sb 等重金属元素进行同时测定。取未染色全棉坯布作空白样品，进行三个含量水平的加入回收试验，回收率和相对标准偏差结果见表 6-7。方法的相对标准偏差为 1. 56%~9. 62%，各元素的加标回收率为 83. 2%~108. 4%。

表 6-7 精密度及加标回收试验结果(n=6)

元素	加入值ρ(μg/g)	回收值ρ(μg/g)	回收率(%)	RS(%)	元素	加入值ρ(μg/g)	回收值ρ(μg/g)	回收率(%)	RSD(%)
Pb	1	0. 883	88. 3	9. 62	Co	1	0. 968	96. 8	5. 80
	3	2. 820	94. 0	5. 77		3	2. 495	83. 2	5. 68
	5	4. 640	92. 8	3. 20		5	5. 026	100. 5	3. 44
Cd	1	0. 838	83. 8	4. 31	Ni	1	0. 872	87. 2	2. 26
	3	2. 874	95. 8	9. 42		3	2. 913	97. 1	5. 70
	5	4. 896	97. 9	4. 04		5	5. 422	108. 4	3. 33

续表

元素	加入值ρ (μg/g)	回收值ρ (μg/g)	回收率 (%)	RS (%)	元素	加入值ρ (μg/g)	回收值ρ (μg/g)	回收率 (%)	RSD(%)
As	1	0. 996	99. 6	9. 60	Cr	1	1. 011	101. 1	6. 56
	3	3. 198	106. 6	5. 06		3	2. 873	95. 8	7. 04
	5	4. 908	98. 2	3. 54		5	4. 808	96. 2	1. 56
Cu	1	0. 838	83. 8	4. 82	Sb	1	0. 948	94. 8	7. 99
	3	2. 415	80. 5	1. 79		3	2. 677	89. 2	5. 62
	5	4. 504	90. 1	2. 38		5	4. 947	98. 9	3. 01

注　所列结果为扣除试剂和未染色全棉坯布空白后的测定值。

二、微波消解 ICP-AES 法测定纺织产品上重金属含量

采用微波消解法对样品进行预处理,具有试剂用量少、环境密闭、空白值低的特点,可以有效提高检测的精密度和准确度。微波消解使样品的预处理变得安全、简便、快速和准确。本例中采用微波消化系统进行样品预处理,以 ICP-AES 法测定纺织品中 As、Cd、Co、Cr、Cu、Mn、Ni、Pb、Se、Zn 等 10 种元素的含量。取染色全棉布样品,做平行试验 11 次,相对标准偏差<5%,结果见表 6-8。为考察本方法的准确度,做回收率试验,加标回收率在 85. 3%~103. 0%,基本满足试验要求,结果见表 6-9。

表 6-8　微波消解 ICP-AES 法测定纺织品上重金属含量的精密度　单位:μg/g

序号	As	Cd	Co	Cr	Cu	Mn	Ni	Pb	Se	Zn
1	0. 306	0. 022	0. 065	1. 028	57. 044	3. 826	0. 334	1. 067	0. 538	5. 502
2	0. 340	0. 020	0. 063	0. 960	57. 286	3. 879	0. 323	1. 061	0. 522	5. 769
3	0. 363	0. 019	0. 062	1. 021	57. 063	3. 885	0. 318	0. 996	0. 542	5. 630
4	0. 330	0. 022	0. 064	0. 951	57. 259	3. 810	0. 345	1. 090	0. 539	5. 663
5	0. 342	0. 020	0. 068	1. 008	57. 208	3. 859	0. 321	0. 967	0. 526	5. 361
6	0. 316	0. 021	0. 065	1. 045	57. 348	3. 896	0. 310	0. 958	0. 494	5. 297
7	0. 332	0. 022	0. 057	1. 043	57. 102	3. 862	0. 327	1. 057	0. 504	5. 220
8	0. 328	0. 021	0. 059	0. 995	57. 061	3. 841	0. 322	0. 996	0. 498	5. 485
9	0. 339	0. 020	0. 064	0. 984	57. 505	3. 834	0. 304	0. 996	0. 490	5. 225
10	0. 327	0. 021	0. 060	0. 966	57. 516	3. 900	0. 328	0. 984	0. 486	5. 565
11	0. 319	0. 022	0. 059	1. 042	57. 963	3. 858	0. 301	1. 013	0. 507	5. 473
X	0. 331	0. 021	0. 062	1. 004	57. 305	3. 859	0. 321	1. 017	0. 513	5. 472
S	0. 015	0. 001	0. 003	0. 035	0. 275	0. 029	0. 013	0. 044	0. 021	0. 181
RSD(%)	4. 53	4. 76	4. 84	3. 49	0. 48	0. 75	4. 05	4. 33	4. 09	3. 31

表 6-9 微波消解 ICP-AES 法测定纺织品上重金属含量的回收率 单位:%

样品	As	Cd	Co	Cr	Cu	Mn	Ni	Pb	Se	Zn
色织苎麻棉	92.7	93.2	95.4	95.5	98.7	93.9	94.7	94.0	86.2	92.9
色织纯亚麻	92.3	91.4	94.5	98.3	98.1	99.0	94.2	97.5	85.3	95.4
色织全棉	101.1	98.7	103.0	101.1	97.8	96.5	97.9	101.5	89.9	102.5
染色全棉	94.6	92.4	95.6	94.9	101.9	95.8	91.3	96.3	91.9	993

三、微波消解 ICP-AES 法测定合成染料中重金属元素的含量

选取还原、分散、酸性、活性、硫化等五大类染料共 14 个品种,用微波消解 ICP-AES 法对 11 种重金属元素含量进行检测分析,测试结果见表 6-10。采用标准加入法对本法进行考察,各元素的回收率在 86%~101.13%,表明本方法符合常规测试要求。

表 6-10 微波消解 ICP-AES 法测定合成染料中 11 种重金属元素含量 单位:μg/g

染料品种	As	Cd	Co	Cr	Cu	Mn	Ni	Pb	Sb	Se	Zn
还原深蓝 VB	0.714	1.221	0.321	4.435	2978.34	24.491	3.144	22.059	—	1.280	38.091
还原黄 G	0.668	0.225	0.106	1.913	76.150	28.902	1.118	1.511	—	—	18.220
还原红 R	0.370	0.187	0.120	1.947	3.378	24.750	0.606	1.565	—	—	5.963
分散黄 SE-4RL	1.954	0.201	0.595	126.40	2.694	17.501	63.437	2.150	1.514	0.769	14.498
分散红玉 S-2GFL	0.189	0.180	0.102	2.580	1.743	10.027	1.599	2.803	—	0.883	31.517
分散蓝 S-3BG	0.104	0.093	0.068	1.152	0.531	13.402	0.734	1.671	—	0.840	3.196
酸性黄 G	—	1.185	14128	—	—	819.518	2996.6	44.971	—	—	24.673
酸性红 G	—	0.761	1.606	2.133	12.219	34.911	1.784	13.365	—	—	14.349
酸性蓝 BAW	—	6.242	4.046	8.966	6.045	86.515	7.186	13.665	0.325	—	96.875
雷麦素蓝 BX	—	0.063	0.259	7.854	1.926	2.614	3.910	2.649	—	0.341	1.085
雷麦素黄 3RS	—	0.022	0.229	0.371	0.184	0.462	0.594	—	—	—	9.432
雷麦素红 3BS	0.271	0.029	0.171	2.082	0.761	0.566	1.016	0.505	—	0.380	4.431
硫化黑 BN	0.646	0.092	0.066	1.025	1.551	3.619	1.808	1.223	—	0.372	5.598
硫化红棕 B3R	3.189	1.525	0.113	0.736	2920.79	200.988	1.209	0.963	—	0.587	11.854

注 "—"为未检出。

四、ICP-MS 法测定纺织品中痕量重金属元素

纺织产品上有害重金属的含量通常都很低,有时对一些重金属含量很低的样品采用常规的 FAAS、GFAAS 或 ICP-AES 分析技术进行检测时,方法的系统误差和实际含量在同一个数量级,使得测试结果的可靠性受到影响。ICP-MS 法是 20 世纪 80 年代以来发展最快的无机痕量分析技术之一。该技术具有快速、准确、灵敏度高和多元素同步分析的特点,非常适合于纺织产品上痕量有害重金属元素的检测。但由于采用 ICP-MS 法在测定过程中存在着基体干扰以及仪器

信号漂移等问题,可能影响测定结果,需要对 ICP-MS 的工作参数进行优化。表 6-11 列出了针对 2 个样品在优化的实验条件下,取 10 次平行测定试剂空白液的结果及 3 次平行测定 10μg/L 各元素标准溶液的结果,方法的检出限可以达到 0.001～0.008μg/L,回收率为 93.17%～109.12%,RSD 小于 3.42%。该方法操作简便、快速、准确、重复性好。

表 6-11　加标回收率及精密度实验结果

织物	元素	测定值（μg/g）	加标量（μg/g）	加标测定量（μg/g）	回收率（%）	相对标准偏差（%）
A	Pb	0.772	1.000	1.738	98.08	1.47
	As	0.633	0.500	1.102	97.26	2.36
	Cd	0.011	0.050	0.057	93.44	3.42
	Cr	96.48	100.0	214.4	109.12	2.85
	Ni	0.329	0.500	0.807	97.35	1.96
B	Pb	0.976	1.000	1.841	93.17	1.69
	As	0.412	0.500	0.889	97.48	2.02
	Cd	0.023	0.050	0.073	106.85	2.94
	Cr	2.849	5.000	7.960	101.14	1.13
	Ni	0.365	0.500	0.837	96.42	2.66

注　样品 A 为染色布,样品 B 为色织纯亚麻。

研究表明,用 ICP-MS 测定纺织品中微量及痕量重金属元素具有良好的准确度和精密度,灵敏度高,其检出限比 FAAS 法、ICP-AES 法均要低几个数量级,完全可以满足分析的要求。

五、纺织产品上有害重金属含量测定方法的选择

从现有的法规要求看,针对纺织产品的有害重金属限量要求被分成几种类别:一是某些重金属元素的总量,如对 Pb 和 Cd 的总量限制要求,通常都在 90～100mg/kg 的范围;二是针对某些可萃取重金属的限量要求,其数量级在 0.02～50mg/kg 的范围,跨度比较大;三是针对某些特定价态的重金属元素的限制,如六价铬 Cr^{6+},限量要求为 0.5～3mg/kg。

针对上述不同的限量要求,从分析技术的原理、灵敏度、准确度和精密度等多个因素,乃至方便程度和分析测试成本等多方面考虑,不同方法的适用性不同。

(1)对于特定价态的元素分析,显然不能采用常规的元素分析方法,如上面提到的 FAAS、GFAAS、ICP-AES 和 ICP-MS 方法。目前非常成熟的测定 Cr^{6+} 的方法是比色法(参见第一章)。对于总铅和总镉的测定,由于限量要求在几十个 mg/kg 以上,常规的元素分析技术一般都能适用,没有大的技术难度。

(2)对于限量要求范围在 0.02～50mg/kg 的可萃取重金属,由于所涉及的 10 种重金属元素的来源、性质、存在状态和限量值等都存在很大的不同,因而并非所有的元素都能通过常规的元素分析技术来获得满意的结果,在大部分情况下可以采用 GFAAS 或 ICP-AES 法解决问题。

(3)针对 As 和 Hg 这两个易升华、不稳定的元素,情况却有点特殊。从分析技术角度看,纺

织品上 As 和 Hg 的检测有一定的特殊性，首先是 As 和 Hg 的单质和部分化合物的性质不太稳定，给分析方法的设计带来一定的困难；其次是对纺织产品上这两种有害元素的限量值都很低，常用的分析技术因分析的灵敏度、重现性、分析成本等原因而不太适用，包括 ICP-AES 法。因此，在纺织品有害重金属含量测定方法系列标准的研究制定中，专门设计了针对 As 和 Hg 这两种元素的原子荧光分光光度法。

当然，直接采用 ICP-MS 分析技术几乎可以解决所有问题，但由于 ICP-MS 仪在普通实验室的普及程度并不高，而且运行成本也很高，对常规实验室而言，投入产出是不得不考虑的因素之一。

参考文献

[1]REED T B, J. Appl. Phys. [J]. 1961(32):821.

[2]REED T B, J. Appl. Phys. [J]. 1963(34):2266.

[3]GREENFILED S, JONES I L, BENY C T. High-pressure plasmas as spectroscopic emission sources[J]. Analyst, 1989,89(1064):731-720.

[4]WENT R H, FASSEL V A. Induction-coupled plasma spectrometric excitation source [J]. Analytical Chemistry, 1965, 37(7):920.

[5]HIEFTJE G M. Spectrochim. Acta. [J]. 1983, (38B):1465.

[6]高志祥，马洁．现代分析测试技术在印染行业的应用(十)——电感耦合等离子体(ICP)分析技术及其在纺织工业上的应用(1)[J]．印染，2007,33(12):39-41.

[7]高志祥，马洁．现代分析测试技术在印染行业的应用(十一)——电感耦合等离子体(ICP)分析技术及其在纺织工业上的应用(2)[J]．印染，2007,33(13):40-44.

[8]江祖成，田笠卿，陈新坤，等．现代原子发射光谱分析[M]．北京：科学出版社，1999.

[9]辛仁轩．离子体发射光谱分析[M]．北京：化学工业出版社，2004.

[10]刘虎生，邵宏翔．电感耦合等离子体质谱技术与应用[M]．北京：化学工业出版社，2005.

[11]季欧．质谱分析法(上)[M]．北京：原子能出版社，1978.

[12]上海化工学院分析化学教研组，等．分析化学：下册[M]．北京：人民教育出版社，1978.

[13]郭维，于涛，闫婧，等．全谱直读 ICP-OES 法测定纺织品中重金属总量[J]．理化检验——化学分册，2006,42(7): 547-549.

[14]刘丽萍，乙小娟，杨雪芬．ICP-OES 法测定纺织品中的十种元素[J]．印染，2000,26(12):29-30.

[15]刘丽萍，乙小娟，杨雪芬．合成染料中金属元素的 ICP 测定结果分析[J]．预防医学情报，2001,17(2): 96-97.

[16]王建平，陈荣圻，吴岚，等．REACH 法规与生态纺织品[M]．北京：中国纺织出版社，2009.

[17]谢华林，李立波，贺惠，等．ICP-MS 法测定纺织品中痕量重金属的研究[J]．印染助剂，2004,21(3): 48-50.

第七章 热分析技术

第一节 热分析技术概述

一、热分析技术的基本概念

热分析(thermal analysis,简称 TA)是指利用热力学参数或物理参数随温度变化的关系进行分析的方法。国际热分析协会(International Confederation for Thermal Analysis,简称 ICTA)于1977 年将热分析定义为:热分析是测量在程序控制温度下,物质的物理性质与温度依赖关系的一类技术。

热分析技术可以根据测定的物理参数再细分为多种方法,最常用的有差(示)热分析(DTA)、热重量分析(TG)、导数热重分析(DTG)、差示扫描量热法(DSC)、热机械分析(TMA)和动态热机械分析(DMA),此外还有逸气检测(EGD)、逸气分析(EGA)、扭辫热分析(TBA)、射气热分析、热微粒分析、热膨胀法、热发声法、热光学法、热电学法、热磁学法、温度滴定法、直接注入热焓法等。热分析技术能快速准确地测定物质的晶型转变、熔融、升华、吸附、脱水、分解等变化,对无机、有机及高分子材料的物理和化学性能测试是一种非常重要的技术手段。

二、热分析技术的发展历程

1780 年,英国的希金斯(Higgins)在实验室加热石灰的过程中使用天平测量了石灰黏结剂和生石灰受热时的重量变化,这是热分析技术的雏形。1786 年,英国的韦奇诺德(Wedgnood)在研究黏土时测得了第一条热重曲线。1887 年,法国的 H. L. 勒夏特列(Le Chatelier, Henri Louis)在研究黏土矿物的成分和结构时用他发明的热电偶测量了试样在加热(或冷却)的过程中的温度变化,得到了黏土的热效应图谱,被公认为差热分析的创始人。勒夏特列发明的热电偶是由两根金属丝组成的,一根是铂,另一根是铂铑合金,两端用导线相接;一端受热时,即有一微弱电流通过导线,而电流强度与温度成正比。1899 年,英国冶金学家威廉·钱德勒·罗伯茨—奥斯汀(William Chandler Roberts-Austen)根据差示原理,第一次采用差示热电偶和参比物测得了第一条 DTA 曲线,大大提高了测定的灵敏度,DTA 技术由此正式面世。1915 年,日本冶金学家本多光太郎研制出了第一台简易热天平,为现代热重法分析技术奠定了基础。1945 年,首批商品化的热天平上市。1955 年,美国的布尔斯马(S. L. Boersma)对差示热分析仪的结构进行了改进,提出了目前仍在使用的仪器结构模型。1963 年美国的沃森(E. S. Watson)和奥尼尔(M. J. O'eill)等首次在差热分析的基础上提出了差示扫描量热(DSC)分析的概念,功率补偿式的DSC(PC-DSC)分析仪很快面世。如今,热分析技术已经从最早的差热分析和热重量分析方法发展成为一门独立的科学,广泛应用于石油化工、建材、橡胶、生化、高分子材料、食品和地球化学等领域。

第二节　几种主要的热分析技术

一、差示热分析法

(一)差示热分析的基本原理

1. 差示热分析的基本概念

差示热分析(differential thermal analysis,DTA)简称差热分析,是在程序控制温度下测定试样和参比物之间的温度差和环境温度关系的一种技术。物质在加热或冷却过程中的某一特定温度下往往会伴随吸热或放热效应的物理或化学变化,如晶型转换、沸腾、升华、蒸发、熔融等物理变化以及脱水、分解、氧化还原等化学变化。此外,有些物理变化如玻璃化转变,虽无热效应产生,但热容等某些物理性质也会发生改变。此时,物质本身不一定发生变化,但是温度却有可能发生变化。差热分析就是建立在物质的这一类特性基础上的一种测试技术。差热分析法可以对加热过程中所发生的上述各种物理或化学变化做出精确的反应和记录,可以用于测定物质在热反应时的特征温度及吸收或放出的热量。

2. 温差热电偶

在差热分析中,试样和参比物之间的温差实际上是很小的。为了能准确捕捉到这种微小的温差变化,必须使用温差热电偶,并将其转换成的电信号放大。研究表明,具有不同自由电子束和逸出功的两种金属接触后会产生电动势。当金属丝A和金属丝B焊接成一个闭合回路时,如果两焊点的温度不同就会产生温差电动势,闭合回路会有微小的电流流动,其电动势的大小与两个焊点的温度成正比。如果将两根不同的金属丝A和金属丝B以一端相焊接,置于需测温部位,另一端置于冰水环境中,并以导线与检流计相连,可以发现所得的温差电动势与热端的温度近似成正比,这就构成了可以用于测温的热电偶。如果将两个反极性的热电偶串联起来,就可构成用于测定两个热源之间温差的温差热电偶。如果将温差热电偶的一个热端用来接触试样,另一个热端与参比物接触,就可以测定升温过程中两者的温度差,经放大后被记录下来。差热分析的温差热电偶通常是由镍铬合金或铂铑合金与等粗的铂丝组成的。

3. 差示热分析装置的工作原理

一般的差热分析装置由加热(制冷)系统、温度程序控制系统、信号放大系统、差热系统、记录和数据处理系统等组成(图7-1),有些型号的产品也包括气氛控制系统和压力控制系统。加热(制冷)系统的作用是。温度程序控制系统的作用是确保试样所处的温度环境能够按照要求在一定的温度范围受到程序控制,如升温、降温或恒温。气氛控制部分的作用则是为试样提供测试时所要求的气氛,如真空、保护气氛或反应气氛,其主要部件包括真空泵、充气钢瓶、稳压器和流量计等。信号放大系统的作用是把试样的温度参数变化转换成电量(电压、电流或功率),经放大后输送到记录和数据处理系统,在记录仪或显示屏等相关设备上输出所测得的试样温度参数对实验温度变化的关系图(DTA曲线图)的同时,被转换成数字存储下来。记录和数据处

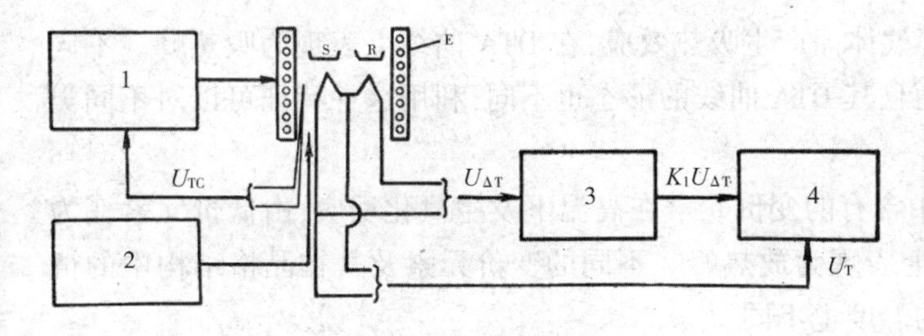

图 7-1　差热分析仪原理图

1—温度程序控制系统　2—气氛控制系统　3—信号放大系统

4—记录和数据处理系统　S—试样　R—参比物　E—加热(制冷)系统

U_{TC}—控温热电偶送出的毫伏信号　U_T—试样下热电偶送出的毫伏信号

$U_{\Delta T}$—由差示热电偶送出的微伏信号

$K_1U_{\Delta T}$—经放大的差示热电偶送出的信号

理系统是 DTA 测试装置的核心部分,它决定了仪器的灵敏度和精度,其中的信号转换是由一对分别置于盛放试样和参比样品的坩埚底部下面的温差热电偶组成的。

4. 差热曲线

实验用的参比物应该选择在实验温度范围内不发生热效应的物质,如 $\alpha-Al_2O_3$、石英、硅油等。当把参比物和试样同时置于加热炉中托架上的坩埚里等速升温时,若试样无热效应产生,试样温度和参比温度相等,$\Delta T=0$,此时差示热电偶没有信号输出,双笔记录仪上记录温差的笔理论上应该划出一条直线,称为基线;另一支笔则记录试样温度的变化。而当试样温度上升到一定温度开始发生热效应时,试样与参比物的温度不再相等,此时 $\Delta T\neq0$,差示热电偶有信号输出,这时记录笔就会偏离基线而划出曲线,这条 ΔT 随温度变化而变化的曲线就称为差热曲线(DTA 曲线)。以温差 ΔT 作纵坐标,吸热峰向下,放热峰向上;温度(T)或时间(t)作横坐标,自左向右增加(图 7-2)。但实际上,由于热电偶的不对称性、坩埚的几何尺寸和摆放位置以及试样、参比物(包括它们的盛器)的热容、热导系数也不尽相同且也会随温度的变化而变化,在温度变化时仍有不对称电势产生。此电势随温度升高而变化,在等速升温条件下划出的基线并非是完全 $\Delta T=0$ 的一条直线,而是会在接近 $\Delta T=0$ 的位置发生漂移,漂移的程度与升温速率有关(图 7-2中的 AB 段和 DE 段),这时可以用斜率调整线路加以调整。

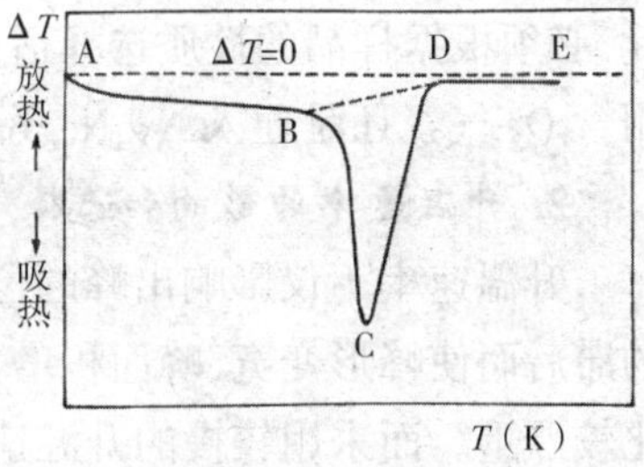

图 7-2　DTA 曲线

(二)差示热分析的应用

在 DTA 曲线上,由吸热或放热峰的位置可以确定发生热效应的温度,由峰的面积可以确定热效应的大小,由峰的形状可以了解有关热效应发生过程中的动力学特征。在图 7-2 中,吸热峰 BCD 的面积与热效应 ΔQ 成正比:

$$\Delta Q = K\int_{t_1}^{t_2}\Delta T\mathrm{d}t = KA \tag{7-1}$$

由于不同物质发生热效应的温度、热效应 ΔQ 的大小及发生热效应时的动力学特征都与物质本身的性质有关,所以不仅可以利用差热分析来研究物质的性质,而且可以根据这些性质来鉴别未知物质。DTA 分析技术典型应用事例包括以下几方面。

(1)含水化合物分析。对于含吸附水、结晶水或者结构水的物质,在加热过程中失水时,会发生吸热作用,在差热曲线上形成吸热峰。

(2)某些在高温下可释放出气体的物质分析。某些化学物质,如碳酸盐、硫酸盐或硫化物等,在加热过程中可释放CO_2、SO_2等气体而产生吸热效应,在DTA曲线上表现为吸热峰。不同类物质不仅释放气体的温度不同,而且其DTA曲线的形态也不同,利用这种特征可以对不同类物质进行鉴别。

(3)元素的变价分析。矿物质中含有的变价元素在高温下发生氧化反应,由低价元素变为高价元素而放出热量,在DTA曲线上表现为放热峰。不同的变价元素及其在晶格结构中的情况不同,其因氧化而产生放热效应的温度也不同。

(4)非晶态物质的结晶和重结晶分析。有些非晶态物质在加热过程中会发生结晶现象,放出热量,在DTA曲线上形成放热峰;而有些晶型物质在加热的过程中原有的晶格结构遭到破坏,会吸收热量,变为非晶态物质后又发生晶格重构,即重结晶现象,又会形成放热峰。

(5)晶型转变分析。有些物质在加热过程中由于晶型转变而吸收或放出热量,在DTA曲线上形成相应的吸热峰或放热峰。

(三)影响差示热分析实验结果的因素

差热分析仪器和操作都不算复杂,但在实际应用中往往发现实验室之间、仪器之间和人员之间对同一样品的分析结果存在一定的偏差,吸热峰或放热峰的位置、形状、面积或峰值大小甚至出峰的数目都会发生一定的变化,要取得精确的实验结果并非易事。差热分析的影响因素众多,包括仪器因素、试样因素、实验时的气氛、升温速率等。这些因素对受扩散控制的氧化和分解反应的影响较大,但对相转变的影响相对较小。在仪器已经确定的情况下,可以通过对下列实验技术条件的调控,来取得满意的分析结果。

1. 气氛和压力的选择

气氛和压力可以显著影响样品的化学反应、物理变化及其所对应的热转变温度和峰形。因此,必须根据样品的性质选择适当的气氛和压力,如有的样品可以根据分析需要,确定是选择采用含O_2气氛还是通入N_2、Ne等惰性气体气氛。

2. 升温速率的影响和选择

升温速率不仅影响出峰的位置,而且影响峰面积的大小。通常,较快的升温速率会因平衡的滞后而使峰形变宽,峰面积增大,导致相邻峰的重叠,分辨率下降;同时,基线的漂移也会变得比较严重。而采用较慢的升温速率,不仅基线漂移小,也能使相邻峰的分离更为清晰,分辨力提高但测定时间也会相对延长。一般情况下,进行TDA分析时,多选择选择10℃/min的升温速率。

3. 试样的预处理和用量

试样用量大,易使相邻两峰重叠,降低分辨力。故一般尽可能减少用量,数量级最大为mg。样品的颗粒度应控制在100~200目。试样颗粒小可以改善导热条件,但太细可能会破坏样品的结晶度,使样品失真。对易分解产生气体的样品,颗粒应稍微大一些。试样的颗粒度、装填情况及紧密程度应与参比物一致,以减少基线的漂移。

4. 参比物的选择

要获得理想的基线,参比物的选择非常重要。参比物在加热或冷却过程中不仅不能发生任何变化,而且在整个升温过程中其比热、导热系数、颗粒度应尽可能与试样保持一致。在实际分析中,常用α-Al_2O_3或煅烧过的氧化镁(MgO)或石英砂作参比物。如果试样与参比物的热性质相差较大,可采用稀释试样的办法来减少反应的剧烈程度。如果试样加热过程中会有气体产生,则可减少气体的量,以免使试样冲出。选择的稀释剂不能与试样有任何化学反应或催化反应,常用的稀释剂包括 SiC、铁粉、Fe_2O_3、玻璃珠和 Al_2O_3等。

在 DTA 方法中,比例系数 K 会随着温度、仪器和操作条件的变化而变化。虽然 K 可以通过对标准物质的实验来确定,但 DTA 法用于定量分析的可靠性不高,加上为了确保 DTA 有足够的灵敏度,试样与周围环境的热阻不能太小,即热导系数不能太大,从而使试样发生热效应时能够形成足够大的 ΔT。但因此热电偶对试样热效应的响应就会变慢,热滞后效应增大,峰的分辨率变差。这是 DTA 在设计上存在的一对矛盾,而差示扫描量热法的出现解决了这一问题。

二、差示扫描量热法

(一)差示扫描量热法的基本原理

1. 差示扫描量热法的基本概念

差示扫描量热法(differential scanning calorimetry,简称 DSC)是目前应用非常广泛的一种热分析方法。这种方法是在一定的气氛和程序控制温度下,测量输入到试样和参比物的热流或功率差与温度及时间的关系。所谓程序温度控制包括匀速升温、匀速降温、恒温或以上任意组合温度环境及恒定流量(包括流量为零)。差示扫描量热计记录到的是以样品吸热或放热的速率(即热流的变化速率 dH/dt,单位毫焦/秒)为纵坐标,以温度 T 或时间 t 为横坐标的曲线,称为 DSC 曲线。当材料因温度的变化而发生物理状态变化,如熔融或是从一种晶型转变为另一种晶型等,或者发生化学反应,总是会有吸热或放热反应产生,其热焓的变化与 DSC 曲线的面积成正比。因此,DSC 法可以测定物质的多种热力学和动力学参数,如比热容、熔融焓、反应热、转变热、相图、反应速率、玻璃化转变温度、结晶速率、聚合物结晶度、氧化降解、氧化稳定性、低分子结晶体纯度等参数。DSC 法的温度适用范围宽、分辨率和灵敏度高、试样用量少。是化工、石油、生物、药物、高分子材料等诸多领域基础研究、分析测试和产品质量控制的重要技术手段。

2. DSC 仪器的分类和工作原理

DSC 法根据其仪器的工作原理可分为功率补偿式 DSC、热流式 DSC、热通量式 DSC。

(1)热功率补偿式 DSC。功率补偿式 DSC 与 DTA 的仪器装置相似(图 7-3),所不同的是在试样和参比物容器下装有两组补偿加热丝,当试样在程序控制温度下进行加热(或冷却)的过程中由于热效应与参比物之间出现温差 ΔT 时,放置于它们下面的一组差示热电偶之间产生温差电势 $U_{\Delta T}$,经差热放大器后被送入功率补偿放大器,功率补偿放大器自动调节补偿加热丝的电流,使流入补偿电热丝的电流发生变化。当试样吸热时,补偿放大器使试样一边的电流立即增大。反之,当试样放热时则使参比物一边的电流增大,直到两边热量平衡,温差 ΔT 消失为止。换句话说,试样在热反应时发生的

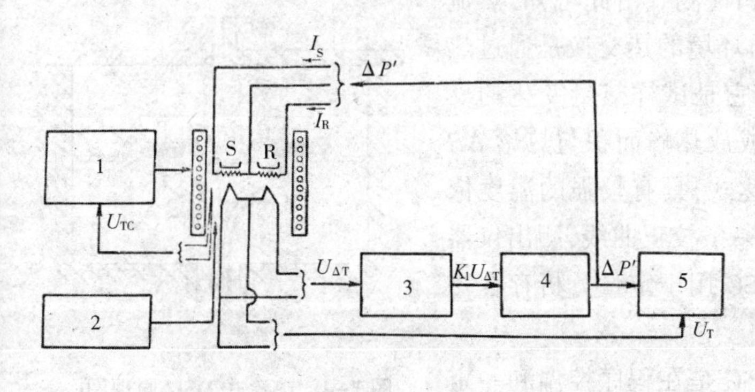

图 7-3　功率补偿 DSC 原理示意图

1—温度程序控制系统　2—气氛控制系统　3—差热放大系统　4—功率补偿放大系统　5—记录和数据处理系统

热量变化,由于及时输入电功率而得到补偿,所以实际记录的是试样和参比物下面两只电热补偿的热功率之差随时间 t 的变化关系。如果升温速率恒定,记录的也就是热功率之差随温度 T 的变化关系。DSC 与 DTA 原理相同,但性能优于 DTA,测定热量比 DTA 准确,而且分辨率和重现性也比 DTA 好。DSC 是动态量热技术,确保温度和热量校正的准确性是 DSC 方法应用成败的关键。

功率补偿式 DSC 是内加热式,装试样和参比物的支架是各自独立的单元,在试样和参比物的底部各有一个加热用的铂热电阻和一个测温用的铂传感器。它是采用动态零位平衡原理,即要求试样与参比物温度,无论试样吸热还是放热时都要维持动态零位平衡状态,也就是要保持试样和参比物温度差趋向于零。DSC 实际测定的是维持试样和参比物处于相同温度所需要的能量差($\Delta W = dH/dt$),其所反映的是试样焓的变化。在 DSC 曲线图中,试样的放热量或吸热量 ΔQ 即为放热峰或吸热峰的面积 A:

$$\Delta Q = \int_{t_1}^{t_2} \Delta W dt = A \tag{7-2}$$

显然,DSC 测得的是热效应的热量,但实际上,试样和参比物与补偿加热丝之间总会存在一定的热阻,补偿的热量也会有微量的损失。因此,实际热效应的热量与峰面积之间还是应该有个系数 K,即 $\Delta Q = KA$。这个 K 被称为仪器常数,可由标准物质的实验来确定。但与 DTA 分析不同的是,DSC 的仪器常数 K 不同于 DTA 的比例常数 K,不会随温度和操作条件的变化而变化,这为 DSC 分析技术用于精确的定量分析奠定了基础。同时,DSC 对热效应的响应更快、灵敏度更高、峰的分辨率更好。

DSC 测量的是与材料内部热转变相关的热流和温度的关系,应用范围非常广,特别是材料的研发、性能检测与质量控制。利用 DSC 技术可以测量样品的玻璃化转变温度、热稳定性、氧化稳定性、结晶度、反应动力学、熔融热焓、结晶温度及时间、纯度、凝胶速率、沸点、熔点和比热等。

(2)热流式 DSC。热流式 DSC 是将样品与参比物置于单一热源进行加热,然后测得样品与参比物的温度差 ΔT,再把测量得到的 ΔT 经过转换得到热焓值 ΔH。热流式 DSC 是外加热式(图 7-4),采取外加热的方式先使均温块受热,然后通过空气和康铜做的热垫片两个途径把热传递给试样皿和参比皿,试样皿的温度由镍铬丝和镍铝丝组成的高灵敏度热电偶检测,参比皿的温度由镍铬丝和康铜组成的热电偶检测。由此可知,热流式 DSC 是属于热交换型的量热计,与环境的热交换是通过热阻进行测量,测得的信号是温差 ΔT,它是试样热量变化的反映。由于热流式 DSC 曲线上吸热峰或放热峰面积与热焓 ΔH 的换算因子是个十分复杂的数学表达式,具有较强的温度依赖性,因此每做一个实验都必须构作一条校正曲线,测出仪器常数 K 和温度的函数关系,热流式 DSC 用于定量分析存在一定障碍。

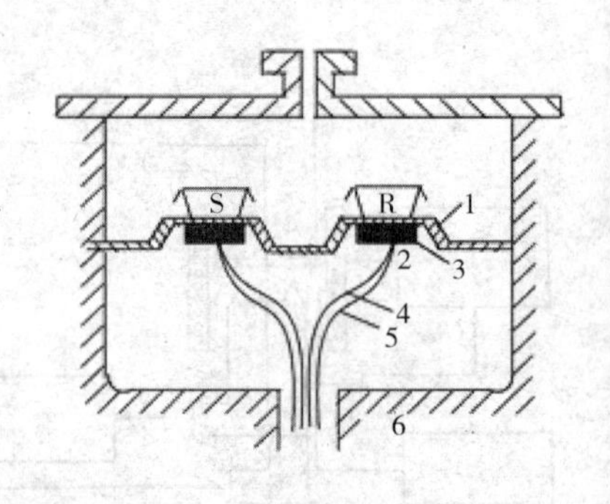

图 7-4 热流式 DSC 原理图

1—康铜盘 2—热电偶结点
3—镍铬板 4—镍铝板
5—镍铬丝 6—加热块

(3)热通量式 DSC。热通量式 DSC 是在程序控温和一定气氛下,测量与试样和参比物温差相关的热流与温度或时间的关系,即通过试样与参比物的温差,测量流入和流出试样的热流量。因此,热通量式 DSC 本质上仍是热流式 DSC 的一种。

以 Calvet 热通量式 DSC 仪为例,其通过在样品支架和参比物支架附近的氧化铝管壁上安装几十甚至数百对互相串联的热电偶,一端紧贴管壁,另一端紧贴银均热块,然后将试样侧的多重热电偶与参比物侧的多重热电偶反接串联,可以几乎没有损失地测得试样焓变的热通量。

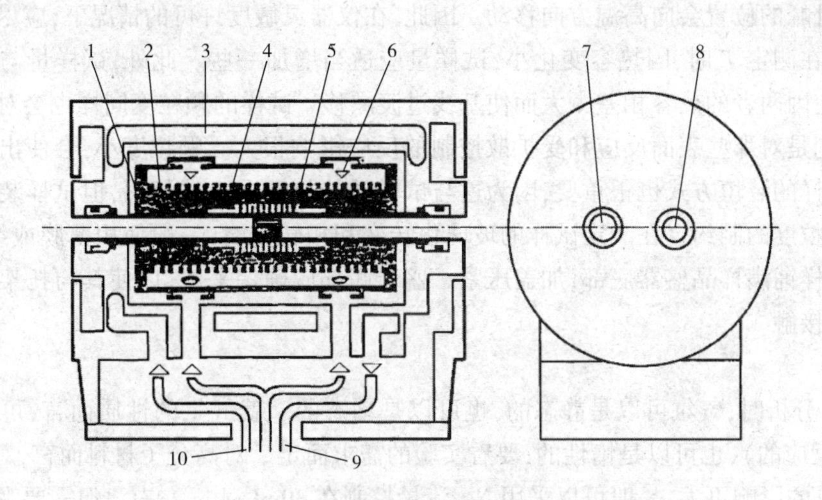

图 7-5 热通量式 DSC 原理图

1—银均热块 2—加热丝 3—水夹套 4—薄壁氧化铝管 5—多重热电偶

6—强制冷却气入口 7—试样支架 8—参比物支架 9—水出口 10—水入口

(二)DSC/DTA 曲线的意义

图 7-6 是典型的聚合物材料 DSC/DTA 曲线示意图。当温度达到玻璃化转变温度 T_g时,试样的热容增大,在吸收热量的同时,基线发生位移,出现一个台阶,但并无吸热峰出现。如果试样是处于非晶状态或部分结晶状态,那么随着温度的继续上升,会在 T_c处发生结晶,放出大量的结晶热而出现一个放热峰。进一步提高温度,达到聚合物材料的熔点 T_m,其内部的晶格被破坏,而结晶熔融需要吸收热量,此时会产生一个吸热峰,其吸热量与结晶度有关。如果再继续升高温度,则试样有可能发生氧化、交联等反应而放出热量,在 DSC/DTA 曲线上出现一个放热峰。最后,聚合物材料抵抗不住持续升高的温度,在 T_d点发生裂解。由于聚合物的裂解需要一定的能量,所以此时出现的是一个吸热峰。不过,这仅是一个典型的例子,并非所有的聚合物材料都会出现上面所提到的所有物理或化学变化。

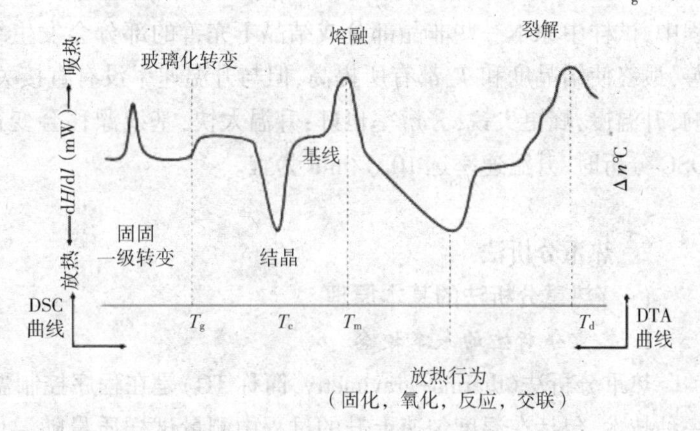

图 7-6 典型聚合物材料的 DSC/DTA 曲线

(三)影响聚合物材料 DSC 分析结果的因素

理论上讲,影响 DSC 分析结果的因素与 DTA 基本相同。对聚合物材料而言,主要应考虑这几个方面的情况。

1. 试样

试样量少，吸热峰或放热峰的峰小且尖锐，峰的分辨率高。试样量大，峰大而宽，相邻峰会发生重叠，且峰的位置会向高温方向移动。因此，在仪器灵敏度许可的情况下，应尽可能减少试样的量。但在测定 T_g 时，因热容变化小，试样量应适当增加一些。此外，试样量与参比物的量要匹配，以免因两者的热容相差太大而使基线过渡漂移。试样的颗粒度同样也会对测试结果产生影响，特别是对那些表面反应和受扩散控制的反应影响很大。颗粒度小，会使出峰位置向低温偏移。试样的装填方式也很重要，因为这与试样的传热情况直接相关，但试样装填的紧密程度会受到颗粒度的制约。在测定试样的玻璃化转变和相转变时，一般使用薄膜或细粉末试样，尽可能使试样铺满样品盛器底部，加盖压紧。盛器底部应确保平整，以使其与托架之间保持良好的热传导接触。

2. 气氛

做 DSC 分析时，气氛可以是静态的，也可以是动态的。就气氛的性质而言，可以是活性的（可以参与反应的），也可以是惰性的，要看实验的需求而定。对高分子材料而言，对 T_g、T_c 或 T_m 的测定，气氛的影响不大，一般可以采用 N_2，流量控制在 30mL/min 左右。但需要观察其氧化或裂解情况时，气氛的性质就需要作出调整，如有氧环境和无氧环境等。

3. 升温速率

升温速率对 DSC 法测定聚合物材料的 T_g 影响较大。玻璃化转变是高分子链由“冻结”向“解冻”转化的一个松弛过程；升温速率太慢，转变不明显，甚至无法观察到；升温速率太快，转变明显，但 T_g 会向高温方向漂移，影响准确性。升温速率对 T_m 的影响不大，但由于在升温的过程中，试样中原本一些非晶部分或结晶不完善的部分会发生结晶或结晶重组，使得结晶更为完善，最终使结晶度和 T_m 都有所提高，但与升温速率没有直接关联。升温速率对峰的形状也有影响，升温慢，峰更尖锐，分辨率也好；升温太快，基线漂移会变得严重。通常，在做聚合物材料的 DSC 分析时，升温速率选 10℃/min 为宜。

三、热重分析法

（一）热重分析法的基本原理

1. 热重分析法的基本概念

热重分析法（thermo-gravimetry，简称 TG）是在程序控制温度下测量物质质量与温度关系的一种技术，包括在温度匀速上升的过程中测量试样质量随温度的变化，或在恒定高温的情况下测量试样质量随时间的变化。大部分物质或材料在加热过程中常伴随有质量的变化，如低分子有机物的挥发、水分的蒸发、结晶或结合水的失去、部分物质发生升华、与环境中的氧发生反应而被氧化、高温裂解或氧化分解等物理或化学现象。但这些物理或化学变化都是随试样材料或组分的不同而在特定对应的温度下才能发生。通过同步记录试样质量随温度的变化情况，可以知道试样质量的每一次变化所对应的温度和质量变化的量，并以此来推测或评估发生了何种变化以及发生变化的物质或组分的量。由于热重分析中试样质量的变化一般总是伴随物质的失去，所以，热重分析通常又被称为热失重分析。

2. 热重分析仪的工作原理

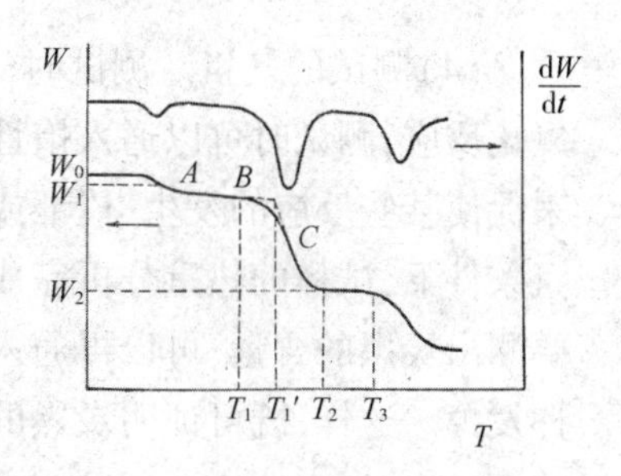

图 7-7　热重分析曲线示意图

现代的热重分析仪主要由热电子天平、程序控温系统、记录及数据处理系统等几个部分构成的。其中的热电子天平是由一个悬挂在加热可控的电炉中的单臂电子天平加上电炉本身组成的。图 7-7 是一幅典型的聚合物热重曲线图(包括 TG 曲线和 DTG 曲线)。在 TG 曲线的起始阶段,试样有少量的失重(W_0-W_1),在这一阶段失去的主要是试样中可能存在的溶剂或水分。随着温度的继续上升,到达 T_1点时,试样中的某一组分开始分解,一直到 T_2,该组分分解挥发殆尽,其在试样中的原始含量应该是 W_1-W_2,而其分解温度从理论上讲应该是该段 TG 热重曲线的拐点处,即该段热重曲线所对应的一阶导数最大值(DTG 曲线的峰值)所对应的温度。但考虑到分解反应相对于持续升温的滞后效应,有时也会取图中 C 点的切线与 AB 的延长线相交处所对应的温度作为分解温度。从图 7-7 中看,升温到 T_2点时,W_2并未归零,说明试样中还存在其他的稳定相,如果继续升温,到 T_3点时,会观察到又有一个组分开始分解,直到达成新的平衡。通常,聚合物试样的热重曲线到最后残余重量直接归零的情况较少,因为试样中一般都会含有一些无机填料,在热重分析的条件下,以原始的无机物或金属氧化物的形式残余下来,而所有的溶剂、水分及有机高分子组分都会直接挥发或分解挥发掉,除了可能有少量灰分的残留。

(二)热重曲线及其影响因素

1. 热重曲线

热重分析的方法通常可分为两类:动态(升温)法和静态(恒温)法。热重分析测试所得到的质量与温度或时间的关系曲线称为热重曲线或热失重曲线(TG 曲线)。TG 曲线以质量作纵坐标,从上向下表示质量减少;以温度(或时间)作横坐标,自左至右表示温度(或时间)的增加。除此之外,热重分析还可以以试样的质量变化速率 dW/dt 来对温度或时间的变化作图,所获得的是失重曲线对温度(或时间)的一阶导数,即 DTG 曲线(图 7-7),这个方法被称为微商热重法(derivative thermo-gravimetry,简称 DTG)。微商热重曲线(DTG 曲线)与热重曲线(TG 曲线)的对应关系是:DTG 曲线上的峰尖(失重速率最大时)与 TG 曲线上的拐点相对应,DTG 曲线上峰的个数与 TG 曲线上的台阶数相等,DTG 曲线上的峰面积与失重组分的量成正比关系。如果 TG 曲线最终不能降到零,说明样品中有不能分解的无机残留物存在。

2. 影响 TG 分析结果的因素

(1)升温速度。在热重分析中,升温速率的加快会因为试样中某组分发生分解的平衡跟不上升温的速度而产生滞后现象,使测得的分解温度明显上升。因此,过快的升温速率不仅会使分解温度上升,还会使表观的分解时间延长,DTG 曲线的峰变宽,如果有 2 个分解温度相近的组分同时存在于试样中,其热重曲线本应体现出来的特征就有可能因发生重叠而无法确认。通常,热重分析的升温速率以控制在 5~10℃/min 为宜。

(2)试样颗粒度。做热重分析时试样的颗粒度也不能太大,否则会影响试样的热传递;而如果试样颗粒太小,也会造成起始分解温度和分解完毕温度同步降低。

(3)试样的量。试样的量应根据热天平的灵敏度决定,用于盛放试样的铂金皿不能太深,测试时试样应该铺成薄层,以免试样有气体溢出时把试样吹走。

(4)测试的气氛。测试时气氛的选择非常重要。有时为了避免加热时试样中的组分发生氧化反应,测试时可以通入惰性气体,并一直保持这样的氛围。但有时也可以通入空气或氧气来促使某些反应的发生,佐证或研究某些化学现象。例如,某些聚合物材料含有炭黑,在惰性气氛条件下,试样的热重分析完成后炭黑会残留下来。此时,为了确认残留的是否是炭黑以及想要测出炭黑的含量,可以再通入空气或氧气,使炭黑在高温条件下与氧发生反应生成 CO_2 而被挥发掉。这样,既可证明炭黑的存在,又可测出炭黑的量。

3. DTG 曲线的优点

与 TG 曲线相比,DTG 曲线具有几方面的优点。

(1)DTG 曲线能精确反映热重变化中的起始反应温度、最大反应速率温度和反应终止温度,而 TG 曲线对此显得相对迟钝。

(2)DTG 曲线能精确区分出相继发生的热重变化。在 TG 曲线上,对应于整个变化过程中的各个阶段的变化因相互衔接而不易区分,但在 DTG 曲线上,能呈现出明显的最大值,与不同的热失重反应区分开来。

(3)DTG 曲线的峰面积可以精确地对应试样重量的变化,可以比 TG 曲线更为准确地进行定量分析。

(4)DTG 曲线能方便地为反应动力学计算提供反应速率(dW/dt)。

(三)热重分析的应用

TG/DTG 分析的应用范围非常广泛,从分析方法上看,不仅温度程序的调控可以非常灵活,而且可以在很宽的温度范围内对材料进行研究。所需样品量少(0.1μg~10mg)且对其物理状态无特殊要求,仪器的灵敏度很高。TG/DTG 分析还可以和其他的分析技术联用,获取更多的信息。

在聚合物研究领域,热重分析主要用于研究聚合物在空气或惰性气体中的热稳定性和热分解作用。除此之外,还可以研究聚合物的固相反应、水分含量、挥发物和残留物(无机添加剂或填料)、聚合物的吸附、吸收和解吸情况、汽化或升华的速率和热量、增塑剂的挥发、氧化降解、缩聚聚合物的固化过程等。TG 曲线的形状与试样分解反应的动力学有关,因此,反应级数 n、活化能 E 和 Arrhenius 公式中的频率因子 A 等动力学参数,也都可以从 TG 曲线上求得。

四、热膨胀和热机械分析

(一)热膨胀分析

1. 热膨胀的基本原理

物体因温度改变而发生的膨胀现象叫热膨胀。通常,在外部压强不变的情况下,大多数物质的体积会随着温度的升高而增大,随着温度的降低而缩小。这是由于温度升高时,分子运动的动能增大,分子间的距离增大,物体的体积随之扩大;温度降低时,分子运动的动能变小,分子间的距离变小,物体的体积随之缩小。当然,也有少数物质在一定的温度范围内,温度升高时体积反而减小,温度降低时体积反而增大。这是因为物体内部的超分子结构发生改变所致,通常伴随相的转变。固体、液体和气体分子运动的平均动能和分子间距存在较大的差异,因而其表观的热膨胀行为也存在显著的差异。

物体由于温度改变而有胀缩现象,但并非在很宽的温度范围内其体积和温度总能呈现线性关系。因此,在较大的温度区间里,在等压的条件下,热膨胀系数 $\alpha[\alpha=\Delta V/(V\Delta T)]$,即单位温度变化所导致的体积变化通常不是一个常量,只有在温度变化不大时,才可把 α 视作一个常量,并可把固体和液体体积膨胀表示如下:

$$V_t = V_0(1 + 3\alpha\Delta T) \tag{7-3}$$

对于可近似看做一维的物体,长度就是衡量其体积的决定因素,这时的热膨胀系数可简化定义为:单位温度改变下长度的增加量与原长度的比值,这就是线膨胀系数。但对于在三维方向上具有各向异性的物质,则有线膨胀系数和体膨胀系数之分。例如,石墨结构具有显著的各向异性,因而石墨纤维线膨胀系数也呈现出各向异性,表现为平行于层面方向的热膨胀系数远小于垂直于层面方向。

2. 热膨胀分析中的几个相关概念

热膨胀分析(thermodilatometry)是指在程序控制温度下,测量物质在可忽略负荷下尺寸随温度变化的一种技术。下面是热膨胀分析中的几个相关概念。

(1)膨胀系数。膨胀系数是为表征物体在环境温度变化时其长度、面积和体积变化的程度而引入的物理量,包括线膨胀系数、面膨胀系数和体膨胀系数。

(2)固体热膨胀。固体热膨胀现象是由于固体中相邻粒子间的平均距离随温度的升高而增大引起的。晶体中两个相邻粒子间的势能是它们中心距离的函数,当距离增大时,粒子间的引力上升,而当距离缩小时,粒子间的排斥力又占主导地位,根据这种函数关系所描绘的曲线称为势能曲线。在一定温度下,粒子在平衡位置附近振动,当晶体温度升高时,粒子热振动加剧,体积膨胀。

(3)固体的线膨胀和线膨胀系数。由于固体的体积随温度的变化而变化,当温度变化不太大时,在某一方向上的长度改变被称为固体的线膨胀。线膨胀系数是指当固态物质的温度改变1℃时,其某一方向上的长度的变化和它在20℃(标准实验室环境温度)时的长度的比值,单位为1/K,符号为 α。在大多数情况之下,此系数为正值,即温度变化与长度变化成正比,温度升高体积扩大。但是也有例外,如水在0~4℃之间,会出现负膨胀。而一些陶瓷材料在温度升高情况下,几乎不发生几何特性变化,其热膨胀系数接近0。由于物质的不同,其线膨胀系数亦各不相同,其数值也与实际温度和确定长度 t 时所选定的参考温度有关。但由于固体的线膨胀系数变化甚微,通常可以将 α 当做与温度无关的常数。

固体的线膨胀系数测定通常采用顶杆间接法、光学直读法和激光测量法。其中顶杆间接法是一种经典方法,采用机械测量原理,将试样的一端固定在支撑器上,另一端与顶杆接触,加热时试样的膨胀被顶杆传递出来,通过直接测量或电子、光学等方法进行测量并计算。

(4)固体的面膨胀。当固体的温度变化不大时,其表面积随温度的升高而增大,这一现象叫固体的面膨胀。

(5)固体的体膨胀。当固体的温度变化不大时,其体积随温度的升高而增大,这一现象叫固体的体膨胀。

(二)静态热机械分析

1. 聚合物材料的温度—形变曲线

测定温度—形变曲线是研究聚合物材料力学性能的一种重要的方法。从测得的温度—形变曲线上,可以确定试样的玻璃化转变温度 T_g、流动温度 T_f 和熔点 T_m。这些数据反映了被测材料的热机械性,对于评估被测材料的适用温度范围、加工条件和使用性能都具有实际意义。与此同时,聚合物材料的许多分子和超分子结构因素(包括分子结构、分子量、结晶、交联、增塑和老化等)的改变,也会在温度—形变曲线上反映出来,可以为聚合物材料的结构研究提供帮助。

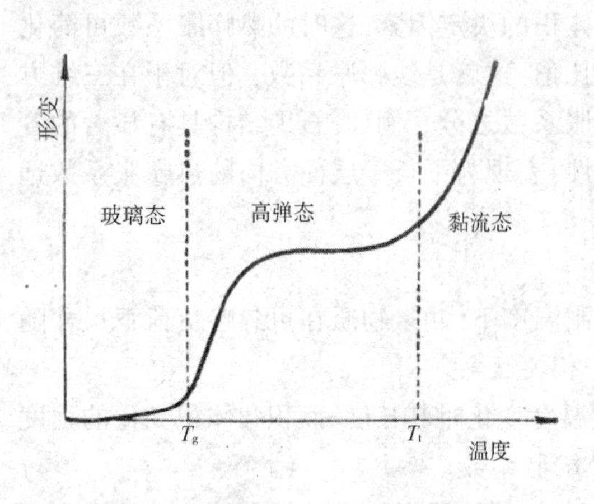

图 7-8　非晶线性聚合物材料的温度—形变曲线

聚合物材料的分子链和链段的运动具有高度的温度依赖性,在不同的温度范围内可以呈现出完全不同的力学性能。非晶的线性聚合物材料有三种不同的力学状态:玻璃态、高弹态和黏流态(图 7-8)。当温度足够低时,聚合物材料的分子链和链段的运动被"冻结",外加张力的作用只能引起分子的键角和链长的改变,材料的形变小,模量大,在相当宽的玻璃态温度区间里,其力学性质变化不大。随着温度的提高,分子的热运动能量逐渐增加,达到一定的温度时,高分子链的链段运动被"解冻",聚合物材料的弹性模量迅速下降,形变大增,温度—形变曲线陡然上升,聚合物进入高弹态。随后,进一步提高温度,经过一段相对平坦的台阶后,温度—形变曲线再度显著向上延伸,整个分子链进入可移动状态,聚合物进入黏流态,成为可以流动的黏稠流体。在此过程中,由玻璃态向高弹态转变的温度就是玻璃化温度 T_g,而由高弹态向黏流态转变的温度就是流动温度 T_f。T_g 和 T_f 都是聚合物的重要性能指标。对于非晶线性聚合物来说,T_g 是热塑性高分子材料的实际使用温度上限,而 T_f 则是其成型加工温度的下限。

对于结晶的聚合物材料,在其晶区中,由于受到晶格的束缚,无论是链段还是分子链都无法运动,特别是在结晶度较高时,试样的弹性模量会很大。只有当温度高到可以使结晶熔融时,晶格被破坏,分子链和链段都能活动了,聚合物直接进入了黏流态,形变急剧增大(图 7-9 中曲线 1)。通过外推,可以从曲线上推得熔融温度 T_m。当试样材料的相对分子质量很大时,聚合物熔融后先进入高弹态,只有到了更高的温度时,才会变成黏流态,即 $T_f>T_m$(图 7-9 中曲线 2)。但在大部分结晶度不高的情况下,聚合物的结晶小而散,分散在连续非晶相中的晶粒起着物理交联点的作用,阻止了分子间的相对滑移,但仍未能相互连接形成贯穿整个材料的网,其非晶区发生玻璃化温度转变时,仍可以在曲线上观察到一个转折(图 7-9 中曲线 2 和曲线 3)。在这种情况下,出现的高弹形变量将随着试样材料结晶度的上升而减小,玻璃化转变温度 T_g 随着试样材料的结晶度增加而上升。因而,即使是相对分子质量较小的试样,$T_f<T_m$ 时,聚合物也要到 T_m 以上才能进入黏流态。

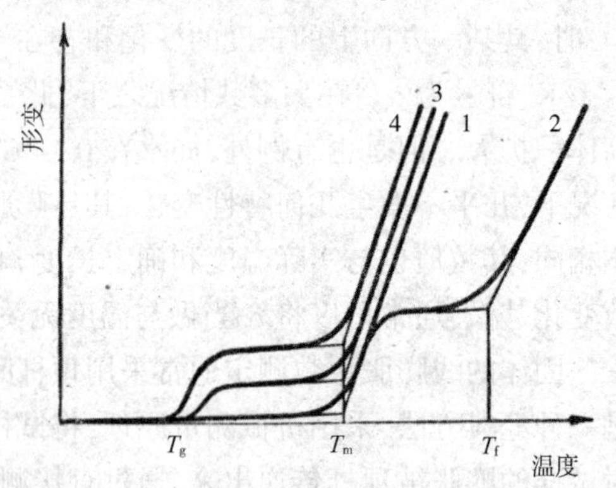

图 7-9　结晶聚合物的温度—形变曲线

显然,不同的聚合物材料由于其化学机构和超分子结构的不同,其温度—形变曲线自然也会各不相同,甚至同一种聚合物材料,也会由于相对分子质量的不同而不同,这就构成了静态热机械分析法的理论和应用基础。必须注意的是，除了结晶的熔融过程，上述所讨论的 T_g 和 T_f 所对应的力学状态转变都不涉及热力学上的相变过程，而只是一个温度范围。它们的数值除了主要由结构因素决定之外，测试方法和条件也是重要影响因素。

2. 静态热机械分析的基本概念及分类

静态热机械分析（thermomechanic analysis，简称 TMA）是指在程序控制温度下，测量物质在非振动负荷下的温度与形变关系的技术。这里面的非振动负荷包括拉伸、压缩、弯曲和针入等力的作用。

静态热机械分析由于所加载荷的形式不同而分为如下几种测试方法。

（1）拉伸（收缩）热变形试验。在程序温度控制条件下，对试样施加一定的拉力并测定试样的形变。这个试验可以观察许多聚合物材料由于结构的不同而在不同的温度下表现出来的温度—形变情况，是静态热机械分析最常用的方式。

（2）压缩条件下的温度—形变曲线测定。在圆柱式试样上施加一定的压缩载荷，随着温度的升高，连续测量试样的形变，可以反映出聚合物材料的结晶、非晶线性聚合物材料的物理形态转变以及交联、增塑等情况。

（3）弯曲式温度—形变测定（热畸变温度测定）。在矩形试样条的中心处施加一定的负载，在加热过程中用三点弯曲法测定试样的形变。

（4）针入式软化温度测定。这是一种专门用来测试软质高聚物和油脂类物质的方法，主要是以针头刺入试样的方式来测定高聚物的软化温度。

（三）动态热机械分析

1. 动态热机械分析的基本概念

动态热机械分析（dynamic thermomechanical analysis，简称 DMA）是在程序控制温度下，测量物质在振动载荷下的动态模量或力学损耗与温度的关系的技术。其中力学损耗是指材料在周期性的交变外力作用下产生应力与应变，由于应变的滞后，在每一个交变循环的过程中均会消耗功，克服内摩擦阻力而放出热量。这种由于力学滞后而使机械功转换成热的现象，称为力学损耗或内耗。动态力学损耗常用储能模量（E'）、损耗模量（E''）与损耗角的正切（损耗因子）来表征（$\tan\delta = E''/E'$）。当维持交变应力的频率基本不变，而在较宽的温度范围内改变温度观察被试材料的动态模量和力学损耗随温度的变化，可以得到被试材料的动态力学温度谱图（图 7-10）。而当维持温度不变改变频率时所得到的就是动态力学频率谱图（图 7-11）。

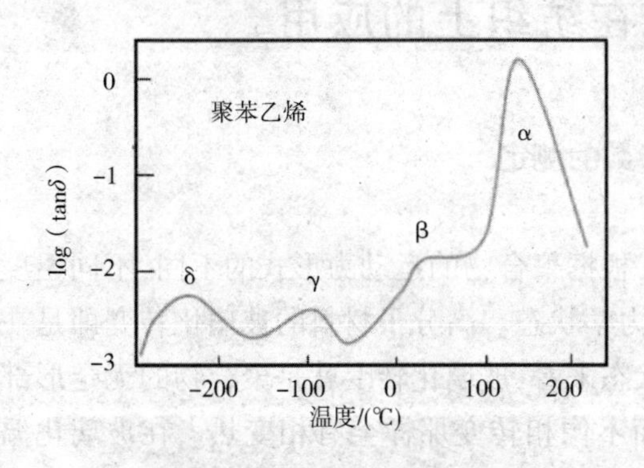

图 7-10　动态力学温度谱图

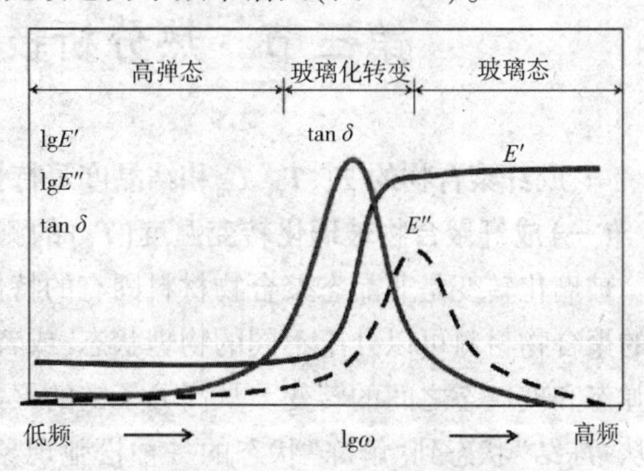

图 7-11　动态力学频率谱图

2. 动态热机械分析方法及其分类

高聚物是一种黏弹性物质，在交变力的作用下其弹性部分和黏性部分均有各自的反应，且随着温度的变化而变化。高聚物的动态力学行为能模拟实际使用的情况，而且它对玻璃化转变、结晶、交联、相分离以及分子链各层次的运动都十分敏感。进行动态热机械分析时，通过对试样施加一个已知振幅和频率的振动，测量施加的位移和产生的力，用以精确测定试样材料的黏弹性、杨氏模量(E)或切变模量(G)。根据外力作用的不同，动态热机械分析主要分为自由振动法、强迫共振法和强迫非共振法三种方法(表7-1)。

表7-1 动态热力学主要测试类型

动态热机械分析方法	形变模式	模量类型	典型的频率范围(Hz)
自由振动法	扭转	剪切模量	10^{-1}~10
强迫共振法	固定—自由弯曲	弯曲模量	10^{-1}~10^{4}
	自由—自由弯曲		
	S形弯曲	弯曲模量	3~60
	自由—自由扭转	剪切模量	10^{2}~10^{4}
	纵向共振	纵向模量	10^{4}~10^{5}
强迫非共振法	拉伸	杨氏模量	10^{-3}~200
	单向压缩		
	单悬臂梁弯曲	弯曲模量	
	双悬臂梁弯曲		
	三点弯曲		
	夹心剪切	剪切模量	
	扭转		
	S形弯曲	弯曲模量	10^{-2}~85
	平板扭转	剪切模量	0.01~10

第三节 热分析技术在纺织上的应用

一、成纤聚合物的T_g、T_c、T_m和结晶度等特性参数的测定

(一)成纤聚合物玻璃化转变温度(T_g)的测定

玻璃化转变是非晶态聚合物材料固有的特性。根据聚合物的运动力形式的不同，不同温度下的聚合物材料可以处于不同的物理状态，或者说力学状态。高分子材料的玻璃化转变即是在高弹态和玻璃态之间的转变。从高分子链的聚集状态来看，玻璃化转变就是聚合物的无定形部分从"冻结"状态到"解冻"状态的一种松弛现象，而不像相转变那样会有相变热。在玻璃化温度以下时，聚合物处于玻璃态，分子链和链段无法相对运动，只是构成分子的原子或基团在其平衡位置作小幅振动。当温度达到玻璃化转变温度时，聚合物的链段开始解冻，并逐渐表现出高

弹性质。因此,玻璃化转变温度非晶态聚合物材料的一个非常重要的物理性质,特别是对成纤聚合物的纺丝、染色和应用性能都有重大的影响。

测定聚合物的玻璃化转变温度可以有多种方法,包括膨胀计法、折光率法、静态热机械法(TMA)、差示扫描量热法/差热分析(DSC/DTA)、动态热机械法(DMA)和核磁共振法(NMR)等,其中采用热分析技术的涉及 TMA 法、DSC/DTA 法和 DMA 法。

(二)成纤聚合物冷结晶温度(T_c)的测定

大部分分子链段处于无定形状态的成纤聚合物切片以及结晶已经相对比较完善的聚合物纤维材料在温度高于其玻璃化转变温度的环境下,其原本处于过冷的非晶状态部分会发生结晶,并放出结晶热。因此,随着温度的上升,可以在超过 T_g 以后的 DSC/DTA 曲线上观察到一个放热峰(图 7-6),此峰被称为冷结晶峰,该峰峰顶所对应的温度即为聚合物的结晶温度 T_c。但相对于聚合物切片,已经成型的纤维样品在纺丝热定型过程中已基本结晶完全,故在 DSC/DTA 曲线上可能出现的冷结晶峰很小,有时甚至是没有。需要补充说明的是,在成纤聚合物的可纺性研究中还涉及一个熔融结晶的概念,即当聚合物熔融后(高于熔融温度 15~20℃),在冷却的过程中会重新结晶,从而在 DSC/DTA 图谱上出现一个放热峰,此时所对应的温度即为聚合物的熔融结晶温度 T_{mc}。

(三)成纤聚合物熔融温度(T_m)的测定

采用 DSC/DTA 测试技术可以很方便地获取聚合物的熔融温度 T_m。聚合物进入高弹态之后,随着温度的进一步提升,聚合物的分子链和链段运动加剧,动能增加,分子链克服晶格的束缚,使晶体结构遭到破坏,分子链和链段能相互移动,聚合物表现出黏流性质,聚合物因熔融而产生相变,这个过程需要吸收热量,因而在 DSC/DTA 曲线上会出现一个吸热峰,其对应的温度即为 T_m。在 DSC/DTA 曲线上确定 T_m 的方法有两种,对于小分子的纯物质来说,可以取峰的前半部斜率最大处作切线与基线的延长线相交,将交点所对应温度定为 T_m;对于聚合物来说,则取峰的两边斜率最大处作切线,将两条切线相交处所对应的温度定为 T_m。

采用 TMA 方法也可以测得聚合物的 T_m,即在温度—形变曲线上,通过外推的方法求得被测样品的 T_m(图 7-9)。

(四)成纤聚合物的结晶度测定

1. DSC/DTA 法测定聚合物的结晶度

根据结晶度的定义,聚合物的结晶度是指其晶区部分的质量分数或体积分数,即:

$$X_c = \frac{W_c}{W} \times 100\% \tag{7-4}$$

式中:W_c 为聚合物样品结晶部分的质量(或体积);W 为聚合物样品总质量(或体积)。

用 DSC/DTA 法测定聚合物的结晶度时,通过 DSC/DTA 曲线可以从熔融峰的面积换算成热量,而此热量是聚合物中结晶部分的熔融热 ΔH_f。聚合物的熔融热与其结晶度成正比,结晶度越高,熔融热越大。如果已知某聚合物百分之百结晶时的熔融热为 ΔH_f^*,则部分结晶时聚合物的结晶度 X_c 就可按下式计算:

$$X_c = \frac{\Delta H_f}{\Delta H_f^*} \times 100\% \tag{7-5}$$

式中的 ΔH_f 由实际的 DSC/DTA 方法测得,ΔH_f^* 则可通过文献资料查得,也可通过下述三种途径获得。

(1)取已知结晶度为100%的试样测定其ΔH_f^*。

(2)取一组已采用其他方法(如密度法、X射线衍射法)测得结晶度的试样作为标样测定其熔融热,以结晶度对熔融热作图,并外推至结晶度为100%时对应的熔融热,将其定义为ΔH_f^*。

(3)采用某一模拟熔融热来代表ΔH_f^*,如为了求得聚乙烯的结晶度,可以选择正三十二烷的熔融热来代表完全结晶的聚乙烯的ΔH_f^*。

为了消除在测试过程中升温速率对测试结果的影响,也可以考虑采用平衡熔融热来代替ΔH_f。具体的方法是:在不同的升温速率下分别测试试样的熔融热ΔH_f,以升温速率为横坐标、熔融热为纵坐标作图,可以得一直线,将其外推至升温速率等于零时所对应的熔融热即为平衡熔融热。事实上,不管是用于测定哪项参数,可能影响DSC/DTA曲线的因素有很多,除了聚合物本身的组成和结构外,还涉及晶格缺陷、结晶变态共存、不同分子结晶共存、混晶共存、再结晶、过热、热分解、氧化、吸湿以及热处理、力学作用等,因此,实际测得的熔融热绝非完全是试样处于原始状态时的结晶熔融时所作的贡献。

2. 不同结晶度测定方法之间的差异

测定聚合物结晶度的方法除了DSC/DTA法、X射线衍射分析法之外,还有密度法和红外光谱法(IR)。这四种方法的原理各不相同,并无直接的可比性。聚合物结晶结构的基本单元具有双重性,它既可以整个大分子链排入晶格,也可以是链段重排堆砌成晶体。但聚合物大分子链段运动极其复杂,且又受到大分子长链的牵制。因此,聚合物的结晶过程很难达到完美的程度,即聚合物的结晶往往是不完全的。由于各种测定结晶度的方法涉及不同的有序状态,其所表征的结晶态范围也各不相同,因此测定结果常常会有较大的出入。即便是不同的方法所测得的结果有时看上去是相互一致的,但这并不代表在所有条件下各种方法的结果都具有一致性,即不同的方法之间没有良好的可比性。

事实上,结晶度并不能真正反映试样中晶相的百分比。广角X射线衍射分析(WAXD)是基于晶区与非晶区电子密度差,晶区电子密度大于非晶区,相应产生结晶衍射峰及非晶区弥散峰的强度来计算的。密度法是根据分子链在晶区与非晶区有序密堆积的差异,晶区密度大于非晶区,此法测得的晶区密度值实际上是晶相与介晶相的加和。DSC法测得的结晶度,是以试样晶区熔融吸热量与完全结晶试样的熔融热相对比计算的结果,此法仅考虑了晶区的贡献,把其他相的贡献也作为了晶区的一部分,所以结果会偏高。但DSC法的优点是试样量少、操作简单、快速。IR采用测定晶带和非晶带的相对强度来确定其结晶度,但实际操作上有难度。相比较而言,目前较多采用的方法是DSC/DTA法和X射线衍射法。

二、聚合物材料的鉴别和研究

在通常情况下,每种聚合物材料都有其特定的分子和超分子结构。因此,可以通过T_g、T_c和T_m乃至其分解温度来对其进行定性分析。虽然这些参数中有些会随着其内在结构和测试条件的变化而发生一些波动,但采用一组数据来进行综合判断仍是一种非常有效的聚合物材料鉴别的方法。而相关的基础数据可以在手册或文献资料中获得。图7-12是典型的成纤聚合物材料涤纶的DSC/TG图谱。从图中可以方便地获得其玻璃化转化温度T_g、冷结晶温度T_c和熔点T_m,并观察到其热分解前后的热焓变化和热失重情况。图7-13则显示不同聚酰胺(PA)因为T_m的不同而很容易在 DSC 分析中被区分开来。

1. DSC/TG 的应用

热分析技术则可方便地区分被测样品究竟是共聚的还是共混的。因为共聚物是单一物质,而共混物则是多种物质的混合,从而在热分析的图谱上可以清晰地显示出被测试样是单一物质还是混合物。图 7-14 分别是聚丙烯/聚乙烯(PP/PE)共聚物和共混物的 DSC 图谱,共聚物是单一物质,故只有一个熔点,而共混物则有两个分别属于 PP 和 PE 的熔点。同理,如果是做这两种样品的 TG/DTG 分析应该同样显示出单一物质和两种物质不同的热失重行为。此外,对于某些熔融温度明显不同的共混结晶聚合物,还可以通过 DSC 方法测定其熔融热来确定其共混组成。

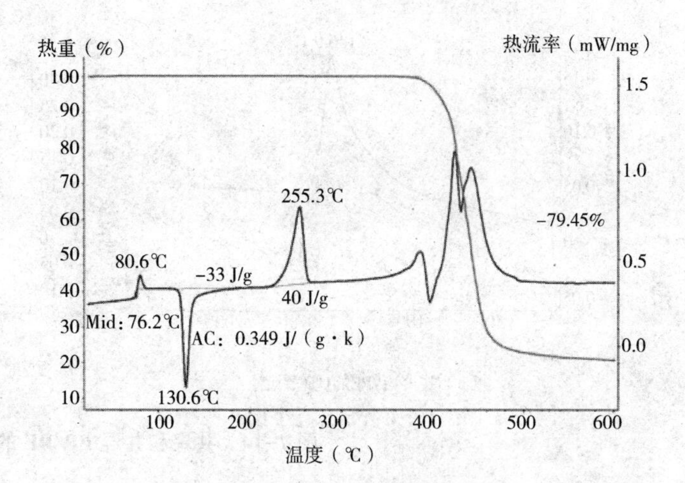

图 7-12 涤纶样品的 DSC/TG 图谱

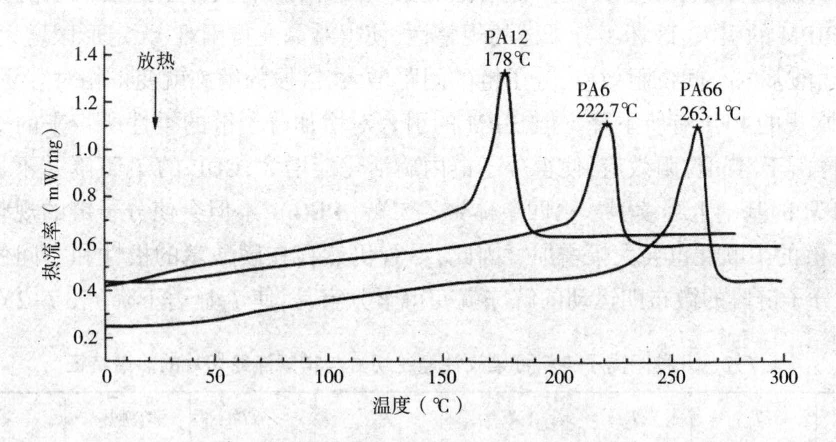

图 7-13 不同聚酰胺的 DSC 熔融曲线

2. DMA 的应用

动态力学试验对于无规、接枝和嵌段共聚物以及聚合物的增塑和共混体系的研究也特别有用。实验表明,均相聚合物和均相共聚物的动态力学谱上都只出现一个主要的力学损耗峰,而具有两相体系的共聚物(接枝共聚物和嵌段共聚物)或共混物的力学损耗—温度曲线将在两个相应的玻璃化转变区,出现两个力学损耗峰。这一事实早已广泛应用于共混聚合物中,研究共混组分之间的相容性。

三、热分析技术在改性涤纶生产工艺和性能研究中的应用

以阳离子染料可染改性涤纶的理化性能研究为例。

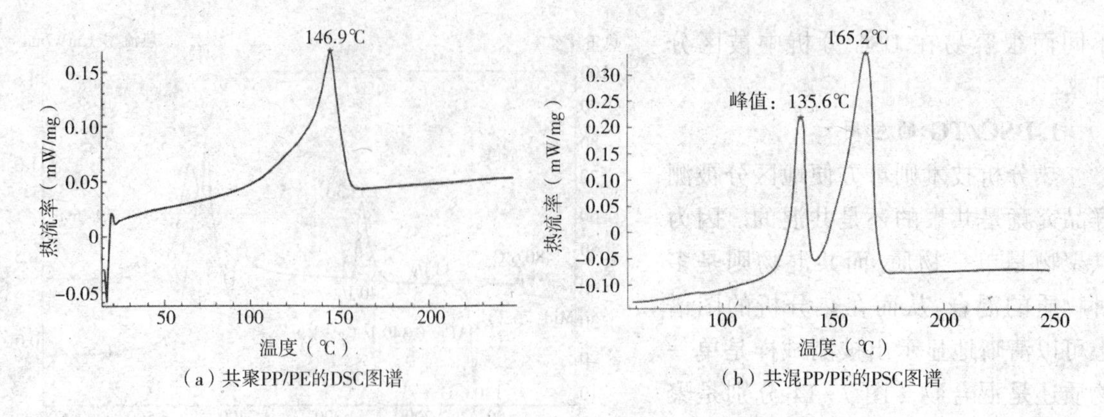

（a）共聚PP/PE的DSC图谱　（b）共混PP/PE的PSC图谱

图 7-14　共聚和共混 PP/PE 的 DSC 图谱

(一)阳离子染料可染改性涤纶的 DSC 谱特征

1. 改性对 T_g 的影响

在阳离子染料可染改性涤纶 CDP 中,第三单体 SIPM 的引入使得其玻璃化转变温度 T_g 发生明显的变化,基本都呈下降态势。有报道认为,随着 SIPM 含量的增加,CDP 的 T_g 会逐渐下降,但也有专家提出完全相反的结论。事实上,涤纶在 T_g 下的玻璃化转变过程是与主链中 C_{20} ~ C_{50} 链段的微布朗运动的冻结有关的一种松弛现象。因此,影响大分子链段活动能力的因素就会影响 T_g。SIPM 的引入,破坏了分子链的规整性,使得结晶变得困难,无定形区增大,加上由于间位结构和磺酸基的空间位阻效应,分子链的间距增大,链段的解冻就变得相对容易,使得 CDP 的 T_g 相对于常规的 PET 有所下降。但 SIPM 的引入对增加分子链的柔性所带来的影响非常有限。而且同样由于空间位阻效应,使得分子链内旋活化能增大,CDP 的 T_g 下降并不显著。而如果在引入 SIPM 的基础上继续引入第四单体聚乙二醇(PEG),不但会使分子链的规整性遭到破坏,而且分子链的柔顺性也会大幅增加。因此,尽管仍然存在磺酸基的极性和空间位阻效应的影响,ECDP 分子链段的微布朗运动的解冻就变得十分容易,使 T_g 显著下降(表 7-2)。

表 7-2　几种阳离子染料可染改性涤纶切片与常规涤纶切片的热谱特征

样品	T_g (℃)	T_c (℃)	T_m (℃)	T_{mc} (℃)	ΔT (℃)	熔融热 (cal/g)	冷结晶热 (cal/g)
常规 PET	76.85	136.85	255.85	193.85	62.00	—	—
日本 CDP	73.34	151.41	252.23	189.26	62.97	10.72	-7.28
CDP-1	76.22	165.70	246.39	166.19	80.20	8.37	-6.12
CDP-2	71.27	156.07	248.89	179.59	69.30	9.50	-6.58
ECDP-1	67.48	134.00	249.15	195.76	53.39	8.35	-5.20
ECDP-2	70.39	143.64	247.57	182.75	64.82	8.63	-5.83
ECDP-3	71.82	141.21	248.27	178.99	69.28	8.80	-2.00
ECDP-4	—	138.64	246.51	187.75	58.76	8.10	-3.18
EDCP-5	65.35	137.46	243.39	190.11	53.28	7.42	-5.47
ECDP-6	62.52	135.91	236.28	179.71	56.57	8.80	-4.37
ECDP-7	65.72	125.16	246.81	183.95	62.86	5.66	-5.13

2. 改性对 T_c 的影响

进一步提高温度,在 DSC 曲线上可以发现,CDP 的冷结晶温度 T_c 均显著高于常规 PET。T_c 所表征的是相邻分子链段在较低的温度下砌入晶格结晶时的温度。SIPM 的引入,磺酸基的极性和空间位阻效应使得大分子链的活动性受到影响,所以必须提高温度才能使相邻分子链段砌入晶格。所有的研究都表明,随着 SIPM 含量的增加,T_c 亦随之增大。一般情况下,CDP 的 T_c 要比常规 PET 的 T_c 高出 15~30℃。但 ECDP 却因为分子链柔性的增加而部分抵消了这个效应,甚至能在更低的温度下冷结晶,这或许还和 ECDP 的热稳定性有关。

3. 改性对 T_m 的影响

与 T_c 相反,CDP 和 ECDP 的 T_m 都要比常规 PET 低。这是因为 SIPM 的引入破坏了分子链的规整性,使得其结晶性能受到一定的影响,所形成的晶体小而散,结晶不完善,在较低的温度下就容易被破坏,使 T_m 下降。从理论上分析也是如此,聚合物的 $T_m = \Delta H_m / \Delta S_m$,$\Delta S_m$ 的大小与分子链的柔顺性有关,SIPM 的引入对 CDP 的 ΔS_m 的综合影响不大,而 ΔH_m 则与分子间的作用力强弱有关,SIPM 的引入使 CDP 的 ΔH_m 下降,因而其 T_m 下降。ECDP 的情况稍有不同,其 T_m 低于常规 PET 的主要原因更多的是由于 ΔS_m 的增大所致。

4. 改性对 T_{mc} 的影响

熔融结晶是熔体在降温过程中发生的结晶行为。图 7-15 是一个聚合物试样从升温分别测得 T_g、T_c 和 T_m 后再冷却结晶的一个完整的 DSC 分析过程。当熔体以一定的速率冷却时,DSC 曲线会在低于 T_m 的某一个温度(T_{mc})出现结晶峰,通常把 $\Delta T = T_m - T_{mc}$ 称为过冷程度。ΔT 越小,说明结晶越容易。基于上述同样的原理,SIPM 的引入使结晶变得困难,因而 CDP 的 ΔT 要大于常规的 PET。ECDP 的情况有所不同,不同的样品差异较大。一般情况下,ECDP 的 ΔT 与常规的 PET 接近并在其上下波动,但由于 ECDP 的热稳定性差,经熔融后会部分降解生成小分子化合物,这些小分子化合物在降温的过程中会成为晶核而使 ΔT 下降。需要说明的是,熔融结晶是熔体在降温过程中发生的结晶行为。熔体结晶和冷结晶虽然都是结晶,但其结晶的情况是完全不同的。冷结晶出现在较低温度下,此时只有相邻的非晶链段才能砌入晶格,使原有的结晶更加完善。而熔体结晶则是在熔融情况下,大分子各链段的活动都比较自由,在降温时容易产生大量的晶核,因而 T_{mc} 要远高于 T_c。而且 T_{mc} 和 T_c 所表征的结晶是不同的,前者是完全无定形的熔体的部分结晶,后者则是已有部分结晶的切片或纤维结晶程度的加深。

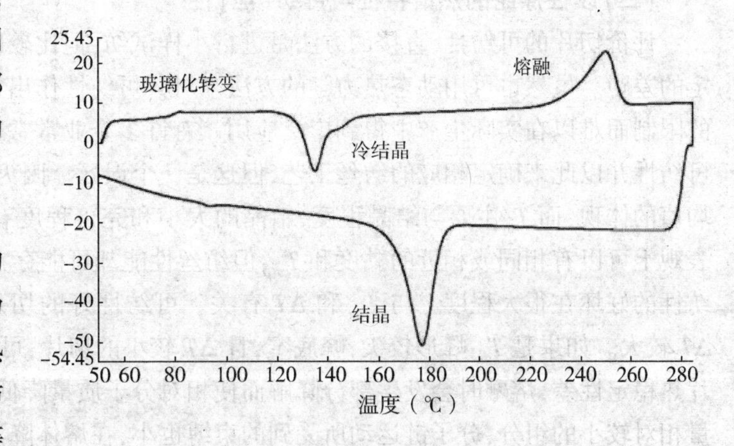

图 7-15 聚合物在 DSC 分析中升温和降温的循环过程

5. 切片与纤维熔融热的差异

需要强调的是,纤维与切片的 T_m 一般不会出现太大的差异,因为其晶型结构是一致的,但其熔融热却相差很大。这是因为纤维在纺丝成型过程中要经历拉伸、定型等工序,其结晶度和取向度都会有大幅提升,因而当其达到 T_m 时要使大分子链克服晶格的束缚而发生相的转变需要吸收更多的热量。

(二)改性涤纶的超分子结构对热谱特征的影响

1. 结晶的影响

聚合物的结晶使无定形区链段运动受到限制,会使 T_g 升高。同时由于结晶的存在,起了晶核的作用,又会使相邻链段砌入晶格变得容易,使 T_c 下降。但随着热处理效果的加深,结晶趋于完善,在 DSC 曲线上 T_g 和 T_c 会变得越来越不明显,直至消失,因而在纤维的 DSC 图谱上往往很难观察到 T_g 和 T_c。T_m 与试样的结晶有着十分密切的关系。一般认为,T_m 与聚合物的相对分子质量有关,相对分子质量大,T_m 就高。但研究表明,T_m 与相对分子质量没有明确的关系,况且相对分子质量分布也是一个变数。事实上,T_m 峰是晶型聚合物在加热的条件下晶格被破坏变成流体所发生的相变的吸热峰。因而 T_m 所反映的是试样的结晶程度、晶粒的大小和完善程度。切片的 T_m 及熔融吸热量可在一定程度上反映原始切片的结晶能力,而纤维的 T_m 及熔融吸热量则可反映纤维的结晶情况。由于分子链的结构、聚集态结构、相对分子质量及其分布、二甘醇含量及样品的热(氧化)稳定性等均会对结晶产生影响,因此,T_m 实际上是一种综合结果的反映。在实际测试中还经常会发现,有些纤维试样在熔前或熔融中会发生一些明显的放热现象。究其原因,是因为部分纤维样品在生产加工中经拉伸和定型有了一定的取向度之后,在接近熔融温度时原已形成的结晶会发生再结晶重排,这被称为融前结晶。由于结晶会放热,而熔融又需要吸热,因而融前结晶会使 DSC 的熔融峰曲线发生变异,变异的具体情况由放热和吸热量来决定。由于聚合物的结晶具有一定的离散型,会造成峰形变宽,甚至出现多个熔点。实验还表明,绝大部分涤纶纤维样品经 180℃高温(30min)处理后,T_m 峰都发生了分裂,这可能与折叠链的形成有关。

2. 取向的影响

分子链的取向性也会对聚合物的热谱特征产生影响。研究表明,涤纶在紧张状态下测得的 T_m 要比松弛状态下测得的高 6~9℃,这是因为紧张状态不仅限制了纤维无定形区的解取向,而且使得其取向性进一步上升。有专家甚至提出,聚合物的熔融特性主要是由无定形区的取向性来决定的,而晶体不能起到整体的决定性作用。

(三)改性涤纶的热谱特征与可纺(丝)性

评价切片的可纺性,直接的方法是进行小样试纺,但比较麻烦,且其模拟性与大生产仍有一定的差距。虽然也可用动态热力学的方法来对其可纺性作出正确有效的判断,但由于仪器条件的限制而难以在实际生产中得到广泛应用。有许多企业常常通过测定黏度和 T_m 来判断切片的可纺性并以此来确定相应的纺丝工艺,但这是一个误区。因为黏度只是聚合物相对分子质量平均值的体现,而 T_m 主要与结晶程度、结晶的大小和完善程度有关。事实上,不同的切片虽然在表观上可以有相同或相近的黏度和 T_m,但纺丝性能却可能存在很大的差异。研究发现,切片可纺性的好坏在很大程度上与 T_{mc} 和 ΔT 有关。可纺性好的切片,其 T_{mc} 峰形较矮,峰底较宽,且 ΔT 较大。如果是 T_{mc} 峰形较尖,峰底窄,且 ΔT 较小的切片,可纺性往往较差。这是因为有些切片热稳定性差,熔融时会发生部分降解而使相对分子质量降低或本身就含有一部分相对分子质量相对较小的组分,分子链运动所受到的束缚也小,在熔体降温时非常容易结晶。况且,成纤聚合物纺丝时的温度还要远高于其 T_m,以获得良好的流变性能,发生这种情况的概率会显著提升。而有些切片虽然表征其分子量的黏度较高,但其 T_{mc} 峰仍很尖、很窄,且 ΔT 较小,这是因为其相对分子质量分布较宽,且低相对分子质量组分含量较高,在熔融结晶时小分子部分容易成为晶核而使结晶变易。相对分子质量分布的加宽和低相对分子质量组分的增加会造成纺丝熔体细流的强度和拉伸强度下降,容易引起断头、毛丝和疵点等问题,可纺性变差。因此,可以通过 DSC 方法测定切片的 T_{mc} 和 ΔT 来评估其可纺性并采取适当的措施来改善其可纺性。对 T_{mc} 峰宽矮,ΔT 较大的切片,其相对分子质量与黏度密切相关,可通过调节熔融纺丝温度来获得最佳的流变性;对 T_{mc} 峰尖窄,ΔT 较小的切片,其黏度已经不严格与相对分子质量有关,随着相对分子质量分布的变宽,熔体黏度对剪切力的作用更为敏感,而对温度的敏感性下降,因而可以适当降低纺丝温度、卷绕速度和拉伸速度等,严格控制纺丝压力的波动。

(四)纺丝工艺对改性涤纶热谱特征的影响

研究表明,对经常规热定型后再经补充热定型的纤维样品在 T_g 和 T_m 之间会出现一个很特征的小峰,伯恩特(H. J. Berndt)和阿德尔贡德·波士曼(Adelgund Bossman)将该小峰的峰顶温度定义为"有效热定型温度"T_{eff}。虽然目前对 T_{eff} 与纤维微结构之间的内在联系及其成因尚无一致的说法,但从实验中发现 T_{eff} 与热处理条件(温度、时间、干湿状态、张力等)有关,用 T_{eff} 可以反映热定型过程中的综合效果。之前曾有一些有关 T_{eff} 与实际热定型温度之间的关系的研究报道,相关性良好。但其实验条件过于理想化,与实际生产工艺并不吻合。在实际生产中,有时产品的热处理并不是一次完成的,可能会有多次,且技术条件各不相同。实验表明,无论是常规 PET,还是改性后的 CDP 和 ECDP,随着热处理温度的提高,T_{eff} 向 T_m 方向靠近,峰形也加宽,且 T_{eff} 与实际热处理温度的差值 ΔT 亦增大并趋于稳定,这可解释为与热处理的深度有关。实际热处理温度较低时,ΔT 较小,热处理温度较高时,ΔT 略有增大,以 180℃ 较长时间(30min)热处理后,ΔT 基本趋于一致。可见,在实际生产中,T_{eff} 反映的是实际热定型的综合效果,可以作为综合评价热处理效果的有效指标。

参考文献

[1]复旦大学化学系高分子教研组. 高分子实验技术[M]. 上海:复旦大学出版社,1983.

[2]王正熙,刘佩华、潘海秦. 高分子材料剖析方法与应用[M]. 上海:上海科学技术出版社,2009.

[3]王建平,丁玉梅,陈凤英. 涤纶仿毛纤维的纤维物理性能研究(一)[J]. 上海纺织科技, 1994,22(1):58-61.

[4]王建平,丁玉梅,陈凤英. 涤纶仿毛纤维的纤维物理性能研究(二)[J]. 上海纺织科技, 1994,22(2):54-56.

[5]王建平,丁玉梅,陈凤英. 涤纶仿毛纤维的纤维物理性能研究(三)[J]. 上海纺织科技, 1994,22(3):53-56,34.

[6]李颖. 几种常用的聚合物结晶度测定方法的比较[J]. 沈阳建筑工程学院学报,16(4):269-271.

[7]王建平,范瑛. 改性聚酯的热性能[J]. 合成纤维,1998,27(2):7-12.

第八章　X 射线衍射分析技术

第一节　X 射线衍射分析技术概述

X 射线衍射(X-ray diffraction,简称 XRD)分析技术是 20 世纪初发展起来的一种研究物质微观结构的物理分析方法。由于人类感觉器官的局限性,人们无法直接观察到物质内部的微观结构。而 X 射线因其波长与物质的原子间距处于同一数量级,因而可能进入甚至透过物质,并产生一系列的物理现象,如光的散射、衍射、吸收、光电子发射、荧光辐射等。这些物理现象可以通过相应的技术手段测得,经过一系列的数学处理后,可以间接地分析被测物质的微观结构并进行表征。而 X 射线衍射分析正是 X 射线分析技术中一个重要的组成部分,对于结晶性物质的微观结构研究具有特别重要的意义,已被广泛应用于凝聚态物理、结构化学、材料科学、地质矿产、生命医学、考古和历史等多个学科领域,在纺织材料的分析研究中也已成为一种不可或缺的重要技术手段。

一、X 射线的性质和产生

1895 年,德国物理学家伦琴(Rontgen)在研究真空放电现象和阴极射线时意外发现一种前所未知的射线。伦琴对这一偶然的发现进行反复的验证后将其公之于众,并在其递交的《一种新的射线:初步报告》中将这种具有穿透性的神秘射线用代数中表示未知数的“X”来命名。但人们在使用 X 射线这个名称时,也常常称为伦琴射线。

经过进一步的研究分析,人们发现 X 射线实质上仍是一种电磁波,是由于原子中的电子在两个能级相差悬殊的能级之间的跃迁而产生的粒子流,具有光的基本属性。只是其波长要比可见光短得多,介于紫外线和 γ 射线之间,在 0.001~10nm。X 射线具有较大的能量和穿透能力,用于结构分析时,适用的波长范围通常为 0.03~0.25nm,这与被分析物质的晶体尺寸有关。

产生 X 射线的方法是用加速后的电子撞击金属靶。这里面蕴含三个基本条件:①发射自由电子;②通过高压电场使自由电子加速;③用金属靶对高速电子进行拦截,将电子的动能转化为 X 射线。在撞击金属靶的过程中,电子受阻突然减速,其动能会以光子的形式放出,形成 X 射线的连续光谱,称为制动辐射(亦称白色射线)。如果进一步提高加速电压,加大电子所携带的能量,则有可能将金属靶原子的内层电子撞出,形成内层空穴。而处于高能级的外层电子则会迅速跃迁回低能级的内层补缺,同时放出波长为 0.1nm 左右的光子。由于外层电子跃迁回内层所放出的能量是量子化的,故其所放出光子的波长也应该是集中在一个很窄的波段内,形成 X 光谱中的特征谱线,被称为特征 X 射线。此时若继续加大加速电压,只会增加 X 射线的强度而不会改变其波长。

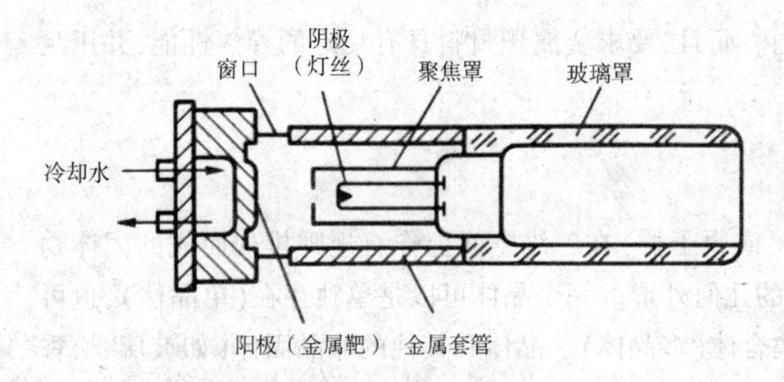

图 8-1　热电子封闭式 X 射线管结构示意图

X 射线发射装置主要包括高压发生器、整流装置、电子线路及控制部分、X 射线管。其中 X 射线管分为封闭式和可折式两种。封闭式 X 射线管（图 8-1）在制造时就已被抽成高真空状态，使用方便，且产生的 X 射线也比较稳定，但由于其中的金属靶材料已经固定，所以每一种管子只能作为一种靶材使用。而可折式 X 射线管在使用时必须不断抽真空，操作比较麻烦。但由于其阳极金属靶和作为阴极的灯丝是可以调换的，故适用性更广一些，比较经济。X 射线管产生 X 射线的效率很低，经加速的电子所携带的能量绝大部分（约 99%）被转化成热能，只有极少量能量（约 1%）才会被转化成 X 射线。

产生特征 X 射线的最低电压被称为激发电压。各种不同的金属靶材料都有自己特有的激发电压和对应的特征 X 射线（表 8-1）。如常用的铜靶，其激发电压为 8.86kV，L 层电子与 K 层电子之间的能级差所对应的特征 X 射线 CuK_{α} 的波长为 0.15418nm。但在产生 K_{α} 特征射线的同时，还有可能产生由于 M 层电子补充到 K 层电子空穴所辐射出来的 K_{β} 特征射线（图 8-2）。K_{β} 特征射线的存在对于想利用 X 射线的单色谱线进行后续的 X 射线衍射分析是非常不利的。

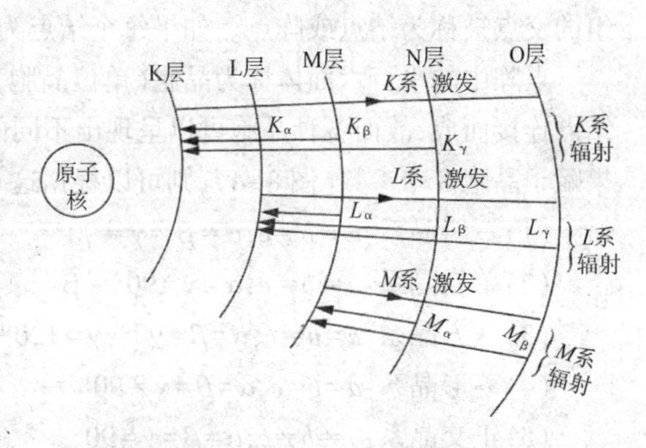

图 8-2　原子核外层电子能级

表 8-1　几种常用金属靶的特性

金属靶	原子序数	特征 X 射线		K_0 线的临界激发电压(kV)
		$K_{\alpha 1-\alpha 2}$	K_{β}	
铜 Cu	29	0.1544~0.1540	0.1392	8.9
钼 Mo	42	0.0714~0.0709	0.0632	20
钨 W	74	0.0214~0.0209	0.0184	69.5

为了获得理想的单色特征 X 射线，通常采用比金属靶材原子序数小 1~2 的材料作为滤波器。如铜的原子序数是 29，则可采用原子序数为 28 的镍作为滤波器的材料。实验表明，选用适当厚度的镍片，虽然 K_{α} 特征射线的强度降低了 30%~50%，但过滤后 K_{α} 和 K_{β} 的强度比则由入射束的 1/5 左右降低到 1/500 左右，可以满足一般分析的需求。若要进一步降低强度比，则需使用特殊的单色器装置。

X 射线衍射分析中对 X 射线的强度要求是越强越好，可以采取的办法只有提高加速电压（管压）和电子流（管流）。但由于电子流所携带的能量最终绝大部分都会转化为热能，X 射线管的功率只能被限制在一定的范围之内。而且,要求金属靶材料具有良好的导热性能,并用足够量的水及时将阳极靶的热量带走。

二、晶体概述

晶体是指许多原点(包括原子、离子或原子群)在三维空间上作有规则排列而成的固体物体。按照这个定义,晶体并不需要一定的几何外形。一个晶体可以是单独存在(单晶体),也可以是和其他很多晶体聚合形成的晶体集合体(多晶体)。晶体和其他的非晶固体(如玻璃、松香等)、液体和气体的根本区别在于它们内部组织排列的规则性。

假设在空间中存在一组等距离的平行平面,如果和另外一组等距离的平行平面相交,可以得到许多相互平行的交线,如果再有第三组等距离的平行平面相交,可以产生很多等同的交点。这些交点在空间位置上具有一定的几何规则,而且三个平面组将空间划分成了一系列平行六面体的形状,大小完全相同,并且相互紧密地排列在一起,形成所谓的点阵(空间点阵),三个平面组的交点被称为结点或阵点。如果每个结点为同样的质点所占据,即形成了晶体点阵。

点阵中的平行六面体称为晶胞(单位晶胞)。由于这种平行六面体可以是由点阵中不同的结点连接而成,故而各种晶胞可以呈现出不同的形状和大小,并形成不同的晶系(图 8-3)。如果赋予晶胞 6 个参数(图 8-4),则可以根据这 6 个参数将晶体分为 7 个晶系,具体如下。

(1)三斜晶系:$a \neq b \neq c, \alpha \neq \beta \neq \gamma \neq 90°$

(2)单斜晶系:$a \neq b \neq c, \alpha = \gamma = 90° \neq \beta$

(3)六方晶系:$a = b \neq c, \alpha = \beta = 90°, \gamma = 120°$

(4)菱形晶系:$a = b = c, \alpha = \beta = \gamma \neq 90°$

(5)正交晶系:$a \neq b \neq c, \alpha = \beta = \gamma = 90°$

(6)四方晶系:$a = b \neq c, \alpha = \beta = \gamma = 90°$

(7)立方晶系:$a = b = c, \alpha = \beta = \gamma = 90°$

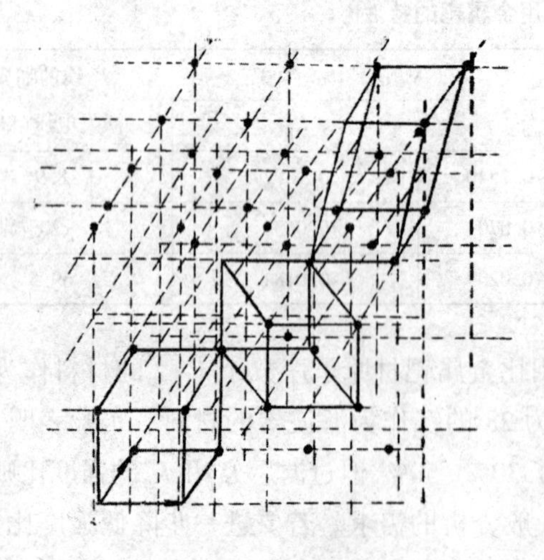

图 8-3 晶体点阵
(实线所勾勒出的为可能的晶胞)

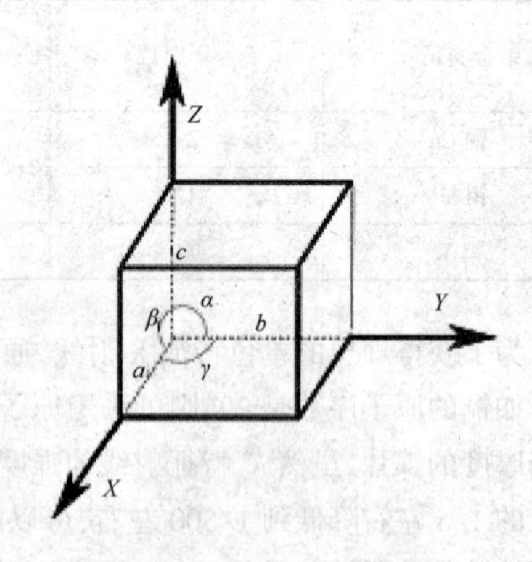

图 8-4 晶胞及其 6 个参数

在 X 射线衍射法测定结晶结构时,常常采用晶向面晶面指数来标记晶体内部的空间点阵,是晶体的常数之一。晶面是指在空间点阵中通过任意三个结点的平面,这个平面实际上就是按一定规则和方向排列的分子层或原子层。而在空间点阵中,一定有一系列间距相等的晶面与此晶面平行。由于同一晶体可以从不同的角度观察到不同的分子层或原子层,即不同的晶面。为此,引入晶面指数的概念来表征不同的晶面。所谓晶面指数是指晶面在三维结晶轴上截距系数的倒数比,经通分后去除分母而形成的一组三个整数(表 8-2)。晶面指数亦被称为密勒(Miller)指数。需要注意的是,晶面指数所表示的是一组平面点阵,而不是一个平面点阵。以晶面指数(212)为例,它表示的是一组在三维坐标轴上截距分别为 na、$2nb$ 和 nc 的平面点阵。

表 8-2　晶面指数的计算

晶面	截距	截距倒数	通分后除去分母的分数	晶面指数
ABC	$1a$　$2b$　$1c$	1/1　1/2　1/1	2,1,2	(212)
DEF	$2a$　$4b$　$3c$	1/2　1/4　1/3	6,3,4	(634)
DE∞	$2a$　$4b$　∞c	1/2　1/4　1/∞	2,1,0	(210)

除了晶面指数,在对 X 射线衍射图进行分析计算时,晶面间距也是一个非常重要的参数。所谓晶面间距是指在一组平行晶面中,相邻最近的两个晶面之间的距离,以 d(hkl)表示,也可简写为 d。不同(hkl)的晶面,其间距各不相同。通常,晶面指数较低的,其晶面间距较大;晶面指数较大的,则晶面间距较小。当然,晶面间距还与点阵的类型有关。晶面间距最大的晶面总是阵点最密的晶面,晶面间距越小的则是晶面阵点排列越稀疏的。正是由于不同晶面和晶向面上阵点(分子或原子)排列情况不同,使得晶体表现出各向异性的特征。

三、X 射线衍射分析的基本原理

(一) X 射线的散射

当 X 射线和物质相遇时,它会被原子核外的电子散射。散射的情况可以有两种:一种是散射后的 X 射线的波长和入射时相同,根据物理学的基本原理,这些散射线可以发生相互干涉,称为相干散射;另一种是散射后的 X 射线损失了一部分能量,其波长比入射时要长一些,而且波长的增量会随着散射角的不同而变化,且不会产生相互干涉,被称为不相干散射或康普顿效应(Compton effect)。

X 射线在晶体中产生衍射现象是散射的特殊表现,即当 X 射线被晶体中各个原子中的电子散射时,会发生与原入射线相同波长的相干散射相互干涉加强的结果。但要想得到这样的结果,必须满足一定的几何条件,并可以用著名的劳厄方程和布拉格定律来表示。

(二) 晶体对 X 射线的衍射

1. 劳厄方程

劳厄和布拉格父子的研究结果表明,晶体对 X 射线的衍射归根结底是晶体原子中的电子对 X 射线的相干散射,但只会在某些方向上产生衍射。衍射的方向取决于晶体内部结构的周期性重复方式和晶体安置的方位。通过测定晶体的衍射方向,可以求得晶胞的大小和形状。而具体计算衍射方向和晶胞大小与形状的关系则可采用劳厄方程和布拉格方程。其中劳厄方程以直线点阵为切入点,而布拉格方程则以平面点阵为基础,两个方程是等效的,可以互推。

根据劳厄方程的原理,当一束平行的波长为 λ 的特征 X 射线垂直照射到一间距为 C 的原子列(一维点阵),每个原子的散射 X 射线是一个小球面波,向各个方向散射。在与原子列成 ε 角的方向上相邻原子散射波的光程差为 $\Delta l=C\cdot\cos\varepsilon$。如果相邻原子散射之间的光程差等于波长的整数倍时,在这个方向上的散射线就会互相叠加,即:

$$L\lambda=C\cdot\cos\varepsilon \tag{8-1}$$

其中 L 为正整数,如果原子排列相对于原子间距 C 足够长,在其他所有角度的散射将会完全抵消,而只在角度 ε 的方向上发生强的干涉,形成一个圆锥面的衍射线。

当入射的波长为 λ 的特征 X 射线与被照射到的原子列不垂直,而呈 α 的夹角时,其散射线的光程差 $\Delta l=C(\cos\varepsilon-\cos\alpha)$。当 $\Delta l=C(\cos\varepsilon-\cos\alpha)=L\lambda$ 时,在角度 ε 的方向上会形成一个圆锥面的衍射线。

对于具有点阵参数为 a、b、c 的三维点阵,可以同时列出三个方程:

$$a(\cos\varepsilon_1-\cos\alpha_1)=H\lambda \tag{8-2}$$

$$b(\cos\varepsilon_2-\cos\alpha_2)=K\lambda \tag{8-3}$$

$$c(\cos\varepsilon_3-\cos\alpha_3)=L\lambda \tag{8-4}$$

这就是著名的劳厄方程式。对于确定的 H、K 或 L 值,衍射光分别在一个以点阵列为轴,$2\varepsilon_1$、$2\varepsilon_2$ 和 $2\varepsilon_3$ 为顶角的圆锥上,圆锥母线方向即是衍射方向。

2. 布拉格方程(布拉格定律)

布拉格方程又称布拉格定律。布拉格父子将晶体产生 X 射线衍射理解为晶面对 X 射线的“反射”(布拉格反射)(图 8-5),并据此推导了劳厄提出的晶体 X 射线衍射发生时所必须满足的条件:

$$2d\sin\theta=n\lambda \tag{8-5}$$

设 1、2 为晶面间距为 d 的两个晶面,入射的 X 射线波长为 λ,n 为任意正整数。当 X 射线以掠射角 θ(入射方向与晶面的夹角)射到晶面上时,会被晶面“反射”。当晶面 1 和晶面 2“反射”的 X 射线的光程差满足上述公式时,就会产生衍射,其中 n 称为衍射级数。

布拉格方程是劳厄方程的另一种表现形式,它们之间可以相互转换。由于布拉格方程相对简单,且能说明衍射现象的基本关系,因而在 X 射线衍射分析中得到了广泛的应用。

3. 德拜—谢勒法

当 X 射线的波长 λ 已知时(选择固定波长的特征 X 射线),采用细粉末或细粒多晶体样品,可以从一堆任意取向的晶体粉末或细粒中,通过捕捉满足布拉格条件而发生的“反射”(衍射)来测出 θ 角的具体数值,并由布拉格方程确定晶面间距 d、晶胞大小和类型。同时,根据衍射线的强度,还可进一步确定晶胞内原子的排列(表 8-3)。这就是 X 射线衍射分析法中的粉末法,又称德拜—谢勒(Debye-Scherrer)法的理论基础。

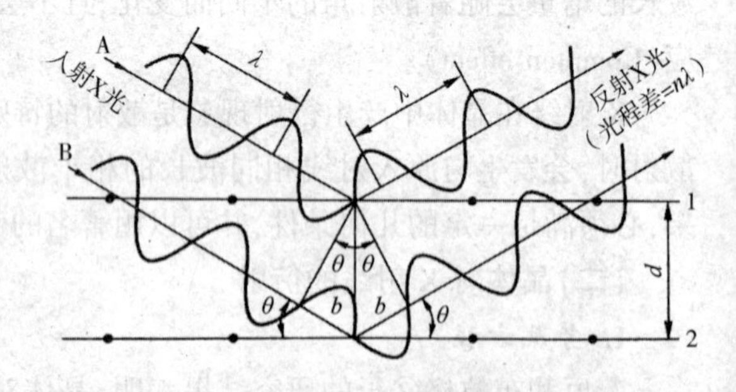

图 8-5 晶体产生 X 射线衍射(布拉格反射)的条件

表 8-3　X 射线衍射花样与被测物质结构的相关性

衍射情况	样品结构中可能的特征						
	晶格畸变	原子错位	不同原子定位不规则	原子热振动	取向度	微晶大小	无定形区分数
布拉格间距变化	+++					+	
反射弧长度					+++		
2θ 线宽	++	+	+			+++	
大角区域的强度陡然下降	++		+	++			
背景散射强度	+	+	+	+			++

注　表中"+"的多少表示相关性的大小。

第二节　X 射线衍射分析仪的结构和实验方法

一、X 射线衍射分析仪的结构

X 射线衍射分析仪通常由 X 射线发生器、测角仪、辐射探测器等几个主要部分组成。

（一）X 射线发生器

传统的 X 射线发生器是由一个高真空管（$1.33\times10^{-9}\sim1.33\times10^{-11}$）加上高压发生器、整流装置、电子线路和控制部分组成的。在真空管内，由钨丝制成的阴极，在通电和阴阳极间几十千伏高压的作用下，放出热电子并以高速撞击金属阳极靶面。金属靶的基材通常采用熔点高、导热性好的铜（Cu）制成，并可根据需要在其表面镀上一层纯金属，如铬（Cr）、铁（Fe）、钴（Co）、镍（Ni）、铜（Cu）、钼（Mo）和钨（W）等。由于热电子撞击金属靶以后约 99%的动能被转化成热能，故要求除了金属靶本身具有良好的导热性能之外，还必须有足够的冷却水及时将热量带走。由于仅有约 1%的能量被转化成 X 射线，为了提高 X 射线发生器的输出功率，同时克服热效应所带来的局限，一种比封闭式 X 射线管输出强度大几到十几倍的旋转靶 X 射线衍射仪应运而生。其优点是通过能够以每分钟数千转的转速高速旋转的圆形金属靶面，随时改变靶面受电子轰击的位置，来达到快速散热的目的，提高金属靶的 X 射线发射功效（图 8-6）。X 射线管设计有相当厚的金属套管，其发射出的 X 射线只能通过与靶面呈 6°方向的窗口射出。这是因为当进行 X 射线衍射分析时，分辨率的大小及 X 射线的强度直接与从 X 射线管射出的 X 射线的取出角有关。取出角变小，分辨率提高，但 X 射线的强度却会随之减小。研究表明，在兼顾得失的前提下，通常与靶面呈 6°方向接收 X 射线可以达到最佳平衡效果。窗口由吸收系数较低的铍（Be）片制成。X 射线管的效率可用下式表示：

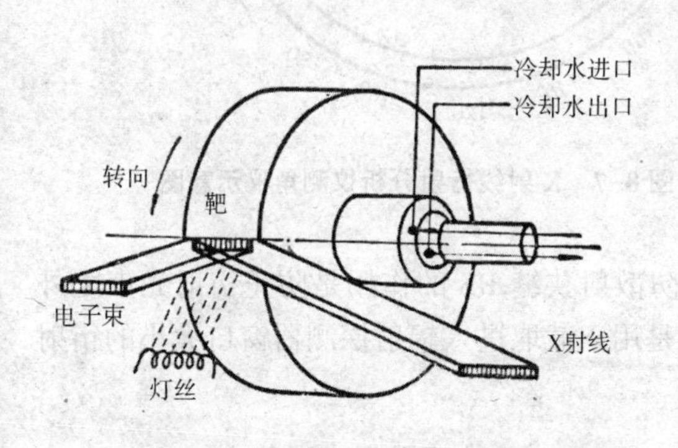

图 8-6　旋转金属阳极靶结构示意图

$$E=1.1\times10^{-9}ZV \tag{8-6}$$

式中,E 为 X 射线产生的效率;Z 为阳极物质的原子序数;V 为 X 射线管的操作电压。

在 X 射线管中,采用螺旋形灯丝时所发射的电子流经聚焦后在金属靶面上会形成一个长方形的实际焦点,如果从长方形的短边上的窗口看,所看到的焦点为正方形,称为点焦点;如果从侧面的长边方向看,则得到线焦点。

基于 X 射线衍射测试原理的实验方法,能否确保 X 射线管发出的射线强度保持在稳定状态将直接关系到 X 射线衍射分析测试技术的可靠性。因此,必须确保在额定输入电压可变的范围内(200~250V),高压波动小于±0.1%,束电流波动在±0.02%之内,X 射线在 8h 内的强度变化不得超过±0.5%。除此之外,射线强度本身及其纯洁程度也是 X 射线衍射分析测试技术应用成败的关键。

当 X 射线管发出的 X 射线与晶体试样相遇时,只要满足劳厄方程或布拉格定律,便会产生衍射。从实验角度看,为了获得满意的观察效果,通常采取固定入射角改变 X 射线的波长或固定 X 射线的波长改变入射角的方法,并且用合适的方式将衍射线记录下来。

(二)测角仪

测角仪是 X 射线衍射分析仪中非常关键的装置(图 8-7)。

图 8-7 中,试样台 D 位于测角仪的中央,并能绕测角仪的中心轴 O 转动。试样台上安装有平板状的粉末固体试样 S,试样台的转动和辐射探测器 C 的转动始终保持 1∶2 的角度关系。

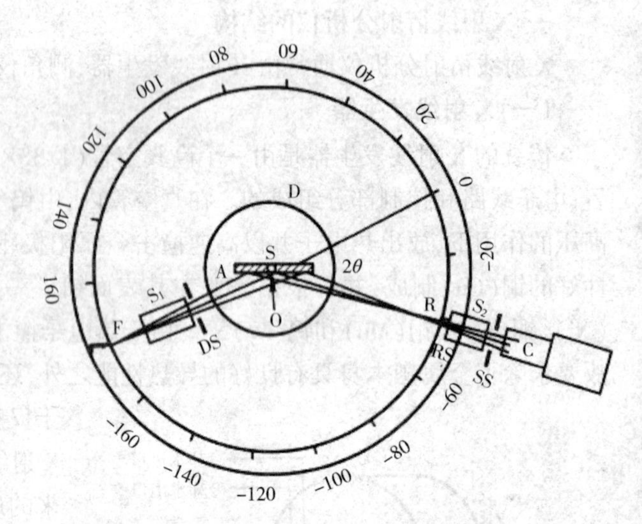

图 8-7　X 射线衍射分析仪测角仪示意图

仪器工作时,X 射线管上焦点 F 发出的 X 射线,经索拉狭缝 S_1、发散狭缝 DS、试样 S、防散射狭缝 RS、索拉狭缝 S_2 和接收狭缝 SS,最后到达辐射探测器 C,整个光路与试样台转动轴垂直。光路中的索拉狭缝是由许多片相互平行且等距离的薄钽片组成的,其作用是限制通过狭缝的光束的垂直发散度。而发散狭缝 DS 则是用来限制由焦点 F 发出的射线束的水平发射角 γ,也就是要限制试样被照射面积的大小。防散射狭缝 RS 的作用是防止衍射光束之外的其他散射线进入辐射探测器。而接收狭缝 SS 则是用于截取进入辐射探测器窗口大小的衍射线束的大小。

(三)辐射探测器

入射的 X 射线通过试样后产生的衍射线可以用照相法记录衍射花样图(图 8-8),包括平板照相法和德拜照相法(圆柱状),但更多的是采用各种辐射探测器即计数器来进行记录的。其中,运用得比较早的是气体电离计数器、闪烁计数器和固体探测器。

1. 气体电离计数器

气体电离计数器分为盖格(Geiger)计数器和正比计数器。其中前者因计数速率低、正比性差、线性范围狭窄等原因早已被淘汰。而正比计数器则是由一个充气圆柱形金属套管作为阴

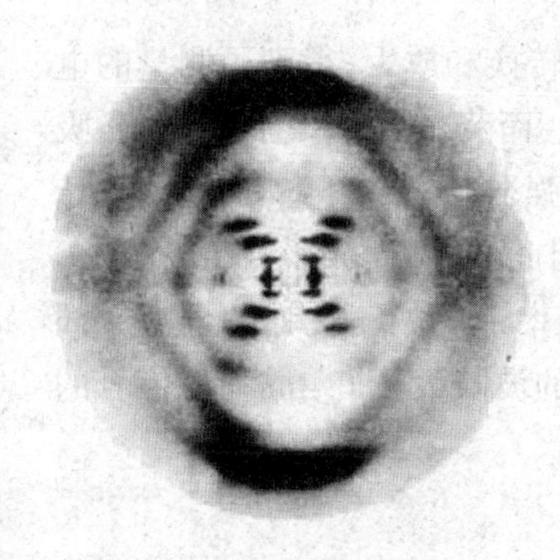

图 8-8　典型的 X 射线衍射花样图

极,中心的细金属丝作为阳极,管套一端用云母或铍(Be)作为窗口,以便让射线束通过,而另一端则用绝缘体封闭。若在阳极和阴极之间加上一个电压,当 X 射线射入窗口时,除一小部分直接穿透外,大部分光子会与管内气体分子撞击,产生光电子及反冲电子。这些电子在电场的作用下向阳极丝运动,而带正电荷的气体离子则飞向阴极套管。因而,当射入的 X 射线强度恒定时,便会有一股恒定强度的电流通过电阻 R_1(图 8-9)。如果将电压上升到 600~900V 的工作区间,由于电场强度较高,可以使被电离的电子获得足以使其他中性气体原子继续被电离的动能。这样,在电子飞向阳极的过程中会引起进一步的电离,并如此循环,最终在阳极的某个点上形成一个"雪崩",并在外电路中产生一个电流脉冲。这个电流经过 R_1 时会形成一个数毫伏的电压脉冲,通过耦合电容 C_1 输入到检测回路的前置放大器中。

由于存在多次电离过程,计数管本身实际上发挥了"气体放大作用",其放大倍数与所施加的工作电压有关,被称为"气体放大因数(A)"(图 8-10)。显然,当一个初级 X 光子引起的初次电离原子数为 n,其最终获得的电离原子数应为 An。通常,当正比计数器的电压处于正常工作范围时,其 A 的数值可以高达 10^3 ~ 10^5。在一定的电压下,其脉冲大小与每个 X 光子所形成的初次电离原子数 n 成正比,从而得名"正比"计数器。例如,吸收一个 CuK_α 光子($h\nu = 9$keV)可产生 1mV 的电压脉冲,而吸收一个 MoK_α 光子($h\nu = 20$keV)时,便可产生 2.2mV 的电压脉冲。这是正比计数器的一个重要特点。

正比计数器是一种非常迅速的计数器,可分辨速率高达 10^6 次/s 的输入分离脉冲。这是基于其管内多次电离进行得十分迅速(0.2~0.5μs 内即可完成),且每次"雪崩"仅发生在长度小于 0.1mm 的局部区域内。后来,在正比计数器基础上开发的位敏计数器不仅可以通过测定延迟线两端出现脉冲的时间差,来确定产生"雪崩"的位置,而且还能同时记录 2θ 范围内的衍射强度,从而大大缩短试验时间,为实现试样结构的动态观察和高速摄像提供了可能。

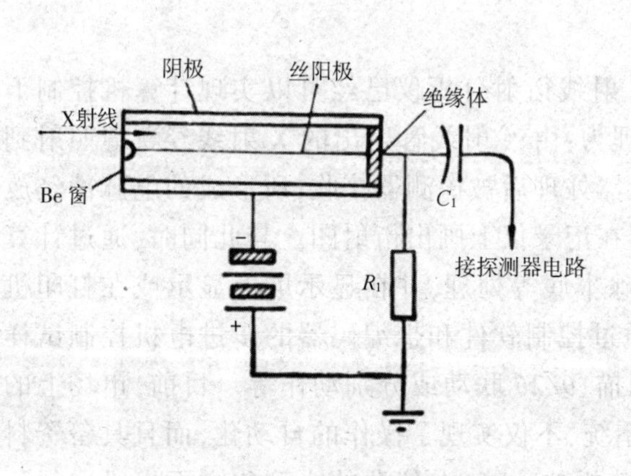

图 8-9　充气电离计数器示意图

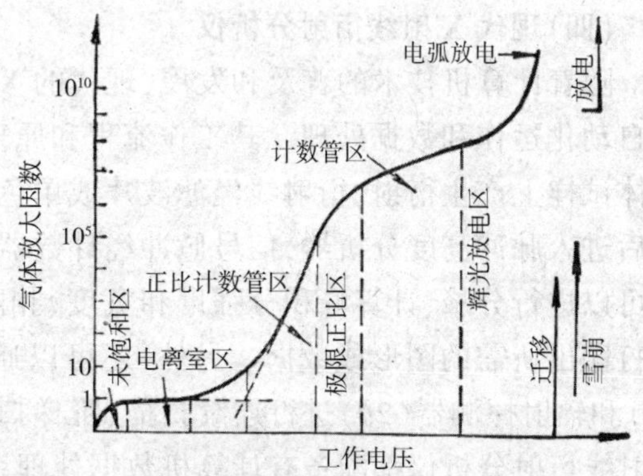

图 8-10　气体电力管在不同电压下的放大倍数

2. 闪烁计数器

闪烁计数器作为 X 射线衍射仪最常用的一种辐射探测器,它是利用 X 射线能在磷光体中产生波长在可见光范围内的荧光,这种荧光再经过光电倍增器的转换和放大,得到可测量的电流。这个输出电流的大小与光电倍增器感受到的荧光强度成正比,而荧光强度又与计数器所吸收的 X 射线的强度成正比。因此,电流的大小即可表示 X 射线的强弱(图 8-11)。由于闪烁计数器中光电倍增器的倍增作用十分迅速,整个过程还不到 1μs,因此,闪烁计数器可在高达 10^5 次/s 的速率下使用不会有计数损失。但这种计数器的能量分辨率远不如正比计数器好。同时,由于光敏阴极中热电子的发射会使背景噪声过高,当 X 射线的波长大于 0.3nm 时,信号的强度与噪声在同一个数量级,很难分离。

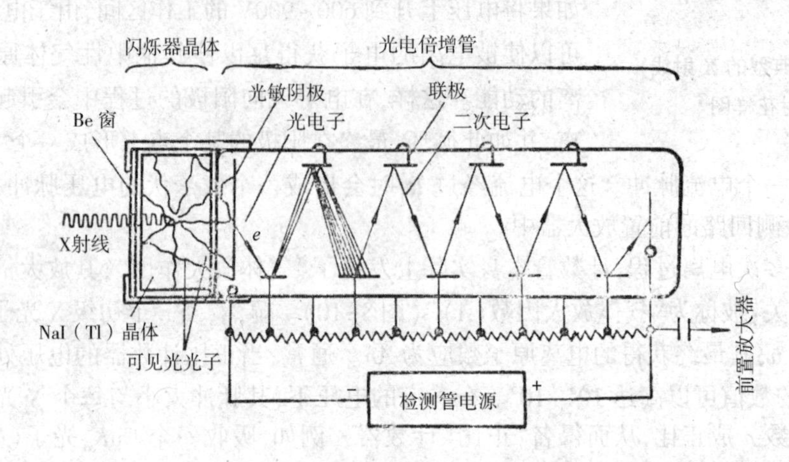

图 8-11 闪烁计数器的构造示意图

3. 固体探测器

常用的固体探测器是 Si(Li)探测器。其工作原理是:当 X 射线进入探测器时,由电离作用而产生许多电子空穴对,而电子空穴对的数目与所接收到的光子的能量成正比。当在探测器上加 500~900V 的电压时,它们分别被探测器的一对正负电极所吸收,并由此输出一个电信号。这个过程不到 1μs 时间,所以计数速率相当高。此外,这种探测器的分辨率极好,可比闪烁计数器和正比计数器高出 6%~19%。

(四)现代 X 射线衍射分析仪

随着计算机技术的普及和发展,现代的 X 射线衍射分析仪已经可以实现计算机控制下的自动化运作和数据处理。其工作流程和原理为:由 X 射线管射出的 X 射线经狭缝照射到晶体试样上产生衍射,衍射线经滤波片或单色器处理后被探测器接收,所形成的电脉冲经放大后进入脉冲高度分析器,信号脉冲经计数器在记录仪上画出衍射图。与此同时,通过计算机可以进行分峰、计算峰积分强度和宽度、扣除本底等处理,并在显示屏上显示或在打印机上打印出所需的图形或数据。另外,还可以通过控制软件和带编码器的步进电机控制试样(θ)和辐射探测器(2θ)进行连续扫描、阶梯扫描、$\theta/2\theta$ 联动或分别动作等。目前,市场上的 X 射线衍射分析仪都配备有计算机数据处理系统,不仅实现了操作的自动化,而且具备资料采集和比对、数据处理、文件管理和自动定性分析的功能,在仪器的小型化方面也已取得积极的进展。

二、X 射线衍射分析实验方法

(一)粉末法

这种方法是德拜—谢勒于 1916 年提出的。实验时,样品必须是结晶粉末,粒径通常为 10^{-2} ~ 10^{-4}mm。根据 X 射线的衍射原理,由于粉末试样中不计其数的晶面以不同的角度与入射的 X 射线相交,会产生一系列反射角 θ 各异的衍射。对具有一定晶面间距的某一晶面来说,其形成的衍射线应该是一个夹角是入射夹角 2 倍的圆锥形(图 8-12)。由于大量方向各异的晶面同时存在,因而就会形成一系列衍射夹角各异的圆锥形衍射线(图 8-13)。但并非所有晶面都能参加衍射,只有能满足布拉格定律的晶面才会有衍射线产生。

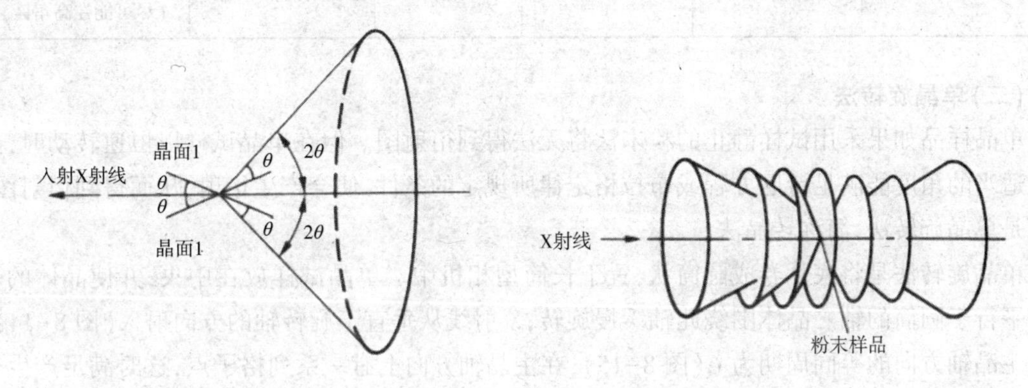

图 8-12　某一特定晶面形成的衍射圆锥　　　图 8-13　粉末样品中不同晶面形成的衍射圆锥

如果采用传统的照相法(表 8-4)记录衍射图,其最大的弱点是所需的曝光时间太长,对高分子样品通常都需好几个小时,而且最终的数据处理都需人工处理。所以,现代的 X 射线衍射分析仪大多是直接以计数器加连续扫描的办法记录衍射曲线来代替感光胶片记录衍射环的角度和强度(表 8-5)。此方法不仅速度快、准确性高,而且还能对数据进行自动处理。

表 8-4　几种晶体样品的 X 射线衍射照相法实验方法

方法	样品	X 射线	试样安置方式	摄片安置方式
劳厄法	单晶体	连续谱线	静止	平面
转晶法	单晶体	特征谱线	回转	圆柱状
粉末法	多晶或晶体粉末	特征谱线	静止或回转	圆柱状

表 8-5　X 射线衍射仪分析中常用的测试条件

测定条件	位置试样简单物相分析	有机高分子物相分析	微量物相分析	定量物相分析	点阵参数测定
靶	Cu	Cu	Cu	Cu	Cu,Co
K_β滤波片	Ni	Ni	Ni	Ni	Ni,Fe
管压(kV)	35~45	35~45	35~45	35~45	35~45
管流(mA)	30~40	30~40	30~40	30~40	30~40

续表

测定条件	位置试样简单物相分析	有机高分子物相分析	微量物相分析	定量物相分析	点阵参数测定
量程(cps)	2000~20000	1000~10000	200~4000	200~20000	200~4000
时间常数(s)	1,0.5	2,1	10~2	10~2	5~1
扫描速度(°/min)	2,4	1,2	1/2,1	1/4,1/2	1/8~1/2
发散狭缝 DS(度)	1	1/2,1	1	1/2,1,2	1
接受狭缝 RS(mm)	0.3	0.15,0.3	0.3,0.6	0.15,0.3,0.6	0.15,0.3
扫描范围(°)	90(70)~2(2θ)	60~2	90(70)~2	需要的衍射线	需要的衍射线(尽可能在高角区)

(二)单晶旋转法

单晶样品如果采用试样静止的粉末法将无法得到衍射图。但在单晶试样以恒速转动时,晶面在适当的角度能满足劳厄方程或布拉格定律所规定的条件,便会产生衍射,从而得到衍射图。这就是单晶旋转法,简称转晶法。

单晶旋转法是将底片卷成圆筒状,置于长筒型相机中。单晶试样放在中央,并使晶体的一个轴平行于圆筒的轴。晶体围绕此轴缓慢旋转,X 射线从垂直于旋转轴的方向射入(图 8-14)。假设主晶轴方向的等同周期为 C(图 8-15),在主晶轴方向上有一系列格子点,这时满足产生衍射的条件是:

$$C \cdot \cos\varphi = l\lambda (l=0, \pm1, \pm2, \cdots) \tag{8-7}$$

此公式为称为波拉尼(Polanyi)关系式。式中,$C \cdot \cos\varphi$ 为光程差,l 为层线号数。所谓层线,是指一组与等同周期 C 有关的衍射所形成的圆锥,其圆锥和底片相交得到的直线即为层线。通过测量层线间的距离 y,并利用已知的几何关系(图 8-16),即可算出晶体平行于旋转轴方向的等同周期。

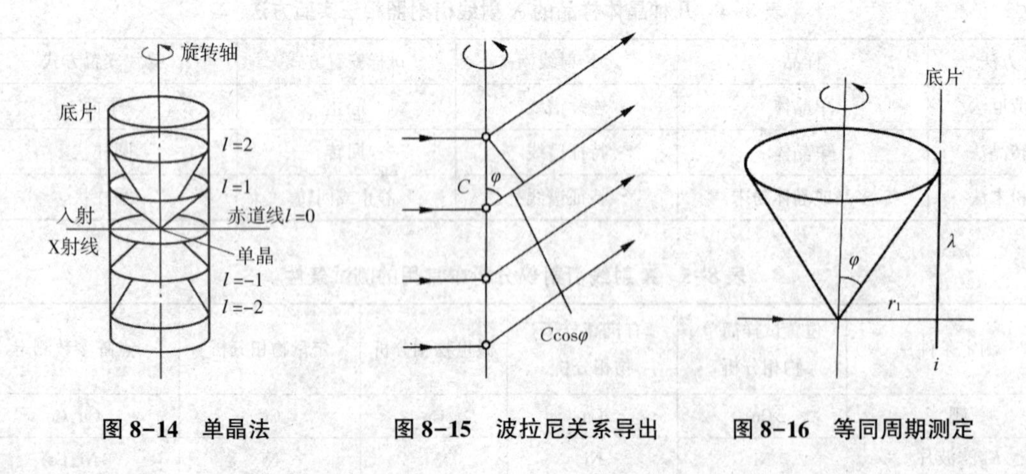

图 8-14 单晶法　　图 8-15 波拉尼关系导出　　图 8-16 等同周期测定

事实上,晶体不仅在旋转轴方向,而且在三维方向都是有格子点的。因此,衍射线在照相底片上的衍射图并不是一条条连续的直线,而是由强度不同彼此分离的斑点组成的直线[图 8-17

(a)]。如果用平板底片代替圆筒底片,则可以得到如图 8-17(b)所示的双曲线。

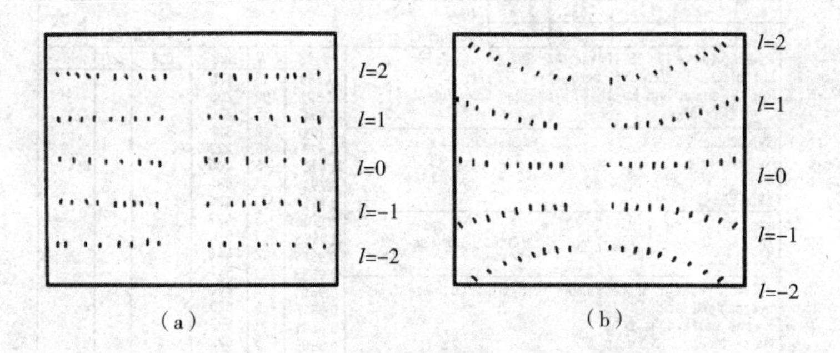

图 8-17　典型的单晶旋转 X 射线衍射图

第三节　X 射线衍射分析技术在纺织上的应用

一、纤维材料的鉴别

(一)鉴别的依据

用 X 射线衍射分析技术进行纤维材料的鉴别实际上就是进行物相分析中的定性分析。理论上讲,由于纤维材料内部存在微晶结构,当对其粉末试样进行 X 射线衍射分析时,就可以从所得到的衍射花样上线条的角度位置按布拉格方程来确定其晶面间距 d,并同时记录其不同晶面衍射线的强度,而这些都与结晶性材料本身所固有的晶格类型、晶胞尺寸、晶胞中的原子数及各原子的位置等特性相对应,即使存在于混合物中也不会改变。所以,每种结晶性物质都可以通过衍射角和相对衍射强度作为其"身份"鉴别的"指纹"特征。

(二)鉴别方法——PDF 卡

物相定性分析的基本方法就是将未知物的衍射花样与已知物质花样的 d、I/I_1(I_1是最强线的强度)值对照。为了使这一方法具有可操作性,就必须掌握大量已知相的标准衍射花样,但这需要做大量的基础性积累,无法一蹴而就。1938 年,哈纳瓦尔特(J. D. Hanawalt)等人首先开始了这方面的工作。1942 年,美国材料试验学会(ASTM)出版了第一组衍射数据卡片(ASTM 卡片),为建立物相标准数据库首开先河。此后,ASTM 卡片以每年 1500~2000 张的速度扩容。1969 年,美国等几国的科学家发起成立了国际性的粉末衍射标准联合会(Joint Committee on Powder Diffraction Standards,简称 JCPDS),在各成员的共同努力下,开始在原 ASTM 卡片的基础上编辑出版粉末衍射卡——JCPDS 卡,又称粉末衍射文档 PDF(The Powder Diffraction File)。JCPDS 卡片是用 X 射线衍射法准确测定晶体结构已知物相的 d 值和(I/I_1)×100 加上其他相关资料汇集而成该物相的标准数据卡片,分为有机物和无机物两大类。JCPDS 卡片是研究物质以及结晶结构的重要工具。它包含已知晶体结构物相的标准数据,可以作为物质定性相分析的对比标准,即可以将测得的未知物相的衍射谱与 JCPDS 数据比较,从而确定所测试样中含哪些物相、各相的化学式、晶体结构类型、晶胞参数等,为了解物质的使用性能和必要时调整工艺条件提供依据。1984 年,JCPDS 卡片开始采用新的格式,以 NaCl 的 JCPOS 卡片为例,如图 8-18 所示。

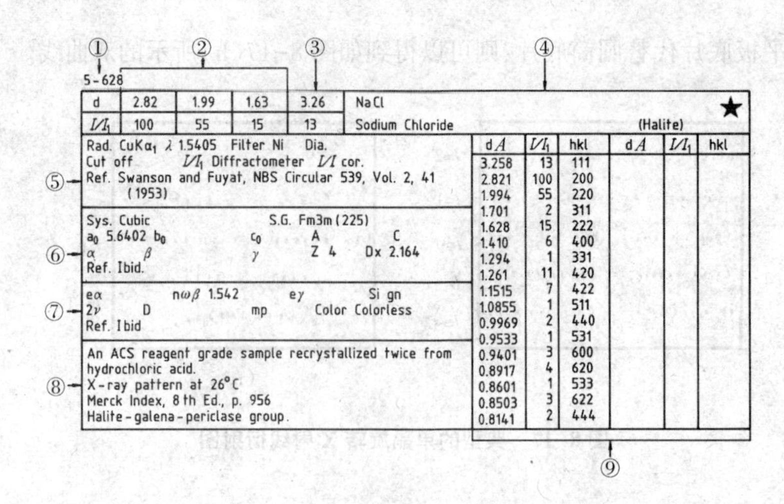

d Å	I/I1	hkl	d Å	I/I1	hkl
3.258	13	111			
2.821	100	200			
1.994	55	220			
1.701	2	311			
1.628	15	222			
1.410	6	400			
1.294	1	331			
1.261	11	420			
1.1515	7	422			
1.0855	1	511			
0.9969	2	440			
0.9533	1	531			
0.9401	3	600			
0.8917	4	620			
0.8601	1	533			
0.8503	3	622			
0.8141	2	444			

图 8-18 NaCl 的 JCPDS 卡片

在这张卡片中，主要包含 9 个方面的信息。

(1)卡片编号，短线前为组号，短线后为组内编号。

(2)衍射角小于 90°时的 3 条最强衍射线的面间距(10^{-1}nm)及其相对强度(I/I_1)(以最强线 I_1的强度为 100)。

(3)最大面间距及对应的衍射线相对强度。

(4)化学式及英文名称。

(5)本卡片数据所对应的测试条件及方法。

(6)物质的晶体结构参数。

(7)物质的物理参数，包括光学参数及密度、熔点、颜色等。

(8)试样来源及预处理情况、测试温度计卡片的替代情况等。

(9)全部的晶面间距(d)、晶面指数(实际为干涉面 hkl)及衍射线的相对强度(I/I_1)等衍射数据。

此外，在卡片的右上角，如果标有"★"，说明卡片中的数据可靠性高；如果标有"○"，则说明可靠性低；如果标有"C"，则代表卡片中的衍射数据来自计算。

(三)存在的问题

但如之前所提到的，由于 X 射线衍射分析技术在实际进行高分子材料的定性分析时会受到一定的局限。因此，理论上的依据衍射花样或衍射曲线所显示的特征"指纹"即可用来进行晶体材料的定性分析的原理在纤维材料的鉴别中可靠性并不高。这是因为无论是天然纤维还是化学或合成纤维，由于生长环境或生产工艺条件的不同而可能使其结晶结构发生一些变化甚至畸变，再加上纤维材料本身只是部分结晶的物质，结晶的规整性远不如无机化合物或那些纯度较高的小分子有机化合物，因此，针对某些特定条件下所获得的已知试样的物相测试数据在未知物的物相定性分析中并不能发挥"一锤定音"的作用，特别是面对越来越多的纤维材料改性和新型纤维材料的开发应用，需要大量的基础性研究来为后续的分析测试提供对照依据。因此，采用 X 射线衍射分析技术进行纤维材料的鉴别，除了在相同的分析测试条件下与标准品进行衍射数据比对之外，有时还需要借助一些其他的手段来对分析结果进行确认或佐证，如红外光谱、显微成像(光学或电子)、核磁共振或其他物理、化学方法等。但无论如何,采用 X 射线衍射分析方法对未知的纤维材料进行鉴别存在明显的“短板”。

事实上,非所有的高分子材料在任何情况下都是结晶的。各向同性的无定形非晶高分子粉末样品的 X 射线衍射分析所获得的花样图是一个弥散晕或弥散环(图 8-19),其晕的位置(约 20°)所对应间距是分子间距的平均值(0.4~0.5nm),而其衍射的扫描图则仅有一个较宽的单峰。但大部分高分子材料都是部分结晶的,即在其超分子结构中既有结晶区,又有无定形区。其扫描的衍射图上会出现多个峰,分别对应不同的晶面。但在外环境或条件的影响下,很多同种高分子材料,不管是天然的还是合成的,都有可能在不同的结晶条件下形成不同的晶型,并形成各自独特的结晶结构。这在纤维材料的鉴别中是一个问题,但对纤维材料,特别是化学或合成纤维的生产工艺研究却提供了一条有效的途径和一种有用的工具。

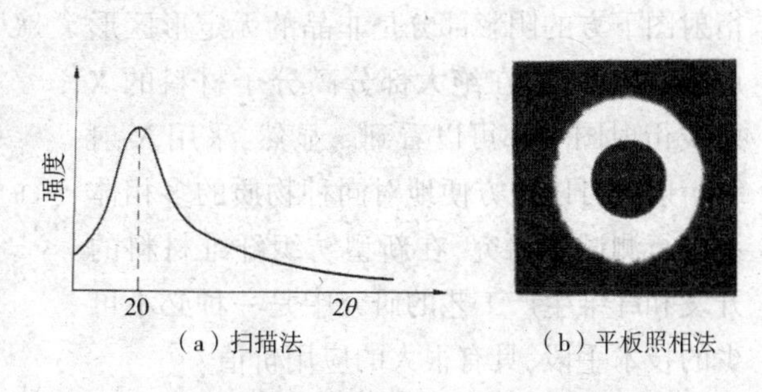

图 8-19　非晶高分子的 X 射线粉末衍射图

二、复合相的定性和定量分析

(一)纤维多相体系的测试和研究

如前所述,除了不同的物质所对应的物相存在差异之外,同种物质也会因多种原因而形成多相体系。不管是不同种物质混合在一起还是同种物质的多种物相混合在一起,其所形成的复合相体系的定性和定量分析,X 射线衍射法是最得力的工具,特别是对其中的同种物质形成的多相体系更有独到之处。这是因为不同的物相拥有不同的晶体结构,而这用一般的化学方法或基于化学结构特征的仪器分析方法是很难加以区分的。

在纤维材料中,同样的纤维素纤维可以有 4 种不同的物相,包括纤维素Ⅰ、纤维素Ⅱ、纤维素Ⅲ和纤维素Ⅳ,它们的粉末衍射图显示出各自明显不同的特征,非常容易被区分。同样,聚己内酰胺纤维(锦纶 6、尼龙 6)也具有 4 种结晶变体,包括 $\alpha\beta$ 型(单斜晶系)、α 型(单斜酝晶)、β 型(六方晶系)和 γ 型(假六方晶系)。其中的 α 和 β 晶型同属单斜晶系,它们的区别在于 β 型在 $2\theta=11°$ 的位置有明显的(002)晶面峰。而 γ 型是在急冷的条件下形成的假六方晶系,在衍射图上只出现一个反映分子平均间距在 20°左右的峰,但此峰要比非晶峰尖锐得多(图 8-20)。

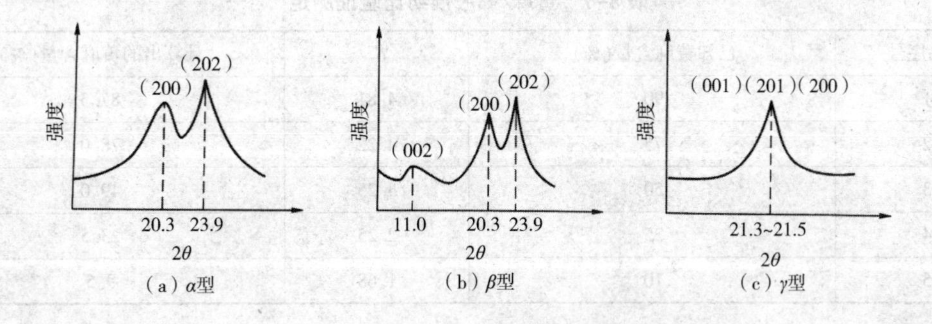

图 8-20　不同晶型尼龙 6 的 X 射线衍射图

聚丙烯纤维的结晶可以有3种晶型，它们分别是α型、β型和γ型(图8-21)。图8-21衍射图下方的阴影部分是非晶的无定形区形成的弥散晕，这在绝大部分高分子材料的X射线衍射图中都可以看到。显然，采用X射线衍射法可以很方便地对同种物质的多相体系进行测试和研究，在新型纺织纤维材料的开发和纤维生产工艺的研究中是一种必不可少的技术手段，具有很大的应用价值。

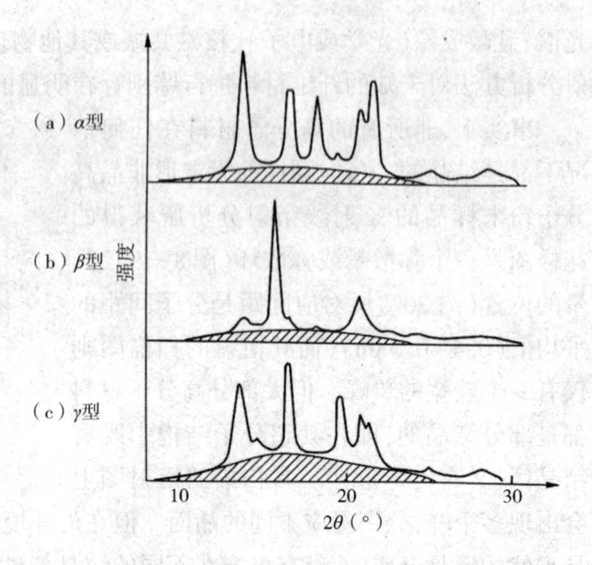

图8-21 不同晶型聚丙烯X射线衍射图

(二)纤维混纺比的测定

基于同样的原理，X射线衍射分析可以用于不同纤维的混纺比测定。以黄麻/黏胶混纺比的测定为例：将2θ等于20.0°、22.1°和27°分别作为100%黏胶、100%黄麻和背景的衍射强度，然后分别测定这3个位置这2种纤维的5种已知不同混纺比的X射线衍射数据(表8-6)，扣除背景后，作出的黄麻含量与R值的标准曲线图呈现出良好的线性关系。然后在测定未知混纺比的黄麻/黏胶混纺样品时，只要根据测试所得的R_s值，即可在标准曲线上查到对应的黄麻/黏胶混纺比数值。经另一组已知样品的对照验证测定，可以认定此方法在一定的含量范围内可以达到较高的分析精度(表8-7)。

表8-6 已知混纺比的黄麻/黏胶试样的X射线衍射数据

黄麻/黏胶	$2\theta=20.0°$	$2\theta=22.1°$	$2\theta=27°$	$R=\frac{I_{22.1°}-I_{27°}}{I_{20.0°}-I_{27°}}$
100/00	631.00	276.33	193.00	5.26
75/25	602.00	291.67	194.67	4.20
50/50	414.67	245.00	167.00	3.18
25/75	428.00	275.67	157.33	2.29
00/100	355.67	310.33	153.00	1.29

表8-7 黄麻/黏胶混纺比验证测定

样品序号	已知黄麻含量(%)	R_s	计算出的黄麻含量(%)
1	90	4.81	87.5
2	75	4.22	78.0
3	50	3.25	49.0
4	25	2.25	23.5
5	10	1.68	9.5

各种染料或颜料作为纺织行业重要的原材料，也是X射衍射分析的重点关注领域之一。

绝大部分染料或颜料都是结晶性物质,在染料或颜料的定性分析、定量(纯度)分析以及不同晶型的分析研究中,X 射线衍射分析是非常重要的手段之一,而且分析所需时间短,效率远高于其他一些化学或仪器分析手段。

(三)纤维共混改性研究

共混改性已经成为近年来化学或合成纤维功能性改性的主要途径。纤维的主体既可以是合成纤维,也可以是再生纤维。改性的方法主要是在纺丝的过程中通过添加某些具有特定功能的有机或无机添加剂,使纺制出的纤维及其制成品具有某种功能,以满足市场的需求。对于多种不同材料的共混,理论上讲应该是共混物各组分只是处于均匀的混合状态,其 X 射线衍射图应该是各个组分的相互叠加,且各组分对强度的贡献与其含量成正比。但对高分子材料而言,如果是两种或以上的高分子材料共混,由于工艺条件不同,有可能在结晶的过程中发生分子链的纠缠、扩散,使结晶的条件发生变化,从而影响结晶的结果,所得衍射图与原先单个组分衍射图的简单叠加相去甚远。但目前在纤维的共混改性中,无论添加剂是有机的还是无机的,大多是小分子化合物,而且添加的量也很少,虽然对主体结构材料的结晶性能可能会产生一定的影响,如晶粒大小、结晶度和取向度等,但不会带来根本性的影响。因此,采用 X 射线衍射法来对其进行多相结构的分析也是完全可行的。只是有时由于其添加量太少,定量分析的误差会大一点。考虑到共混改性纤维所采用的添加剂大多是无机物,所以可以取较多的样品在马弗炉里将主体的高分子材料灼烧至分解,变成气体溢出,然后直接对剩下的无机粉末进行 X 射线衍射分析即可,包括定性和定量分析。

三、纤维的超分子结构特性测定

(一)结晶度的测定

通常,结晶性高分子材料的 X 射线衍射照片或衍射图都会同时出现清晰的衍射环或衍射峰及弥散晕,这是由于高分子材料中同时含有结晶部分和非晶部分所产生的 X 射线衍射和散射叠加的结果。高分子化合物的结晶是由折叠链的片晶所构成的。在片晶内部,分子链呈相互平行的紧密排列。而在片晶之间,高分子链从一个片晶连接到另一个片晶,并相互缠结成为非晶部分。由于高分子材料内部结构复杂,使得其在通常的条件下不可能完全结晶而形成晶体与非晶部分共存的局面,高分子材料的结晶度(X_c)就是指其结构中结晶部分占总质量的比重。纤维材料的结晶度与其后续的加工和使用性能密切相关,因此,在纤维材料的生产加工或新材料的开发中掌握和了解其结晶度具有重要的意义。采用 X 射线衍射法来测定高分子材料的结晶度是最合适的。根据 X 射线衍射理论,高分子材料的结晶度可按下列公式计算:

$$X_c = \frac{I_c}{I_c + K I_a} \times 100\% \tag{8-8}$$

式中:I_c 为试样结晶部分衍射积分强度;I_a 为试样非晶部分衍射积分强度;K 为试样结晶和非晶部分单位质量的相对散射系数。

但在实际测试中,结晶和非结晶部分的衍射总是叠加在一起的。因此,采用 X 射线衍射法测定高分子材料的结晶度时最关键和最困难的是要将重叠在一起的两部分强度贡献准确地划分开来,并且要对各种可能的影响因素进行校正。目前采用的分峰方法主要是几何分峰法和函数分峰法,并且可以借助计算机分峰技术和相关的软件来对测试结果进行自动处理。

(二)取向度的测定

合成纤维在纺丝时要进行牵伸,以使纤维中的高分子微晶体(或高分子链)沿着纤维轴的方向有一定程度的取向,同时结晶度逐步上升,伸长降低,从而提高纤维的强度。通常,牵伸力越大,取向度越高。因此,纤维结构内部晶区和非晶区的分子链取向与纤维的力学性能密切相关。测定纤维的取向度通常采用X射线衍射法和光学法。其中,光学法可测定整个分子链或链段的取向,而X射线衍射法则可测量微晶区分子链取向。至于非晶区的分子链取向,则可由两种方法测定的结果加以换算得到,其数学表达式为:

$$\Delta n = X_c f_c \Delta cM + (1 - X_c)\Delta a \tag{8-9}$$

式中:Δn 为纤维双折射率;X_c为用X射线衍射法测得的结晶度;f_c为晶区取向因子;ΔcM 为纤维结晶区完全取向时的双折射率;Δa 为非晶区双折射率。

其中:

$$f_c = \frac{1}{2}[3(\cos^2\varphi) - 1] = 1 - \frac{3}{2}(\sin^2\varphi) \tag{8-10}$$

式中,$\cos^2\varphi$ 是由赫尔曼斯(Hermans)提出的取向参数,可以定量地表示结晶区分子链轴方向相对于参考方向(拉伸方向,即纤维轴方向)的取向情况。其中,φ 代表分子链轴与纤维轴之间的夹角。此外,将晶面(hkl)取向角余弦均方值定义为:

$$(\cos^2\varphi_{hkl\cdot z}) = \frac{\int_0^{\frac{\pi}{2}} I(\varphi)\sin\varphi\cos^2\varphi d\varphi}{\int_0^{\frac{\pi}{2}} I(\varphi)\sin\varphi d\varphi} \tag{8-11}$$

以涤纶为例,根据涤纶的晶胞参数,应用 Wilchinsky 测定$(\cos^2\varphi)$的一般原理,求出涤纶晶轴 c 与纤维轴之间的夹角$(\cos^2\varphi_{cz})$的计算式为:

$$(\cos^2\varphi_{cz}) = 1 - 0.3481\cos^2\varphi_{1oo\cdot z} - 0.7732\cos^2\varphi_{11o\cdot z} - 0.8788\cos^2\varphi_{o1o\cdot z} \tag{8-12}$$

从实验中测出上述3个晶面的方位分布强度 $I(\varphi)$,在扣除非晶散射强度和相邻峰的贡献后,得到每个晶面的实际强度分布,求出3个晶面的余弦均方值,代入算式,可以得到$(\cos^2\varphi_{cz})$和f_c的值。

若被测的聚合物为正交晶系,选用(hoo)、(oko)在德拜环上衍射强度分布测定两个取向参数,第三个便可得知。例如,测定聚乙烯的两个强度分布(2oo)和(o2o),可计算$(\cos^2\varphi_{cz})$:

$$(\cos^2\varphi_{cz}) = 1 - (\cos^2\varphi_{2oo\cdot z}) - (\cos^2\varphi_{o2o\cdot z}) \tag{8-13}$$

事实上,如果能测出垂直于微晶体长轴面所产生的子午线衍射环的强度分布,则取向度的计算可以简化得多。但在一般情况下,大多数纤维的衍射图中子午线上的衍射信号非常弱,甚至完全没有。但有条件时,可以采用简化方法。

通过晶区取向,可以求出非晶区的取向。从纤维性能与其内部结构的相关性分析,可以发现非晶区的取向也是影响纤维性能的重要结构参数之一。

(三)晶粒大小的测定

纤维的性能除了与结晶度、取向度有密切关系之外,还与晶粒的大小有关。而纤维或其成品的热处理及成品的后整理也常常会对晶粒大小产生影响(表8-8)。因此,测定纤维中晶区的晶粒大小对生产和加工工艺具有实际指导意义。

根据谢勒(Shere)方程,聚合物中晶粒的大小与衍射线峰宽存在对应关系:

$$L_{\mathrm{hkl}} = \frac{K\lambda}{\beta\cos\theta} \tag{8-14}$$

式中，L_{hkl} 为垂直于(hkl)晶面的晶粒尺寸(10^{-1}nm)；λ 为入射 X 射线的波长(10^{-1}nm)；θ 为布拉格角；β 为纯衍射线增宽(以弧度表示)；K 为晶体形状因子。当 $\beta_{1/2}$ 定义为衍射峰最大值的半高宽时，K=0.9；若 $\beta_{积}$ 定义为积定宽时，K 通常取 10.5；若聚合物属层状结构，而在 c 轴方向又缺乏有序性，则 K 取 10.84。

在实际测量中，还应考虑仪器增宽因子的影响。校正的方法是取一标准样品与实测样品在相同的条件下进行测定，并按下式计算纯衍射线宽 β：

$$\beta = \sqrt{B^2 - b^2} \tag{8-15}$$

式中，B 为实际试样的实测值，b 为标准样品测得的仪器增宽因子。需要注意的是，作为仪器增宽校正因子测定的标样应有充分大的晶粒，且结晶完善。标样的实验条件与实测样品相同，并且具有相同的厚度和吸收系数。对聚合物来说，常选用六次甲基四胺作为仪器增宽校正因子测试的标样。

表 8-8　涤纶晶粒大小与热处理温度的关系

温度(℃)		原样	80	100	120	140	160	180	200	220	240
晶面	(o1o)	42.53	42.53	44.88	47.25	53.48	57.25	61.00	80.46	85.06	102.66
	(1oo)	29.00	30.12	31.15	34.72	36.39	39.55	43.53	48.65	54.80	63.17

表 8-8 显示，随着热处理温度的提高，涤纶的(o1o)面晶粒明显增大，而(1oo)晶面虽有增长，但却不如(o1o)面增长得快，这可能是在(o1o)晶面上偶极矩作用力比较大的缘故。

(四)X 射线小角散射测定聚合物的长周期

1. X 射线小角散射

目前已被广泛采用的 X 射线小角散射(small angle X-ray scattering，简称 SAXS)分析技术是一种区别于 X 射线大角(2θ 从 5°~165°)衍射的结构分析方法。20 世纪 30 年代，人们在以纤维和胶态粉末为研究对象时发现了小角度 X 射线散射现象。当一束极细的 X 射线照射到试样上时，如果试样内部存在纳米范围的电子密度不均匀区域，则会在入射光束周围的小角度范围内(一般 2θ≤6°)出现散射的 X 射线，这种现象被称为 X 射线小角散射或小角 X 射线散射。X 射线小角散射反映了被测物质在倒易点阵原点附近电子对 X 射线的相干散射，其强度随着散射角 ε 的增加而降低，且其散射强度分布与粉末粒度及分布密切相关。而其物理实质在于散射体和周围介质的电子云密度的差异。

2. X 射线小角散射分析技术的应用

X 射线小角散射分析技术适合于特大晶胞物质的结构分析以及粒度在几十纳米以下超细粉末粒子(或固体物质中的超细空穴)的大小、形状及分布的测定。对于聚合物，可测量聚合物粒子或空隙大小和形状、共混的高聚物相结构分析、长周期、支链度、分子链长度及玻璃化转变温度。

在以涤纶为研究对象的 X 射线小角散射测试中可以发现，经 120℃以下松弛热处理的样品，其小角散射强度分布曲线上，随着散射角 ε 的增加，强度减小，但在一定的位置(ε)上，出现了衍射花样，只是强度很弱。随着热处理温度的不断提升，衍射强度越来越强。当热处理温度上升到240℃时,小角散射曲线上的衍射峰已经变得相当尖锐。这是因为温度越高,分子链运动的受限程度越低,越容易在运动的过程中折叠并使片晶的厚度增加,晶体更加完整,部分有缺陷的小晶体也会熔融而重新整合成更大的晶体,使长周期排列更加规整。与此同时,随着热处理温度的上升,小角衍射峰的位置也逐步向低角方向移动,这显示了纤维内部的长周期在不断增加。长周期的定义和计算公式为:

$$L = \frac{\lambda}{\varepsilon} \tag{8-16}$$

式中:λ 为 X 射线波长;ε 为散射角。

假设沿纤维轴方向的长周期是由折叠链片晶和缠结分子链组成的无定形区组成,则可以用 L_c 和 L_a 分别表示晶区和无定形区的大小,即:

$$L = L_c + L_a \tag{8-17}$$

可以选用接近子午线衍射峰较强的晶面的晶粒大小来近似地表示 L_c,这样就可以通过 X 射线衍射的大角和小角部分结合起来测试,计算出片晶的厚度和无定形区的大小。

四、X 射线衍射分析技术在纤维材料超分子结构与性能的关系研究中的应用

纤维材料超分子结构特性包括结晶度、取向度(晶区和非晶区)、晶粒大小和长周期等指标,而这些指标与纤维材料的力学性能、热性能、纺织加工性能、染色性能和服用性能有密切的关联。以往已有很多针对纤维材料的超分子结构及其测试技术的研究,并且着重在以棉纤维为代表的天然纤维和以涤纶为代表的合成纤维领域取得诸多的进展。鉴于涤纶作为典型的结晶性聚合物和目前应用最为广泛的纺织纤维材料,借助 X 射线衍射分析及其他相关测试技术,通过对涤纶及阳离子染料可染改性涤纶的超分子结构与其性能关系的研究,可以解答普遍意义上的诸多问题,为其他聚合物的超分子结构和性能的关系研究提供借鉴。

(一)分子结构改性和热处理工艺对涤纶超分子结构的影响

1. 热处理工艺的影响

用于涤纶纺制的聚酯切片,其内部的高分子链基本上是处于无定形状态。在聚酯切片纺丝过程中,牵伸和热定型是两个最重要的工艺过程。当处于熔融状态下的聚酯流体被挤压出喷丝口以后,初生丝一边被牵伸一边被冷却,其内部的结晶和取向也在同时发生,其结晶和取向的程度与牵伸的速率、张力、冷却方式和条件密切相关。但此时,其结晶和取向程度是不完善的。此后,根据后续应用的需要,已经纺制成型的涤纶还需要进行进一步的热处理,以形成所需要的超分子结构特性。在这个过程中,热定型温度、时间、是否有张力以及张力大小都会对涤纶产品的超分子结构特性乃至其力学性能、热性能、纺织加工性能、染色性能和服用性能产生巨大的影响。

2. 分子结构的影响

与此同时,聚合物的分子结构本身也对其超分子结构特性的形成起着非常重要的作用。对常规的涤纶而言,其内部的高分子链是非常规整的聚对苯二甲酸乙二醇酯(PET),具有良好的结晶性能。但由于其分子链上缺乏活性基团,无法使用反应性的染料进行染色。再加上规整性过高,刚性过强,使得其服用性能也受到了一定的局限。因此,人们就考虑通过分子结构的改性来改善其染色和服用性能。分子结构的改性破坏了涤纶原有高分子链的规整性,对其超分子结

构特性的形成产生了影响,从而改变其力学性能、染色性能和服用性能。

利用激光小角散射(SALS)和偏光显微镜(PLM)测试技术对常规PET、阳离子染料可染涤纶(CDP)和常压沸染阳离子染料可染涤纶(ECDP)的球晶形态和生长行为的研究还发现,CDP和ECDP的结晶温度范围要比PET小,而且形成的球晶半径也比PET的小。CDP的球晶半径随着第三单体SIPM加入量的增加而下降,而ECDP的球晶半径比CDP大,这是因为柔性链段PEG的引入,一方面提高了相对分子质量,另一方面又降低了分子间的引力所致。但ECDP的球晶半径仍比PET小。从这里可以看出,在相同的热处理温度下,虽然测得的结晶度相差不大甚至接近或相同,但CDP和ECDP较易形成大量较小的晶体,而PET则倾向于生成相对较少的规整性较高的晶体,并随着温度的上升,晶粒尺寸增大,结晶趋于完善。CDP和ECDP的结晶温度范围较窄,而PET的结晶温度范围较宽,此现象在DSC热分析的冷结晶峰上也可以得到证实。由于纤维成品的结晶度在后续纺纱、织造、染整等工序中不会受到太大的影响(一般温度都不会超过纤维热处理的温度),因而在考虑是否需要进行补充热处理时应更多地关注结晶的完善程度和晶粒尺寸大小的变化及其所带来的纤维相关性能的改变。

3. 温度和分子结构的综合影响

研究表明,随着热处理温度的提高,分子的动能增大,分子链容易切入晶格而结晶,使结晶度提高,晶粒尺寸变大。但不同分子结构的涤纶结晶的完善性和晶粒大小是不同的。实验表明,CDP纤维晶粒尺寸的增大在170℃之前不明显,但热定型温度一旦超过170℃,其增长速度就会加快,而ECDP相应的转变温度则为160℃。相比之下,常规涤纶在较低的温度下晶粒尺寸就会随温度的上升而持续增长。这是因为CDP纤维中的第三单体破坏了分子链的规整性,使得其分子运动受到了一定的限制,结晶变得相对困难,必须进一步提高温度,才能突破这种障碍。而ECDP纤维的转变温度之所以比CDP纤维低,是由于其在分子链中又引入了柔性的PEG链段,分子链的柔性增大了,分子运动的局限从而降低。而常规涤纶,则因其规整的分子链结构而在较低的温度下就可以获得良好的结晶性能。

热处理工艺对涤纶取向度的影响也是明显的。在松弛的热处理条件下,无论是PET,还是CDP或ECDP,随着热处理温度提高,其平均取向度均有下降。如前所述,纤维材料的总取向是由晶区取向和非晶区取向共同构成的。研究表明,在松弛的条件下进行热处理,晶区的取向变化并不明显,而非晶区的取向则有明显下降,其解取向的程度取决于热处理的温度和时间。在一定的时间内,温度越高,解取向越大,纤维的收缩也越大。相对而言,在相同的热处理条件下,CDP和ECDP的解取向程度要高于PET纤维,这是由于CDP分子链的规整性差而需要在更高的温度下才能形成相对稳定的超分子结构,但其内应力和不稳定性也随之增高,一旦外部条件合适,就极易摆脱原有的束缚而发生解取向。而ECDP纤维则是由于引入柔性的PEG链段而使大分子链在热处理时更易松弛,使大分子链的解取向变得更加容易。在松弛的情况下进行热处理,可以使结晶进一步完善,片晶增厚,晶粒增大,无定形区密度降低,虽然对提高纤维的染色性能有好处,但给纤维的力学性能带来负面的影响,特别给对纤维的可纺性带来不利的影响。

4. 结晶的规整性对纤维性能的影响

结晶度相同时,其晶粒的大小和完善程度却可以存在很大的差异,其所对应的纤维性能也会存在一定的差异。在常规的纺丝热处理条件下(通常低于170℃),常规PET和CDP纤维、ECDP纤维结晶的完善程度不一样。在CDP纤维和ECDP纤维样品的DSC图谱上经常可以发现有熔前结晶和多熔点现象。这是由于 CDP 和 ECDP 在常规的热处理温度下形成较小的或不完善的结晶发生重整和结晶的规整性不一造成的。

(二)涤纶的超分子结构对其热性能的影响

1. 不同涤纶的耐热结构稳定性

研究涤纶的超分子结构对其热性能的影响主要是为了通过考察涤纶的耐热性能和耐热稳定性,包括因热降解和热收缩引起的力学、染色和服用性能的改变,为后续加工工艺的选择提供依据。涤纶在后续的纺、织、染及后整理加工过程中,有可能经历三个温度段的热环境:①98~100℃,常压沸染或载体染色;②130℃,高温高压染色或汽蒸热定形;③180℃,补充热定形或干热熨烫。考察这三个温度下的纤维耐热性及其超分子结构特性,可以直观地对如何合理地应用不同性能的纤维作出准确的判断。

同样以 PET、CDP 和 ECDP 纤维为例,不仅分子结构的差异会对纤维的耐热性表现出很大的差异,部分同类型的分子结构的纤维也会因共聚比、纺丝工艺及超分子结构的不同而存在差异(表 8-9)。CDP 纤维经 180℃热处理(松弛)后,强力无明显变化,但延伸性明显提高,这与其拉伸性能所表现出来的纤维超分子结构相吻合。CDP 纤维属于高强低伸型纤维,其纤维成品原有的非晶区取向度,经 180℃、30min 热处理后,分子链的非晶区部分解取向,从而使伸长率明显提高。从纤维的使用性能来讲,这样的改变未必是一件坏事。同时也从一个侧面提示可以通过对 CDP 制成品的补充热处理(松弛热定形)来改善其服用性能。常规的 PET 纤维经 180℃热处理后表现出良好的稳定性,而 PBT(对苯二甲酸丁二醇酯)纤维经 180℃热处理后无论是强力还是伸长均有较大的损失,ECDP 则更是表现出很差的耐热性,强力和伸长的损失十分巨大。分析其原因,主要是 ECDP 的分子链中含有键能较低的 PEG 链段,其中的醚键很容易在高温下被氧化而发生断裂,引起大分子降解,纤维的力学性能变坏。而 PBT 则由于含有 4 个碳的柔性链段,分子链结构疏松,在高温下也容易被降解。因此,PBT 和 ECDP 纤维的后续加工必须严格控制工艺中的温度参数,确保其各项使用性能不致遭遇太大的影响。

表 8-9 部分聚酯纤维的耐热性

样品	断裂强力变化			断裂伸长变化		
	原样强力(cN)	180℃处理后强力(cN)	180℃处理后强力变化(%)	原样伸长(%)	180℃处理后伸长(%)	180℃处理后伸长变化(%)
CDP-1	9.82	9.28	-5.50	27.99	34.58	23.54
CDP-2	9.94	9.63	-3.12	27.07	32.60	20.43
CDP-3	9.76	9.96	2.05	27.03	33.97	25.68
ECDP-1	10.39	6.02	-42.06	53.91	20.67	-61.66
ECDP-2	9.80	4.47	-54.39	49.41	14.88	-69.88
PET	11.18	10.80	-3.40	47.50	43.28	-8.88
PBT-1	11.09	9.42	-15.06	59.54	45.96	-22.81
PBT-2	10.95	7.41	-32.33	49.97	36.71	-26.54

2. 涤纶的耐热尺寸稳定性

涤纶的热收缩率是其超分子结构特性的重要体现,也是其性能考核的重要指标之一。前面已经提到，在纤维纺制的过程中如果采用较高温度下紧张热定形为主的热处理工艺，所制得的纤维结晶度和晶区及非晶区的取向度也高，表现在纤维的性能上则是强力高、初始模量高、伸长低、热收缩率高。如果采用较高温度下的松弛热定形不仅有利于提高上染率，而且由于晶粒尺寸增加、无定形区体积增大和非晶区的解取向，纤维的强力会降低，伸长增大，热收缩率稳定性好。如果采取折中的办法，先是在较强的紧张热定形条件下进行热处理，然后再经短时间的高温松弛热定形处理，则可迅速消除纤维的内应力，虽然纤维的取向度仍很高，但收缩率仍可保持较低的水平。这是因为在内应力基本消除的前提下，随着高温带来结晶度的提高，由结晶引起的分子间网络节点增加，限制了大分子的解取向，因而收缩率不会上升。同样道理，如果牵伸时牵伸倍率过大，会在纤维内部发生应力诱导结晶，形成大量的微晶粒，束缚了大分子链的运动，导致沸水收缩率下降。显然，完全有可能通过工艺条件的调整来获得所要求的纤维热收缩率。

3. 有效热定形温度 T_{eff} 对涤纶尺寸稳定性的影响

从表8-10中可以发现，有效热处理温度 T_{eff} 对收缩率的影响较大。在同类型化学结构的纤维中，T_{eff} 高，结晶度也高，沸水收缩率和汽蒸收缩率低，并且有很好的一致性。对于大部分 T_{eff} 大大超过沸水温度的纤维，由于在纤维纺制过程中已经经过较高温度的热处理，因而在100℃的沸水中不会再发生纤维超分子结构的改变，因而沸水收缩率低，对于汽蒸收缩率也有同样的效果。而部分 T_{eff} 较低，且与汽蒸温度相近的纤维，不仅沸水收缩率要略高于其他纤维，而且汽蒸收缩率也相应高于其他纤维。在180℃的干热条件下，由于温度大大超过 T_{eff}，因而大部分纤维会发生较明显的非晶区解取向，从而产生较高的热收缩，但收缩程度不一，这是由不同的分子结构、T_{eff} 和纤维原有的超分子结构所决定的。表8-10中PBT-1和PBT-2样品表现出不同的热收缩率。在满足上述一般规律的前提下，两个样品之间在沸水和汽蒸收缩率两项指标上的悬殊程度要远高于 T_{eff} 的差异，这显然与它们的大分子取向乃至之前的热处理工艺有关。事实上，由于分子结构和超分子结构的特殊性，PBT纤维不仅拥有柔性链段，而且其规整性也优于CDP和ECDP纤维，各种因素综合起来，表现出高强高伸和高收缩的特性。

表8-10　部分聚酯纤维的热收缩率

样品	有效热定形温度 T_{eff}（℃）	结晶度（%）	100℃沸水收缩率（%）	130℃汽蒸收缩率（%）	180℃干热收缩率（%）
CDP-1	146.38	27.5	0.80	2.77	4.82
CDP-2	149.88	31.0	0.68	2.46	5.00
CDP-3	129.47	28.2	1.63	5.03	6.25
ECDP-1	129.37	35.0	1.76	4.04	7.26
ECDP-2	129.45	33.1	2.78	4.78	7.46
PET	156.22	33.8	0.71	0.75	2.58
PBT-1	152.72	36.4	0.13	0.09	8.21
PBT-2	142.31	28.2	5.04	3.73	6.70

(三)涤纶的分子结构和超分子结构对其染色性能的影响

1. 涤纶的染色问题

常规的涤纶由于在大分子链中不存在可与反应性染料结合的活性基团,故只能在高于其T_g几十度的条件下,在大分子链“解冻”后,趁大分子链蠕动加剧而在无定形区形成空隙的机会,使相对分子质量相对较小的分散染料进入纤维内部,冷却后因分散染料被包在纤维的内部而使其上染。由于涤纶的T_g较高,致使涤纶的染色温度要远高于水的沸点,故不得不采用高温高压染色的方法。尽管如此,在高温高压条件下,分散染料还是只能渗透到纤维表面以下很有限的距离,无法真正进入纤维的中心部位。但采用高温高压染色工艺不仅能耗高,而且由于是间歇式的,很容易造成缸与缸之间的色差。

2. 阳离子染料可染改性涤纶的染色性能

采用SIPM作为第三单体对常规涤纶进行改性后获得的CDP纤维由于引入了活性基团,可以采用阳离子染料进行染色,从理论上讲可以彻底解决使用分散染料高温高压染色工艺所带来的麻烦。但实际上,第三单体的引入对CDP纤维的超分子结构、热性能、力学性能和服用性能都会带来一定的影响。这些影响有的是正面的,有的则是负面的。因此,并非SIPM的加入量越多越好。此外,CDP纤维的上染率与SIPM的加入量并不呈现线性关系,这与纤维的分子链上磺酸基的可及性有关。SIPM的引入,虽然破坏了分子链的规整性,使分子间的作用力受到削弱,但由于磺酸基的极性,又使分子间的引力增大,加上SIPM的加入量有限,分子链中也无柔性链段,因而与常规的涤纶相比,其大分子链排列的紧密程度并未有显著变化,CDP纤维的T_g与常规涤纶相比也无明显下降。因而,如果是在常压沸染的条件下用阳离子染料对CDP纤维进行染色,染料只能与纤维表面的磺酸基团发生反应,形成环染。如果要提高上染率,最好采用高温高压染色工艺,使阳离子染料能够渗入纤维内部与里面的磺酸基发生反应。ECDP纤维的情况则完全不同。由于在引入第三单体SIPM的基础上又引入了PEG作为第四单体,大分子链的柔性大幅增加,纤维的T_g明显下降,加上PEG链段中的氧原子可以与水形成氢键,使得分子链的结构更加疏松,在常压沸染的条件下采用阳离子染料染色,即可获得满意的染色效果。

3. 阳离子染料可染改性涤纶的超分子结构对染色性能的影响

从上面的分析可知,染料的适用性主要与纤维的分子结构有关,但其上染效果则与纤维的超分子结构有关。虽然ECDP纤维在常压沸染条件下可以获得满意的染色效果,但由于其耐热性较差,实际应用受到很大限制。研究表明,在涤纶的染色中,随着热定形温度的提高,纤维的上染率呈缓慢下降趋势,在达到一个最低点后,随着热定形温度的上升,纤维的上染率又呈现明显的上升态势。这个最低点,常规的涤纶约在170℃,CDP纤维约为180℃,ECDP纤维约在190℃。存在这个最低点是因为在低于这个温度时进行热处理所形成的结晶,晶粒数量多而颗粒小,且不完整,无定形区的体积小。由于涤纶染色时分散染料的扩散主要发生在无定形区,因而上染率低。同时,大量微晶的存在也限制了大分子链在无定形区的活动性,造成分散染料扩散困难。但当热处理温度超过这个最低点之后,在结晶度提高的同时,晶粒尺寸也逐渐增大,结晶的完善程度也得到进一步的提升,无定形区的体积反而增大了,密度下降,空隙增大,使得分散染料向纤维内部扩散的能力大大增强,上染率明显上升。至于常规涤纶与CDP纤维和ECDP纤维之间存在的差异,则是由于CDP纤维和ECDP纤维在较低的热处理温度条件下更易形成细小的微晶所致,相对常规涤纶而言,需要在更高热处理温度条件下才能形成更为完善的结晶。根据这个原理可以得出这样的结论:可以通过涤纶纺制过程中的热处理工艺来控制纤维的超分子结构,以获得理想的染色效果。同时,也可以通过对涤纶的玻璃化转化温度 T_g、结晶度、晶粒大小和非晶区取向等指标来预先对纤维的染色性能进行评估,以便为最佳染色工艺的选择提供依据。在这当中,X 射线衍射分析技术将是一种必不可少的分析测试技术手段。

参考文献

[1]王正熙,刘佩华、潘海秦. 高分子材料剖析方法与应用[M]. 上海:上海科学技术出版社,2009.

[2]杨于兴,漆璿. X 射线衍射分析[M]. 上海:上海交通大学出版社,1994.

[3]复旦大学化学系高分子教研组. 高分子实验技术[M]. 上海:复旦大学出版社,1983.

[4]游效曾. 结构化学计算[M]. 北京:人民教育出版社,1979.

[5]王建平,丁玉梅,陈凤英. 涤纶仿毛纤维的纤维物理性能研究(一)[J]. 上海纺织科技,1994,22(1):58-61.

[6]王建平,丁玉梅,陈凤英. 涤纶仿毛纤维的纤维物理性能研究(二)[J]. 上海纺织科技,1994,22(2):54-56.

[7]王建平,丁玉梅,陈凤英. 涤纶仿毛纤维的纤维物理性能研究(三)[J]. 上海纺织科技,1994,22(3):53-56,34.

[8]王建平,张燕,洪晨跃. 改性涤纶的化学结构特征及其染色性能[J]. 印染,1997,25(2):4-9.

第九章　电子显微分析技术

第一节　电子显微分析技术概述

一、电子显微技术的基本概念和发展历程

电子显微镜(electron microscope,EM),简称电镜,经过近百年的发展已成为现代科学技术研究中不可或缺的重要工具。电子显微镜人称“科学之眼”,因具有很高的分辨能力,可以使人类直接观察到各种研究对象的细微结构,直至分子和原子的排列和形状。电子显微技术既可以帮助各个学科对物质的细微结构进行深入研究,又有助于将这些研究成果汇集起来对物质的超分子结构进行定性和定量分析。而计算机技术的广泛应用,又使电子显微技术的发展和应用达到了前所未有的程度。

(一)“阿贝极限”和电子显微技术

在自然条件下,人眼的可视视力范围在0.2mm以上,而光学显微镜则突破了人眼视力的分辨能力,将可视范围扩大到了人眼的1000倍。19世纪末,德国物理学家恩斯特·卡尔·阿贝(Ernst Karl Abbe)指出:光学显微镜的分辨能力δ由于受到衍射效应的影响而取决于所使用的光源的波长。根据阿贝公式,光学显微镜的分辨率。

$$\delta=0.61\lambda/n\sin\alpha$$

式中,δ为光学显微镜的分辨能力;λ为所采用的光源波长;n为透镜介质的折射系数;α为孔径角的一半。

在光学显微镜中,$n\sin\alpha$是有极限的,最大可达1.5左右,因此,$\delta\approx(1/2\sim1/3)\lambda$。光学显微镜采用可见光作为光源,其波长范围为380~780nm,其中最短的是蓝紫光,波长在0.4μm左右。因此,如果两点之间的距离小于0.2μm,人们将无法分辨出这是两个点。这就是人们所熟知的“阿贝极限”。根据“阿贝极限”,使用光学显微镜仅能对微米级的结构进行放大观察,对直径通常在0.02~0.3μm的病毒,就无法用已有的光学显微镜观察清楚。若要进一步提高光学显微镜的分辨能力,唯一的办法就是缩短所使用的光波的波长。但对于采用自然光作为光源的光学显微镜而言,这显然是不可能的。曾经有人试图通过研制开发采用波长更短的紫外光的显微镜来进一步提升光学显微镜的分辨率,理论上可以将极限分辨率提高一倍,但由于普通的玻璃会吸收紫外光而必须采用石英制作光学元件,但由于价格昂贵而不得不作罢。

电子显微镜技术是建立在光学显微镜的基础之上,并根据电子光学原理,用电子束和电子透镜代替光束和光学透镜。由于电子束的波长极短,且可以随着加速电压的变化而变化,此外,电子透镜可以改变n和α值,使$n\sin\alpha$值变大。显然,采用电子显微技术可以极大地突破“阿贝

极限”,满足人类观察细微世界的愿望和需求。目前,光学显微镜的最大分辨率为 0.2μm,可以看清纤维、人类的毛发、细胞和细菌。而透射电子显微镜的分辨率则可达 0.2nm,也就是说透射电子显微镜的分辨能力在光学显微镜的基础上又放大了 1000 倍,可以分辨出病毒、大分子、小分子乃至原子。

电子显微镜用电子枪作为射线源,电子枪灯丝所发射出的电子经高压加速形成高速电子流经电子透镜(磁透镜或静电透镜)聚焦后照射到样品上,与样品物质相互作用,然后由成像装置接受来自样品的一次电子、二次电子或其他形式的能量射线并将样品的结构或形貌显示出来。

电子显微镜按结构和用途可分为透射电子显微镜、扫描电子显微镜、反射电子显微镜和发射电子显微镜等。透射电子显微镜常用于观察普通显微镜所不能分辨的细微物质结构;扫描电子显微镜主要用于观察固体表面的形貌,也能与 X 射线衍射仪或电子能谱仪相结合,构成电子微探针,用于物质成分分析;发射电子显微镜则用于自发射电子表面的研究。

(二)电子显微技术的发展历程

世界上最早的电子显微镜雏形是 1926 年德国物理学家汉斯·布什(Hans Busch)研制的磁力电子透镜。他发现,在电磁场的作用下电子射线可以像光线穿过玻璃透镜时一样发生偏折。1931 年,德国柏林工业大学的厄恩斯特·卢斯卡(Ernst Ruska)和马克斯·克诺尔(Max Knoll)研制了世界上第一台透射电子显微镜,但展示这台显微镜时使用的还不是透射样本,而是一个金属格。到 1934 年,他们研制的透射电镜的分辨率已经达到 50nm。1937 年,首台透射电镜的商业原型机由英国西屋公司(Metropolitan Vickers)制造成功。1939 年,由卢斯卡参与开发的德国西门子公司(Siemens)的第一台商业化电镜正式投放市场,分辨率可达 10nm。由于一开始研制电子显微镜最主要的目的是显示在光学显微镜中无法分辨出的病原体,如病毒等,但图像质量却不能令人满意。1934 年,科学家发现锇酸可以被用来加强图像的对比度,使电镜图像的质量得到明显提高,至今仍是细胞或组织进行电镜分析时常用的固定剂和着色剂。1935 年,克诺尔提出了扫描电子显微镜的工作原理,1938 年,世界上第一台扫描电子显微镜由德国的冯·阿登纳公司(Von Ardenne)开发成功。1960 年,设计师托马斯·E. 埃弗哈特(Thomas E. Everhart)和理查德·F. M. 索恩利(Richard F. M. Thornley)发明了以他们自己的名字命名的用于扫描电子显微镜的二次电子探测器(次级电子和背射电子探测器)。1965 年,德国卡尔·蔡司公司推出了第一台商用扫描电子显微镜(Cambridge)。1966 年,日本电子(JEOL)的商用扫描电子显微镜(SEM JSM-1)也正式进入市场。

在 20 世纪 60 年代,透射电子显微镜的加速电压开始向高压发展,可以透射的样品厚度也显著增加,这个时期的电子显微镜也已经达到可以分辨原子的能力,100~200kV 的电镜逐渐普及。1960 年,法国研制了第一台 1MV 的电镜,1970 年又研制出 3MV 的电镜。20 世纪 70 年代后,电镜的点分辨率达到了 0.23nm,晶格(线)分辨率达到 0.1nm。与此同时,扫描电镜也有了较大的发展,人们已经能够使用扫描电子显微镜观察湿态样本,扫描电镜的普及程度逐渐超过透射电镜。进入 80 年代后,又研制出了扫描隧道电子显微镜和原子力显微镜等新型的电子显微镜。而到了 90 年代中期,计算机技术越来越多地被运用到电子显微镜的操作系统和图像分析,出现了联合透射、扫描,并带有分析附件的分析电镜,制样设备也日趋完善,而仪器的操作本身则变得越来越简单,电镜已经成为一种既可观察图像又可测定结构,既有显微图像又有各种谱线分析的多功能综合性大型分析仪器。

二、透射电子显微镜

(一)透射电子显微镜的基本概念及构造

透射电子显微镜(transmission electron microscope,简称 TEM)是最早开发的电子显微镜,因电子束穿透样品后,再用电子透镜成像放大而得名。20 世纪早期,科学家发现:电子具有波粒二象性,它们的波动特性意味着一束电子具有与一束电磁辐射相似的性质,而电子束的波长要远小于可见光。因此,在理论上可以使用电子束来替代可见光从而突破"阿贝极限"。

在 TEM 中,电子枪发射的电子束与样品中的原子碰撞而改变方向,从而产生立体角散射。散射角的大小与样品的密度、厚度相关,因此,可以形成明暗不同的影像,影像经放大、聚焦后在成像器件上显示出来。事实上,TEM 的光路与光学显微镜相仿,可以直接获得一个样本的投影。通过改变物镜的透镜系统可以直接放大物镜的焦点的像,它可以分辨出在光学显微镜下无法看清的小于 0.2μm 的细微结构,这些结构被称为亚显微结构或超微结构,如晶体结构等。在 TEM 中,图像细节的对比度是由样品的原子对电子束的散射形成的。由于电子需要穿过样本,因此,样本必须非常薄。组成样本的原子的相对原子质量、加速电子的电压和所希望获得的分辨率决定了样本的厚度,可以从数纳米到数微米不等(通常为 50~100nm),并且需要用超薄切片机来制作。相对原子质量越高,电压越低,样本就必须越薄。样品较薄或密度较低的部分,电子束散射较少,这样就有较多的电子可以通过物镜光阑,参与成像,在图像中显得较亮。反之,样品中较厚或较密的部分,在图像中则显得较暗。如果样品太厚或过密,则像的对比度就会恶化,甚至会因吸收电子束的能量而被损伤或破坏。

TEM 主要由镜筒、真空装置和电源三部分组成。镜筒作为电子显微镜的主体主要有电子枪、电子透镜、样品架、荧光屏和探测器等部件,这些部件通常是自上而下地装配在一个柱体里面。镜筒的顶部是电子枪,由一个释放自由电子的阴极、栅极和一个环状加速电子的阳极构成。电子由钨丝热阴极发射出,通过电势差进行加速。然后经第一、第二两个聚光镜使电子束聚焦在样品上。透射出的电子束包含有电子强度、相位以及周期性的信息,这些信息将被用于成像。大型透射电镜的阴极和阳极之间的电压差必须非常高,一般在数千到上百万伏特之间。为了确保其能发射并形成速度均匀的电子束,加速电压的稳定度不得低于万分之一。TEM 的成像系统主要包括物镜、投影镜和光阑,且多数电镜还在物镜和投影镜之间设有中间镜,以提高放大倍率。所有的物镜、投影镜、中间镜和聚焦镜都是用来聚焦电子,并一起构成电子透镜系统,是电子显微镜中最重要的组成部分。透射电子显微镜的基本构造见图 9-1。

(二)透射电子显微镜的成像原理

TEM 的成像可以分为三种情况。一是吸收像,即当电子束照射到质量和密度都较大的样品时,散射对成像发挥着主要作用。样品上质量厚度大的地方对电子的散射角大,通过的电子较少,像的亮度暗。早期的 TEM 都是基于这一原理。二是衍射像,电子束照射到样品上发生衍射现象,样品不同位置的衍射波振幅分布对应于样品中晶体各部分不同的衍射能力。三是相位像:当样品薄至 10nm 以下时,电子可以穿过样品,波的振幅变化可以忽略,成像来自于相位的变化。在放大倍数较低的时候,TEM 成像的对比度主要是由于材料的厚度和成分造成对电子的吸收不同。而当放大倍数较高的时候,情况就会变得非常复杂,需要借助物质的化学特性、晶体结构、电子结构、样品造成的电子相移等相关知识,结合不同的 TEM 模式来对样品进行成像。

(三)透射电子显微镜的成像方式

进行 TEM 分析时,电子束穿过样品时会携带有样品的信息,然后 TEM 的成像设备将这些信息转化成像。TEM 是将穿过样品的电子波分布投射在观察系统上,观察到的图像强度 I 近似与电子波函数的时间平均幅度成正比。它不仅依赖于电子波的幅度,同时也依赖于电子波的相位。虽然在电子波幅度较低的时候相位的影响可以忽略不计,但是相位信息仍然非常重要。而不同的成像方式则是通过对穿过样品的电子束的波函数进行修改来得到与样品相关的信息。高分辨率的图像要求样品尽量薄,电子束的能量尽量高。因此,可以认为电子不会被样品吸收,样品也就无法改变电子波的振幅。由于此时样品仅仅对波的相位造成影响,这样的样品被称作纯相位物体。纯相位物体对波相位的影响远远超过对波振幅的影响,因此,需要复杂的分析来得到观察到的图像强度。

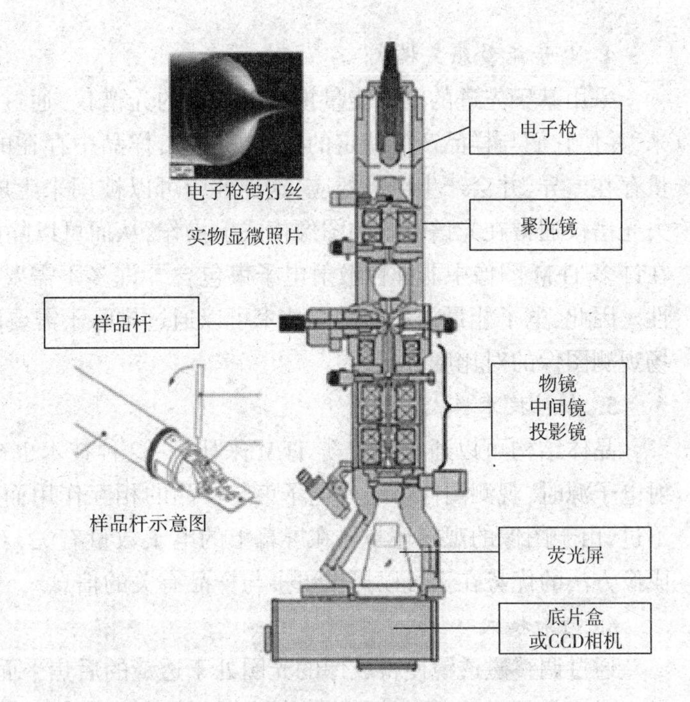

图 9-1　透射电子显微镜的基本构造

1. 对比度信息模式

TEM 中的对比度信息与操作的模式有很大的关系。通过改变透镜的强度或取消一个透镜等方式可以构成 TEM 的许多操作模式。选用不同的操作模式可以用于获取不同的信息。

2. 亮场模式

TEM 最常见的操作模式是亮场成像模式。在这个模式中,对比度信息根据样品对电子束的吸收所获得。样品中较厚的区域或者含有原子数较多的区域对电子吸收较多,于是在图像上显得比较暗;而对电子吸收较小的区域看起来就比较亮,这也是"亮场"概念的缘由。在亮场模式中,TEM 图像可以认为是样品沿光轴方向上的二维投影,而且可以近似使用比尔定律来表征。当然,对亮场模式的分析有时应考虑电子波穿过样品时的相位变化。

3. 衍射对比度模式

电子束射入样品时有可能发生布拉格散射,样品的衍射对比度信息会由电子束反映出来。TEM 的衍射对比度主要是通过将显微镜上的光圈放在显微镜的后焦平面上进行对比度检测,同时可以选择合适的反射电子束以观察所需要的布拉格散射的图像,但通常仅有很少的电子衍射会投影在成像设备上。如果选择的衍射电子束不包括位于透镜焦点的未散射电子束,那么在图像上没有样品衍射电子束的位置上,即没有样品的区域应该是暗的。这样的图像被称为暗场图像。现代的 TEM 通常配备有将样品倾斜一定角度的夹具,以获得特定的衍射条件,而光圈也放在样品的上方以便选择能够以合适的角度进入样品的电子束。

4. 电子能量损失模式

采用基于先进的电子能量损失光谱学的光谱仪,通过调整电压,将特定能量的电子分离出来,并使它们与样品产生特定的作用。例如,样品中存在的不同元素可能使穿过样品的电子能量存在差异,并会产生色散效应,这种效应可以被用来生成元素成分的信息图像。电子能量损失光谱仪通常在光谱模式和图像模式上操作,从而可以隔离或者排除特定的散射电子束。由于在许多 TEM 图像中非弹性散射电子束包含了许多不需要的信息,降低了对有用信息的可观测性。因此,电子能量损失光谱学技术可以通过排除不需要的电子束有效提高亮场观测图像与暗场观测图像的对比度。

5. 相衬技术模式

晶体结构可以通过高分辨 TEM 来研究,这种技术也被称为相衬显微技术。当使用场致发射电子源时,观测图像可通过电子束与样品的相互作用而导致的电子波的相位差而重构得出。不过,由于图像的观察还与射在屏幕上的电子数量有关,对相衬图像的识别并非易事。但这种成像方法的优势在于可以提供更多与样品有关的信息。

6. 衍射模式

通过调整磁透镜使得成像的光圈处于透镜的后焦平面上而不是像平面上,可以获得衍射图样。对于单晶样品,衍射图样表现为一组排列规则的点,但对于多晶或无定形固体则会产生一组圆环。单晶体的衍射图样与电子束照射在样品的方向以及样品的原子结构有关。通常仅仅根据衍射图样上的点的位置与观测图像的对称性就可以分析出晶体样品的空间群信息以及样品晶体方向与电子束通路方向的对应关系,但对衍射图上点对点的分析仍是非常复杂,需要用计算机来进行模拟计算,这是由于图像与样品的厚度和方向、物镜的失焦、球面像差和色差等因素都有非常密切的关系。

三、扫描电子显微镜

(一)扫描电子显微镜的基本概念及构造

扫描电子显微镜(scanning electron microscope,简称 SEM)是在透射电镜基于电磁透镜原理所建立的电子光学系统的基础上发展起来的一种分辨能力介于透射电镜和光学显微镜之间的微观形貌观察手段。

SEM 采用三极电子枪发射电子束,经栅极静电聚焦后成为电光源。在 2~30kV 的电压作用下,电子束被加速,经过 2~3 个电磁透镜组成的电子光学系统,电子束被逐渐汇聚成孔径角较小、束斑直径仅为 5~10nm 的细微电子束,在样品表面聚焦。SEM 通过在末级透镜上安装扫描线圈,使电子束可以在样品表面进行扫描。SEM 的结构示意图如图 9-2 所示。

(二)扫描电子显微镜的工作原理

经加速和聚焦的高能电子束与样品物质相互作用产生二次电子、背散射电子和特征 X 射线等信号。这些信号分别被不同的探测器接收,经放大后用来调制荧光屏的亮度。由于扫描线圈上的电流与显像管相应偏转线圈上的电流同步,因此,样品表面任意点发射的信号与显像管荧光屏上相应的亮点一一同步对应。这就是说,电子束打到样品上的某一点时,在荧光屏上就会有一亮点与之对应,其亮度与被激发后的电子能量成正比。SEM 的成像是采用逐点成像的图像分解法进行的。光点成像的顺序是从左上方开始扫描到右下方,直到最后一行右下方的像元扫描完毕就算完成一帧图像。这种扫描方式叫做光栅扫描。

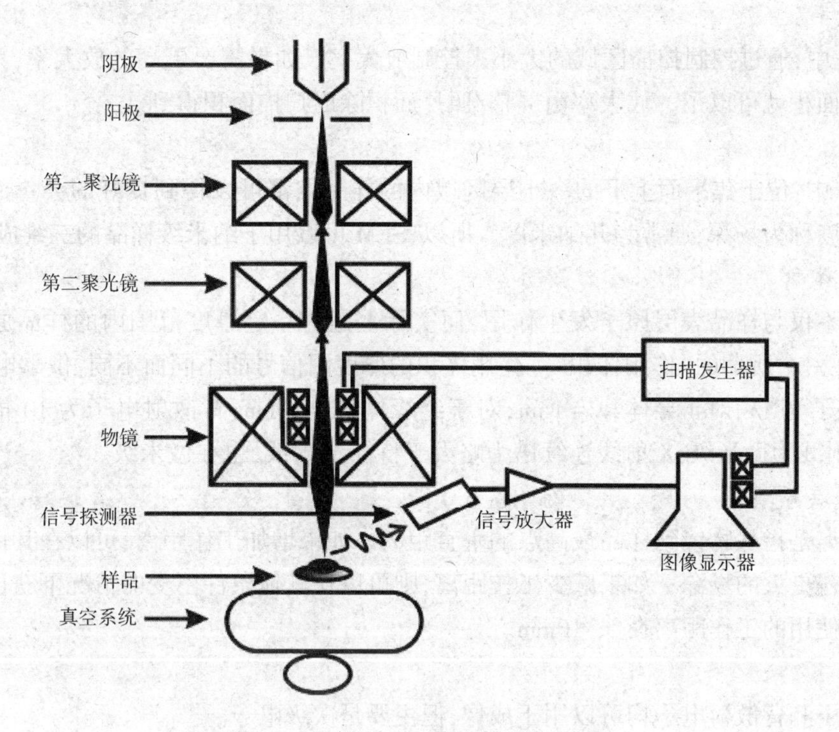

图 9-2　扫描电子显微镜的结构示意图

SEM 主要是利用二次电子信号成像来观察样品的表面形态，早期开发的目的是获得一种现代化的细胞生物学研究工具。与透射电镜不同的是，SEM 的电子束不穿过样品，而是用极狭窄的电子束去扫描样品，使其聚焦在样品的一小块地方，然后一行一行地扫描样品。电子束与样品表面的相互作用产生各种效应，其中主要是激发出次级电子。显微镜观察的是从每个点散射出来的电子，放在样品旁的闪烁晶体接收这些次级电子，通过放大后调制显像管的电子束强度，从而改变显像管荧光屏上的亮度。次级电子能够产生样品表面放大的形貌像，这个像是在样品被扫描时按时序建立起来的，即使用逐点成像的方法获得放大像。图像为立体形象，反映了样品的表面结构。显像管的偏转线圈与样品表面上的电子束保持同步扫描，这样显像管的荧光屏就能显示出样品表面的形貌图像。由于 SEM 中电子束不必透射样本，因此，其电子的加速电压并不需要非常高，而且对样品的厚薄也无过于苛刻的要求，所以样品制备相对简单。

SEM 的分辨率主要决定于照射到样品表面上的电子束直径，电子束越细，分辨率越高。而其放大倍数则是显像管上扫描幅度与样品上扫描幅度之比，从几十倍到几十万倍连续可调。SEM 的图像有很大的景深，视野大，立体感很强，可直接观察各种样品表面凹凸不平的细微结构。SEM 的一个与众不同的特点是可以利用电子束与物质相互作用而产生的次级电子、吸收电子和 X 射线等信息来进行物质成分的分析。目前的 SEM 都配有 X 射线能谱仪装置，这样可以同时进行显微组织形貌的观察和微区成分分析。SEM 被认为是现代分析测试技术中应用最为广泛的手段之一。

(三)扫描电子显微镜的主要性能参数

1. 放大率

在 SEM 中,通过控制扫描区域的大小来控制放大率。如果需要更高的放大率,只需要扫描更小的一块面积就可以了。放大率由屏幕/照片面积除以扫描面积得到。

2. 场深

在 SEM 中,位于焦平面上下的一小层区域内的样品点都可以得到良好的会焦而成像。这一小层的厚度称为场深,通常为几纳米厚。所以,SEM 可以用于纳米级样品的三维成像。

3. 作用体积

电子束不仅与样品表层原子发生作用,而实际上是与一定厚度范围内的样品原子发生作用,所以存在一个所谓的"作用体积"。作用体积的厚度因信号的不同而不同:俄歇电子为0.5~2nm;次级电子为 5λ,对于导体,$\lambda = 1$nm,对于绝缘体,$\lambda = 10$nm;背散射电子为 10 倍于次级电子;特征 X 射线为微米级;X 射线连续谱为略大于特征 X 射线,也在微米级。

4. 工作距离

工作距离是指从物镜到样品最高点的垂直距离。如果增加工作距离,可以在其他条件不变的情况下获得更大的场深。如果减少工作距离,则可以在其他条件不变的情况下获得更高的分辨率。通常使用的工作距离在 5~10mm。

5. 成像

次级电子和背散射电子均可以用于成像,但主要是次级电子。

6. 表面分析

俄歇电子、特征 X 射线、背散射电子的产生过程均与样品原子的性质有关,所以可以用于成分分析。但由于电子束只能穿透样品表面很浅的一层,所以只能用于表面分析。表面分析以特征 X 射线分析最常用。

四、扫描透射电子显微镜

扫描透射电子显微镜(scanning transmission electron microscope,简称 STEM)是在透射电子显微镜的基础上增加扫描功能而开发出来的一种电子显微镜。1964 年,美国芝加哥大学的英裔物理学家阿尔伯特·克鲁(Albert Crewe)与日本日立公司合作,发明了场发射电子枪。这是一种新的电子源,比以前的电子源具有更高的光学质量,而且可以获得更高的分辨率。到了 1970 年,借助这把电子枪,同时通过在 TEM 传统电子光学系统中增加高质量的物镜,克鲁发明了现代的扫描透射电子显微镜。这种设计可以通过环形暗场成像技术来对原子成像。

像 SEM 一样,STEM 可以用电子束在样品表面进行扫描,但其成像却像 TEM 一样,是通过电子穿透样品后成像的。STEM 技术要求较高,其电子束的来源并非常规的热阴极电子枪,而是更为先进的场发射电子枪。在 STEM 中,扫描线圈控制电子探针在薄膜试样上进行扫描,但与 SEM 不同的是探测器置于试样下方,探测器接收的是透射电子束流或弹性散射电子束流,经放大后,在荧光屏上显示与常规 TEM 相对应的 STEM 的明场像和暗场像。STEM 需要非常高的真空度,而且其电子学系统比 TEM 和 SEM 都要复杂得多。STEM 分析综合了扫描和普通透射电子分析技术的原理和特点,是 TEM 技术的一种发展。

仔细分析可以发现,STEM 成像不同于一般的采用平行电子束的 TEM 成像或 EDS 成像。

它是利用聚焦后的电子束在样品上扫描来完成的。在扫描模式下,场发射电子源发射出的电子流,通过磁透镜及光阑会聚成原子尺度的束斑。电子束斑聚焦在试样表面后,通过线圈控制逐点扫描样品的一个区域,同时在样品下面的探测器同步接收被散射的电子,将对应于每个扫描位置探测器接收到的信号转换成电流强度,并显示在荧光屏或计算机显示器上。样品上的每一个点与所产生的像点一一对应。从探测器中间孔洞通过的电子可以利用明场探测器形成一般高分辨的明场像,而环形探测器接收的电子形成暗场像。

相比之下,STEM 具有明显的优点:①可以观察较厚的试样和低衬度的试样;②利用扫描透射模式时物镜的强激励,可以实现微区衍射;③利用后接能量分析器的方法可以分别收集和处理弹性散射电子和非弹性散射电子;④可以进行高分辨分析、成像及生物大分子分析。

五、电子显微技术的缺点

电子显微技术经过近百年的发展已经取得了长足的进步,但仍存在一些暂时没有克服的缺点。

(1)在电子显微镜中,样品室处于真空环境中,因此,样本必须在真空条件下进行观察,无法进行活体样本的观察。但随着科学技术的进步,这个问题的解决在部分领域正在逐步取得一些进展。

(2)在样品制备时可能会形成一些样本本来没有的结构,这对后续的图像分析会带来干扰,增加分析的难度。

(3)由于在电子束的轰击下电子散射的能力极强,容易发生二次衍射等情况。

(4)电子显微所获得的是三维样品的二维平面投影像,因此,这个像相对于样品来说可能不是唯一的。

(5)TEM 对样品的厚度要求非常苛刻,必须是非常薄的样品,而事实上,样品表面的结构与其内部的结构并不能确保完全一致。

(6)超薄样品的制备非常复杂和困难,容易造成样品的损伤。

(7)样品可能在高速电子束的轰击下被损坏或加热破坏。

(8)作为一类大型精密分析仪器,电子显微镜的售价较高,且维护成本也不低。

第二节　电子显微分析中的样品制备技术

一、透射电子显微镜分析中的样品制备

(一)样品要求

TEM 对所有试样有三个最基本的要求:一是要尽可能保持试样材料原有的结构状态和化学组成;二是所提供的试样能够得到成像信号,对 TEM 来说,试样的厚度通常要求在 200nm 以下,以使电子束透过试样,获得被试样散射的成像信号;三是图像必须获得足够的衬度(反差),只有试样分子或原子对入射电子束有较强烈的散射作用,才能使图像获得较好的衬度。对于粉末样品、块状样品、生物样品的具体要求如下。

(1)粉末样品基本要求。单颗粉末尺寸小于 1μm;无磁性;以无机成分为主,否则会造成电

镜严重的污染,甚至造成仪器损坏。

(2)块状样品基本要求。需要电解减薄或离子减薄,获得几十纳米的薄区才能观察;如晶粒尺寸小于1μm,可用破碎等机械方法制成粉末来观察;无磁性。

(3)生物样品基本要求。组织固定;经脱水包埋后制成超薄片;使用重金属盐染色以增加对比度。

(二)粉末样品的制备

(1)选择高质量的微栅网(直径3mm),微栅网通常是由呈微栅格状的铜网表面敷贴很薄的支持膜组成。支持膜的材料一般有塑料支持膜、塑料—碳支持膜和碳支持膜。

(2)用镊子小心取出微栅网,将支持膜面朝上(在灯光下观察显示有光泽的面,即膜面),轻轻平放在白色滤纸上。

(3)取适量的粉末样品和乙醇分别加入小烧杯,进行超声振荡10~30min,振荡结束3~5min后用移液枪吸取粉末和乙醇的均匀混合液,滴2~3滴该混合液体到微栅网上(如粉末是黑色,当观察到微栅网周围的白色滤纸表面变得微黑,说明此时样品量适中,太多太少都不合适)。

(4)至少等待15min,以便乙醇挥发干净,以免影响电镜的真空度。

(三)块状样品的制备

(1)电解减薄方法。适用于金属样品的制备。将块状样品切割成约0.3mm厚的均匀薄片,用金刚砂纸机械研磨到120~150μm厚,再抛光研磨到约100μm厚,用冲压机冲成Φ3mm的圆片,选择合适的电解液和电解设备的工作条件,将Φ3mm的圆片中心减薄出小孔,以便分析时电子可以在这个洞附近穿过那里非常薄的金属,然后迅速取出减薄样品放入无水乙醇中漂洗干净。

(2)离子减薄方法。适用于陶瓷、半导体以及多层膜截面等材料样品的制备。将块状样切成约0.3mm厚的均匀薄片,用石蜡将其粘贴于超声波切割机样品座上的载玻片上,用超声波切割机冲成Φ3mm的圆片,用金刚砂纸机械研磨到约100μm厚,用磨坑仪在圆片中央部位磨成一个凹坑,凹坑深度50~70μm,放入丙酮中浸泡、洗净,取出晾干,将洁净的、已磨出凹坑的圆片小心放入离子减薄仪中,根据样品材料的特性,选择合适的离子减薄参数进行减薄。由于整个减薄过程需要几天时间才能完成,处理过程中需要有足够的耐心,并注意用力小心,轻拿轻放,以免样品破碎。

(四)生物样品的制备

(1)化学固定。为了尽量保存样本的原样可以使用戊二醛来硬化样本(非凝聚型)和并使用锇酸来对脂肪进行染色。

(2)冷冻固定。将样本放在制冷剂(如液氮、液态氟利昂、液态乙烷或液态丙烷等)中速冻,以确保样品被冷冻的过程中样品中的水分不会结晶而形成极小的冰晶甚至是玻璃态冰,以免造成样品的损坏,但图像的对比度会非常低。

(3)脱水。将样本浸渍乙醇或丙酮等有机溶剂中,除去组织中的游离水。为避免组织收缩,所用溶剂需从低浓度逐步提高到纯有机溶剂,逐级脱水。

(4)包埋。浸透脱水之后,用适当的树脂单体与硬化剂的混合物(包埋剂),逐步替换组织块中的脱水剂,直至树脂均匀地浸透到细胞结构的一切空隙中。然后将组织块放于模具中,注入树脂单体与硬化剂等混合物,通过加热等方法使树脂聚合成坚硬的固体。用作包埋剂的树脂有甲基丙烯酸酯、聚酯和环氧树脂等。

(5)分割。将样本用超薄切片机切成厚度适中(50nm)的超薄片。

(6)导电染色。为了增强细胞结构的电子反差,需要对切片进行导电染色。导电染色是依据各种细胞结构与染色剂(重金属盐)结合的选择性,而形成不同的对电子散射能力,从而产生借以区别各种结构的反差。重的原子(如铅或铀)比轻的原子散射电子的能力高,因此,其盐可被用来作为导电染色剂以提高对比度。

二、扫描电子显微镜分析中的样品制备

(一)样品要求

和TEM相比,SEM分析的试样制备比较简单,在保持试样原始状态的情况下,直接观察和研究试样表面形貌及其他物理效应是SEM的一个突出优点。SEM分析的制样技术是在TEM、光学显微镜及电子探针X射线显微分析制样技术的基础上发展起来的,有些方面还与TEM分析的制样技术和所用设备基本相同,但仍具有其自身的特点和基本要求,具体如下。

(1)观察试样可以是大小不同的固体,如块状、薄膜和颗粒,并可在真空中直接进行观察。

(2)试样应具有良好的导电性能。不导电或导电性能不好的试样,将会产生电荷积聚和放电,使得入射的电子束偏离正常的路径,最终造成图像不清乃至无法观察和成像。因此,对于不导电的试样必须在其表面蒸涂一层金属导电膜(真空镀膜)。

(3)试样表面最好要有较大的起伏(凹凸)。

(4)观察方法不同,制样方式会有明显的差异。

(5)试样制备与加速电压、电子束流、扫描速度和方式等观察条件的选择有很大的关系。

(二)样品制备的方法

1. 直接观察法

对于导电材料,如金属、矿物质或半导体材料,除了尺寸上不得超过仪器允许的范围(如试样直径最大为25mm,厚度不得超过20mm等)之外,基本上不需要经过过多的预处理,用导电胶直接将试样粘贴在铜或铝制的试样座上即可放入镜筒中的试样室直接进行观察。但放入样品室前,必须确保导电胶中的溶剂已经挥发,以免抽真空要消耗太多的时间。此外,试样尺寸要尽可能小;试样表面不能被沾污,需要时可用无水乙醇或丙酮清洗;故障件断口处尽可能保持原样;试样表面的氧化层可通过化学方法去除。

2. 真空喷涂法

对于聚合物的样品,如纤维材料,其导电性能很低,在电子束的作用下会产生电荷的堆集,影响入射电子的转换以及试样上产生背散射电子、二次电子等的运动轨迹,从而降低扫描成像的质量。对这类样品,在把试样粘到试样座上后,要采用专用的真空镀膜设备进行真空喷涂处理。通常采用二次电子发射系数(即二次电子的产额)比较高的金、银进行真空镀膜,形成导电层。如果试样表面比较粗糙,则需在喷涂金属层之前先喷涂一层碳作为基衬。如果试样表面形态比较复杂,在真空镀膜的过程中要加以旋转,以获得较为完整和均匀的导电层。

对于某些含水量低且不易变形的生物材料,可以不经固定和干燥而在较低加速电压下直接观察,如动物毛发、昆虫、植物种子、花粉等,但图像质量差,而且观察和拍摄照片时须尽可能迅

速。对大多数生物材料样本,则应首先采用化学或物理方法清洗、固定、脱水和干燥(与 TEM 分析中的生物样品制备条件类似),然后喷镀碳与金属以提高材料的导电性和二次电子产额,改善图像质量,并且防止样品受热和辐射损伤。如果采用离子溅射镀膜机喷镀金属,可获得均匀的细颗粒薄金属镀层,提高扫描电子图像的质量。

3. 离子溅射法

在专用的离子溅射镀膜机内,用高电压使金等重金属离子化,并在电场的作用下使金属离子飞溅到装置内的试样上,使试样表面覆盖一层薄薄的重金属离子。这不仅可以使非导电样品具有导电性,更重要的是可以大幅提高样品表面二次电子的产额,提高成像质量。离子溅射法设备简单,操作方便,喷涂的导电膜具有较好的均匀性和连续性,且整个过程只要几分钟即可。

第三节　电子显微分析技术在纺织上的应用

电子显微技术应用于纺织纤维材料的研究起步较早,几乎与电子显微镜技术发展同步。1932 年 4 月,鲁斯卡建议建造一种新的电子显微镜以直接观察插入显微镜的样品,而不是观察格点或者光圈的像。通过这个设备,人们成功地得到了铝片的衍射图像和正常图像,但其分辨率超过光学显微镜的特点并未得到完全的证明。直到 1933 年,通过对棉纤维的成像,才正式证明了 TEM 的高分辨率。但由于电子束会损害棉纤维,成像速度需要非常快。

随着以化学和合成纤维为代表的新型纤维材料逐渐成为纺织纤维材料的主角以及差别化纤维的不断涌现,电子显微技术在纤维材料研究领域的应用还在不断地扩展和深化。与此同时,大量基于新型纺纱技术的新型纱线、新型及功能性面料的开发,高技术纺织复合材料的研发和应用,产业用纺织产品的升级换代等都为电子显微分析技术的应用提供了更为宽广的舞台。迄今为止,电子显微分析技术在纺织材料分析中的应用主要集中在纤维、面料及复合材料的表面形貌、物理结构、超分子结构、化学组成以及加工及后整理工艺对被测材料的表面形态、超分子结构及各项性能的影响等方面的研究。

一、电子显微分析技术在纤维材料研究中的应用

(一)SEM 分析技术在特种动物纤维鉴别中的应用

利用 SEM 的二次电子成像原理,通过对已知的特种动物纤维和羊毛样品的鳞片厚度、径高比和鳞片密度的测量,得出常见特种动物纤维鳞片结构参数的范围,利用这些参数可以较有效地鉴别特种动物纤维和羊毛。

特种动物纤维是指除绵羊毛以外的其他动物纤维。目前,在我国的毛纺产品中,使用较多的特种动物纤维主要有羊绒、兔毛、驼绒、牦牛绒、羊驼毛和马海毛等。特种动物纤维制成的纺织品除了手感柔软,保暖性好以外,还具有一些特殊的服用性能及外观效果。

对于特种动物纤维的鉴别,由于其化学组成、结构和性质相似,一直以来主要是借助投影光学显微镜,在 500 倍的条件下,检验人员凭借自己的经验,根据纤维鳞片形态、厚薄和长短等细微差异,尤其是光泽,来加以判别,其检验结果的准确性在很大程度上依赖于检验人员的经验。

而且,在不同实验室之间检验结果出现差异的情况也屡见不鲜。

近年来,随着超细羊毛和羊毛细化改性技术的出现,再加上牛绒、驼绒、紫羊毛和紫羊绒等都是有色纤维,色素的存在在一定程度上影响了对鳞片形态的观察,使得在投影光学显微镜下辨别纤维的难度提高,尤其是土种绵羊毛中有部分纤维的鳞片形态特征与羊绒相差无几。在这种情况下,采用 SEM 分析技术可以清晰地显示动物纤维表面细微的鳞片形态,提供富有立体感的逼真图像。通过对特种动物纤维鳞片厚度、径高比和鳞片密度等结构参数的测量,建立可量化的鉴别依据,减少对纤维的误判,使单纯的主观检验向主客观相结合的方向发展,提高鉴别的准确度和重现性。

样品制备:样品用无水乙醇浸泡,晾干,随机抽取一束纤维用导电胶均匀地黏附在载样台上,用黄金真空镀膜。

SEM 测试分析结果(表 9-1)分析如下。

(1)动物纤维的鳞片厚度值不会随着纤维直径的增大而增大。

(2)近 90%的羊毛纤维的鳞片厚度大于 0.55μm,约 10%的与羊绒平均直径相仿的羊毛的鳞片厚度小于 0.55μm。而在特种动物纤维中,大部分的鳞片厚度小于 0.55μm,羊绒纤维中鳞片厚度大于 0.55μm 的仅有 6.2%。

(3)羊绒纤维的平均径高比小于 1.0,羊毛纤维的平均径高比大于 1.6,但其中部分直径与羊绒相近的羊毛的径高比与羊绒接近。驼绒的平均径高比与羊绒相似,小于 1.1。但牛绒和兔毛的平均径高比明显大于羊绒和驼绒纤维,与羊毛近似。数据表明,所有纤维的径高比都随着纤维直径的变大而有上升的趋势,说明在纤维变粗的同时,鳞片高度并不会随之发生明显的变化。

(4)羊绒、驼绒和马海毛的平均鳞片密度较为接近,小于 70 个/mm,羊毛和牛绒较为接近,在 80~90 个/mm,兔毛和羊驼毛的平均鳞片密度比较大,超过 100 个/mm。显然,动物纤维的鳞片密度范围跨度较大,且重叠范围也大。

表 9-1　部分动物纤维的表面形态参数

纤维	平均鳞片厚度(μm)	平均径高比	平均鳞片密度(个/mm)
羊绒	0.48	0.95	64
羊毛	0.74	1.64	80
驼绒	0.49	1.06	62
兔毛	0.45	1.62	108
牛绒	0.44	1.64	89
羊驼毛	0.25	—	157
马海毛	0.47	—	65

注　(1)鳞片厚度是指鳞片边缘的高度(图 9-3、图 9-4)。

(2)鳞片径高比是指纤维直径与鳞片高度的比值,鳞片高度是沿纤维轴向相邻两鳞片边缘间的距离。

(3)鳞片密度是指单位长度内的鳞片个数。

(4)"—"表示羊驼绒和马海毛的直径离散型大,无统计比较意义。

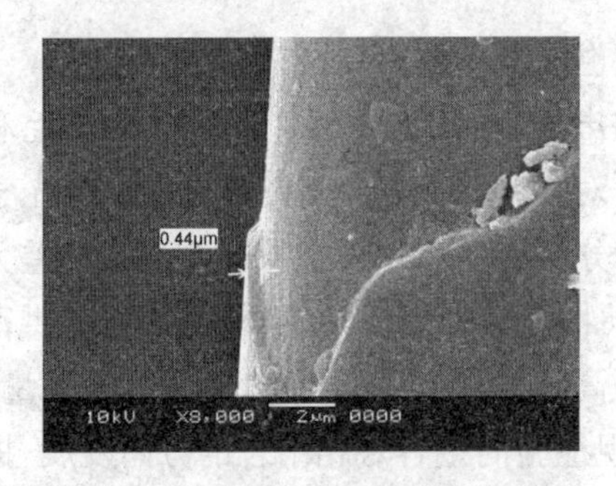

图 9-3　羊绒纤维的鳞片厚度(SEM 图)

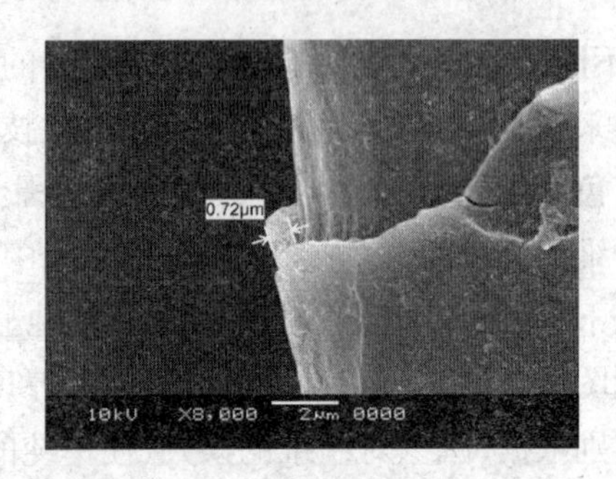

图 9-4　羊毛纤维的鳞片厚度(SEM 图)

1983 年,库什(Kush)和 阿恩斯(Arns)利用 SEM 观察发现,羊毛的鳞片厚度要明显高于他们检测的所有其他特种动物纤维,此后沃尔特曼(Wortmann)对多达 29 种纤维(包括羊毛、阿富汗羊绒、蒙古羊绒、中国羊绒以及马海毛、驼绒、牦牛绒和羊驼毛等)的鳞片厚度进行对比观察之后得出结论:如果一种纤维的鳞片厚度大于 0. 55μm,则应被认为是羊毛,而特种动物纤维的鳞片厚度应小于 0. 55μm。这一研究成果后来被国际毛纺织组织 IWTO 所采用(国际毛纺织组织标准 IWTO-58-00),但该标准提出,在根据鳞片厚度值鉴别羊毛和特种动物纤维时,还需要考虑鳞片密度和鳞片形态,单纯从纤维的鳞片厚度值来鉴别羊毛和特种动物纤维还存在一定的局限性。

综上所述,通过运用鳞片形态、鳞片厚度、径高比和鳞片密度四个结构特征可以对动物纤维进行较为准确的鉴别,虽然某些纤维在个别参数上存在一定的交叉,但是还没有两种动物纤维的四个结构特征是完全相同的。在进行纤维鉴别时,可以灵活运用以上四个结构特征进行比对。例如,羊绒和驼绒纤维的鳞片厚度、径高比和鳞片密度很接近,但是在 SEM 下,由于没有色素干扰,鳞片形态清晰可见,图 9-5 和图 9-6 分别是羊绒和驼绒的纤维照片,从图中可以看出,羊绒纤维的鳞片呈环状,紧贴毛干,纤维表面光滑,而驼绒的纤维鳞片边缘呈斜条状,表面粗糙不平。

图 9-5　羊绒纤维的表面形态(SEM 图)

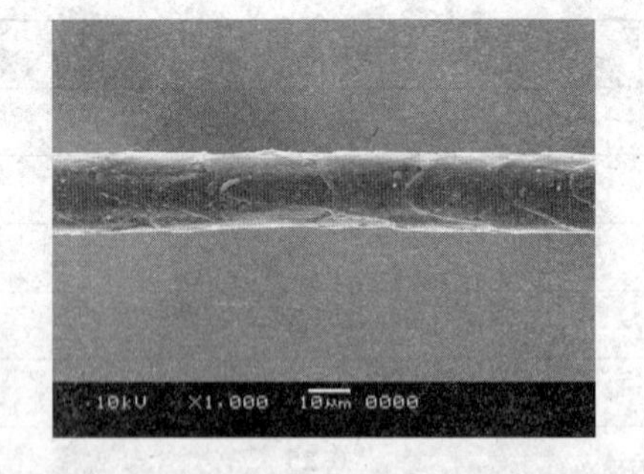

图 9-6　驼绒纤维的表面形态(SEM 图)

普通牛绒和紫羊绒在形态上非常相似,因是有色纤维,在普通光学显微镜下,鳞片模糊,较难辨别。在 1997 年美国羊绒和驼绒制造商协会(简称 CCMI)组织的一次有全球 15 家实验室参加的比对试验中,对 3 个羊绒/牛绒混纺样品进行测试所得到的 45 个结果中,只有 9 个结果是正确的,准确率只有 20%。可见羊绒/牛绒的混纺样品极难准确鉴别。但是通过 SEM 测量发现,牛绒纤维的径高比和鳞片密度要明显大于羊绒纤维,且鳞片形态类似瓦状或波纹状(图9-7)。

20世纪80年代开始,利用山羊绒分梳技术分梳土种绵羊毛,经过无数次的试验,成功地在土种绵羊身上开发出了绒毛,其手感和纤维直径与山羊绒非常接近,通过观察发现,其中有一定比例的纤维的鳞片形态与羊绒相差无几(图9-8),如果单纯依靠鳞片形态进行鉴别,很容易产生出错。但借助SEM可以发现羊绒纤维表面光滑,而土种绵羊毛表面粗糙,有辉纹。若再结合土种绵羊毛的鳞片厚度和径高比,可以准确地区分这两种不同的纤维。土种绵羊毛的鳞片厚度要明显高于羊绒纤维,在同等的直径范围内,土种绵羊毛的径高比都大于羊绒纤维。

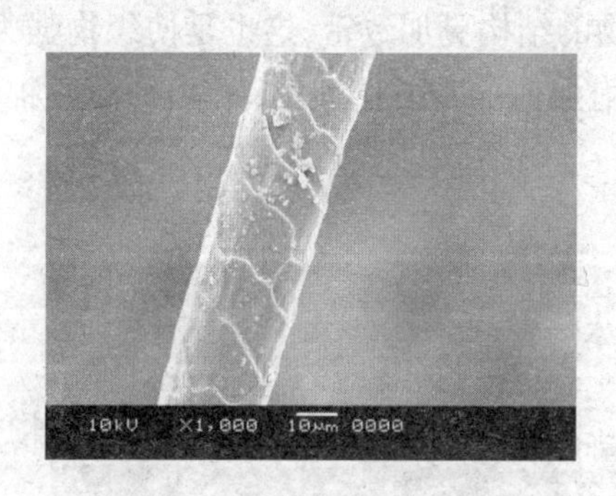

图9-7　牛绒纤维(SEM图)

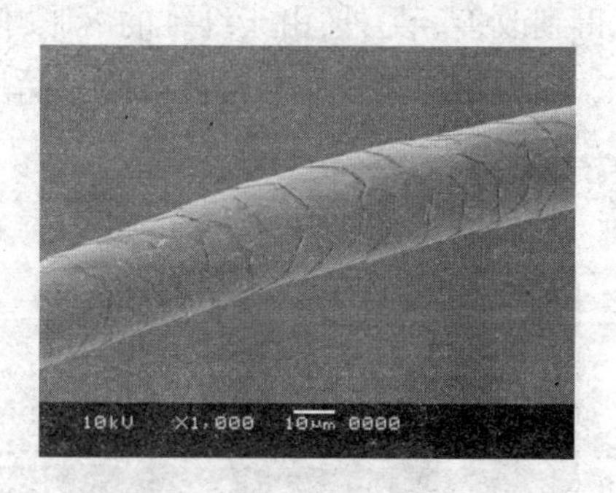

图9-8　土种绵羊毛(SEM图)

(二)电子显微分析技术在成纤聚合物超分子结构研究中的应用

现代的SEM分析技术早已从早期的主要关注物质的表面形态发展成为既能作形态观察,又能进行物质的结晶学分析和微区成分分析,这大大扩展了电子显微分析技术在纺织新材料开发和应用研究领域的应用范围,特别是在成纤聚合物共混改性和超分子结构研究方面可以发挥很大的作用。

而根据TEM的衍射成像模式,电子束照射到样品上会发生部分衍射现象,样品不同位置的衍射波振幅分布对应于样品中晶体各部分不同的衍射能力。当出现晶体缺陷时,缺陷部分的衍射能力与完整区域不同,从而使衍射波的振幅分布不均匀,可以反映出晶体缺陷的分布。

此外,TEM的衍射对比度成像方式也可以用来研究晶体的晶格缺陷。通过选择样品的方向,不仅能够确定晶体缺陷的位置,也能确定缺陷的类型。如果样品某一特定的晶平面仅比最强的衍射角小一点点,任何晶平面缺陷将会产生非常强的对比度变化。但原子的位错缺陷不会改变布拉格散射角,因此,也不会产生很强的对比度。

(三)电子显微分析技术在天然纤维改性研究中的应用

1. 棉织物的丝光整理效果

棉织物的丝光是在碱溶液(18%~25%烧碱溶液)中,在一定张力的作用下使织物获得丝一般光泽的加工处理过程。成熟棉纤维的纵向呈扁平带状,具有天然扭曲的特性。横截面呈腰果状,由较薄的初生胞壁、较厚的次生胞壁和中空的胞腔组成(图9-9和图9-10)。经过丝光整理后,棉的纤维素大分子上的羟基在浓碱溶液中与氢氧化钠形成纤维素钠盐,大量的水分被带入到纤维内部,使棉纤维发生不可逆的溶胀,棉纤维的形态结构和超分子结构都发生了变化,胞腔收缩,纵向的天然扭曲和表面的皱纹几乎消失,横截面由腰果形转变为圆形或近似圆形,完全丝光的棉纤维的胞腔几乎缩为一点(具体形状视丝光程度而定)(图9-11和图9-12)。由于纤维表面的皱纹消失,变成十分光滑的圆柱体,对光线呈有规则的反射,使织物呈现一定的光泽。与此同时,由于部分晶区转化为无定形区,使无定形区增大,造成纤维的吸附能力提高,对染料的吸附能力增加,使织物更易染色。研究表明,棉纤维经丝光溶胀后,纤维的形态结构和超分子结构发生了变化,并形成了新的稳定的结构形态,经水洗去碱后,已重新形成的纤维间氢键将不再发生大的变化,使织物的尺寸稳定性增加。此外,丝光是在一定张力的作用下进行的,丝光后纤维分子的取向度有所提高,纤维超分子结构变得比较均匀,纤维表面的不均匀性得到一定程度的消除,减少了因应力集中而在拉伸时易断裂的影响因素,增强了纤维的强度,并使织物强力及弹性也得到改善。另外,由于纤维的溶胀,使织物的结构更加致密,这也是使织物强力增加的重要因素。棉织物的丝光加工是提高产品品质和附加值的重要手段之一,品种涉及棉、维/棉、涤/棉等。

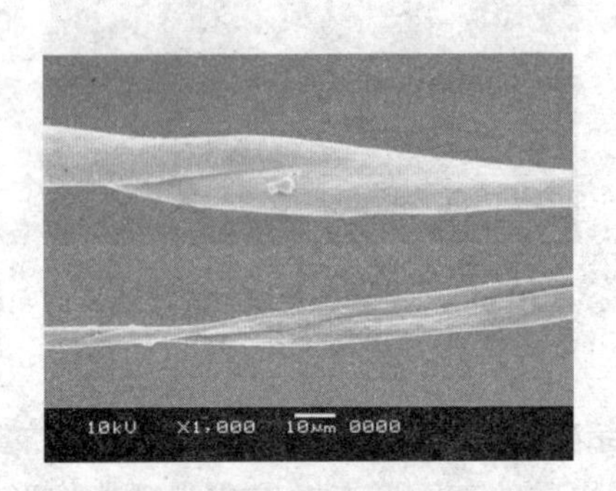

图9-9 棉纤维纵面SEM图

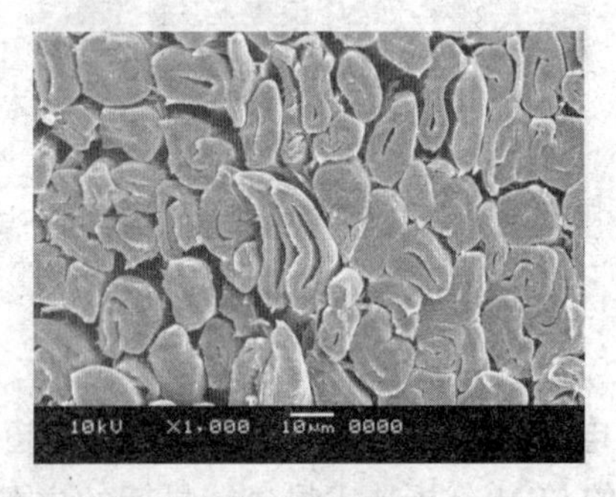

图9-10 棉纤维横截面SEM图

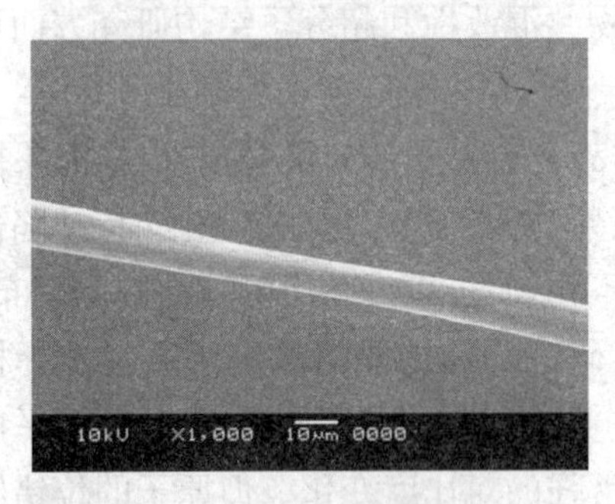

图9-11 丝光后棉纤维纵面SEM图

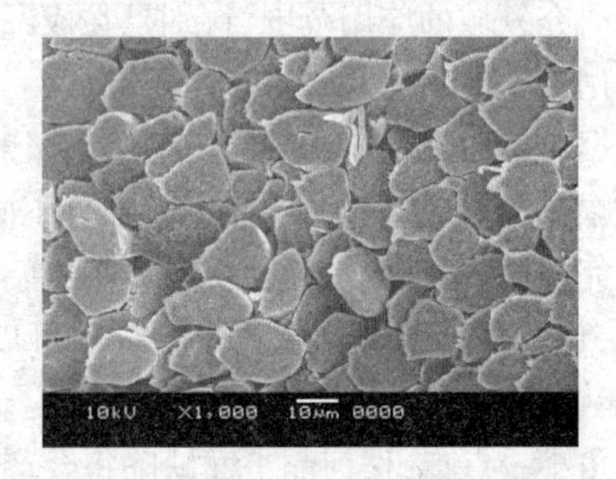

图9-12 丝光后棉纤维横截面SEM图

2. 羊毛纤维的防缩处理

亚历山大(P. Alexander)曾借助SEM分析技术研究了羊毛在防缩处理工艺中的化学反应,并指出:一些化学助剂可以提高羊毛的防缩性能而不会移动羊毛的鳞片,如高锰酸钾与次氯酸钠的混合物、氯酰胺和氟,它们仅仅改变羊毛鳞片的一些棱角而不改变鳞片的主要结构。但在水溶液酸性氯化和气态氯化的处理工艺中,羊毛鳞片会松弛或移动,以至于会与羊毛纤维主杆分离孤立。鳞片是构成羊毛纤维优异性能的重要因素,如果在防缩处理过程中导致鳞片的松弛、移动乃至剥落,将使纤维的手感变得单薄和粗糙,耐磨性能大大降低。

二、电子显微分析技术在纺织面料研究中的应用

(一)电子显微分析技术在涂层织物产品开发中的应用

从20世纪80年代初开始研发并流行的涂层织物,经过近40年的发展,已经在服用、装饰用和产业用等多个应用领域获得了全面的发展,并形成了聚丙烯酸酯(PA)和聚氨酯(PU)两大涂层系列为主的产品,满足各种不同用途和层次的需要。但如果从材料结构上看,早已进入应用领域的合成革其实也是一种涂层织物,其所用的涂层材料也已从之前比较单一的聚氯乙烯(PVC)发展到PVC和PU并存的局面,其中PU的仿真程度更高,其产品的应用领域通常走的是高端路线(图9-13)。

防水透湿是众多涂层织物产品开发中最主要的功能诉求之一。自然界中的水滴和水汽中的水分子都是处于聚集状态的,但水滴和水汽中水的微粒的大小却相差悬殊。要使涂层织物具有防水透湿的功能,就必须使其表面的涂层材料能够形成连续的膜,但在膜上同时必须存在大量可以相互穿透的孔(图9-14)。这些孔的直径要大于水汽中水的直径(通常为0.4nm),但同时又要小于水滴的直径(一般在数十个纳米以上),这样才能确保用防水透湿织物做成的服装在穿着时身上的水汽能够不断被散发出去,而外面的雨滴不能渗透进来。要实现这个目标,必须在涂层材料和涂层工艺进行深入研究和调整,电子显微分析技术是其中必不可少的研判工具之一。

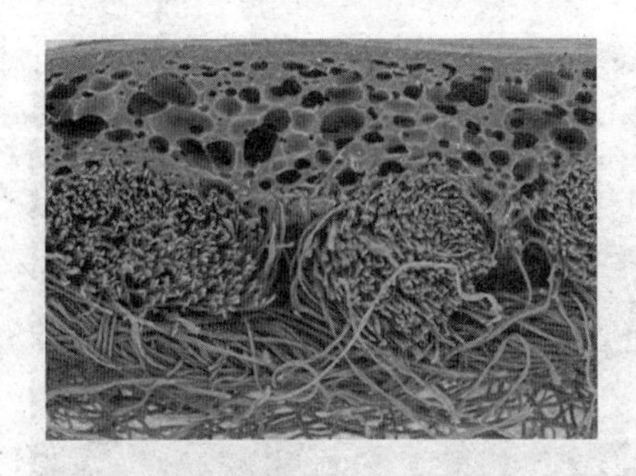

图9-13　PU发泡人造革剖面SEM图

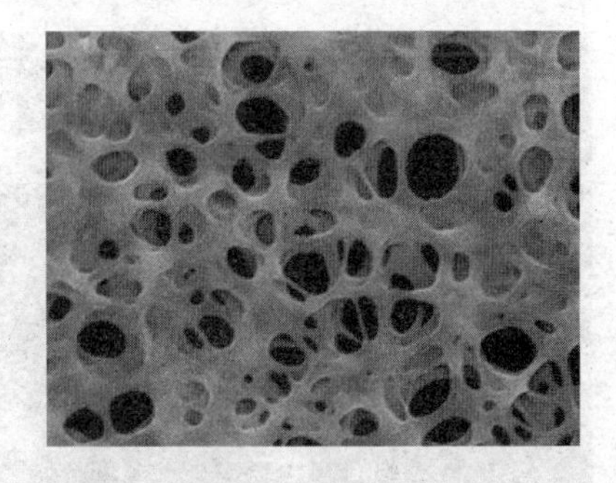

图9-14　有微孔涂层材料膜的SEM图

(二)电子显微分析技术在纤维差别化和新型面料开发中的应用

化学纤维的差别化技术发展到今天,已经从之前单纯的仿真发展到了超真的阶段。特别是"四异"技术,即在同一块喷丝板上可以同时纺制出异材质、异截面、异纤度和异收缩的一束纤维,使得化学纤维实现超真的目标有了坚实的基础。如锦/涤复合的超细纤维、海岛型超细纤维、乙/丙复合的ES纤维、干爽型的"四异"仿麻复合纤维、有丝鸣效果的超真丝纤维等。再加上混纤复合技术的发展,纤维的差别化技术已经可以给新型面料的开发带去无限想象的空间。目前市场上流行的吸湿快干产品就是在这个基础上发展起来的。

要将本身并无吸湿功能的涤纶制成具有吸湿排汗或吸湿快干功能的产品,可以有后整理和纤维改性两大途径。但实践证明,后整理方法不仅效果不理想,而且耐久性也很差。而纤维改性的思路无非是改善其吸湿性能并增加导湿性能。虽然人们对由棉纤维或再生纤维素纤维制成的内衣的吸湿性能情有独钟,但由于纤维素纤维的吸湿和保湿特性,使得其一旦被汗水浸湿

后，会由于粘在皮肤上；此外，由于水分的蒸发会带走人身上的热量而使人有一种湿冷的不舒适感。事实上，在人体大量出汗时，从保持皮肤干爽的诉求来看，最佳的选择是身上的衣服能够迅速将皮肤上的水分传导出去并挥发掉。以应用最广的涤纶为例，通过增加纤维的表面积（采用异形截面或超细）、提升毛细管效应（通过在纤维表面形成沟槽及采用特殊的纱线和织物结构），加上涤纶本身的疏水特性，可以实现这个目标。图 9-15～图 9-17 是在导湿快干面料研发中采用的一些异截面、异纤度混纤复合和异截面混纤复合纤维截面形态的 SEM 照片。这些图像有助于对纤维的纺丝工艺和纤维形态与导湿快干性能之间关系的研究。

图 9-15　异截面涤纶长丝（SEM 图）

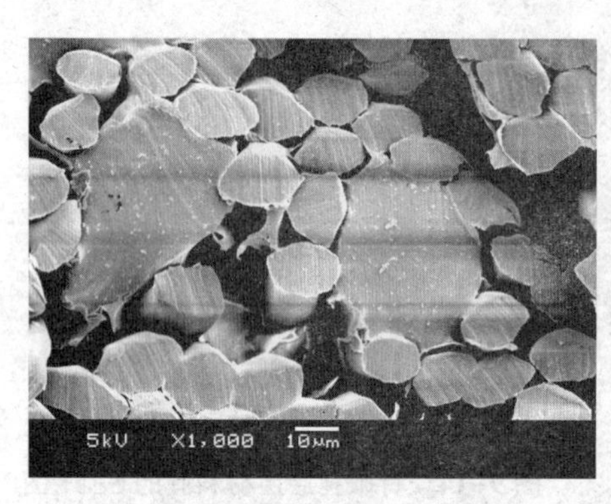

图 9-16　异纤度混纤复合纤维（SEM 图）

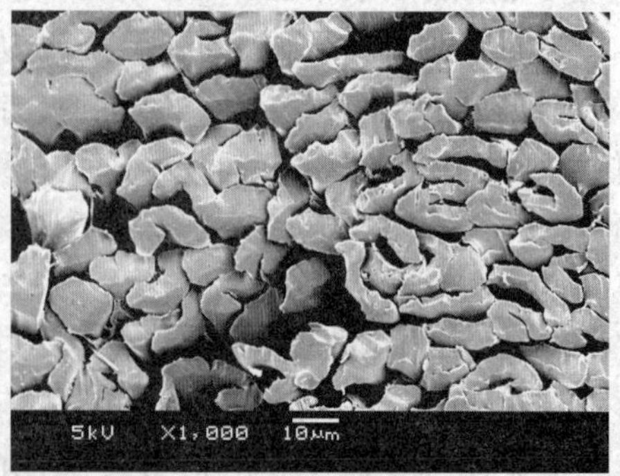

图 9-17　异截面、异纤度混纤复合纤维（SEM 图）

三、电子显微分析技术在纺织复合材料鉴别中的应用

电子显微分析技术不仅在纺织复合材料的研究中可以发挥很大的作用,在相关产品的质量鉴定和公平贸易中也可以发挥积极的作用。

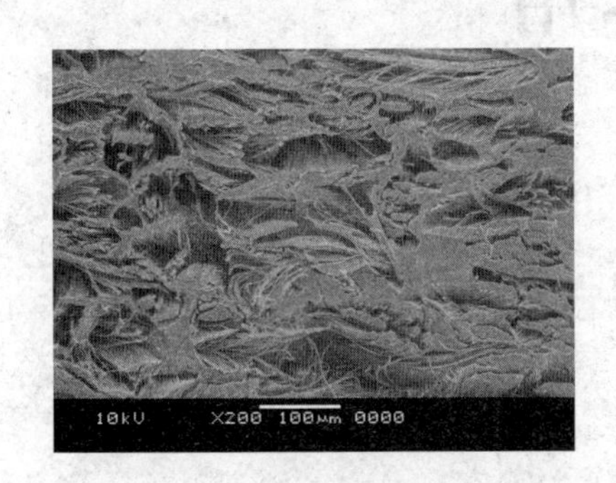

图 9-18　超细纤维/PU 复合仿皮革剖面 SEM 图

近年来,皮革仿真技术已经达到了很高的水准,通过外观或其他常规的手段已经很难将仿真皮革产品与真的皮革产品区分开来。图 9-18 是一款仿皮革产品面料截面的 SEM 图,这个面料是由超细纤维织物为基布全剖面浸渍弹性 PU 树脂,并经单面磨绒处理制成的。不仅革的粒面和背面都与真皮相差无几,连气味都是相同的。但在 SEM 下,仍可以清晰地辨别出其内部结构,而红外光谱分析结果也为 SEM 的观察结果提供了佐证。图 9-18 是两例复合皮革材料制成品的剖面 SEM 图。其中的图 9-19(a)从左至右分别是 PU 发泡涂层/牛剖层革/再生革/发泡 PU 涂层(磨绒),而图 9-19(b)从左至右则是 PU 人造革/再生革/牛剖层革/发泡 PU 涂层。

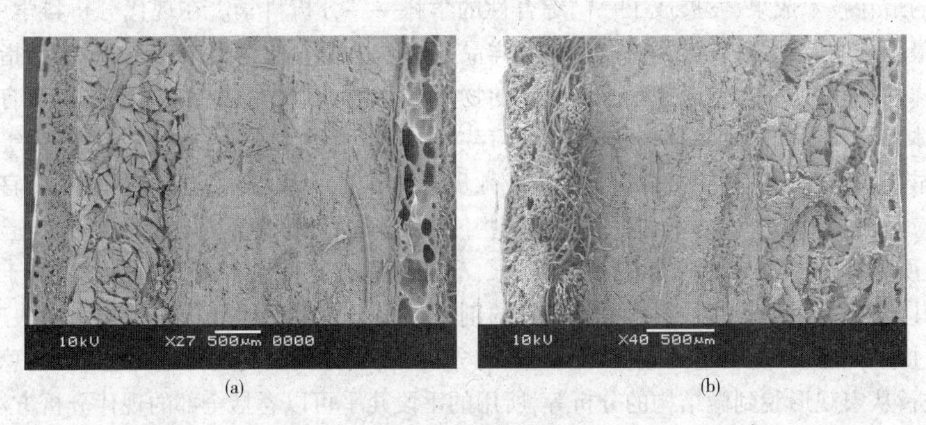

(a)　　(b)

图 9-19　复合皮革材料剖面 SEM 图

参考文献

[1]徐新宇,杨璐源.现代分析测试技术在印染行业的应用(三)——扫描电子显微镜原理及在纤维鉴别上的应用[J].印染,2007,33(5):39-45.

[2]蔡露阳,王建平.棉织物丝光程度测定方法[J].纺织标准与质量,2000(6):47-49.

第十章　现代分析测试技术在未知纺织材料剖析中的综合运用

第一节　未知物剖析的一般程序

一、未知物剖析的基本概念和特点

(一)未知物剖析的基本概念

随着科学技术的快速发展,一直处于分析技术顶端的未知物剖析早已脱离了单纯的分析化学学科的范围,其内含和外延已经走出纯化学领域而广泛吸收了现代物理、电子、生物和计算机学科中的最新技术成果,发展成了一门综合性的学科——分析科学。在现代分析科学中,其所面临的最困难的课题之一,就是对复杂体系样品的综合分析。所谓复杂体系,不仅是指样品组分的多样性,而且还可能包含完全不同体系的物质共存于一个样品中,如无机物质和有机物质共存一体,高分子、大分子和小分子化合物共存一体,甚至生命与非生命物质共存一体等。

在早期的未知物剖析中,常量、半微量或微量条件下的元素定性、定量分析和有机官能团的特征反应是最常用的分析技术和手段。但这些传统的分析手段不仅消耗样品量多,实验程序烦琐,而且所能提供的成分与结构信息非常有限,准确性和特异性也不高。如果不借助于丰富的经验和其他的辅证手段,往往很难得到满意的剖析结果。随着现代分析测试技术的快速发展,其分析过程可能包含从常量到微量乃至痕量的分析、从成分到结构与形态的分析、从总体到局部的分析、从宏观形貌到微结构的分析等,所用的手段几乎可以囊括全部的现代分析方法,而单纯的化学分析手段则更多地被用于样品的预处理、分离和纯化以及必要的信息辅证。

对复杂体系样品的综合分析通常包含两个主要过程:一是将复杂体系中的组分逐一进行分离(不同物质体系的分离和同一物质体系中不同组分的分离);二是对分离后的组分进行结构定性和定量分析。但在很多情况下,单靠这两个步骤并不能得到精准的分析结果,还得部分借助其他的物理或化学仪器分析方法加以佐证。未知物剖析在材料科学研究和精细化工、日用化学、助剂等众多产业领域的新产品开发和产品质量提升中都是一项非常重要的工作。对于新材料研究、跟踪行业最新成果和加快引进产品或技术的消化吸收、提高国产化率等都具有十分重要的战略意义。

(二)未知物剖析的特点

未知物剖析有如下几个主要特点。

(1)剖析样品复杂。被剖析样品往往是多体系共存,很难仅仅通过一种方法就能获得满意的剖析结果。而且,在共存体系中,不同组分之间的含量可能非常悬殊,再加上总的样品量也往往受到限制,会给不同组分的分离和最终的定性和定量带来困难。当然,还经常会遇到样品组分的稳定性和样品组分的分布不均匀的问题。

(2)多种分析方法综合运用。完成一个未知物的剖析可能会用到多种分析方法,如元素分析、结构分析、成分分析、无机分析、有机分析、光谱分析、色谱分析、质谱分析、核磁共振分析、热分析、X 射线衍射分析等。这对分析者提出了很高的要求,要对各种分析方法的功能和用途了如指掌,具备熟练运用这些方法以及对各种分析测试结果的综合分析能力。

(3)剖析过程复杂。未知物的剖析过程非常复杂,定性和定量分析完成后并不意味着整个剖析工作的结束。对剖析结果的准确性进行验证的最有效办法除了分离和后续的定性定量分析之外,还要根据剖析结果进行部分组分的验证合成或整体的复配,获得与被剖析样品的理化性能相一致的复制品。但这并不是每一次都能做到的,因为还涉及相关的合成技术与工艺。因此,绝大部分未知物的剖析无论是从技术难度还是工作程序上看都不亚于一个完整的科研项目的难度。

二、未知物剖析的基本程序和方法

(一)未知物剖析的思路和基本程序

由于剖析研究的对象、目的和侧重点各不相同,要以一个简单和通用的模式去满足所有剖析研究的需求显然是不现实的。通常情况下,未知物的剖析会沿着下述的思路和基本程序展开。

(1)对现有信息的了解。了解样品的来源、用途和使用说明,掌握尽可能多的有关样品本身的信息,如名称、牌号、物质类别、性状、成分和含量、存储和使用条件、生产企业及相关技术等。这些信息看似简单,但如果是一个有经验的剖析研究人员,往往可以结合经验,从中发现对下一步剖析研究非常有用的提示和信息。

(2)必要的信息和资料查询。根据上面所得到的初步信息,进一步查询该类产品的行业发展背景、产品分类、产品组成、产品用途和功效、产品应用原理、产品生产技术和工艺等相关信息,结合分析科学的技术手段和实践经验,确定下一步剖析研究的具体方案和步骤。

(3)必要时,对目视条件下可进行物理拆分的组合样品进行拆分或对不同体系的混合样品进行初步的分离,以形成单一单元的待剖析样品。这个单一单元的样品可以是固体(如塑料、橡胶、纤维、织物、金属、陶瓷等材质),也可以是液体(如液状、油状、膏状、蜡状)的未知成分。在拆分或分离过程中如果可以定量的,应尽可能进行定量。

(4)单一单元样品基本物理性质的观察和测定。对外观、形态、熔点、水分、含固量、酸碱性、离子类型、溶解性、耐酸碱性、耐温性、可燃性等与样品性状相适应的基本物理性质项目进行观察与测定。

(5)样品组分的分离和制备。运用各种技术手段,对单一单元的样品进行进一步的组分分离,以便后续的定性和定量分析能够顺利进行。事实上,由于部分分析测试技术对混合物和非均相组分无法给出准确的定性和定量分析结果,因此分离分析就成了整个未知物剖析研究中最重要的步骤和成败的关键。分离完成后,有时还要对分离出的组分进行进一步的纯化和制备,以满足后续分析测试对试样的基本要求。

(6)单组分的鉴别和分析。大量的现代分析测试技术在这个环节被使用,以获得单组分的化学结构属性和理化性能等能够表征被剖析样品组分的准确信息。事实上,随着现代分析测试技术的发展和联用技术的不断成熟,有一部分样品的分离分析和定性、定量分析已经可以在这个环节同步完成,无需繁杂的分离过程。但这大多涉及微量或痕量分析,如 GC-MS 和 LC-MS 分析。

(7)对某些非均相体系,微区分析和分布分析是必需的,所用的技术手段相对比较特殊,必须单独进行。

(8)合成或复配验证。部分未知物的剖析结果需要通过合成或复配来进行验证,这在大多数情况下是有需要的。

(二)单组分的定性和定量分析

未知待剖析样品经分离后所得单组分试样的元素和结构分析是整个剖析工作的重点。与之前主要依赖繁杂的化学方法不同,现在的未知物剖析实际上已经成了现代分析测试技术综合运用的大集成,并且早已跳出分析化学的范畴,剖析工作效率和准确性也大为提高。

1. 单组分样品的元素组成分析

经分离后所得单组分样品的元素组成分析分为无机元素分析和有机元素分析两个类别。

(1)无机元素分析。目前,在无机元素组成分析中,各种原子光谱技术占据了主导地位。自 20 世纪 50 年代原子吸收(AAS)和原子荧光光谱法(AFS)的出现,60 年代电感耦合等离子体发射光谱分析技术的发展(ICP-AES),70 年代激光共振电离光谱法(LRS)的面世,80 年代电感耦合等离子体质谱分析技术(ICP-MS)的崛起,使得多元素同时测定成为现实。再加上采用多种高能辐射源,激发原子的内层电子而产生的 X 射线荧光光谱(XFS),构成了目前无机元素分析的主要技术手段。分析的精度从初期 AAS 法的±20%,到后来 ICP-AES 法的±1%,检出的灵敏度也达到了 10^{-10}~10^{-12}g/g,比经典的重量法要高出 5~6 个数量级。在元素分析的基础上,还可以借助电子探针(EPA)、电子能谱、X 射线衍射(XRD)和电子显微镜分析等技术对无机材料的元素组成、价态、化合物组成、晶体和金相结构进行分析,得出未知样品中无机材料或组分定性和定量的准确信息。必要时,还可能需要采用化学方法对酸根离子进行定性和定量分析。

(2)有机元素分析。构成有机化合物的元素种类并不多,但测定并非易事。早期的有机元素分析曾经是有机化合物结构分析中非常重要的一个环节。但随着质谱分析技术的发展,直接给出相对分子质量和分子式已非难事,有机元素分析的重要性有所降低,但仍是验证有机化合物结构分析结果的重要手段之一。有机元素分析涉及的范围主要是 C、H、N、O 和杂原子,如卤素、S 和 P 等。现代元素分析仪已经可以实现对 C、H、N、O、S 的自动分析,其原理主要基于近代微量有机分析创始人、奥地利分析化学家弗雷茨·普雷格尔(Fritz Pregl)建立的测定 C、H 的 Pregl 法,即利用吸附剂吸收和重量法测定有机化合物充分燃烧后生成的 CO_2 和 H_2O,以及法国化学家杜马斯(Dumas)创立的燃烧定氮法,即通过燃烧和还原生成氮气并测量其体积来测定含氮化合物中氮元素的方法。

自动元素分析仪有两种类别:一种是通过色谱柱分离,由一个热导检测器测定载气中的三种成分的含量,所用的样品量在毫克数量级;另一种也是将有机化合物的样品充分燃烧后生成的 CO_2、H_2O 和 N_2 的混合气体,通过吸附法用三个热导检测器,依次用差量法检测载气中的这三种气体的含量,并折算出原样中 C、H、N 三种元素的含量,这种方法适用的样品量范围可以从 0.2~200mg,受样品性状的影响小,准确度高(<±0.2%)。

至于氧的测定要麻烦一些,需要把系统内全部空气和水分清除干净,通过燃烧和氧化,使样品中的O元素全部转化为CO_2和H_2O,用热导池测定,并折算O的含量。硫的测定可用燃烧法使之成为SO_2,再用红外检测器测定,而不能用热导池测定,以免造成检测器被腐蚀。有机化合物中的其他杂原子,如P和卤素的分析,目前主要还是采用氧瓶燃烧法或容量分析法。

(3)现代分析测试技术在元素分析中的应用。在进行未知物元素分析时,可根据实验室的条件和剖析要求灵活选择多种现代分析测试技术以达到快速、准确的目标。无机元素的定性分析一般可用XFS、ICP-AES、ICP-MS或EPA,定量分析采用AAS和ICP-AES;无机阴离子分析可用离子色谱、毛细管电泳或红外光谱;元素价态分析可用XPS(以X射线为激发源的光电子能谱法)和XRD;无机和部分有机化合物的晶体结构分析可用XRD;样品的表面分析和空间分布分析可用ESCA(化学分析中的电子能谱)中的XPS、SIMS(二次电子质谱)、AES和分子光谱中的ATR-IR(衰减全反射红外光谱)、IR-声光光谱、拉曼光谱中的SERS(表面增强光谱),特别适合与非均相体系的分析;有机元素分析中的C、H、N、O可采用有机元素分析仪分析,杂原子分析可用无机分析的原子光谱法。

2. 有机未知物的结构分析

在日常的剖析工作中,面对最多、需求最大、难度最高的是主成分为有机物的未知物剖析,包括各种精细化工产品、聚合物和化学制剂的剖析等。在有机化合物的世界里,仅仅只有C、H、N、O、S、P和卤素等少数几种元素就构成了数以百万计的化学物质。虽然层出不穷的现代仪器分析手段可以为未知物的剖析提供各个侧面的结构与成分的有用信息。但到目前为止,在有机化合物的结构分析中使用最普遍和最有效的方法仍然是“四大谱”分析技术,即紫外—可见光谱(UV/VIS)、红外光谱(IR)、有机质谱(MS)和核磁共振波谱(NMR)分析技术。随着技术和仪器的普及,人们对“四大谱”的认知程度和实际应用能力已经达到了相当高的水准。

(1)紫外—可见光谱分析。紫外—可见光谱可以反映分子中阶电子跃迁的特征,主要适用于分子中含共轭π键体系的分子结构测定,特别是芳环、杂环和稠环化合物的分析,但其仅能提供化合物骨架结构的信息,在结构分析中的特异性和精确度并不理想。哪怕是两个样品拥有完全相同的紫外—可见光谱,也不意味着其具有完全相同的化学结构,还需依赖其他谱学方法进行进一步确认。不过,由于紫外—可见光谱法的灵敏度高(可达10^{-6}~10^{-9}g/mL),在确定结构的前提下,用于定量和结构类别的鉴别仍是一个有效的工具。例如:样品组分在220~800nm区间无吸收,表明该组分应为脂肪烃及其卤代物、醇、酸、酯、醚等的衍生物;如在220~250nm有强吸收($\varepsilon>1000$),表明该组分结构中存在两个共轭双键,如共轭二烯、α、β不饱和醛、酮等;如在250~300nm显示中等强度的吸收,表明该组分分子结构中存在单苯环及其衍生物;如在250~350nm有低吸收峰($\varepsilon<500$),表明分子中可能存在$\pi-\pi$体系,如羰基C═O等;如在300nm以上有强吸收,表明该组分存在大的共轭体系,如稠环芳烃及其衍生物。

(2)红外光谱分析。红外光谱是剖析研究中运用最广泛的结构分析手段。红外光谱可以反映一种物质的整体分子结构信息,特别是其中某些波段的吸收峰组合具有“指纹”的特性,信息量非常丰富。但由于红外光谱学的基础理论尚不完善,对出现在光谱上的每个峰(特征峰除外)的解释尚有一定的困难,欲借助红外光谱对被分析物的细微结构进行准确推测还是一件比较困难的事。因此,在红外光谱解析中,丰富的经验和标准光谱往往是必备的条件。红外光谱分析对样品的纯度要求比较高,如果是多种组分的混合物,所得到的红外光谱将是各种组分特征吸收的"大杂烩"。但在未知物剖析的分离步骤之前对单一单元的样品进行一次红外光谱的扫描还是很有必要的,因为可以从中获得待剖析样品主成分的大致结构和类别的信息,并可据此设计和确定科学合理的分离、分析步骤及技术条件。然后,在每一步的分离和分析过程中,跟踪各组分的去向、分离后各组分纯度的判定、组分结构的推测等,都需要红外光谱分析的支撑。不过,如果在混合样品中某组分的含量低于10%,则在混合样品的红外光谱中难以获取该组分的信息。通常情况下,纯度达到90%以上,即可满足红外光谱分析的要求。

(3)有机质谱分析。有机质谱分析是结构分析中唯一能给出化合物相对分子质量和分子式的分析方法,对质谱图的理论解释和结构推测的预见性均大大高于红外光谱。质谱分析的运用成功与否,与其电离技术的灵活运用密切相关。因为不同的电离方式和电离能量会对物质分子的分子离子和碎片离子的形成方式、规律和程度产生重大影响。事实上,质谱图的解析是非常困难的,计算机质谱标准谱库的建设和应用为科学家们的研究提供了极大的方便。但目前绝大部分质谱仪配备的标准谱库的数据来源比较单一,都是采用电子轰击电离源所得的质谱,不仅对于不同仪器和实验条件下测得的质谱图重现性较差,对同系物和同分异构体难以区别,对杂质的干扰难以识别,对于一些需要采用软电离方式的质谱分析也无法提供技术支持。但最关键的,质谱分析技术的局限还在于其对化合物分子的空间结构和各种基团的链接方式的判断比较困难。因此,质谱分析往往需要与其他光谱分析技术结合,才能给出可靠的结论。

(4)核磁共振波谱分析。相对而言,核磁共振波谱分析技术在有机化合物的结构分析中,其给出的结构信息的准确性、对谱图解释的理论性和对未知结构推测的预见性,在各种谱学方法中都是非常理想的。在一张已知结构的NMR谱图上,结构中的每个基团和结构单元都能找到其确切对应的特征吸收峰,即都可以找到准确的理论依据和归属。反过来讲,从一个结构未知的NMR谱图中,也可以获得相关基团的信息并据此推测可能的结构。不过,如果要测定稍微复杂一点的未知物结构,单靠核磁共振波谱分析往往是不够的,需要与其他方法,如红外、紫外—可见、质谱、元素分析等配合。一般的分工是:用元素分析测定化合物的组成,确定示性式;用质谱法测定相对分子质量,从而确定化学式;再用紫外、红外、NMR确定可能的基团和骨架;最后综合运用质谱、核磁共振、红外光谱以及其他化学方法提出可能的结构并加以确证。在确定基团方面,红外和核磁共振各有所长,可以相互印证。但所有这一切的前提是:在进行UV/VIS、IR、MS或NMR分析之前,必须确保试样是经过分离纯化的单一组分,否则很难给出准确的结果。另外,核磁共振分析还有个局限,就是所有需分析的样品都必须是可以溶解在适合于核磁共振分析的特殊溶剂里,且需足够的样品量(mg级)。

(5)各种联用技术的运用。作为现代分析科学的两个重要分支,分离分析和结构分析都存在各自的"短板"。在传统的分离分析方法中,分离条件的选择和实验操作是一个繁杂的过程,不仅效率低,而且分离分析的效果也未必理想。采用现代的色谱分析技术,可以大幅提高分离分析的效率和效能,但却无法收集获取经分离的组分,并满足后续以波谱分析为主的结构分析方法对试样量的要求。现代波谱分析技术可以给出物质分子丰富的结构信息,但对混合物缺乏很好的分辨能力。因此,如果能把现代色谱分析技术和现代波谱分析技术结合起来,就能取长补短,提高分析方法的灵敏度和准确度,获得两种方法单独使用时所不具备的功能。近几十年来,科学家们一直致力于各种分析技术联用技术的开发和研究,其中最成功的是气相色谱—质谱(GC-MS)联用技术和气相色谱—傅立叶变换红外光谱联用技术(GC-FTIR)。在GC-MS联用技术中,采用四级杆质量分析器技术使得质谱仪的小型化成为可能,并且将小型化的质谱仪作为检测器与气相色谱联用,使得分离分析对结构分析的支撑作用放大到了极致,实现了色谱分析技术效益的最大化。而 GC-FTIR 的联用,使得有机混合物的剖析在很大程度上可以避免繁杂的分离分析过程,直接获得混合物中各组分的结构基团信息和物质整体结构的概貌。高效液相色谱—质谱(HPLC-MS)联用技术的发展和普及,使得因 GC 方法的适用性问题而造成的一些限制都基本得以解决。GC-MS 加 HPLC-MS,几乎可以涵盖所有有机物质的分离分析和结构分析的主要过程。

第二节 纺织及相关材料剖析的特点和要求

事实上,并非所有的未知物剖析都是要求"一竿子到底"的。在纺织及相关材料的未知物剖析中,有很多看似是"剖析"的需求,实质上只是进行"验证",也就是鉴别,这两者之间存在本质上的差异。所谓"剖析",就是要对一完全未知的样品进行全方位的"解析",弄清其组成及各组分的化学成分、内在结构、含量以及相关的理化性能;而"验证"只是要求确认未知样品是否是某种已知的物质,只要回答"是"还是"不是"即可。虽然有时被要求鉴别的样品也是一个共存体系,并不能通过简单的方法就加以确认,但在大多数情况下,被要求鉴别的通常是主体成分而不是包括添加剂、内在结构、含量等在内的全分析结果。因此,鉴别分析的过程就可以简化许多。

在日常的纺织及相关材料的未知物剖析中,主要涉及以下几个方面的样品及剖析需求。

(1)未知纤维材料的剖析。由于迄今为止所有投入大规模应用的纺织纤维材料基本上都是已知的,其化学组成、超分子结构、纤维的理化性能都可以借助专利申请资料和命名标准化过程中的信息披露等渠道获取,标准品的获得也不存在太大的障碍。因此,所谓未知纤维材料的剖析只是一个相对比较简单的分析鉴别过程,但所用的技术手段却并非想象中的那么简单。

(2)纺织产品的剖析。主要是未知纺织面料的剖析,包括纤维材料鉴别、纱线的结构和规格分析、织物的组织结构和密度分析、涂层材料剖析,甚至所用染料、助剂及整理剂的剖析等。

(3)染料、助剂和整理剂的剖析。大部分染料、助剂和整理剂都是复配产品,组成复杂,其中有不少组分还是反应性的。对经使用后存在(或残留)在纺织产品上的染化料助剂的剖析难度很大,不仅是由于含量(残留量)低,还可能由于其中的部分组分与纤维或其他组分之间发生化学反应而变得"面目全非",难以通过适当的方法让其还原本来的面目。因此,针对染化料助剂的剖析,通常都要针对未使用的原样进行。不过,纺织印染行业只是染料、助剂和整理剂的下游用户,除了应用效果,其对染料、助剂和整理剂的类别、化学组成和性质、新产品开发和应用以及质量提升等方面的情况了解不多。因此,对染料、助剂和整理剂的研发重心还是在上游的化工行业,针对染化料助剂的剖析需求也大多来自化工行业。

(4)橡胶、塑料辅料或零部件的剖析。纺织产品上经常会使用一些橡胶或塑料的辅料,而纺织机械或纺织器械上使用塑料或橡胶的零部件更多。作为材料类别中的两个大类,橡胶与塑料的研究和产品的生产加工都可以自成一套体系,未知橡胶和塑料制品的剖析也是一样。由于橡胶或塑料制品的内在超分子结构对其理化和使用性能影响巨大,因此,除了对其组成、化学成分与结构等进行分析之外，针对橡胶、塑料制品的剖析往往还涉及对其基本的物理和使用性能的分析研究。虽然同为聚合物材料，但橡胶或塑料样品的剖析要远比纤维材料的剖析复杂得多。其中功能性添加剂和加工助剂的大量使用是造成其剖析过程复杂程度上升的主要原因。

(5)金属辅料或零部件的剖析。金属辅料在纺织产品上的使用也不鲜见，但与橡胶、塑料不同，金属材料与纺织品直接组合成复合纺织材料的情况很少。除了目前极少量的采用金属导电纤维制成的交织物和金属镀层织物，金属材料在纺织产品上的使用大多是以单独的金属辅料出现的，如拉链、搭扣、纽扣等，这些材料的剖析相对比较容易，且实际的剖析需求也不多。

第三节　现代分析测试技术在纺织及相关材料剖析中的综合运用

一、纤维材料的剖析

在现代分析测试技术中，被经常用来进行纤维材料类别快速鉴别的是红外光谱分析技术，它具有方便快速、特征明显、信息量多的特点，在不同纤维类别之间具有非常强的辨识能力。采用傅立叶变换红外光谱的衰减全反射扫描技术(FTIR-ATR)甚至可以在不破坏样品的情况下迅速得到纤维类别的分析结果。不仅如此，哪怕是同类纤维，只要在化学结构上存在明显的差异，红外光谱也能在“指纹区”显示出其细微的差别。如尼龙6和尼龙66的红外光谱在1480cm^{-1}至1400cm^{-1}(6.8~7.1μm)区间的几个小峰明显显示出它们的差异(图10-1、图10-2)。

在化学纤维已经取代天然纤维成为纺织产品最主要的纤维材料来源的今天，由于化学纤维的外观与聚合物的性质、喷丝板的喷丝孔形状及成型和拉伸工艺有关，因此，欲简单地通过观察纤维外观来对纤维进行鉴别的方法已经不再具有普遍的适用意义。在这种情况下，红外光谱分析法可以发挥其独特的优势。

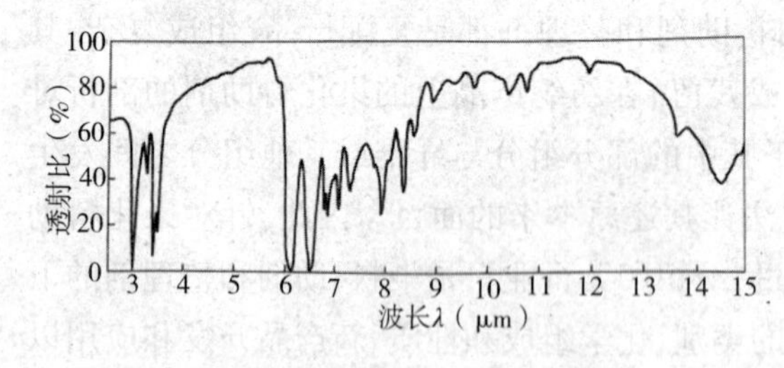

图10-1　尼龙6的IR谱图

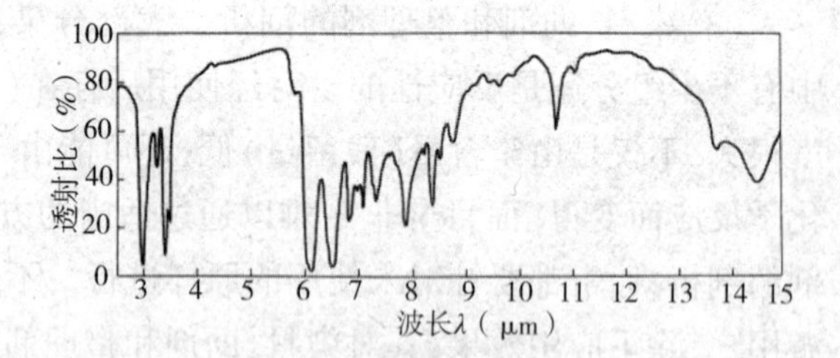

图10-2　尼龙66的IR谱图

(一)纤维素纤维的鉴别

红外光谱法应用于纤维鉴别时存在致命的弱点，即它对化学结构相同或非常类似的不同纤维缺乏足够的辨识能力。比如天然纤维素纤维(如棉、麻等)和再生纤维素纤维(如黏胶纤维、莫代尔纤维、竹浆纤维等)及新型溶剂法纤维素纤维(如莱赛尔纤维)，虽然分属天然纤维和化

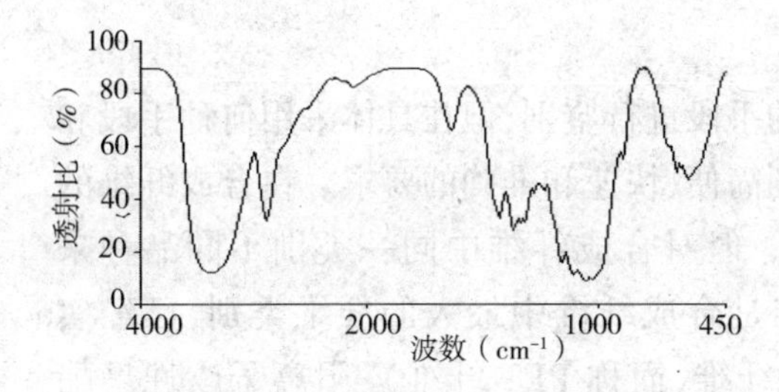

图 10-3　典型的纤维素纤维(棉纤维)IR 谱图

学纤维,而且纤维的物理形态和超分子结构也存在显著的差异,但由于它们的化学成分都是纤维素,所以在红外光谱上根本无法对它们加以区分,甚至都无法观察到其红外吸收的精细结构(图 10-3)。如果再加上有机棉、天然彩色棉、竹原纤维等新概念纤维的引入,在这种情况下,可以采用红外光谱法(先确定是否属于纤维素纤维)+光学投影显微镜法(鉴别天然纤维素纤维)+力学性能测试(表 10-1)的综合分析法进行分析,因为不同的纤维素纤维的力学性能之间存在显著的差异。这几种方法的综合运用可以获得准确的纤维鉴别结果。

对于有机棉,其本质上与天然棉纤维没有什么差异,只是其种植过程必须符合有机棉种植的严苛条件,即种植有机棉的土地要求 3 年内没有使用过任何人工合成的化学品。显然,有机棉必须通过种植过程的认证而非检测就能加以确认的。对于天然彩色棉,其在外观形态上与普通棉花也无明显差异,仅靠观察纤维原料是否带有颜色来进行鉴别显然是不科学的。有研究结果表明,天然彩色棉中氨基酸的含量大大高于常规棉花,因此,可以通过测定纤维样品中 N 的含量来鉴别天然彩色棉。天然彩色棉的 N 元素含量一般大于 0.3%,而常规棉的 N 元素含量一般小于 0.1%。对于采用含 N 元素的染料染色的产品,由于纤维上染料的相对含量很低,远不足以影响 N 元素的含量。因此,采用测定 N 元素含量的办法也不失为一种鉴别天然彩色棉的有效方法。

表 10-1　部分纤维素纤维与其他纤维的性能比较

性能指标	莱赛尔纤维	黏胶纤维	莫代尔纤维	竹浆纤维	棉纤维	棉型涤纶
线密度(dtex)	1.7	1.7	1.7	1.5~1.7	1.65~1.95	1.7
干强(cN/tex)	40~42	22~26	34~36	25~30	20~24	40~52
湿强(cN/tex)	34~38	10~15	19~21	12~17	26~30	40~52
伸长(干)(%)	14~16	20~25	13~15	17~22	7~9	44~45
伸长(湿)(%)	16~18	25~30	13~15	20~25	12~14	44~45
回潮率(%)	11.5	13	12.5	13	8	0.5

注　表中棉型涤纶的相关数据系作为对照参考。

(二)动物纤维的鉴别

在动物纤维的鉴别中,红外光谱同样存在明显的"短板"。各种动物纤维虽然在外观上存在明显差异,但由于都是蛋白质结构,红外光谱仅能给出动物蛋白质纤维大类的鉴定结果,其具体的品种仍需借助光学显微观察甚至电子显微成像技术,通过对外观结构的仔细分析而加以确认。动物蛋白纤维的鉴别目前在技术手段上并无大的障碍,但测试人员的经验与测试结果的准确性有很大的关联。随着电子显微成像技术的发展和扫描电子显微镜的普及,以前有些在光学显微观察中难以观察或难以把握的技术难点,也变得相对容易了。

(三)合成纤维的鉴别

合成纤维的聚合物结构属性主要采用仪器分析的手段进行鉴别,但在具体采用何种手段和技术上,则需根据聚合物的性质而灵活运用,以期达到简便、快速和准确的要求。在合成纤维的大类鉴别中,红外光谱法是最快捷、准确的分析手段。但对合成纤维中同一类别不同品种来说,红外光谱法有时也会面临"窘境"。如聚酯纤维是合成纤维中最大的纤维类别,已经实现产业化的品种包括涤纶(聚对苯二甲酸乙二醇酯纤维,简称 PET 纤维)、阳离子改性聚酯纤维(CDP 纤维和 ECDP 纤维)、聚对苯二甲酸丁二醇酯纤维(PBT 弹性纤维)和聚对苯二甲酸丙二醇酯纤维(PTT 弹性纤维)。从理论上讲,采用不同单体缩合或加入其他单体进行改性的聚酯纤维,在其红外光谱的指纹区应该存在明显的差异,因此,可以采用红外光谱分析技术鉴别聚酯纤维的不同品种。但在实际操作中,由于红外光谱法本身的局限再加上仪器的灵敏度和分辨率、样品的制备技术、单体的含量多少和分析人员的经验等因素的影响,采用红外光谱分析技术鉴别不同聚酯纤维品种时,除了可以明确确认是聚酯纤维之外,往往难以得出确切的结论(图 10-4),尤其是在某些单体的含量较低或混纺产品中聚酯纤维的含量较低时更是如此。

因此,在运用红外光谱法确认聚酯纤维的前提下,可以借助裂解色谱技术,通过裂解气相色谱-质谱(PGC-MS)分析,将不同聚酯纤维中的不同单体从聚合物中裂解出来,然后加以确认,从而准确、有效地鉴别不同的聚酯纤维品种,并进行定量分析。必要时,还可以辅以核磁共振分析技术(NMR)进行佐证。此外,也可以根据不同聚酯纤维的热性能间的差异借助热分析中的 DTA/DSC 分析技术加以鉴别(表 10-2)。在实践中,由于不同仪器设备的普及程度不同,上述不同技术手段的优选程度可以根据实验室仪器设备的配备情况而定,方法的可靠性都很高。

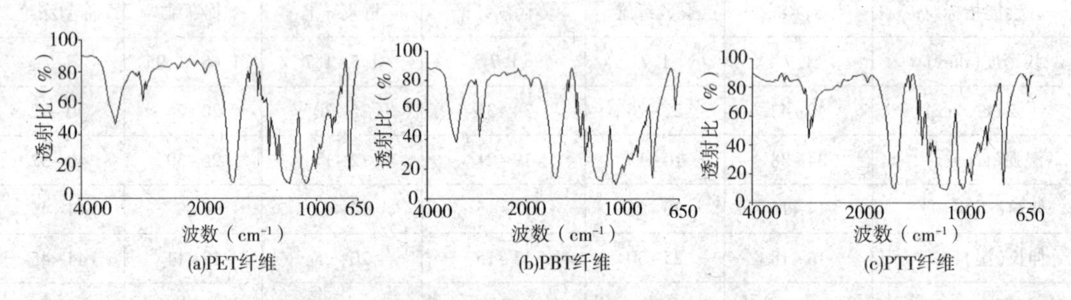

图 10-4 聚酯纤维的 IR 谱图

表 10-2 部分合成纤维的热性能参数

纤维	PET	PTT	PBT	PP	尼龙 6	尼龙 66
熔点 T_m	265	228	225	168	220	265
玻璃化温度 T_g	80	45~65	22~43	-17~-4	40~87	50~90

除了聚酯纤维,在合成纤维中,市场上的牛奶纤维也有两个品种,但其主体化学结构存在很大的差异。其中一种是牛奶蛋白改性腈纶,另一种是牛奶蛋白改性维纶。因此,采用傅立叶变换红外光谱分析可以准确鉴别这两种纤维,其中牛奶蛋白改性腈纶呈现明显的腈纶特征吸收和

微弱的氨基酸特征吸收,而牛奶蛋白改性维纶则呈现明显的维纶特征吸收和微弱的氨基酸特征吸收。但考虑到制样技术、仪器的精度以及读谱者的经验,当纤维中牛奶酪蛋白含量较低时,这种鉴别方法往往是不可靠的。如果能在 FTIR 的基础上,辅以水解和牛奶酪蛋白鉴别技术,可以获得确切的结论和定量分析结果。

甲壳素纤维具有明显的红外光谱吸收特征,可以方便地运用红外光谱分析技术进行鉴别(图 10-5)。而聚乳酸纤维虽也为聚酯纤维,但与常见聚酯纤维高分子链的二元,甚至多元共聚结构完全不同,为单元均聚结构,其红外光谱吸收特征也相当明显(图 10-6)。另外,聚乳酸纤维的熔点约为 170℃,与其他合成纤维明显不同,所以熔点法加 FTIR 法可以很容易地鉴别聚乳酸纤维。

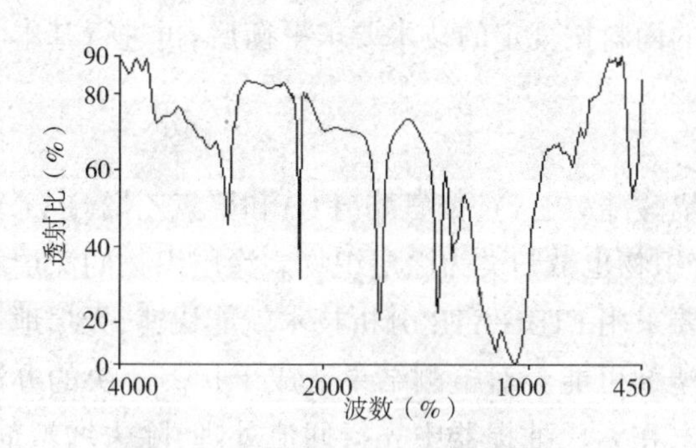

图 10-5　甲壳素纤维的 IR 谱图

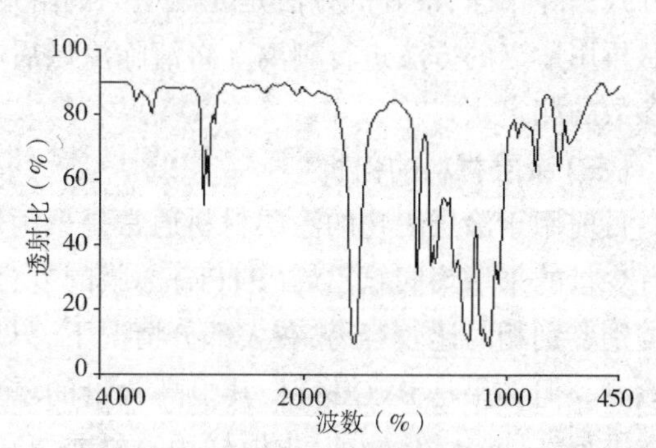

图 10-6　聚乳酸纤维的 IR 谱图

在实践中,合成纤维一般都可采用红外光谱分析技术进行有效鉴别。在个别特殊的情况下,PGC-MS、热分析(DSC 或 TG)和 NMR(氢谱或碳谱)技术可以作为有效的补充手段而有选择地加以运用。至于大部分以共混纺丝方法制得的功能性纤维,常规的分析技术并不能进行有效鉴别,而只能从功能性测试的角度进行测定,或在定性分析的基础上,对其中的功能性添加剂进行定量分析。

除了纤维类别和品种的鉴别之外,针对纤维样品的剖析有时还会涉及纤维聚合物的超分子结构及相关性能的分析测试需求。在确保纤维样品未经任何额外处理,且样品的形态和数量能够满足相关测试要求的前提下,可以运用 X 射线衍射分析技术、热分析技术等,对纤维材料的晶格、晶粒大小、结晶度、取向度、结晶行为、热性能(热收缩、熔融、热稳定性等)、可纺性等进行分析测试,以形成完整的剖析结果。

有一点需要提醒的是,在采用红外光谱法对纤维样品进行鉴别时,应当预先用有机溶剂将纤维上可能存在的油剂萃取干净,以免干扰分析结果。

二、纺织品的剖析

纺织品的剖析通常是针对面料进行的。除了上面已经介绍过的最基本的纤维材料鉴别和定量,还会涉及纱线规格、织物结构与经纬密度等基本物理参数的测定。难度再高一点,如果面料有涂层,还要进行涂层材料的定性分析。最难的是面料样品上的染料和整理剂的剖析。

(一)混纺比的测定

目前混纺织物的纤维成分定量分析一般都是采用化学方法进行的,有双组分、三组分甚至多组分的测定方法,并且大多已经标准化。对于有涂层或涂料印花的样品,必须采用适当的方式先将涂层或涂料印花去除干净后再进行纤维成分的测定。近年来,有研究采用近红外光谱技术测定纤维混纺比的成果面世,但由于必须建立复杂的数学模型和庞大的数据库,基础工作尚不扎实,且不同实验室之间的通用性不强,推进的速度较慢。

(二)织物物理结构的分析测试

测定织物样品的基本物理参数并不困难,且测试方法大多已标准化。如果是涂层织物,也必须确保涂层被清除干净后才能进行测试。织物表面的涂层往往很难通过简单的手工机械剥离方式去除干净,最好的方法是先用适当的溶剂萃取或浸泡样品后使涂层材料被洗脱或发生溶胀后再用适当的方法进行剥离。将清除涂层后的面料按规定的技术要求平衡后,再进行基本物理参数的测定。

(三)涂层材料的剖析

目前用于涂层织物的涂层材料通常是聚丙烯酸酯(PEA)、聚氨酯(PU)和聚氯乙烯(PVC),也有少量的采用聚四氟乙烯(PTFE)薄膜的复合织物也被归类为涂层织物。涂层织物的涂层材料类别鉴别相对比较容易,在大部分情况下,只要采用 FTIR-ATR 分析技术就能快速、无损地进行检测。但如果是 PVC 材料,其中高含量的增塑剂可能会对检测结果造成干扰。解决的办法是在进行红外光谱检测前,先取样用乙醚或氯仿,在索氏抽提器中先行回流处理,除去增塑剂,然后再做红外光谱分析,就能给出准确的鉴定结果。

作为涂层材料,PU、PVC 和 PTFE 通常都是以均聚物形式使用的,除了可能含有少量的添加剂和填料,并无其他聚合物作为主体材料一起使用,因此剖析难度不高。但如果是 PEA 涂层,情况就会变得比较复杂,因为 PEA 是以各种丙烯酸酯单体为主的一类聚合物的统称。用于纺织加工的 PEA 一般都是共聚物,且共聚单体并不局限于丙烯酸酯本身,还可以是苯乙烯、丙烯酰胺等。普遍应用于黏合剂、印花色浆、整理剂或涂层剂中。此外,其单体还被分为“软单体”和“硬单体”。丙烯酸乙酯和丙烯酸丁酯通常被称为“软单体”,而丙烯酸甲酯和丙烯腈则被称为“硬单体”。PEA 聚合物分子链中“软单体”和“硬单体”的配比与其最终产品的手感、色牢度和耐久性等性能密切相关。单纯采用红外光谱分析技术无法对不同 PEA 的组成和配比给出确切的分析结果,快速有效的方法是采用 PGC-MS 分析技术,将未知的 PEA 裂解后,经色谱分离和质谱检测器检测,可同时获得其组成和配比的信息。但由于部分 PEA 涂层可能含有着色剂或无机填料,如钛白粉等,做 PY-GC-MS 分析可能会对仪器造成污染。因此,也可以先用化学方法将 PEA 样品水解,经处理后再做后续的色谱分离分析。如果是单纯采用化学方法,虽然也可以获得良好的分析结果,但实验过程非常繁杂,且系统误差会比较大。在 PEA 涂层中,添加剂的使用不会太多,分离分析也比较方便。相对而言,涂层织物涂层量的定量测定较简单,但往往因为涂层与织物难以彻底分离而很难达到一定的精度。

(四)染化料助剂的剖析

直接针对织物样品上的染料、整理剂或助剂残留的剖析有相当的难度,因其在织物上留存的量太少所致。此外,有部分的染料或整理剂在对织物进行染色或整理时会与纤维材料发生化学反应,从而难以取到处于原始性状的染料或整理剂试样。因此,除非万不得已,应尽可能直接从未经使用的染料、整理剂或助剂中取样进行剖析。如果必须直接从织物上取样,试样的采集和富集是整个剖析工作成败的关键。通常,应先根据纤维材料的属性及其所适用的染料类别和已知的后整理性质,选择合适的剥色或萃取条件来进行剥色或萃取,并可借助超声波浴来提高效率。然后,采用层析原理进行组分分离和富集,方法可以是薄层层析、柱层析或是使用固体 KBr 晶粒压制成一个小三角疏松晶片,利用毛细管效应进行微量染料或整理剂组分的富集。最后,选择合适的技术手段进行后续的定性和定量分析。这其中,经常会根据每一步的分析结果随时对具体的技术路线和技术条件进行调整。特别需要注意的是:在未知物的剖析过程中,每一步的分离过程一般都会伴随组分定量的过程。为确保定量分析的准确性和可靠性,每一步分离前后,都有一些与定量操作有关的步骤需要考虑和实施,包括反复的干燥、平衡、称量等。

(五)纺织品剖析实例——卷烟带的剖析

以比较简单的织带样品(卷烟带)作为剖析实例。

1. 样品的基本信息

某卷烟厂进口的高速卷烟机须配套使用高速卷烟带。该卷烟带的性能要求包括强力高、伸长小、尺寸稳定性好、表面光洁、耐磨、耐高温、保形性好。之前,国产低速卷烟机配套使用的国产卷烟带用棉纤维制成,尺寸稳定性和耐磨性差,也未经特殊处理,使用中容易松弛并断裂,造成高损耗。而进口高速卷烟机的产量可达每分钟数千至上万支,对卷烟带的性能要求特别高。使用中一旦发生卷烟带松弛或断裂,损失巨大。由于进口高速卷烟机配套的卷烟带同样需要进口,价格昂贵,进口企业希望能通过剖析和研制,实现国产化。该案例中,企业提供的进口卷烟带样品有两种:一种是用于卷烟速度在 3000 支/min 以下的卷烟机配套使用的本白色卷烟带 A;另一种是用于卷烟速度在 3000 支/min 以上的高速卷烟机使用的黄色卷烟带 B。经仔细观察,这两种卷烟带均经过涂层(透明)及轧光处理。

2. 表面涂层的剥离

根据经验,结合样品的外观,这两个样品的涂层应该是经溶液浸渍、烘干和轧光等处理工序涂布上去的,表面形成连续的透明膜,应该不含填充剂。因此,考虑先用极性和非极性溶剂(乙醇和正己烷)分别进行溶解试验。试验表明,这两个样品的表面涂层均可完全溶解在加热的乙醇中,待乙醇蒸发后,可以形成连续透明的膜,有一定的强度。在初步试验的基础上,定量剪取一定长度的样品 A 和 B,分别调湿平衡后称量,置于索氏抽提器中用乙醇回流萃取。回流萃取中未见黄色的 B 样品有任何着色剂被萃取下来。回流 4~5 次后取下圆底烧瓶,将回流收集液中的乙醇蒸发至干,称量计算涂层占整个样品质量的百分比。

3. 纤维材料和涂层的定性和定量

将已经除去涂层的试样 A 和 B 进行拆解,发现试样 A 的经纬纱是由两种不同的纱线组成的,其中经纱为短纤纱,纬纱为有光泽的化纤长丝束。B 样品在剪取时就发现使用常规剪刀难以剪断,遂怀疑其纤维材料为特种芳香族聚酰胺纤维,特别是其带有特征性的黄色。拆解后发现 B 样品的经纬纱都是黄色的短纤纱,除了纱支略有差异,其他无显著差别。经红外光谱分析,A 样品的经纬纱纤维材料分别为单唛纺的纤维素纤维短纤纱和尼龙 66 长丝束,然后用光学投影显微镜确认,A 样品的经纱材质为苎麻纤维。同时,红外光谱也确认,B 样品的经纬纱材料均为芳纶 1414(聚对苯二甲酰苯二胺),与美国杜邦公司的 Kevlar(凯夫拉)纤维为同一种纤维。Kcvlar 是一种高科技合成纤维,具有超高强度、高模量和耐高温、耐酸耐碱、重量轻等优良性能,其强度是钢丝的 5~6 倍,模量为钢丝或玻璃纤维的 2~3 倍,而重量仅为钢丝的 1/5 左右,在 560℃的温度下,不分解,不融化。它具有良好的绝缘性和抗老化性能,具有很长的生命周期。最后,根据对这两个样品涂层材料的红外光谱分析结果,结合其溶解性能和市场上的相关产品信息,并与已知标准样品的红外光谱图比对,确认其为醇溶性尼龙,其化学组成为尼龙 6∶尼龙 66∶PACM6(40%∶40%∶20%)的共混物。其中的 PACM6 系由 4,4′二氨基二环己基甲烷(PACM)与已二酸(ADA)为初始原料,通过水相高温高压熔融缩聚的方法合成的新型高透明性尼龙。尼龙 PACM6 是一种结晶性聚合物,具有很好的热稳定性。至此,这两个卷烟带样品的剖析基本完成。有关织带本身相关物理参数的测试分析本书不再赘述。

三、染料的剖析

(一)染料的分离纯化与类别鉴定

1. 染料的分离与纯化

如果剖析的样品是商品化的染料,其通常是以染料为主体再配以部分助剂混合加工而成的粉状或液状(膏状)物。染料与助剂的分离和纯化可以采用将染料溶解—重结晶反复处理多次的方法。如果染料样品是多种染料复配的,则还需借助色谱技术(薄层色谱或柱层析)进行分离和纯化。至于其中的助剂,绝大部分为表面活性剂,其分析方法下面会具体介绍。如果被剖析的样品是染色的纤维或纺织成品,则必须先将染料从样品上剥离下来。除了活性染料,各种染料皆可用某种合适的溶剂从纤维上剥离下来,常用的溶剂有二甲基甲酰胺(DMF)、二甲基亚砜(DMSO)、氯苯、吡啶等。不过,由于剥色溶剂的沸点都比较高,蒸发时应采用减压蒸馏的办法以避免高温对染料的破坏。如果有必要,还可以再用色谱法进行纯化。

2. 染料类别的化学法鉴别

由于染料的品种繁多,在采用现代分析测试技术进行最后的结构分析之前,采用化学方法对染料的类别进行鉴别是很有必要的。表 10-3~表 10-5 分别给出了三种染料化学鉴定分类法。

表 10-3 水溶性染料的保险粉还原再氧化法分类

<table>
<tr><th colspan="2">染料化学类别</th><th>中性保险粉</th><th>碱性保险粉</th><th>空气</th><th>酸性过硫酸盐</th><th>特殊试验</th></tr>
<tr><td colspan="2">硝基</td><td>D</td><td>D</td><td>CNR</td><td>CNR</td><td></td></tr>
<tr><td colspan="2">亚硝基</td><td>D</td><td>D</td><td>CNR</td><td>CNR</td><td>检定 Fe^{3+}</td></tr>
<tr><td colspan="2">偶氮</td><td>D</td><td>D</td><td>CNR</td><td>CNR</td><td>检定 Cr^{3+} 和 Cu^{2+},苯萃取,颜色反应</td></tr>
<tr><td colspan="2">噻唑</td><td>ND/PD</td><td>ND/PD</td><td></td><td></td><td>试 Primuline 和 Thioflavine</td></tr>
<tr><td colspan="2">二苯甲烷</td><td>ND/微变</td><td>ND/微变</td><td></td><td>CR</td><td></td></tr>
<tr><td rowspan="2">三苯甲烷</td><td>胺</td><td>PD</td><td>D</td><td>CR/有时</td><td>CR</td><td rowspan="2">DZn 酸性三苯甲烷染料能被中性保险粉褪色;碱性保险粉还原褪色后可用酸性过硫酸盐复原</td></tr>
<tr><td>酚</td><td>PD</td><td>D</td><td>CR/有时</td><td>CR</td></tr>
</table>

续表

染料化学类别		中性保险粉	碱性保险粉	空气	酸性过硫酸盐	特殊试验
氧蒽	焦宁类	PD	D	CR/有时	CR	
	酞类	ND/PD	D	CR	CR	DZn 酸性过硫酸盐的醚萃取液带色是酸性染料
氮蒽		ND	黄沉淀			
二氮蒽		黄	褪色	CR	CR	
氧蒽		D	D	CR	CR/变棕	
双氧氮蒽		D	D	CR	CR	用 CrF_3 水溶液能沉淀氧氮蒽和硫氮蒽类碱性媒染染料
硫氮蒽		D	D	CR	CR/变色	
蒽醌	酸性	ND/变色	ND/变色	CR	CR	
	水溶性分散	ND/变色	ND/变色			
	可溶性还原	ND/变色	ND/变色	色沉淀	色沉淀	
酞菁	磺酸	紫	紫	CR	绿	
	碱性	蓝绿沉淀	蓝绿沉淀			
靛族	酸性	黄溶液	黄溶液	CR	CR	
	可溶性	黄溶液	黄溶液	色沉淀	色沉淀	
菁族		ND	D	CR	CR	DZn
喹啉黄		ND	ND 黄沉淀			

注　表中缩略语含义：D—褪色；CR—褪色能复原；CNR—褪色不能复原；PD—部分褪色；ND—不褪色；DZn—锌粉—乙酸煮沸褪色。

表 10-4　不溶性染料的还原—氧化法分类

染料类别		碱性保险粉	加酸性过硫酸盐到碱性保险粉	用 5% Na_2CO_3 煮沸	用 95%乙醇煮沸
硝基颜料		D	CNR	特征反应	部分能溶解
酞类		D	CR	溶解	溶解
分散染料	蒽醌	溶解，色改变	CR	不溶解	溶解
	偶氮	D	CNR	不溶解	溶解
硫化染料		黄或棕黄溶液可染棉	CR	不溶解	不溶解
靛族		黄、棕或橙色溶液可染棉	CR	不溶解	不溶解
蒽醌还原染料		深色溶液可染棉	CR	不溶解	不溶解
硫化还原染料		黄或棕黄溶液可染棉	CR	不溶解	不溶解
媒染染料	蒽醌（茜素）	红、棕溶液不能染棉	CR	溶解	溶解
	亚硝基酚	D	CNR	溶解	溶解
	酞类	D	CR	溶解	部分能溶解
	氧氮蒽类	D	CR	溶解	部分能溶解

续表

染料类别	碱性保险粉	加酸性过硫酸盐到碱性保险粉	用5%Na_2CO_3煮沸	用95%乙醇煮沸
冰染染料	D	CNR	不溶解	不溶解
直接酸性和酸性媒染染料的色淀	D	CNR	有色溶液,溶液能以正常方式染棉和羊毛	
碱性染料的色淀			色淀分解	乙酸溶液媒染棉
尼格罗辛	不溶解		不溶解	部分能溶解
酞菁类	不溶解		不溶解	不溶解
喹啉类	不变		不溶解	溶解
媒染染料色淀(土耳其红类型)	有色溶液	有色,不一定原色	不溶解	不溶解

表10-5 用锌粉—乙酸还原法进行染料类别的鉴定

锌粉—还原褪色			锌粉还原不褪色或褪色慢	锌粉还原不褪色,但改变色调
暴露空气中颜色复原	空气中色不复原遇其他氧化剂色复原	无论空气或其他氧化剂色皆不复原		
氮氮蒽 氧氮蒽 硫氮蒽 氮蒽 酞酞 靛族	三苯甲烷 酞酞	硝基 亚硝基 偶氮	喹啉 噻唑	蒽醌

(二)染料剖析实例

除了分散染料,大部分染料的相对分子质量都比较大。因此,要对已知染料类别且经分离纯化后所得的染料组分直接进行化学结构的剖析,仍然是一件难度很大的事情。通常情况下,需要将染料通过水解、还原等方法使之变成若干个小分子产物,然后再进行结构测定,并以此推断其原来的化学结构。而分散染料由于相对分子质量相对较小,在大部分情况下可以直接进行结构分析。这里以比较简单的未知分散染料样品为剖析实例。

1. 样品的初步鉴别

(1)样品的纯化。样品为一商品化染料,取少许样品撒在滤纸上,喷一点水进行单一性检查,结果显示为单色。重新取样,用苯提取以与其他组分分离,浓缩后得到初制的纯染料,再在苯中进行重结晶,得一深红色晶体,熔点测定为147~148℃。

(2)染料分类鉴别。用碱性保险粉还原,染料由红色变为橙红色,氧化后复原为红色,可以确认该染料为蒽醌染料。

2. 化学结构分析

采用多种现代分析测试技术对染料样品的化学结构进行相互佐证和确认。

(1)紫外光谱分析。样品在 $\lambda=257$nm 有最大吸收(CH_3OH),与蒽醌类染料的紫外特征吸收峰一致。

(2)红外光谱分析。样品在 3460cm^{-1}和 3320cm^{-1}有吸收双峰,表明分子中含 NH_2基;在 1612 cm^{-1}、1585cm^{-1}和 1285cm^{-1}处有蒽醌环的特征吸收,且在蒽醌的迫位应该有—NH_2和—OH 存在,与蒽醌的羰基形成分子内氢键,使蒽醌羰基峰的特征吸收由 1680cm^{-1}向低波数位移至 1612cm^{-1}。

(3)核磁共振波谱分析。图 10-7 为试样在磁场强度为 90MHz、溶剂为 $CDCl_3$条件下的 NMR 图谱。其中 $\delta=3.41$ 的单峰显示有—OCH_3存在,且由于相邻氧原子的存在,—CH_3上 H 质子的化学位移明显向低场偏移;$\delta=3.63$、$\delta=3.69$、$\delta=3.94$ 和 $\delta=4.30$ 有 4 组 3 重峰(其中 $\delta=3.63$ 和 $\delta=3.69$ 两组峰有重叠),显示其应该是 4 个处于不同位置、明显受到相邻氧原子的诱导效应而发生低场位移且相邻基团为—CH_2—的质子峰;而出现在 $\delta=7.68$ 到 $\delta=8.37$ 的几组共振吸收峰,显然应该属于蒽醌环上未被取代的 H 质子。图谱上出现的另外两个单峰 $\delta=6.56$ 和 $\delta=11.35$,毫无疑问应该分属于—NH_2和—OH 上的质子。但从出峰位置看,与其理论上的共振吸收位置相比都出现了明显的低场位移。事实上,红外光谱分析已经显示,样品分子中蒽醌迫位上的氨基和羟基都分别和两个相邻的羰基形成了分子内氢键,而羟基和氨基上活泼氢的化学位移会强烈地受到分子内氢键的影响而发生低场位移。因此,这两个峰与处于一般脂肪族或芳香族上的共振位置更偏于低场与红外光谱分析的结果相吻合。

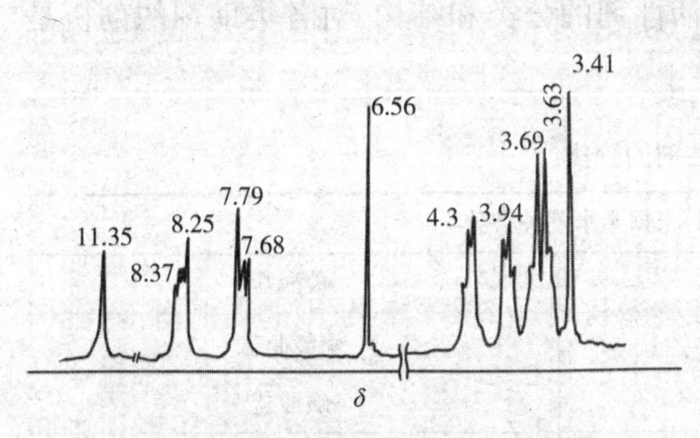

图 10-7　未知染料的 NMR 谱图

(4)质谱分析。采用 70eV 的电子轰击电离源质谱计对试样进行质谱分析。图 10-7 中 $m/z=357$ 为分子离子峰,其质荷比为奇数表明分子中含有奇数的 N 原子;而相对丰度为 100%的 $m/z=256$ 峰,应该属于分子中蒽醌母核的 M+1 碎片离子峰(1-氨基-2,4-二羟基蒽醌);相对丰度分别位列第三和第四的是 $m/z=59$ 和 $m/z=103$ 碎片离子,其归属应该是—CH_2CH_2—O—CH_3和—CH_2CH_2—O—CH_2CH_2—O—CH_3结构单元。

3. 剖析结论

综合上述分析结果,可以推测这个被剖析的未知染料的化学结构是:

分子式为:$C_{19}H_{19}O_6N$,其中 C、H、O、N 的理论含量应该分别为 63.87%、5.32%、26.89%和 3.92%,而实际元素分析验证的测试结果分别为 64.17%、5.73%、26.18%和 N3.92%,与理论值非常吻合。由此认定此次剖析结果是正确的。

四、表面活性剂的剖析

由于表面活性剂在纺织整理剂和助剂中的应用十分普遍，且种类繁多，甚至在很多情况下表面活性剂本身就发挥了功能性主成分的作用，如阳离子表面活性剂通常被用作抗菌剂和抗静电剂。因此，先从表面活性剂的剖析入手将更有助于了解纺织整理剂或助剂剖析的一般思路和方法。

（一）表面活性剂的鉴别和分离

1. 表面活性剂的概念和分类

表面活性剂是一类使用少量就能使液体或固体的表面（或界面）理化性质发生明显变化的物质，如乳化、分散、渗透、润湿、起泡、洗净、润滑、柔软、增溶、稳定、抗静电等理化性质，广泛应用于各个工业领域和人们的日常生活。表面活性剂有其特殊的结构特点，即在同一个分子中必须同时具有亲油和亲水两大类基团。表面活性剂的亲油性基团通常是长链烷烃或芳香烃等基团；亲水性基团则可分为阴离子基团，如—COONa、—SO_3Na 等，季铵盐阳离子基团和含多羟基、酰胺基或乙氧基的非离子基团，还有部分表面活性剂同时含有阴、阳两种亲水性基团。由此，表面活性剂可按其亲水性基团的离子类型分成阴离子表面活性剂、阳离子表面活性剂、非离子表面活性剂和两性表面活性剂（表 10-6）。熟知表面活性剂的分类和结构，对各类助剂的剖析是非常重要的。

表 10-6　表面活性剂的分类

根据离子类型分类	根据亲水基种类分类	
阴离子表面活性剂	R-COONa	羧酸盐
	R—OSO_3Na	硫酸脂盐
	R—SO_3Na	磺酸盐
	R—OPO_3Na	膦酸酯盐
阳离子表面活性剂	R—NH_2 · HCl	伯胺盐
	R—$NH(CH_3)$ · HCl	仲胺盐
	R—$N(CH_3)_2$ · HCl	叔胺盐
	R—$N^+(CH_3)_3$ · Cl^-	季铵盐
两性表面活性剂	R—$NHCH_2CH_2COOH$	氨基酸型两性表面活性剂
	R—$N^+(CH_3)_2$—CH_2COO^-	内胺盐型两性表面活性剂
非离子表面活性剂	R—O—$(CH_2CH_2O)_n$—H	乙氧基型非离子表面活性剂
	R—$COOCH_2C(CH_2OH)_3$	多元醇型非离子表面活性剂

乙氧基型非离子表面活性剂的亲水活性并非源于任何离子型基团，而是由于其链段中的乙氧基可以和水形成氢键。因此，其分子链上环氧乙烷加成数（缩合度 n，又称 EO 数）的不同将直接影响其在水中的溶解程度。以烷基酚聚氧乙烯醚为例，当 $n<5$ 时，其是油溶性的，可以溶解于矿物油中，几乎不溶于水；当 n 在 6~8 时，可以溶于矿物油，并可在水中分散；当 $n>6$ 时，变成水溶性的，但难溶于矿物油；当 $n>10$ 时，易溶于水，几乎不溶于矿物油。乙氧基与水形成氢

键的稳定性与温度有关，当温度升高时，分子运动加快，氢键就会断裂，乙氧基非离子表面活性剂就会从水中析出，使溶液发生浑浊。这就是乙氧基非离子表面活性剂特有的浊点的由来。

表面活性剂可以单独使用，也可以混用，其中非离子和阴离子表面活性剂的混用最为普遍，但阴、阳离子表面活性剂相遇可能生成沉淀，故不能混用。

2. 表面活性剂的鉴别

(1)表面活性剂的检出。利用表面活性剂可以使油溶性物质在水中形成胶束而增溶的原理，可以取少量油溶性的染料加入含样品的水溶液中，振摇后，如果染料可以溶解在水中，则表明样品中含有表面活性剂。这种方法对鉴别表面活性剂的存在具有普遍意义，灵敏度可达20μg/g。

(2)表面活性剂离子类型的鉴别。不同离子类型的表面活性剂与某些染料指示剂在一定的介质中会发生特定的变色或沉淀反应，以此可以有效鉴别表面活性剂的离子类型。如0.1%百里香酚蓝的酸性溶液，当样品含有阴离子表面活性剂时，会使溶液的颜色从橙色变成紫红色；当样品含有阳离子表面活性剂时，溶液变成黄色；样品中如果同时存在非离子表面活性剂，对鉴别不会造成干扰。还有一种亚甲基法也比较常用：在试管中加入5mL 0.001%亚甲基蓝酸性溶液，再加入5mL氯仿，此时氯仿层为无色；往试管中逐次滴入阴离子表面活性剂溶液，振摇，静止，调节至水层和氯仿层呈现相同深度的蓝色；往试管中滴入数滴样品溶液，振摇后静止，如果氯仿层颜色变深和水层颜色变浅或无色，表明样品中含阴离子表面活性剂；反之，则表明样品中含阳离子表明活性剂；如果氯仿层和水层继续保持原来的蓝色，则样品中含非离子表面活性剂。这是因为亚甲基蓝是一种阳离子染料，与阴离子表面活性剂会生成不溶于水而溶于氯仿的蓝色复合物所致。此外，溴酚蓝作为阴离子染料也可以用来鉴别阳离子表面活性剂，具体的做法是：取5mL 0.1%溴酚蓝乙醇溶液，加入1mL稀盐酸和5mL氯仿，滴入几滴样品溶液，振摇，静止，若氯仿层出现黄色，表明样品中含有阳离子表面活性剂。这是因为阳离子表面活性剂会与溴酚蓝形成黄色油溶性物质。当然，离子类型的鉴别须在已经确认样品中存在表面活性剂的前提下才需进行。

(3)浊点的测定。前面已经提到，乙氧基型非离子表面活性剂具有特征的浊点，随着其链段中EO数的上升，浊点也会逐渐上升。测定浊点，有助于估算乙氧基型非离子表面活性剂的大致EO数范围，为其最终的结构分析提供帮助。有时甚至无须进一步分析，就可准确推测其环氧乙烷的缩合度。测定浊点的方法很简单：在一根大试管内，加入15~20mL浓度约为5%的乙氧基非离子表面活性剂，插入一根酒精温度计，在酒精灯上边缓慢加热边搅拌，待出现浑浊时记下此时的温度，然后使样品继续升温5~10℃，离开热源，继续搅拌，溶液开始冷却，到溶液突然澄清时，记下温度计的读数。此时的温度应该与溶液在加热升温发生浑浊时的温度一致，即样品的浊点。如果样品的浊点超过100℃，可以换10%的NaCl溶液重新测定。盐的存在，可以降低乙氧基非离子表面活性剂的浊点。

3. 表面活性剂的分离

单纯表面活性剂样品的剖析相对容易，无论是离子类别的鉴定还是结构分析，都有比较成熟的技术和手段。但大部分待剖析的样品是已经与其他组分复配在一起的混合物成品，如食品、化妆品、洗涤剂、纺织助剂、整理剂、农药、染料、高分子材料等。因此，样品组分的分离对最终表面活性剂的剖析是必须预先做好的"功课"。具体针对某个样品，分离的技术路线和方法都是个性化的,但所采用的技术手段大多都是普遍适用的,一般的思路如下。

(1)萃取。将样品除去水分(蒸发)后用无水乙醇或无水甲醇可以将表面活性剂与无机盐分离。虽然采用不同的有机溶剂也可以实现表面活性剂与有机物的分离,但在实际应用中操作十分繁杂,效率远不如色谱法。

(2)离子交换。对于含阳离子或阴离子的表面活性剂,采用离子交换法分离阳离子或阴离子表面活性剂是最常用的技术手段。分离时可以采用动态法(离子交换柱)也可以采用静态法(离子交换树脂与样品混合吸附),待离子交换树脂吸附了表面活性剂以后,再用酸性或碱性溶液洗脱,从而获得纯的阳离子或阴离子表面活性剂,可供后续的进一步结构分析。常用的离子交换树脂分强酸型、弱酸型离子交换树脂和强碱型、弱碱型离子交换树脂,前者用于吸附分离阳离子表面活性剂,后者用于吸附阴离子表面活性剂。如果将强碱型和弱碱型离子交换树脂串联起来用,效率会更高。因为前者可以吸附含磺酸基的阴离子表面活性剂,后者可以吸附含羧酸基团的阴离子表面活性剂,从而把可能混在一起使用的这两类阴离子表面活性剂以及非离子表面活性剂分开。进行离子交换处理时的一项不可避免的工作是离子交换树脂繁杂的预处理。

(3)色谱分离。去掉无机组分和离子型表面活性剂之后,剩下的包括非离子表面活性剂在内的有机混合物的分离,色谱法是最好的选择。至于具体采用哪种色谱方法,如纸层析、薄层层析、柱层析、气相色谱还是液相色谱,取决于对混合物样品的初步分析(外观、红外光谱、浊点等)、样品量、剖析深度要求、样品组分的热稳定性等诸多因素。以纤维素为基体的纸层析对极性组分的分离有较好的分离效果,但样品的载荷量低,不利于试样的制备;采用薄层层析可以获得比纸层析更好的分离效果和更短的分离时间,可以满足毫克级试样的分离制备,但难以连续调节展开剂的极性;柱层析可以进行大容量的样品制备并采用梯度淋洗的技术提高分离效率,但操作相对复杂,耗时比较长;气相色谱可以满足微量分离分析乃至通过联用技术实现包括结构分析在内的一步到位的分析,但仅适用于低沸点和热稳定的物质;液相色谱的适用范围广,效率高,如果采用 LC-MS 联用技术,可以解决大部分问题,但仪器配备的普及率不高,一般实验室难以应用。实践表明,通过采用合适的色谱分离技术,基本上可以解决绝大部分的含表面活性剂的样品的分离和制备。尽管 GC-MS 和 LC-MS 的应用在某些情况下可以直接获得各个组分的定性分析结果,但仍有不少组分的结构分析必须依赖紫外光谱、红外光谱、质谱和核磁共振的综合协同分析。因此,在大部分情况下,样品的分离和制备仍是必不可少的。

(二)表面活性剂的波谱特征

1. 阴离子表面活性剂的波谱特征

阴离子表面活性剂主要有四种类型:羧酸盐、硫酸酯盐、磺酸盐和膦酸酯盐,它们的亲水基团分别是:—COOM、—OSO_3M、—SO_3M 和—OPO_3M,其中的 M 可以是 K、Na 等金属离子和铵盐。

图 10-8 是常用的阴离子表面活性剂月桂酸钠 $C_{11}H_{23}COONa$ 的 IR 谱。除了长碳链的吸收之外,在 1563cm^{-1}和 1430cm^{-1}显示—COO^-的强吸收及其在 695cm^{-1}的面外变形振动的弱吸收。饱和长碳链羧酸盐在 1300~1180cm^{-1}存在一系列等间距的小峰,这是由 C—C 价键的振动耦合裂分产生的。

高级醇(C_{12}~C_{18})的硫酸酯钠盐 R—OSO_3Na 可用作发泡剂、洗涤剂和乳化剂。图 10-9 是

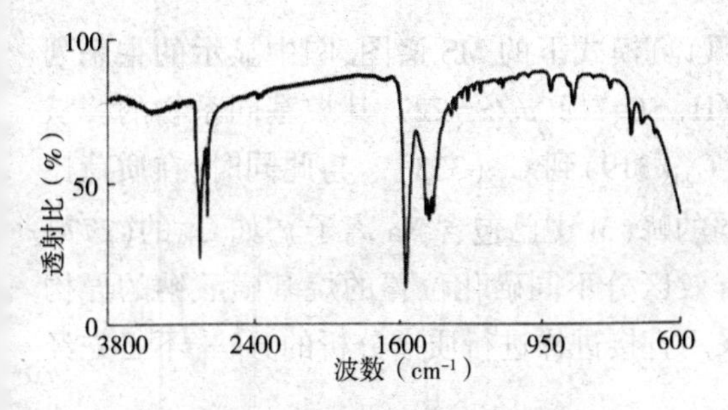

图 10-8　月桂酸钠的 IR 图

十二烷基硫酸钠的 IR 谱。其中 1270～1220cm^{-1} 处的强吸收源自于—OSO_3Na 中的 S ═O。直链伯醇硫酸钠在 834cm^{-1} 出现较强的吸收，而仲醇（即存在支链结构）硫酸酯化后在 935cm^{-1} 出现较强的吸收。因此，根据这两个峰的位置和强度可以区分伯醇或仲醇硫酸酯。图 10-10 是十二烷基硫酸钠的^{1}H NMR 谱（DMSO—d_6，45℃）。其中δ=0.89 是—CH_3的共振峰，δ=1.1～1.8 为烷基链中$\leftarrow CH_2 \rightarrow$的质子峰，而 δ=3.82 则是与—OSO_3Na 相连的—CH_2—的质子共振峰。理论上讲，这三个峰均应因相邻基团—CH_2—的耦合作用而裂分成三重峰，但因分辨率及峰的重叠原因，使得实际所得图谱上峰的裂分并不明显，但仍可以看到每个峰两侧的峰肩。根据峰的积分面积，可以计算碳链的平均长度。

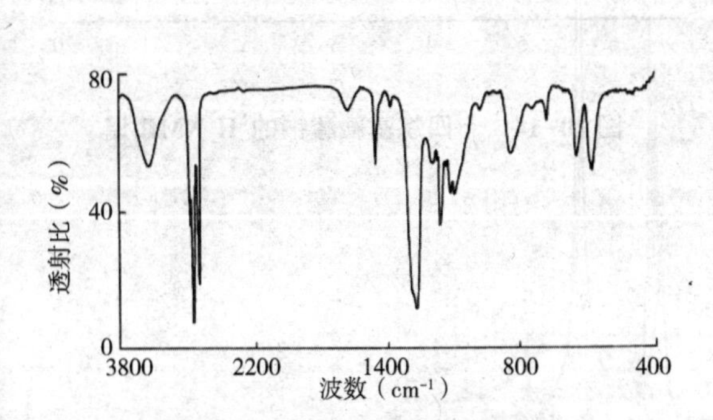

图 10-9　十二烷基硫酸钠的 IR 图

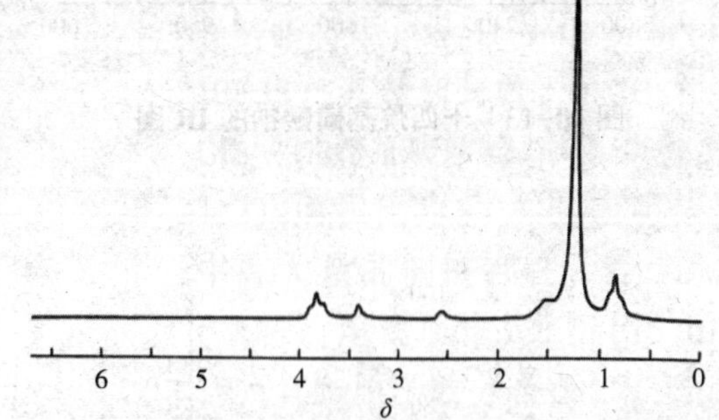

图 10-10　十二烷基硫酸钠的^{1}H NMR 谱

磺酸盐阴离子表面活性剂可以有两种类型，一种是烷基磺酸钠（SAS），另一种是烷基苯磺酸钠（ABS）。磺酸盐阴离子表面活性剂是由烷烃或芳烃经氯磺化或磺化氧化反应后制得，具有良好的润湿、发泡和抗静电性能。其中烷基磺酸钠中磺酸基的位置可以在端基，也可以在烷链的中间部位，结构通式见图 10-11，其中 $m+n$=11～15。而烷基苯磺酸钠中的十二烷基苯磺酸钠被广泛应用在洗涤剂中，烷基部分可以为直链（易生物降解），也可以是支链结构（不易生物降解），结构通式见图 10-12）。

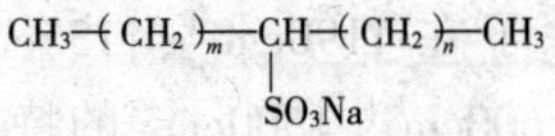

$CH_3\text{—}(CH_2)_m\text{—}CH(SO_3Na)\text{—}(CH_2)_n\text{—}CH_3$

图 10-11　烷基磺酸钠的结构通式

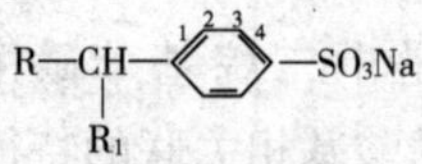

$R\text{—}CH(R_1)\text{—}C_6H_4\text{—}SO_3Na$（苯环位置标号 1 2 3 4）

图 10-12　烷基苯磺酸钠的结构通式

图 10-13 是十四烷基磺酸钠的 IR 谱。其中 1177cm^{-1} 和 1053cm^{-1} 显示磺酸钠基团的强吸收（注意：硫酸钠基团的强吸收在大于 1200cm^{-1} 处）。另一个特征是长碳链的$\leftarrow CH_2 \rightarrow_n$，当$n \geq 4$时，吸收峰在 720$cm^{-1}$。图 10-14 是十四烷基磺酸钠的^{1}H NMR 谱，其中 δ=0.89 归属于—CH_3上的质子，δ=1.0～2.0 对应于—CH_2—上的质子，而 δ=2.5～3.0 则属于 CH 上质子。图 10-15

为十四烷基磺酸钠的 API-ES(大气压电喷雾离子源)负模式下的 MS 谱图,图中显示的主系列峰是[M-Na]$^-$负离子峰,相对丰度为 100%的是 $C_{14}H_{29}SO_3^-$峰,m/z=227,其烷基同系物的峰从 C_{10}(249)、C_{12}(263)、C_{14}(277)、C_{16}(291)、C_{18}(305)、C_{20}(319)到 C_{22}(333)。与此同时,在质荷比更大的位置,还出现了一系列来自[2M-Na]$^-$的较弱的峰(M 中已包含 Na 离子),如 C_{14}的(277+23)×2-23=577 峰。显然,通过质谱分析并不能有效区分不同磺化位置的烷基磺酸钠的异构体。有专家建议,为了得到较多的结构信息,可以采用直接进样进行质谱分析的方法,不必先经液相色谱分离。

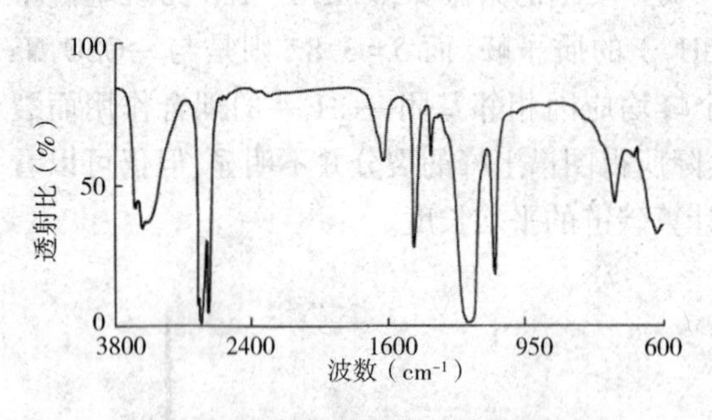

图 10-13 十四烷基磺酸钠的 IR 图

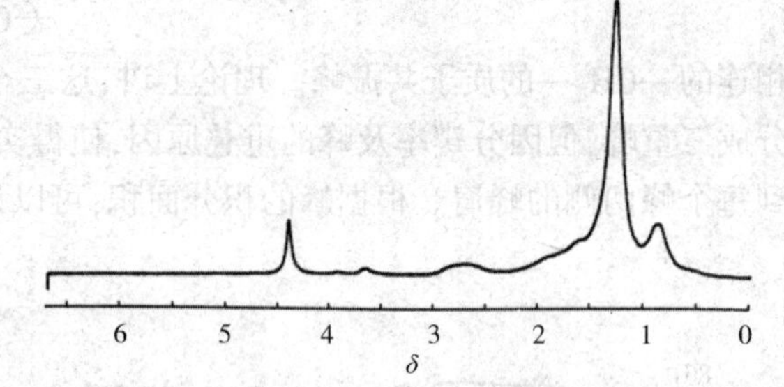

图 10-14 十四烷基磺酸钠的^{1}H NMR 谱

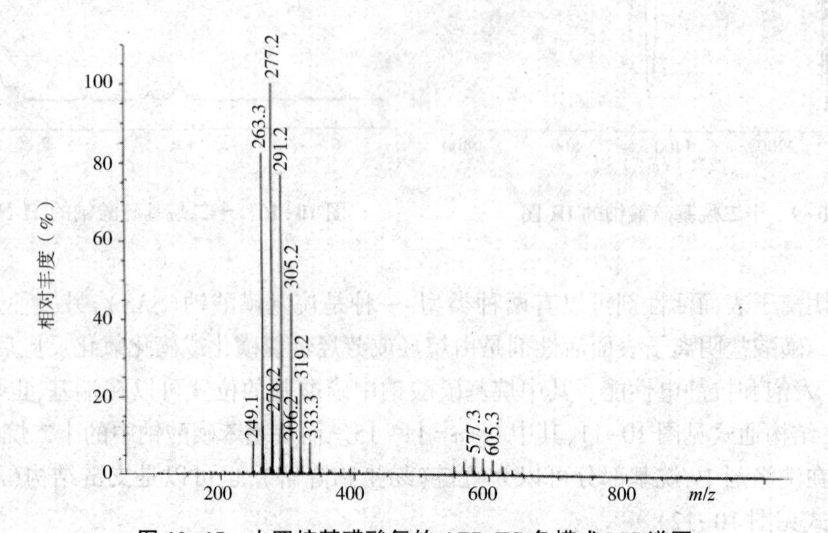

图 10-15 十四烷基磺酸氨的 API-ES 负模式 MS 谱图

图 10-16 是十二烷基苯磺酸钠的 IR 谱图。除了在 1190cm^{-1}、1135cm^{-1}、1045cm^{-1}和 690cm^{-1}等处与磺酸基相关联的特征吸收外,还有苯环 1600cm^{-1}、1500cm^{-1}的特征吸收和苯环对位取代的特征峰 833cm^{-1},以及长碳链的 722cm^{-1}吸收峰。支链烷基苯磺酸钠还会在 1400cm^{-1}、1380cm^{-1}出现—CH_3的变形振动吸收和 1367cm^{-1}的面内摇摆振动吸收,以及分别归属于—CH_2—的 760cm^{-1}和—SO_3的 660cm^{-1}特征吸收。根据这些峰的存在与否可以区分直链或支链烷基苯磺酸钠。图 10-17 是以直链为主的十二烷基苯磺酸钠的^{1}H NMR 谱($CDCl_3$,90MHz)。苯环上的 2、3 位上 H 的化学位移分别为 δ=6.89 和 δ=7.72,与苯环相连的 CH 上的质子共振峰出现在 δ=2~3,δ=1.0~1.8 的最大共振吸收峰应归属于烷基长链中的—CH_2—。但有点出乎

意料的是，$\delta=0.88$的甲基峰虽很强，但未见裂分，应该也是与分辨率有关。经实验给出的积分值计算可知每个分子约有两个甲基。

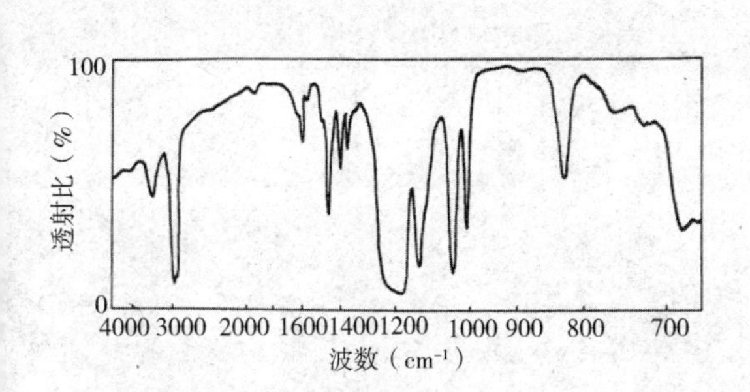

图10-16　十二烷基苯磺酸钠的IR谱图

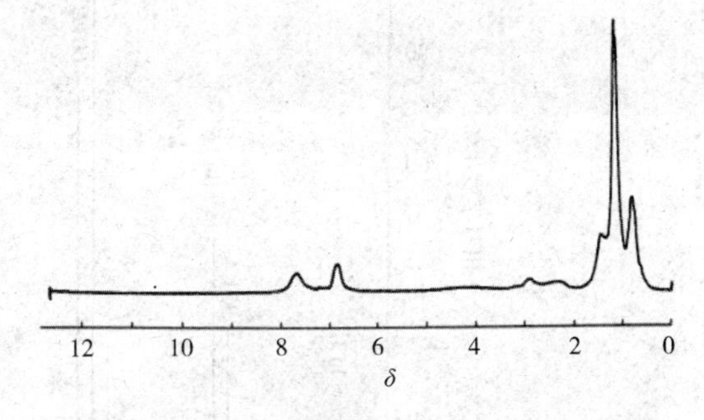

图10-17　十二烷基苯磺酸钠的[1]H NMR谱图

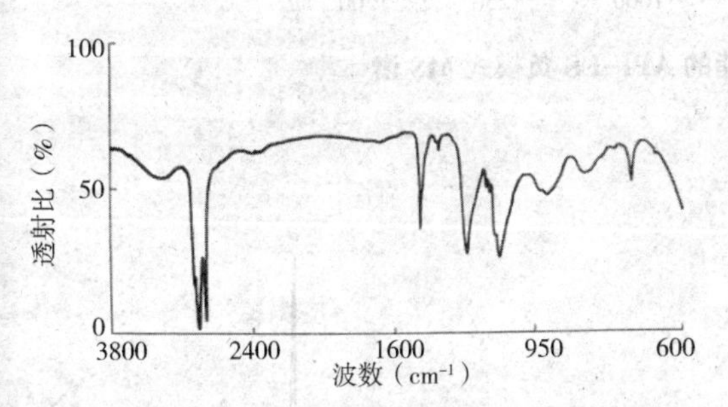

图10-18　十二烷基膦酸酯钾盐的IR光谱图

烷基膦酸酯阴离子表面活性剂包括烷基膦酸酯和烷基聚氧乙基醚膦酸酯的K盐、Na盐和二乙醇铵盐等，广泛用作抗静电剂、乳化剂、润湿剂和增溶剂等。图10-18是十二烷基膦酸酯钾盐的IR谱图。除了烷基的特征吸收外，膦酸酯基的特征吸收出现在$1236cm^{-1}$（P ═O）和$1098cm^{-1}$、$1077cm^{-1}$（P—O）。必须注意的是，后两个强吸收是样品中单、双和焦膦酸酯混合物的综合吸收。如果膦酸酯已用碱中和成盐，有时可能找不到一种合适的溶剂来溶解其中所有的组分。建议使用盐酸重新将碱中和，再用氯仿萃取其中的有机组分，干燥后用于后续的NMR或其他分析。图10-19是C_{16}~C_{18}脂肪醇膦酸酯的API-ES负模式质谱图，图中各离子的质荷比为$[M-K]^-$。结果显示，该样品中存在如下组分：膦酸单酯：$C_{16}H_{33}O—POO^-—OH$（$m/z=321$）和$C_{18}H_{37}O—POO^-—OH$（$m/z=349$）；膦酸双酯：$(C_{16}H_{33}O)_2POO^-$（$m/z=545$）、$C_{16}H_{33}O—POO^-—OC_{18}H_{37}$（$m/z=573$）和$(C_{18}H_{37}O)_2POO^-$（$m/z=601$）。其中，相对丰度为100%的是$m/z=573$峰。此外，图中还出现了很微弱的双分子离子峰。

2. 阳离子表面活性剂的波谱特征

阳离子表面活性剂的活性基团带正电荷，常见的有氧化胺、铵盐型和季铵盐型等。可用作杀菌剂、纤维抗静电剂、柔软剂、匀染剂、固色剂和洗涤剂等。可与非离子表面活性剂混用，但不能与阴离子表面活性剂同时使用。

图10-20(a)为双十八烷基二甲基氯化铵的IR谱。图中主要显示长碳链的吸收峰：$2955cm^{-1}$、$2919cm^{-1}$、$2851cm^{-1}$、$1469cm^{-1}$和$720cm^{-1}$，其他的吸收峰并不明显。而其对应[1]HNMR谱[见图10-20(b)]显示，长碳链中端甲基—CH_3的出峰位置在$\delta=0.88$，烷链中—CH_2—的质子峰出现在$\delta=1.0$~1.8，其中与N^+相邻的—CH_2—在$\delta=3.75$出峰，而$\delta=3.37$则归属于N^+上的两个甲基—CH_3。

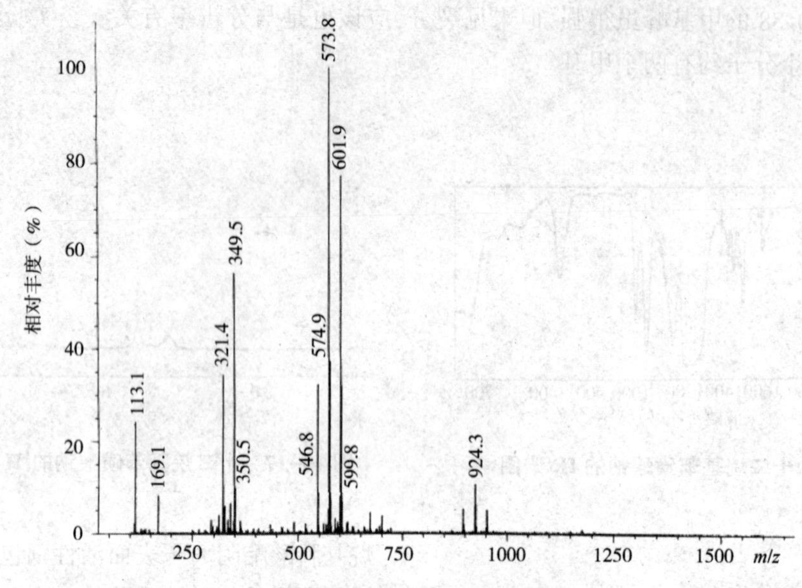

图 10-19　$C_{16} \sim C_{18}$脂肪醇膦酸酯的 API-ES 负模式 MS 谱

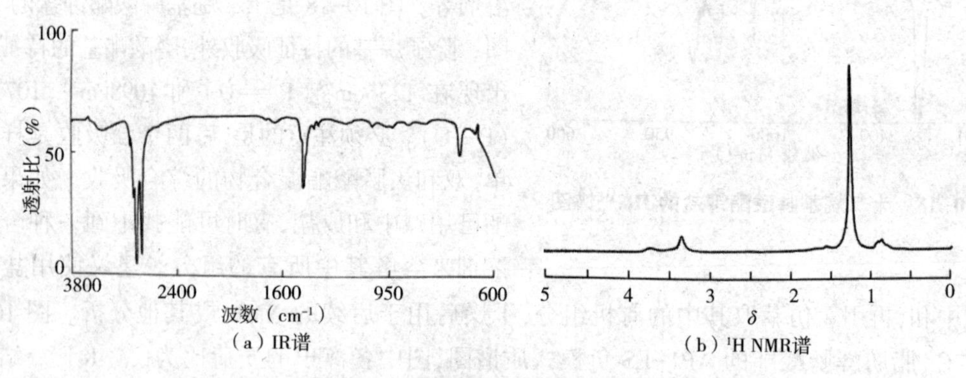

图 10-20　双十八烷基二甲基氯化铵的 IR 谱和 ^{1}H NMR 谱

在阳离子表面活性剂中脂肪胺聚氧乙烯醚是个特例。因为其兼具阳离子和非离子表面活性剂的双重性质。从化学结构上看，脂肪胺聚氧乙烯醚应该属于非离子表面活性剂，但如果用亚甲基蓝方法鉴别其离子类型时会发现其呈现的是阳离子表面活性剂的反应。因为亚甲基蓝方法是在酸性条件下实施的，脂肪胺聚氧乙烯醚在酸性条件下形成铵盐而呈阳离子反应。

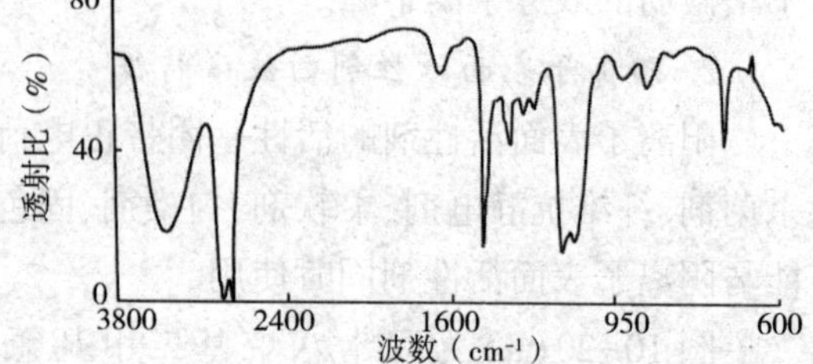

图 10-21　十八烷胺聚氧乙烯醚（EO 数=5）的 IR 谱

图 10-21 为十八烷胺聚氧乙烯醚（EO 数=5）的 IR 谱。聚氧乙烯单元中 C—O—C 醚键的伸缩振动特征吸收分别在 1123cm^{-1}和 935cm^{-1}，烷链中—CH_2—的面外摇摆振动吸收在 1352cm^{-1}、面内摇摆振动吸收 887cm^{-1}，长碳链的 1467cm^{-1}和 721cm^{-1}峰也很明显。图 10-22（a）为十二烷胺聚氧

乙烯醚(EO 数=5)的^{1}H NMR 谱。δ=0.89 为烷链的端甲基,δ=1.2~1.5 为烷链中的—CH_2—,与 N 相连的—CH_2—的吸收出现在δ=2.3~2.7,而—CH_2CH_2O—中亚甲基—CH_2—的共振吸收出现在δ=3.3~3.8,端羟基的吸收峰出现在δ=4.12。由于烷基胺在与环氧乙烷缩合时既可能产生仲胺产物 R—CH_2—NH($CH_2CH_2O$$\rightarrow_n$H,也可能产生叔胺产物,即 NH_2上的两个 H 都与环氧乙烷缩合,因此,准确测定δ=2.3~2.7 与 N 相邻的—CH_2—的 H 原子数量,可以得到叔胺值的重要信息。此外,通过计算δ=3.3~3.8 的质子数量可以准确估算 EO 数。图 10-22(b)是十二烷胺聚氧乙烯醚(EO 数=8)在 API-ES 正模式下的质谱图。图中所显示的是呈近似正态分布的[M+H]$^+$系列碎片离子峰,与 N 相连的$\leftarrow CH_2CH_2O\rightarrow_m$和$\leftarrow CH_2CH_2O\rightarrow_n$链段长度 $m+n$=3~19,其中相对丰度为 100%的是质荷比 m/z=538 的峰($m+n$=8)。显然,该样品环氧乙烷的平均缩合度为 8。

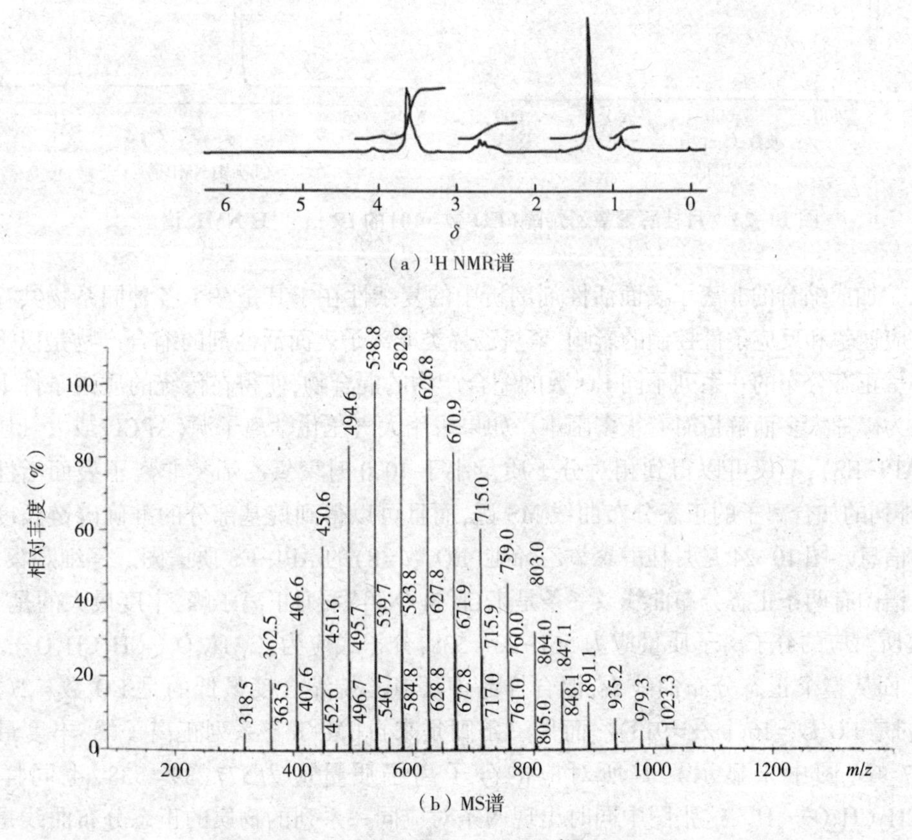

图 10-22　十二烷胺聚氧乙烯醚的^{1}H NMR 谱和 MS 谱

3. 非离子表面活性剂的波谱特征

非离子表面活性剂主要包括脂肪醇聚氧乙烯醚、烷基酚聚氧乙烯醚、脂肪酸聚氧乙烯酯、脂肪胺聚氧乙烯醚、多元醇脂肪酸酯和环氧丙烷环氧乙烷加成缩合聚醚类化合物。由于不受配伍或使用中离子性的限制,非离子表面活性剂的应用相当普遍,在纺织产品的生产和加工中更是如此。

图 10-23(a)是月桂醇聚氧乙烯醚(EO 数=10)的 IR 谱。图中,2926cm^{-1}、2855cm^{-1}、

$1460cm^{-1}$和 $1378cm^{-1}$显示烷基的吸收，端羟基—OH 的吸收出现在 $3350cm^{-1}$，乙氧基—CH_2CH_2O—中 CH_2的吸收出现在 $1350cm^{-1}$、$885cm^{-1}$和 $850cm^{-1}$，而 C—O—C 的醚键峰出现在 $1120cm^{-1}$，是整个图谱中的最强峰。随着 EO 数的改变，图谱中的相关特征峰都会发生一些位移或强度上的变化，但幅度不是很大，对分析结果不会产生太大影响。而同一样品的^{1}HNMR 谱也是特征明显[见图 10-23(b)]，其烷链端甲基—CH_3的共振峰在 δ=0.89，烷链中$\leftarrow CH_2 \rightarrow_{10}$段 CH_2的质子峰在 δ=1.26，与 O 相连的—CH_2—的质子出峰在 δ=3.5，—CH_2CH_2O—链段中质子的共振峰在 δ=3.55，最末端的羟基—OH 出峰在 δ=3.0。

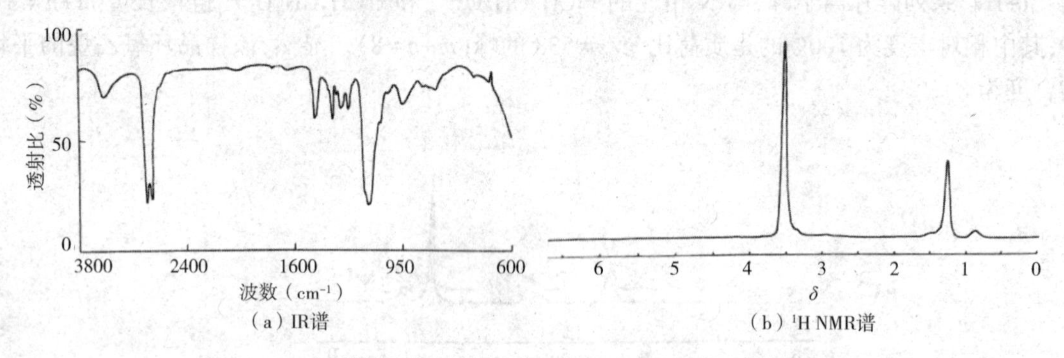

图 10-23 月桂醇聚氧乙烯醚(EO 数=10)的 IR 谱和^{1}H NMR 谱

环氧乙烷加成缩合的非离子表面活性剂剖析中的复杂性在于其是一个各种同系物共存的体系。由于反应速率和反应条件控制的影响，聚氧乙烯类非离子表面活性剂的缩合产物是以平均加成数为中心呈正态分布的一系列不同 EO 数的缩合产物的混合物，使得在传统的质谱条件下所得的质谱图因为碎片太多而解析时有很多困难。如果采用大气压化学离子源(APCI)或大气压电喷雾离子源(API-ES)，不仅可以得到相对分子质量小于 1000 时聚氧乙烯类非离子表面活性剂按 EO 数大小排列的加合离子的正态分布曲线 MS 谱，而且可以得到烷基部分的准确碳链长度和同系物分布的信息。图 10-24 是月桂醇聚氧乙烯醚(EO 数=8)的 API-ES 质谱图。仔细观察，可以发现整个质谱图有两条正态分布曲线。一条是来自$[M+Na]^+$系列正离子峰，丰度最大的是 m/z=561.7 峰，其所对应的分子离子质量应为 561-23=538，分子式应为：$C_{12}H_{25}O\leftarrow CH_2CH_2O\rightarrow_8 H$，即 EO 数为 8。而从整个正态分布曲线看，混合样品中环氧乙烷缩合度最低的是 EO 数=2(m/z=297)，最大的是 EO 数=16(m/z=913)。而另一条则是来自$[M+K]^+$系列正离子峰，丰度最大的是 m/z=577 峰(图中未显示)，其所对应的分子离子质量应为 577-39=538，也同样对应 $C_{12}H_{25}O\leftarrow CH_2CH_2O\rightarrow_8 H$。这张图中同时出现两条对应同一系列的物质的正态分布曲线是因为样品中同时含有 Na 和 K，具有很好的示范作用。但在实际应用中，这类样品同时含有 Na 和 K 的情况并不多见，所以实际上的质谱图要简单得多。至于究竟应该出现$[M+Na]^+$还是$[M+K]^+$系列峰，在很大程度上与测试条件和缩合反应时采用的催化剂种类有关。

与脂肪醇聚氧乙烯醚相比，烷基酚聚氧乙烯醚的特征在于其含有苯环。壬基酚聚氧乙烯醚是目前最常用的非离子表面活性剂。其壬基多为三聚丙烯，带有甲基支链，但也有用直链或较少支链的烷基酚制备这一系列产品的。图 10-25 是壬基酚聚氧乙烯醚(EO 数=4)的 IR 谱。除了显示聚氧乙烯的特征之外，在 $1600cm^{-1}$、$1580cm^{-1}$和 $1515cm^{-1}$有苯环呼吸振动特征吸收，在 $1250cm^{-1}$有芳醚的伸缩振动特征吸收和在 $830cm^{-1}$的苯环对位取代特征吸收。随着 EO 数的增

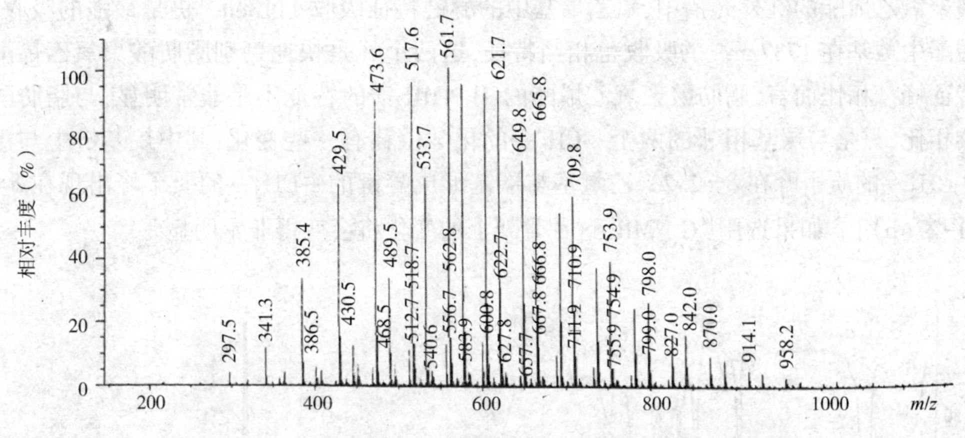

图 10-24　月桂醇聚氧乙烯醚(EO 数=8)的 API-ES 质谱图

加,这些特征峰的位置不会发生明显的变化,但相对强度会随之而变化。壬基酚聚氧乙烯醚的核磁共振谱也是比较特征的。图 10-26 是最常用的壬基酚聚氧乙烯醚(EO 数=10),即 NP-10 的^{1}H NMR 谱。由于 NP-10 的壬基为三聚丙烯结构,有多个甲基支链,故其δ=0.8 左右的甲基峰较强,反倒是δ=1.2 左右的—CH_2—峰显得较弱。苯环上与 O 原子邻位的两个质子峰δ=6.8 按规律裂分成双峰,但与壬基邻位的两个质子峰δ=7.1 因为复杂的耦合效应而呈现未裂分的宽峰。图中最大的吸收出现在δ=3.6,这是归属于乙氧基中的 H 质子峰,为三重峰,δ=3.7~4.0 为直接与芳醚连接的乙氧基的吸收。而整个乙氧基末端的—OH 吸收则出现在δ=2.82。根据图中δ=6.6~7.3 与δ=3.0~4.3 两部分峰面积的积分之比 4∶40,可计算出其平均 EO 数为 10。与脂肪醇聚氧乙烯醚相似,烷基酚聚氧乙烯醚的 API-ES 正模式质谱也会出现$[M+Na]^+$、$[M+K]^+$乃至$[M+H]^+$的呈正态分布的系列加合离子峰,同样可以据此确定被测样品的平均 EO 数和烷基的结构。

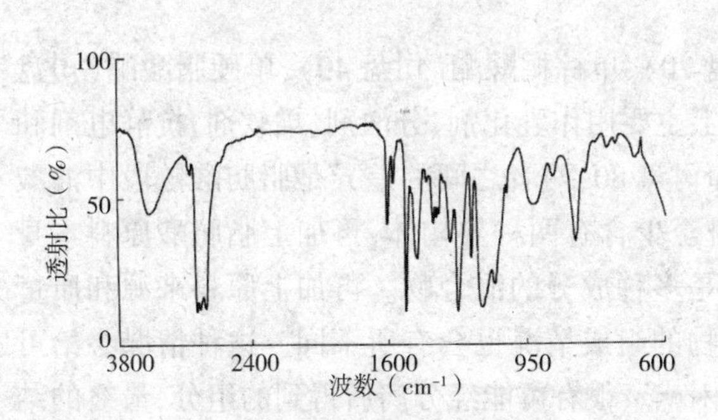

图 10-25　壬基酚聚氧乙烯醚(EO 数=4)的 IR 谱

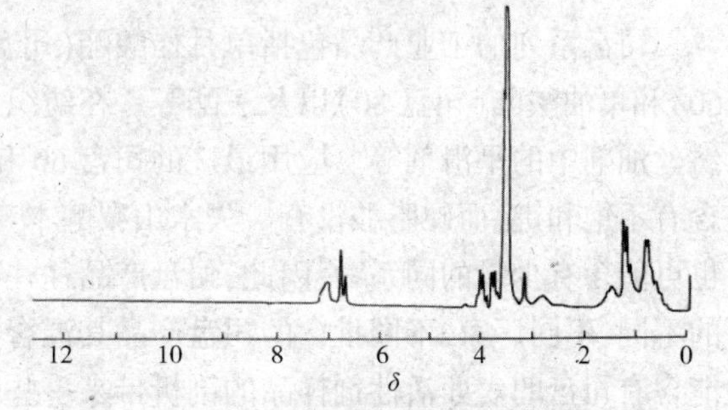

图 10-26　壬基酚聚氧乙烯醚(EO 数=10)的 ^{1}H NMR 谱

脂肪酸聚氧乙烯酯与脂肪醇聚氧乙烯醚的主要差异是分子结构中多了一个羰基,在 IR 谱中显示出明显的特征[图 10-27(a)]。在实际应用中,有多种脂肪酸可以通过加成环氧乙烷成为脂肪酸聚氧乙烯酯,如月桂酸、椰子油酸、硬脂酸、油酸等。制成的酯有单酸酯和双酸酯之分,且制备工艺不同。脂肪酸聚氧乙烯酯在纺织上主要用作乳化剂、分散剂、柔软剂、洗净剂等。在脂肪酸聚氧乙烯酯的红外光谱中，氧乙烯基中的醚键特征吸收 1113cm^{-1}仍是最强的吸收峰，但脂肪酸酯中羰基在 1737cm^{-1}的吸收也相当特征，这两个峰是快速判别脂肪酸聚氧乙烯酯最重要的特征峰。相比而言，脂肪酸聚氧乙烯酯的^{1}H NMR 谱的特征不是非常明显，与脂肪醇聚氧乙烯醚相比，只是与羰基相邻的两个—CH_2—的化学位移有一些变化，其中烷基链上与羰基相邻的—CH_2—的质子峰在 δ=2.23，乙氧基与羰基形成醚键的—CH_2—的质子峰出现在 δ=4.10［图 10-27(b)］。如果选用^{13}C NMR，这种骨架上的变化将会变得非常明显。

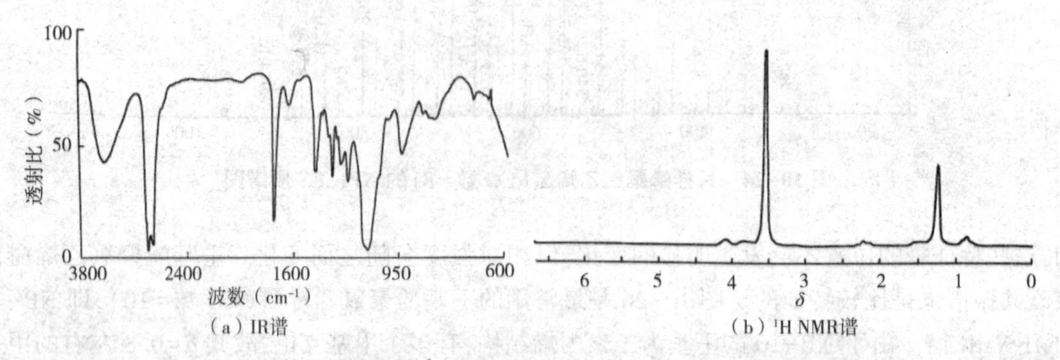

图 10-27　月桂酸聚氧乙烯酯(EO 数=9)的 IR 谱和^{1}H NMR 谱

还有两类应用比较广泛的非离子表面活性剂是失水山梨醇脂肪酸酯(Span，司盘系列)和聚氧乙烯失水山梨醇脂肪酸酯(Tween，吐温系列)。

失水山梨醇(山梨醇酐)脂肪酸酯的结构通式为：

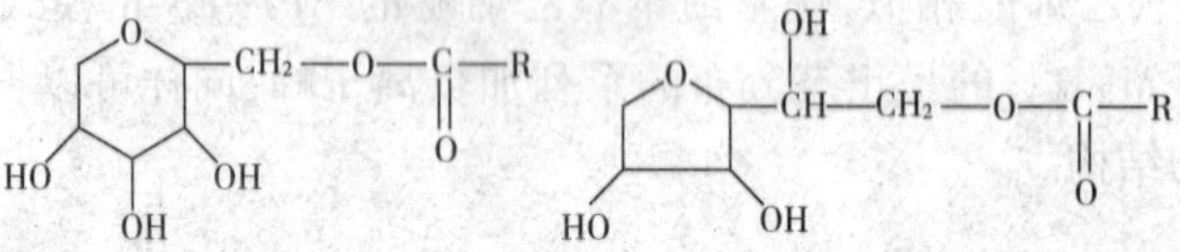

司盘系列的工业产品包括单月桂酸酯(司盘 20)、单棕榈酸酯(司盘 40)、单硬脂酸酯(司盘 60)和单油酸酯(司盘 80)以及三酯等。在纺织上主要用作乳化剂、分散剂、柔软剂、抗静电剂和纺丝油剂中的平滑剂等。应用最广的司盘 60 和司盘 80，两者之间的差异是脂肪酸链段中油酸含有不饱和键，而硬脂酸没有。失水山梨醇本身至少含有两种异构体，再加上脂肪酸原料本身也可能含有少量的同系物，因此，司盘产品往往是多种成分的混合物。再加上原料来源和质量的不同，不同厂家、不同批次的司盘产品其混合物的组成情况也会有所不同。这种情况会给可能含有司盘的表面活性剂样品的剖析带来一些困惑。很有可能经分离后得到的组分，最终的结构分析结果都会同时指向司盘，但有的是单酯，有的是双酯或三酯，再加上硬脂酸原料中会含有软脂酸($C_{15}H_{31}COOH$)，情况就会变得比较复杂。但有一点必须注意，在计算定量分析结果时，必须将这些异构体和同系物都纳入司盘的总量中，因为其作为原料复配时是作为一个组分加入的。图 10-28(a)是司盘 60 的 IR 谱，与司盘 80 相比，除了没有双键的特征，有许多相似之处，但其最明显的特征是 1460cm^{-1}和 722cm^{-1}的长碳链吸收峰特别强。图 10-28(b)是司盘 60 的^{1}H NMR谱，其中烷基的特征吸收在 δ=0.6～1.8，与羰基相连的—CH_2—特征吸收出现在 δ=2.25，而与酯基氧原子相连的—CH_2—则与失水山梨醇上的 CH、CH_2和 OH 上的质子一起在 δ=

3.3~4.5 的范围出峰。司盘 60 在 API-ES 模式下所获得的都是$[M+Na]^+$的加合离子，其质谱图充分显现了上面所提到的各种产物混合在一起所带来的“混乱”局面（图 10-29）。图中，$m/z=425$ 和 $m/z=453$ 分别来自单酯$[C_{15}H_{31}COO—C_6H_{11}O_4+Na]^+$和$[C_{17}H_{35}COO—C_6H_{11}O_4+Na]^+$；$m/z=663$、$m/z=691$ 和 $m/z=719$ 分别来自双酯$[(C_{15}H_{31}COO)_2C_6H_{10}O_3+Na]^+$、$[C_{15}H_{31}COO—C_6H_{10}O_3—C_{17}H_{35}COO+Na]^+$和$[(C_{17}H_{35}COO)_2C_6H_{10}O_3+Na]^+$；而 $m/z=901$、$m/z=929$、$m/z=957$ 和 $m/z=985$ 则分别来自三软脂酸、双软单酯、单软双酯和三硬脂酸酯。

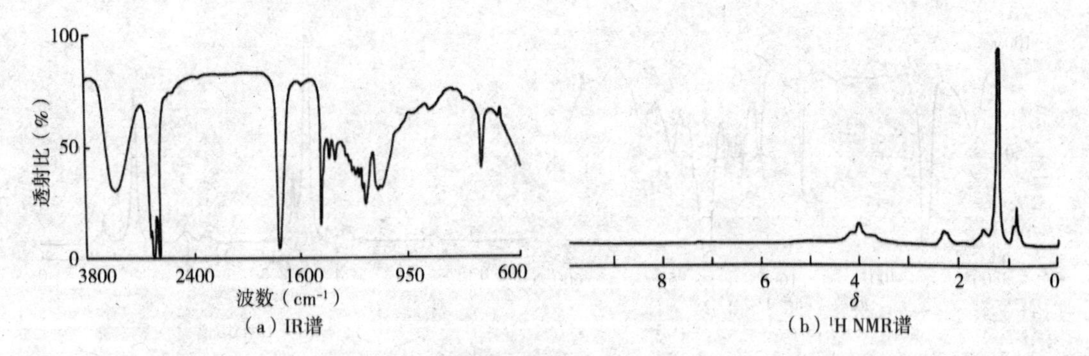

图 10-28 司盘 60 的 IR 谱和¹H NMR 谱

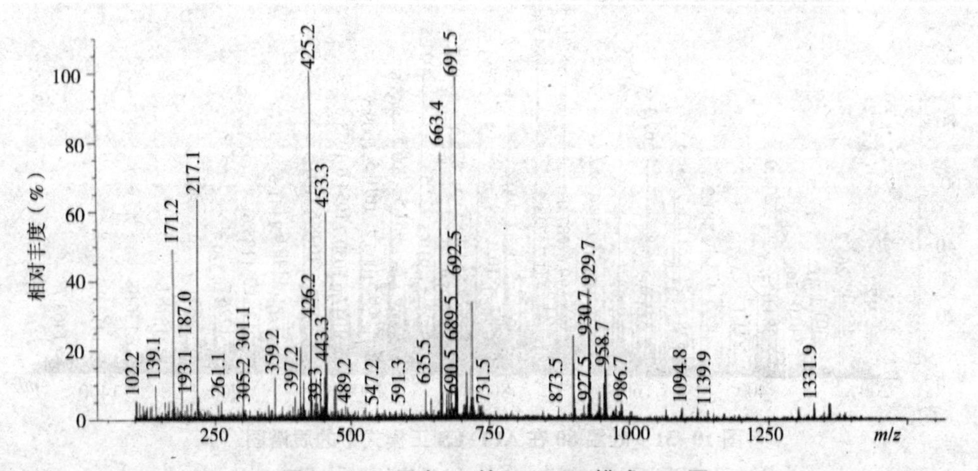

图 10-29 司盘 60 的 API-ES 模式 MS 图

在司盘的基础上再加成环氧乙烷就可得到吐温系列产品，在纺织行业主要用作乳化剂、润湿剂、分散剂等。由司盘 80 加成 20mol 氧乙基生成的吐温 80 的一种结构如下（还有其他异构体）：

O
CH₂ CH—CH₂—O—C(=O)—C₁₇H₃₃
H—(OCH₂CH₂)$_z$O—CH CH—O(CH₂CH₂O)$_x$—H
CH
O—(CH₂CH₂O)$_y$—H

$x+y+z=20$

吐温 80 的红外光谱[见图 10-30(a)]与脂肪酸聚氧乙烯酯非常相似,但两者的^{1}H NMR 存在明显的差异,主要反映在 $\delta=3.4$ 的—OH 峰和 $\delta=1.98$ 与油酸中不饱和双键相邻的两个—CH_2—的特征吸收[见图 10-30(b)],这在脂肪酸聚氧乙烯酯中是没有的。吐温 80 在 API-ES 模式下的质谱图的复杂程度是可以想象的(图 10-31),其特征是一系列油酸酯聚氧乙烯醚与 Na^+的加合离子的特征峰($228+23+n\times44$),可观察的 EO 数 n 在 3~25。很显然,单纯应用质谱分析技术进行吐温系列产品的鉴定灵敏度是不够的。

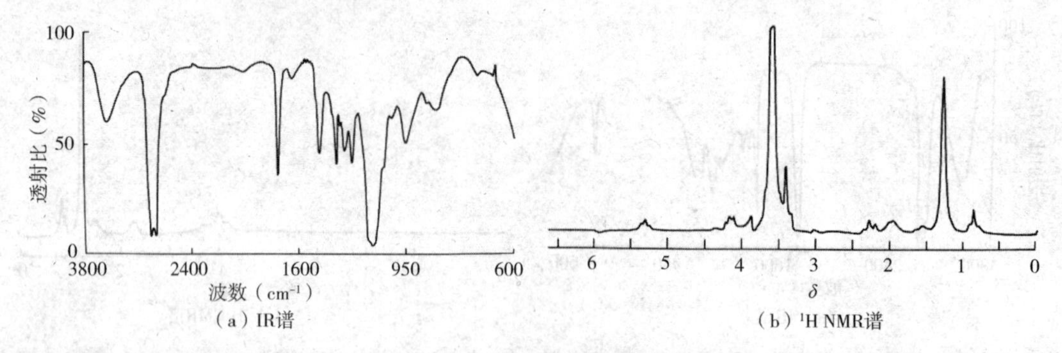

图 10-30 吐温 80 的 IR 谱和^{1}H NMR 谱

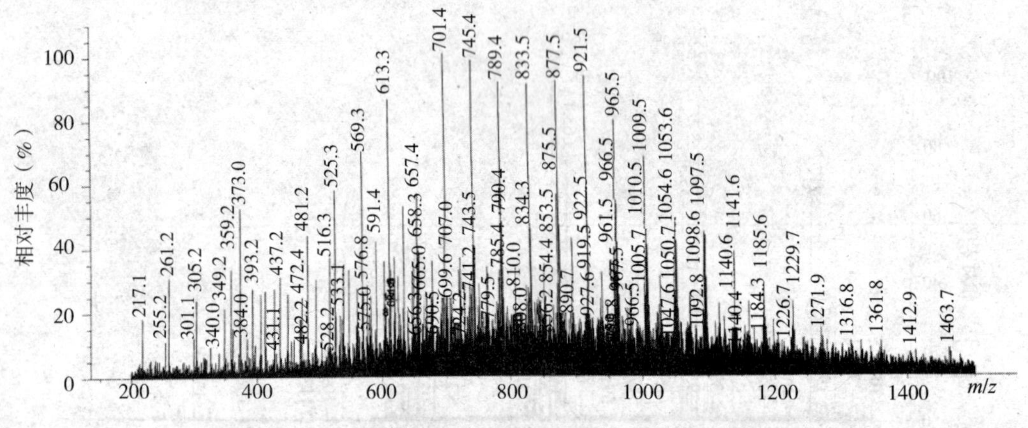

图 10-31 吐温 80 在 API-ES 正模式下的质谱图

在非离子表面活性剂中还有一类比较特殊的类别——聚醚。聚醚是用脂肪醇、丙二醇或胺类作为引发剂,在催化剂的存在下,加入不同比例的环氧丙烷和环氧乙烷形成的嵌段共聚物。聚合物中氧丙基上的甲基是憎水性基团,而氧乙基则可与水形成氢键,通过调节两者的比例,形成不同表面活性的聚醚系列化合物,在纺织上主要用作乳化剂、洗涤剂和纺丝油剂组分等。

作为表面活性剂,b 至少为 15。由于相对分子质量和两者比例不同,聚醚系列产品的形态可以是从液态到蜡状(片状)。图 10-32 是著名的 Pluronic 格子图,不同牌号的相对分子质量及摩尔组成可以很方便地从图中查到。其中,L 表示液态、P 表示黏稠态、F 表示片状。例如,L64 表示液状,聚氧丙基相对分子质量为 1750,聚氧乙基摩尔含量为 40%。

聚醚的 IR 谱与脂肪醇聚氧乙烯醚的 IR 谱有点类似,但最大的差异是聚醚结构中没有长碳

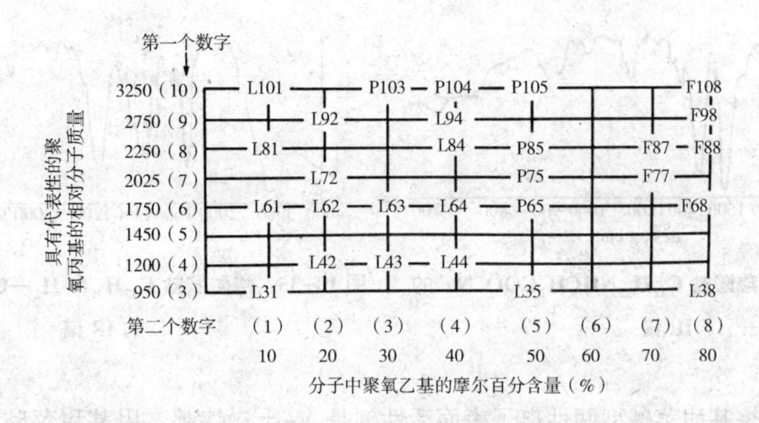

图 10-32　聚丙二醇聚乙二醇嵌段共聚物 Pluronic 格子图

链(n>4)，故在 720cm^{-1}附近没有长碳链的特征吸收(图 10-33)。

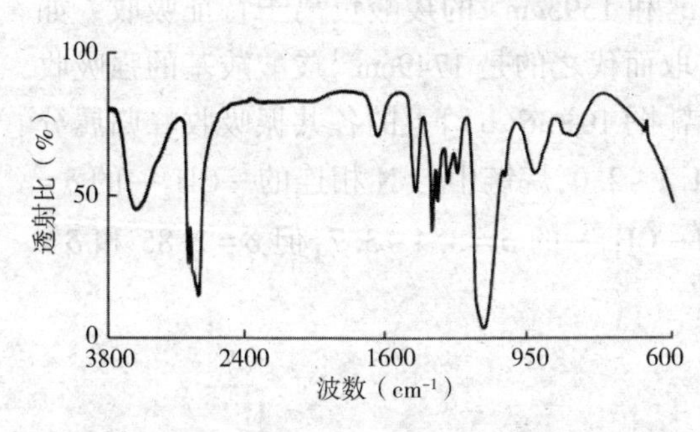

图 10-33　聚醚(L44)的 IR 谱

4. 两性离子表面活性剂的波谱特征

常用的两性表面活性剂有三个大类，一个是氨基酸型，一个是 N-烷基甜菜碱型(内胺盐型)，再一个是咪唑啉型。两性表面活性剂是在一个分子中同时具有阴离子和阳离子两种亲水基团，甚至还可能同时具有非离子亲水基团。在不同的介质中，两性离子表面活性剂可以分别表现出两种不同离子性质的表面活性。两性离子表面活性剂具有低毒、低刺激、易生物降解、耐硬水、杀菌、与其他表面活性剂配伍具有增效或协同效应等优点，常被用作洗涤剂、消毒杀菌剂、缩绒剂、助染剂、抗静电剂等。

以月桂胺乙酸 $C_{12}H_{25}N^+H_2—CH_2COO^-$为例，其在不同的酸碱性条件下呈现不同的状态：

氨基羧酸盐 $C_{12}H_{25}NHCH_2COO^-$(碱性介质)

羧酸胺盐 $C_{12}H_{25}N^+H_2—CH_2COOH$(酸性介质)

两性离子 $C_{12}H_{25}N^+H_2—CH_2COO^-$(中性介质)

由于结构上的显著变化，碱性介质中的氨基羧酸盐和酸性介质中的羧酸胺盐的红外光谱整体上呈现出截然不同的吸收特征。在图 10-34 中(碱性介质)，在高背景和水峰的干扰下，仍可观察到 3225cm^{-1} N—H 的伸缩振动，而 1588cm^{-1} 和 1425cm^{-1} 则是羧酸盐的特征强吸收，1137cm^{-1}是氨基羧酸钠的吸收峰，但振动类型尚不清楚。在图 10-35 中(酸性介质)，在 1725cm^{-1}和 1200cm^{-1}出现的强吸收及 1588cm^{-1}的弱吸收是羧酸基的三个特征吸收峰，而 3330~2500cm^{-1}范围内的强宽峰主要是由羧基中缔合的—OH 引起的，并几乎要把烷基的—CH_3和 CH_2及 N^+H_2的伸缩振动都遮盖了。在已经确定离子类型的前提下，氨基酸型两性离子表面活性剂很容易通过红外光谱分析技术加以确认。

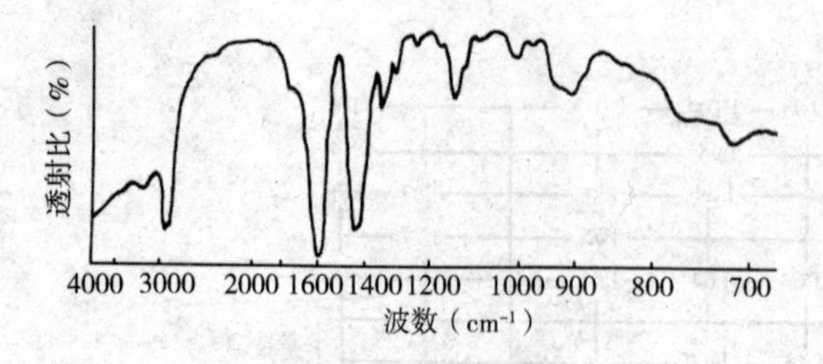

图 10-34　氨基羧酸盐 $C_{12}H_{25}NHCH_2COO^-Na^+$ 的 IR 谱

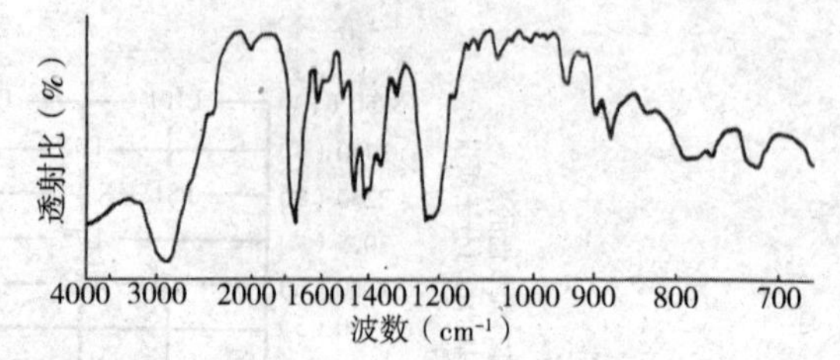

图 10-35　羧酸胺盐 $C_{12}H_{25}N^+H_2—CH_2COOH \cdot Cl^-$ 的 IR 谱

常见的 *N*-烷基甜菜碱型两性离子表面活性剂是 *N*-十二烷基二甲基甜菜碱，又称 *N*-十二烷基二甲铵乙内酯，其结构式为：

$$C_{12}H_{25}N^+(CH_3)_2—CH_2—COO^-$$

其 IR 谱[图 10-36(a)]显示 $1638cm^{-1}$、$1607cm^{-1}$ 和 $1395cm^{-1}$ 的羧酸负离子特征吸收。如果用盐酸酸化试样，可以发现这三个特征峰消失了，取而代之的是 $1749cm^{-1}$ 羧酸羧基的强吸收峰和 $1179cm^{-1}$ 的—C—O 特征吸收。而其 ^1H NMR 谱[图 10-36(b)]上的各共振吸收峰归属分别为：端甲基 CH_3 的 $\delta=0.88$，烷链中—CH_2—的 $\delta=1.1\sim2.0$，烷链中与 N 相连的—CH_2—的 $\delta=3.86$，N^+ 上两个—CH_3 的 $\delta=33.23$ 和与羧基相连的—CH_2—的 $\delta=3.4\sim3.7$，但 $\delta=2.85$ 和 $\delta=4.6$ 应该是杂质和作为溶剂的 D_2O 中残留的活泼氢。

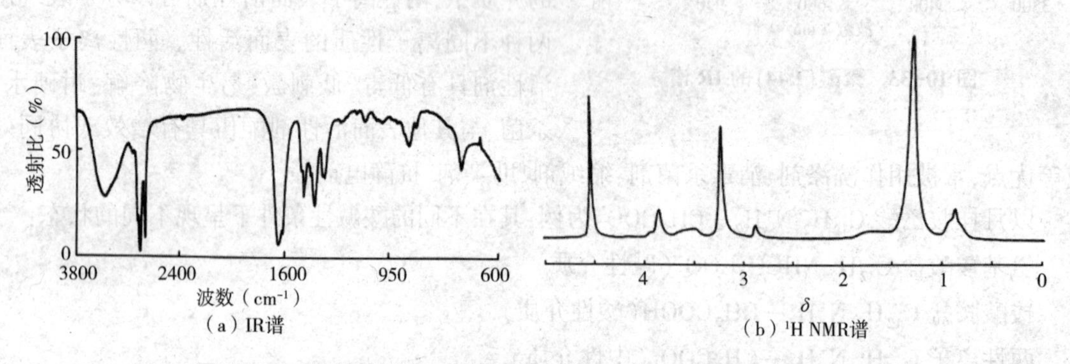

图 10-36　*N*-十二烷基二甲基甜菜碱的 IR 谱(a)和 ^1H NMR 谱(b)

5. 表面活性剂的紫外光谱特征

紫外光谱主要适用于含不饱和基团的物质的鉴别，其优点是灵敏度高，但唯一性不够。除了可用于定性分析的佐证之外，更适合于在已经确定结构情况下的定量分析。表 10-7 是部分表面活性剂在不同波段的紫外特征吸收峰的位置。

表 10-7　部分表面活性剂在不同波段的紫外特征吸收峰的位置(溶剂：水)

表面活性剂	紫外特征吸收峰的位置(nm)		
十二烷基苯磺酸钠	225	261	—
壬基酚聚氧乙烯醚	225	277	—
十八烷基二甲基氯化铵	215	263	—

续表

表面活性剂	紫外特征吸收峰的位置(nm)		
丁基萘磺酸钠	235	280	315
萘磺酸甲醛缩合物	—	290	320
油酸钠	225	—	—
三乙醇胺油酸盐	235	—	—

五、纺织用整理剂和助剂的剖析

(一)一般思路

除了少数反应性的整理剂,大部分用于纺织产品后整理的整理剂和纺织加工助剂的剖析,在思路和方法上并无太大的差异,因为这些整理剂或助剂大多是由一些功能性主成分外加一些有助于加工、使用和配伍的组分,如表面活性剂等复配而成的。其中功能性主成分除了专门用于功能性整理的添加剂之外(通常添加量很少),更多的是起到润滑、硬挺、柔软、集束、抗静电、抗起毛起球等功效。当这些功效被赋予最终产品时,称之为后整理;当这些功效仅是在纺织产品的生产加工过程中发挥作用,所使用的就是助剂。

对于少数的反应性整理剂,其主要功能是通过对纤维材料的变性处理,使之获得某种质感或功能,但在最终成品上一般很少残留有原始状态的整理剂,不仅获取样品的可能性很低,而且对于化学成分和结构已经发生变化的残留物质,剖析的意义已经很小。因此,对这类样品的剖析应该针对原样进行。而其他的一些功能性主成分,除了前面已经提到的涂层,更多的是一些树脂、矿物油或油脂、柔软剂等,虽然可能在组成的占比上占据多数,但物质的类别和结构本身并不复杂,范围也有限。反倒是组成占比可能不占优势的各类表面活性剂却在各类整理剂或助剂中扮演了重要的角色。

不管是整理剂还是助剂,一般都是多种功能性组分的液态复配物。由于组成和性质都比较复杂,组分的含量相差悬殊,再加上可能存在反应性的基团,不能盲目直接采用联用技术进行分析,而应先通过传统的化学方法进行分离分析。虽然针对整理剂或助剂的分离分析可能会涉及多种方法和复杂的操作过程,无法给出一个普遍适用的方法和程序,但其基本思路和程序与前面介绍的含表面活性剂样品的分离分析是基本相同的。基于对后续结构分析对样品量的要求,在去除了无机组分和离子组分以后,剩下的有机混合物的分离分析手段主要考虑色谱法中的柱层析法。而经分离后的各组分的结构分析,则仍是采用紫外—可见光谱、红外光谱、质谱和核磁共振波谱分析技术加以解决。

(二)样品的分离——柱层析法

1. 柱层析法的特点

柱层析法其实是所有色谱分析技术最初的雏形。与现代气相色谱和高效液相色谱不同,柱层析是一种常压柱色谱。它的突出优点是:分离效率远高于经典的化学方法,而与其他的色谱方法相比,不需要昂贵的仪器设备,固定相和流动相可以根据需要随时更换和调整,耗材少,成本低;虽然柱效与现代气相色谱和液相色谱不能比拟,但通过变换不同的固定相和流动相可以实现对样品的选择性吸附和洗脱,对一些组成相对简单的样品,可以实现很好的分离;即使是组成比较复杂的样品,也可以通过柱层析实现初步的分离,然后再采用现代色谱技术进行分离或在变换条件后继续采用柱层析进行进一步的分离和纯化。

柱层析法可根据样品的性质和数量对柱的长短和内径、填充吸附剂的种类和流动相(淋洗剂)进行选择性调整。常用的固定相(吸附剂)包括硅胶、氧化铝、聚酰胺粉、离子交换树脂、高分子凝胶等,对其的基本要求是:具有较大的比表面积、适宜的表面孔径和吸附活性、与流动相及样品组分不发生化学反应也不被溶解、粒度分布较窄并有一定的强度。其原理涉及吸附、分配、离子交换、凝胶过滤等多个方面,因此,适用性很广。但在纺织染化料的剖析实践中,硅胶柱层析的应用是最为广泛的。

硅胶是由多聚硅酸经加热适度脱水后制成的,其表面含有一些具有吸附活性的硅羟基,对于不同极性的化合物具有不同的吸附能力。对极性强、易生成氢键的分子,吸附力大。如果有水分子存在,则会与硅胶表面的羟基形成氢键,使其失去对其他物质的吸附能力。因此,通过控制硅胶的含水量可以调节硅胶的吸附活性。通常情况下,用作吸附剂的硅胶在使用前要在105℃的条件下活化60~120min。不过,由于受活化和储存条件等多种因素的影响,每次做柱层析实验时很难保证所使用的硅胶的吸附活性是完全一致的。这也是基于吸附原理的硅胶柱层析方法的重现性不够理想的主要原因之一,但还不至于对分离效果带来太大的影响。需要给予关注的是,样品中如果含有氧乙基类非离子表面活性剂,其不仅容易与硅胶表面的羟基形成氢键,影响硅胶的活性,而且也不太容易被有机溶剂洗脱,需要调整好硅胶的活性(不能太高)和洗脱液的极性(增强极性)。

2. 层析柱的制备

柱层析用的层析柱通常选用长50cm、内径为8~10mm、下端有磨口旋转活塞,类似酸式滴定管的玻璃管,但在管子的收口底部和活塞的上方用烧结玻璃隔断。

通常有湿法和干法两种装柱方法。湿法装柱是先将硅胶(建议选用200目的层析用硅胶)浸泡在低极性的溶剂(通常是洗脱时用的第一种洗脱剂)中,超声波去除气泡,随后随溶剂一起注入层析柱,过程中始终保持硅胶浸泡在溶剂中,等硅胶沉淀下来后,将溶剂液面放至高出硅胶10mm左右,备用。整个硅胶填充剂的高度一般在30cm左右,可根据样品量的多少确定,满负荷可吸附分离的样品量大约在1g以下。湿法装柱可以确保吸附剂中不含气泡,柱的分离效率较高,分离效果较好。所谓干法装柱则是直接将硅胶吸附剂倒入层析柱,然后加入溶剂使硅胶润湿,手工敲击柱体脱泡,再加入样品进行洗脱,看似操作方便,但分离效率不如湿法装柱。

3. 加样和洗脱

往层析柱里加入样品的方式也有干湿两种。湿法加样是将样品溶解在少量起始洗脱剂中,倾入柱顶后,转动下端活塞,让溶剂液面下降至与吸附剂顶端持平,以确保所有的样品均被硅胶吸附,然后开始洗脱。湿法加样操作中溶剂不能用得太多,否则会使样品在还未进行层析时已经被展开,造成后续的层析产生拖尾现象。再加上由于湿法装柱的死体积很小,在硅胶装填量较少的情况下,有可能造成样品的流失。干法加样是选择适当的溶剂将样品溶解,然后拌入适量的吸附剂并充分搅拌,待溶剂挥发后将载荷有样品的吸附剂直接加到柱顶,一般可保持较高的柱效和实验的重现性。但这里无论是湿法还是干法都存在一个问题,即加样过程都难以做到准确的定量加入,以至于对整个层析的回收率无法做出准确判断,对最终层析结果的可靠性也无法确定。以笔者的经验,最理想的加样方法是:以合适的方法直接将样品加到层析柱内装填的吸附剂顶端,并准确记录加入的样品量。如用一根直径小于层析柱内径、吸有样品的长嘴滴管(可以自制),将样品准确滴在填充吸附剂顶端(加入量一般为数百毫克),准确称取滴加样品前后滴管的质量,折算出样品的加入量。然后加入极少量起始洗脱剂,待样品溶解后打开下端旋塞,使样品在吸附剂顶端被吸附,关闭旋塞。

柱层析中的洗脱剂应选用易挥发、低毒性且不会与样品组分或吸附剂发生化学反应的溶剂。洗脱过程一般采用梯度洗脱方式,即按溶剂的极性由小到大顺序加入。常用的有机溶剂的极性由小到大的顺序如下:正已烷<石油醚<环已烷<四氯化碳<苯<甲苯<氯仿<乙醚<乙酸乙酯<丙酮<乙醇<甲醇<(水)<乙酸<甲酸。洗脱剂的配制一般有一元和二元混合体系两种方式。所谓一元体系是指采用单一溶剂作为洗脱剂,洗脱时按极性大小依次选用不同的溶剂进行洗脱。而二元混合体系则是用两种溶剂按一定的比例配制成不同极性的混合淋洗剂系列。从理论和实践上看,采用二元混合体系所配制出的不同极性的系列溶剂更加符合梯度洗脱的要求,而且几乎可以实现洗脱剂极性的“无级”可调(表10-8)。

表10-8　常见一元和二元混合体系洗脱能力顺序

一元体系 (Trappe 体系)	二元体系 (Neher & Von Arx 体系)	一元体系 (Trappe 体系)	二元体系 (Neher & Von Arx 体系)
石油醚		氯仿	苯/乙酸乙酯(50：50)
环已烷			氯仿/乙醚(60：40)
四氯化碳			环已烷/乙酸乙酯(20：80)
四氯乙烯			乙酸丁酯
甲苯			氯仿/甲醇(95：5)
苯	苯		氯仿/丙酮(70：30)
二氯乙烷			苯/乙酸乙酯(30：70)
	苯/氯仿(50：50)		乙酸丁酯/甲醇(99：1)
氯仿	氯仿		苯/乙醚(10：90)
	环已烷/乙酸乙酯(80：20)	乙醚	乙醚
	氯仿/丙酮(95：5)		乙醚/甲醇(99：1)
	苯/丙酮(90：10)		乙醚/二甲基甲酰胺(99：1)
	苯/乙酸乙酯(80：20)	乙酸乙酯	乙酸乙酯
	氯仿/乙醚(90：10)		乙酸乙酯/甲醇(99：1)
	苯/甲醇(95：5)		苯/丙酮(50：50)
	苯/乙醚(60：40)		氯仿/甲醇(90：10)
	环已烷/乙酸乙酯(50：50)		二氧六环
	氯仿/乙醚(80：20)	丙酮	丙酮
	苯/丙酮(80：20)	正丙醇	
	氯仿/甲醇(99：1)	乙醇	
	苯/甲醇(90：10)	甲醇	甲醇
	氯仿/丙酮(85：15)		二氧六环/水(90：10)
	苯/乙醚(40：60)		

在实际的柱层析中,洗脱剂的选择必须依据初步分析给出的各种信息来进行。如样品性状、有关样品类别的信息、初步分离的结果以及混合样品的红外光谱等。通常情况下,选择5~6种不同极性或配比的洗脱剂就可以满足分离的基本要求。如果在初步分离的基础上还想在某一区段进一步细分,则还可以在这一区段增加不同极性洗脱剂调配的密度,重新取样进行分离分析。每种洗脱剂的用量可以根据需要调节,但每次实验的洗脱剂总量不宜超过500mL。

洗脱时,起始洗脱液的加入必须是少量多次,不能一次加入,以免使样品从吸附剂中溶出造成后面的拖尾。后续每一次换极性更大的洗脱液时,都必须确保前一轮洗脱液的最后液面与吸附剂顶端齐平后才能加入。同时也应注意避免发生前一轮的洗脱剂都已用完而后续的洗脱剂未能及时跟上使层析柱内的吸附剂干枯的情况。通常情况下,洗脱的速率可控制在2滴/s左右,不宜过快。柱层析的洗出液采取间断式定容方法收集,通常是每10mL为一个收集单元。如果洗脱液总量是500mL,那就是要用50个已编号称重的10mL小烧杯来依次收集。收集到的洗出液可以先放在封闭式电炉上小心蒸去大部分溶剂(不能溅出),然后趁未蒸干时取下,放在红外灯下烘烤至干,平衡后称量。计算全部洗出物的总量并与样品加入量比较计算回收率。一次成功的柱层析,回收率在95%~105%是可接受的。

以收集单元的编号为横坐标,以每个小烧杯中洗出物的质量为纵坐标作图,通常可以得到一张不同极性组分的洗出和质量分布图。如果洗脱系统设计得好,可能得到一张分离效果非常好的色谱图。但在大部分情况下,首次柱层析分离结果多少会存在一些不令人满意的地方。如前后两个组分未能有效分离、部分组分有拖尾现象、有区间没有出峰、回收率过低可能有组分未被洗出等。这就需要对原来的淋洗系统进行调整,包括增加某一区间的洗脱剂极性的微调密度、增加或减少某一极性洗脱剂的用量、增加极性较强的淋洗剂用量,甚至是有意降低吸附剂的活化程度等。一般情况下,通过2~3次的调整,即可获得一张令人满意的洗出色谱图,并据此计算出各组分的百分比。然后,以合适的方式合并同一出峰区段的相邻烧杯中的收集物供下一步的结构分析之用。当然,柱层析的操作毕竟是一个繁复的过程。随着现代分析测试技术的发展和普及,现在在很多情况下,基于初步的柱层析分离结果,大多可以直接选用合适的联用技术,如GC-MS、HPLC-MS或GC-FTIR等,同步完成样品的分离分析和结构分析。但这仍不能取代柱层析作为常规未知物剖析中的重要的分离分析技术手段。

(三)样品组分的结构分析剖析实例

从剖析的角度看,不管是针对纺织整理剂还是纺织助剂,思路和技术手段没有本质差异,就是先组分分离,后结构分析。而结构分析的思路和技术手段与前面介绍的表面活性剂的分析也是大同小异。在此,以一化纤纺丝油剂的剖析为例进行介绍。

未知待剖析样品为一外观为淡黄色透明黏稠液体,可溶于正己烷和苯,不溶于醇、水等极性溶剂。经红外光谱初步分析[图10-37(a)],该未知样品在2924cm^{-1}、2853cm^{-1}、1462cm^{-1}、1377cm^{-1}和721cm^{-1}显示出一组明显的长链烷烃特征吸收峰;再经^{1}H NMR分析[图10-37(b)],发现样品中除了长链烷烃(含较多侧链)的特征吸收之外,还有明显的环氧乙烷加成物中乙氧基的特征共振吸收(δ=3.8),且在δ=7左右有一组疑似苯环取代的吸收峰;由此初步判定该未知物是以含侧基的长链烷烃化合物为主要成分,且含有少量非离子表面活性剂的复配物。基于这个初步检验结果,取少量样品干法装柱进行硅胶柱层析组分分离。选择洗脱剂系统为正己烷—正己烷/苯(1:1)—苯—氯仿—乙醇,经层析分离和去除洗脱剂,得到A、B、C、D和E五个洗出组分。

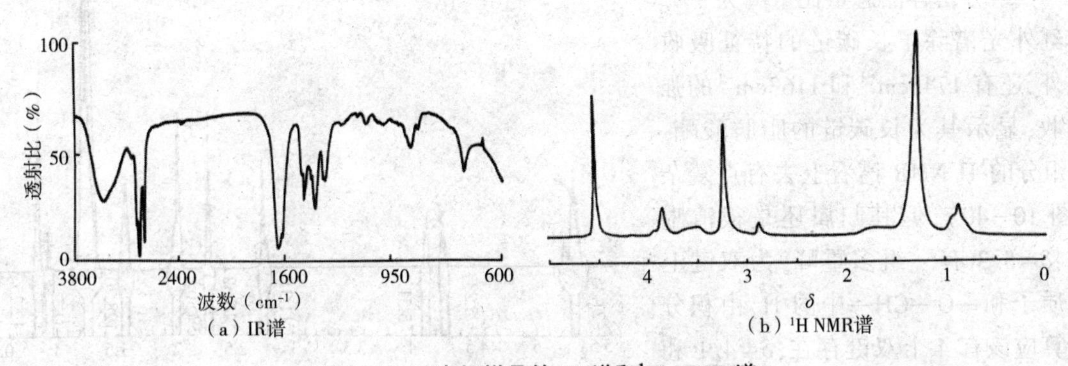

图 10-37　未知样品的 IR 谱和 ^{1}H NMR 谱

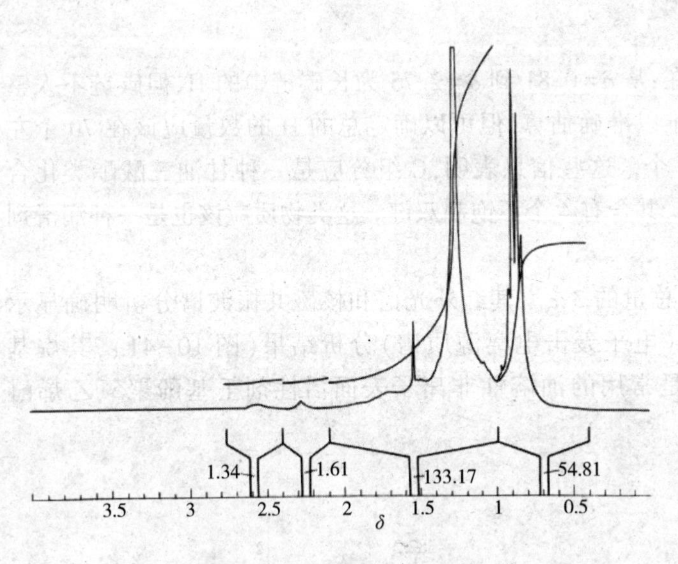

图 10-38　A 组分的 ^{1}H NMR 谱

A 组分为无色透明油状液体，占总量的 90%，其红外光谱显示为长链脂肪烃。经 ^{1}H NMR 分析（图 10-38），其分别归属于—CH_3 和—CH_2—的特征吸收峰（δ=0.9 和 δ=1.2），面积比为1∶3.5，表明分子中有大量的侧链存在。经 FDMS（场解析电离质谱）分析（图 10-39），其碳原子数分布在 C_{20}～C_{26}，平均分子量为 324。显然，该组分为一种工业用石蜡油，又称白油，纺织行业称之为锭子油，是一种润滑剂。

B 组分也是无色透明的液体，其红外光谱在 1094cm^{-1} 和 1025cm^{-1} 出现的一对强吸收峰显示硅油中 Si—O 的特征吸收，而 1266cm^{-1} 则是 Si—C 的对称变形振动，802cm^{-1} 强吸收归属于 Si—O 的对称伸缩振动。显然，这占总量约 1%的组分应该是常用于降低

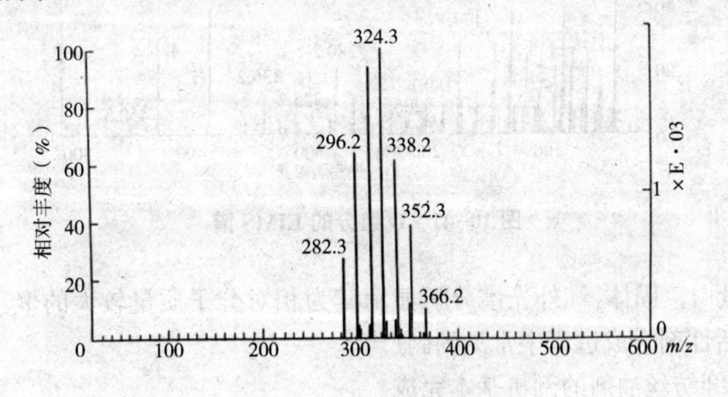

图 10-39　A 组分的 FDMS 谱

纤维摩擦的润滑剂——硅油。

C组分占样品总量比重约为5%。其红外光谱除了长碳链的特征吸收之外，还有$1745cm^{-1}$和$1163cm^{-1}$的强吸收，显示其为长碳链的脂肪酸酯。C组分的^{1}H NMR谱看上去有点复杂（图10-40），但其归属还是很清晰的：$\delta=5.3$有一组多重峰，为双键上的质子和—O—CH—中的H，由积分计算应该有4个双键存在；$\delta=4.1$和$\delta=4.2$有两组四重峰为2个—O—CH_2中的4个H，表明分子中有两个前手性—OCH_2和一个手性碳—OCH相连，表明分子中可能有甘油基团存在；从$\delta=0.81$到$\delta=2.75$为长碳链中的H，但碳链不太整齐，峰形不够规范，单个峰的面积也难以准确估算，但可以确定总的H的数量应该在70个左右，即长碳链中饱和碳原子数约有35个。这些信息表明，C组分应是一种甘油三酸酯类化合物，三个侧链中的酸的链长大约在C_{15}，共含有4个不饱和双键。这类物质应该也是一种润滑剂的成分。

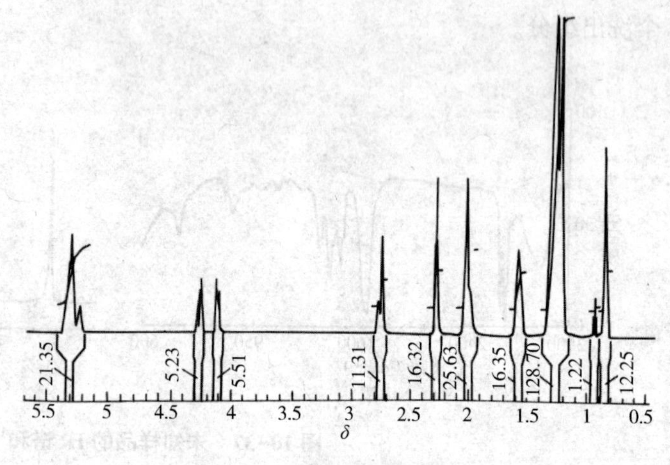

图10-40 C组分的^{1}H NMR谱

D组分为无色油状液体，占样品总量的3%。其红外光谱和核磁共振波谱分析明确显示其为烷基酚聚氧乙烯醚。根据EIMS（电子轰击电离源质谱）分析结果（图10-41），其烷基为C_8H_{17}，EO数为4。显然，该组分是常用的油溶性非离子表面活性剂壬基酚聚氧乙烯醚（OP-4）。

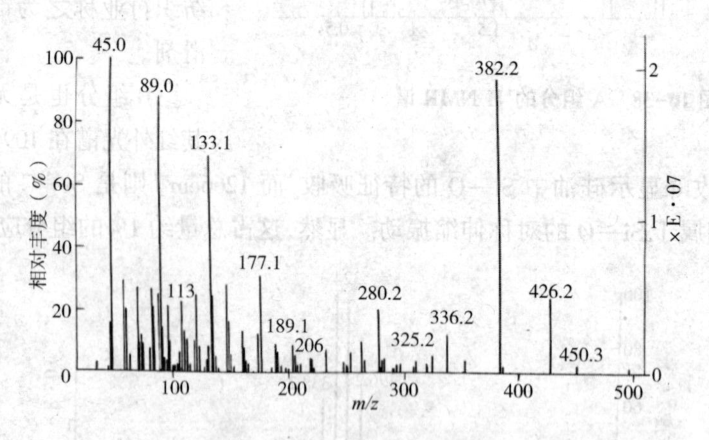

图10-41 D组分的EIMS谱

E组分为少量白色固体，红外光谱分析显示其为相对分子质量较大的聚乙二醇，这是氧乙基类非离子表面活性剂合成过程中常见的副产物。

至此，未知化纤纺丝油剂的剖析基本完成。

需要提醒注意的是，用于纺织整理剂或助剂的很多复配组分都是工业级产品，其中的某些组分很可能是同系物或同分异构体的混合物,如通过环氧乙烷加成的非离子表面活性剂产品都是呈正态分布的不同加成数的混合物。这些同系物或同分异构体在样品的分离中大多会被分离开来,并被作为不同的组分进入下一步的结构分析。从事剖析工作的技术人员必须有这方面的经验和意识,不要误判为这些同系物或同分异构体是作为不同的组分参与复配的,而是应该清楚地意识到这可能来自于同一个工业原料,以免与实际情况脱节。此外,有时为了对剖析结果进行进一步的验证,还需进行元素分析,与样品组分的元素分析结果进行比对。更有甚者,有些剖析结果还需要通过合成来进行验证,但这更多地适合于精细化工产品的剖析,主要为不常见的化学物质,或对剖析结果存疑的场合。

参考文献

[1]彭勤纪,王壁人. 波谱分析在精细化工中的应用[M]. 北京:中国石化出版社, 2001.

[2]王敬尊,瞿慧生. 复杂样品的综合分析——剖析技术概论[M]. 北京:化学工业出版社,2000.

[3]王正熙,刘佩华,潘海秦. 高分子材料剖析方法与应用[M]. 上海:上海科学技术出版社,2009.

[4]邢声远,孔丽萍. 纺织纤维鉴别方法[M]. 北京:中国纺织出版社,2004.

[5]钟雷,丁悠丹. 表面活性剂及其助剂分析[M]. 杭州:浙江科学技术出版社, 1986.

[6]王建平. 涂料印花黏合剂的剖析方法[J]. 印染,1986,(5):39-47.

[7]王建平,朱逸生. 化纤油剂剖析方法[J]. 合成纤维,1999,28(5):44-49.